böhlau Wien

Mit Beiträgen von:

Franz Allmer
Dieter A. Binder
Friedrich Bouvier
Günter Cerwinka
Maria Edlinger
Franz Harnoncourt-Unverzagt
Klaus Höllbacher
Helmut Hutten
Alois Kernbauer
Irolt Killmann
Marcus Ludescher
Gerald Schöpfer
Ursula Tomantschger-Steßl
Hans-Peter Weingand
Karl Wohlhart
Josef W. Wohinz

Josef W. Wohinz (Hg.)

Die Technik in Graz

Aus Tradition für Innovation

BÖHLAU VERLAG WIEN · KÖLN · WEIMAR

Gedruckt mit Unterstützung durch

Das Land Steiermark
Landeshauptmann Waltraud Klasnic
Landeshauptmann-Stv. Univ.-Prof. DDr. Peter Schachner-Blazizek
Landesrat Dipl.-Ing. Herbert Paierl
Landesbaudirektion
Landeshauptstadt Graz
Bürgermeister Alfred Stingl
Stadtrat Dipl.-Ing. Helmut Strobl
Bürgermeisterstellvertreter Dr. Peter Weinmeister
Bundesministerium für Wissenschaft und Verkehr
Kammer für Arbeiter und Angestellte für Steiermark
Präsident Walter Rotschädl
Wirtschaftskammer Steiermark
Präsident Peter Mühlbacher
Sektionsobmann Komm.-Rat. DDipl.-Ing. Gerhard H. Katzenberger
Wirtschaftsförderungsinstitut
Präsident Dipl.-Ing. Horst Rinner
Kammer der Architekten und Ingenieurkonsulenten für Steiermark und Kärnten
Vereinigung der Österreichischen Industrie Steiermark
Gesellschaft der Absolventen und Freunde der TU Graz
Vorsitzender Dipl.-Ing. Dr. Christian Weber

Die Deutsche Bibliothek – CIP-Einheitsaufnahme
Die Technik in Graz: Aus Tradition für Innovation / Josef W. Wohinz (Hg.). –
[Mit Beitr. von: Franz Allmer ...]. – Wien ; Köln ; Weimar : Böhlau, 1999
ISBN 3-205-98910-4

Gedruckt auf umweltfreundlichem, chlor- und säurefreiem Papier.

Druck: Holzhausens Nfg., 1070 Wien

Inhalt

Josef W. Wohinz

Zur Einleitung

Ausgangssituation, Gesamtkonzept, Danksagung

Gruß aus Graz: Ansichtskarte aus 1897
(Sammlung J.W. Wohinz)

Die Technische Universität Graz – Erzherzog Johann Universität – ist aus dem geistigen Leben der Landeshauptstadt Graz wie des Landes Steiermark nicht wegzudenken. Sie zählt mit Recht zu den Zentren der wissenschaftlichen Forschung und Lehre in der Steiermark und stellt damit einen wesentlichen Bestandteil des für unsere Gesellschaft relevanten Umfeldes dar. Über diesen lokalen bzw. regionalen Aspekt hinaus gilt dies wohl auch für Österreich und den europäischen, ja internationalen Rahmen akademischer Einrichtungen.

Wenn vielerorts der Begriff von einer sogenannten „Grazer Schule" verwendet wird, so wird damit ein Maß an Ausstrahlung und gleichzeitig an Anerkennung zum Ausdruck gebracht. Diese Anerkennung bezieht sich natürlich auf die dort wirkenden Persönlichkeiten, aber auch auf die gemeinsame Plattform der *Technik in Graz*. Beispielhaft kann hier auf den Bereich der Architektur, aber auch den des Bauingenieurwesens, der Verkehrstechnik, der Geodäsie, des Maschinenbaues bzw. des Motorenbaues, des Wirtschaftsingenieurwesens, der Weltraumforschung, der Telematik oder der Mikrochemie verwiesen werden.

Die Einbindung in das Gesamtbild und die Rolle der Technischen Universität Graz hier und heute können als Ergebnis einer langfristigen Entwicklung angesehen werden. Schon vor 100 Jahren bildete für einen „Gruß aus Graz" neben dem Uhrturm, dem Stadtpark-Brunnen, dem Rathaus und der Schloßbergbahn die damalige Technische Hochschule ein offensichtlich wichtiges Motiv als Wahrzeichen der Stadt; daran hat sich bis heute eigentlich nicht viel geändert.

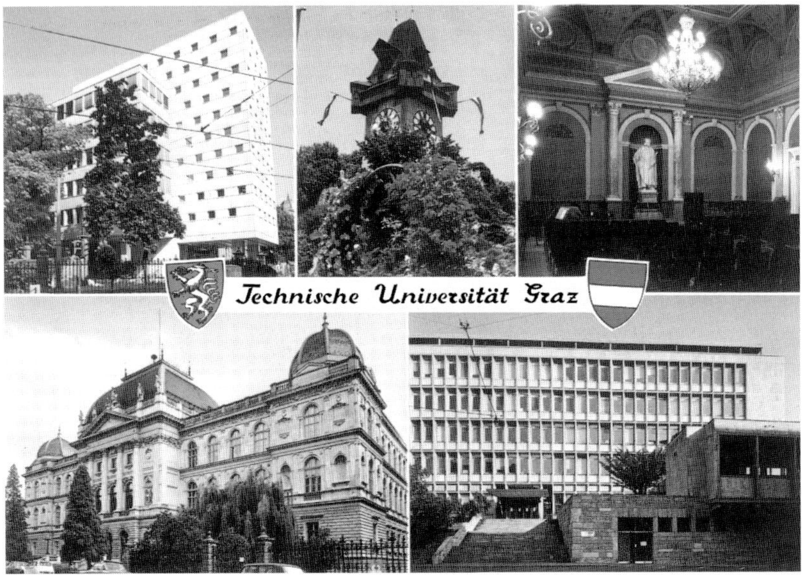

Technische Universität Graz: Ansichtskarte aus 1998 (Verlag R. Graf, Graz)

Die Bedeutung und der spezifische, ja unverwechselbare Charakter einer Universität liegen in der besonders engen Verknüpfung von wissenschaftlicher Forschung und Lehre. Auf dem Sektor der universitären Forschung werden zunächst jene Einsichten erzielt, die als Weiterentwicklung des Wissens, im speziellen des jeweiligen Standes der Technik, den Ruf einer solchen Einrichtung begründen. Unsere Welt von heute ist entscheidend durch die Technik geprägt, was positive wie negative Aspekte in sich birgt. Die gemeinsame Verantwortung für Mitmenschen und Umwelt findet ihren Niederschlag in notwendigen Entscheidungen und daraus abgeleiteten Handlungsprogrammen. In dieser Hinsicht wurden und werden an der *Technik in Graz* vielfältige Beiträge erbracht.

Gleichzeitig werden über den Weg der universitären Lehre auch jene Qualifikationen vermittelt, die für einen beruflichen Einsatz auch außerhalb der Universität von Bedeutung sind. Das nur den Universitäten (und neuerdings den Fachhochschulen) vorbehaltene Recht zur Verleihung akademischer Grade unterstreicht diese Ausnahmestellung.

Eine Universität nimmt somit in vielfältiger Weise Einfluß auf die Gesellschaft von heute und wird umgekehrt nachhaltig von ihrem gesellschaftlichen Umfeld mitbestimmt. Nicht zuletzt wird sie auch geprägt durch Merkmale des Entwicklungsprozesses, der mit der aktuellen Situation einen vorläufigen Meilenstein erreicht.

Es ist interessant zu bemerken, daß die Universitäten allgemein und im besonderen die meisten vergleichbaren Universitäten diesem Umstand deutlich Rechnung getragen haben. Sichtbarer Ausdruck dieser Bemühungen sind u.a. Publikationen, die auf die jeweilige Rolle und Entwicklungsgeschichte eingehen; beispielhaft sei hier auf die Karl Franzens-Universität

Die (Alte) Technik: Ansichtskarte aus 1900 (Sammlung J.W. Wohinz)

Graz, die Montanuniversität Leoben und die Universität für Bodenkultur Wien verwiesen.

Die Ausgangssituation

Eine der aktuellen Bedeutung der Technischen Universität Graz entsprechende Gesamtdokumentation war derzeit nicht verfügbar. Im Laufe der Entwicklung wurde eine Reihe von einschlägigen Arbeiten erstellt; sie entstanden vielfach aus Anlaß eines bestimmten Jubiläums und wurden meist von Universitätsmitarbeitern verfaßt. Beispielhaft sind hier zu erwähnen:

- GÖTH, Georg: Das Joanneum in Gratz, geschichtlich dargestellt zur Erinnerung an seine Gründung vor 50 Jahren, 1861
- WILHELM, Gustav: Aus der Geschichte der k.k. technischen Hochschule in Graz, in: Zur Feier der Eröffnung des Neubaues der k.k. Technischen Hochschule in Graz am 12. December 1888, S. 5–15
- ILWOF, Franz: Die Entwicklung der Technischen Hochschule von ihren Anfängen bis in die Gegenwart. Eine geschichtliche Skizze, in: Festschrift zur Jahrhundertfeier des Joanneums, 1911, S. 11–54
- FEDERHOFER, Karl: Die Technische Hochule, in: Die Stadt Graz. Ihre kulturelle, bauliche, soziale und wirtschaftliche Entwicklung der letzten sechzig Jahre nebst kurzen geschichtlichen Rückblicken, hrsg. aus Anlaß der Achthundertjahrfeier, 1128 – 1928, Graz 1928
- TECHNISCHE HOCHSCHULE IN GRAZ (Hg.): Gedenkschrift zur Hundertfünfzig-Jahrfeier der Technischen Hochschule in Graz, Graz 1962
- HOHENBERG, Fritz: Die Technische Hochschule in Graz, in: Die Steiermark. Land, Leute, Leistung, hrsg. von der Steiermärkischen Landesregierung, Graz 1971, S. 764–774

- TECHNISCHE UNIVERSITÄT GRAZ (Hg.): Technische Universität Graz / Erzherzog-Johann-Universität, Geschichte, Lehr- und Forschungstätigkeit, Graz 1978 bzw. 1982/83
- DIMITRIOU, Sokratis: Die Technische Universität Graz; in: 850 Jahre Graz 1128–1978. Festschrift, hrsg. von Wilhelm Steinböck, Graz-Wien-Köln 1978, S. 399–416

Darüber hinaus wurden einzelne Arbeiten verfaßt, die sich mit speziellen Aspekten in der Entwicklungsgeschichte auseinandersetzen; beispielhaft sollen hier angeführt werden:

- BINDER, Dieter A.: Das Joanneum in Graz. Lehranstalt und Bildungsstätte. Ein Beitrag zur Entwicklung des technischen und naturwissenschaftlichen Unterrichts im 19. Jahrhundert, Band 12 der Publikationen aus dem Archiv der Universität Graz, Graz 1983
- WEINGAND, Hans-Peter: Die Technische Hochschule im Dritten Reich. Vorgeschichte, Geschichte und Nachgeschichte des Nationalsozialismus an einer Institution, ed. Hochschülerschaft der TU Graz, 2., durchges. Aufl., Graz 1995
- LUDESCHER, Marcus: Zur Geschichte der Technischen Universität Graz, Zwei Texte (TUG-Projektdokumentation), Graz, im Mai 1995

Das bereits vorhandene umfangreiche Material bildet nun die Grundlage für den vorliegenden Gesamtüberblick über die Technische Universität Graz und ihre Entwicklungsgeschichte.

Diese Arbeit wurde angeregt aus den Erfahrungen als Rektor der Technischen Universität Graz in den Jahren 1993 bis 1996. Jede organisatorische Einheit – wie auch eine Universität – ist heute um „corporate identity" bemüht. Diese gemeinsame Identität kann nur über ein gemeinsames Selbstverständnis erreicht werden. Und dazu bedarf es verbindender Wertvorstellungen und Denkhaltungen, wie sie mit dem Begriff der Organisationskultur umschrieben werden. Eine der Grundlagen dafür ist in den Traditionen und Überlieferungen zu sehen, die aus der historischen Entwicklung heraus erklärt werden können.

In diesem Sinn wird nicht von ungefähr auch im vordersten Teil des Studienführers unserer Universität ein geschichtlicher Überblick gegeben. Allerdings erscheint diese knappe Form der Darstellung allein nicht ausreichend; eine ausführlichere Auseinandersetzung sollte eigentlich ein Anliegen auf breiter Basis darstellen. Denn die Entwicklungsanalyse sowohl der Institution wie auch der in bzw. mit ihr verbundenen Personen kann heute als wichtiger Beitrag zur Begründung und Internalisierung eines Leitbildes gesehen werden.

Darüber hinaus ist zu berücksichtigen, daß für die nächsten Jahre besondere Ereignisse bereits abzusehen sind, die auch für die *Technik in Graz* Bedeutung haben werden:

Die Neue Technik: Ansichtskarte um 1955
(Sammlung J.W. Wohinz)

- die Landesausstellung 2000 mit dem Kontext „Kunst, Wissenschaft & Kommunikation"
- die Bestimmung von Graz zur Kulturstadt Europas 2003
- das 200-Jahr-Jubiläum der Gründung des Joanneums 2011.

Das Gesamtkonzept

Der Titel „Die Technik in Graz" ergab sich aus der im täglichen Sprachgebrauch häufig verwendeten, verkürzten Form der Bezeichnung für die Technische Universität Graz – Erzherzog-Johann-Universität. Die Technik als Gesamtheit, die sogenannte „Alte Technik" als Komplex im Bereich der Rechbauerstraße/Technikerstraße, die sogenannte „Neue Technik" als Komplex im Bereich der Kopernikusgasse/ Brockmanngasse stellen Begriffe dar, die längst zum gewohnten Bestandteil der Grazer Stadtlandschaft geworden sind. Der Untertitel „Aus Tradition für Innovation" soll den besonderen Geist der bisherigen und wohl auch zukünftigen Entwicklung zum Ausdruck bringen. Der Vergangenheit verpflichtet, der Gegenwart und Zukunft gleichzeitig offen und aufgeschlossen, kann als Grundeinstellung formuliert werden.

Die einzelnen Beiträge sind von hervorragend ausgewiesenen Persönlichkeiten verfaßt und wissenschaftlich fundiert recherchiert. Dennoch kann in der Gesamtheit kein Anspruch auf Vollständigkeit erhoben werden. Die Entscheidung, welche Ereignisse bzw. Personen in dieser Darstellung berücksichtigt werden sollten, wurde sorgfältig vorbereitet. Die getroffene Auswahl sowohl in den Themen wie auch in den porträtierten Personen bleibt dennoch angreifbar, und die Verantwortung liegt allein beim Herausgeber. Die bei jedem Beitrag angeführten Literaturhinweise sollten aber zusätzliche Informationen liefern können und einen Zugang für eine weiterführende Behandlung ermöglichen. Lücken und Defizite werden aber dennoch bestehen bleiben. Es wäre wünschenswert, wenn solche weißen Flecken auf der Landkarte unserer *Technik in Graz* als Anstoß für Ergänzungen bzw. Erweiterungen in Form von Publikationen dienen könnten.

Die inhaltliche Gliederung zeichnet ausgewählte Entwicklungsschritte – von der Gründung bis heute – nach. Neben der Entwicklung der Institution *Technik in Graz* wird insbesondere auch auf die damit verbundenen Menschen eingegangen. Eine Universität wird ja nicht nur durch die rechtlich-organisatorischen Strukturen und durch die infrastrukturellen Voraussetzungen geprägt, sondern vor allem durch die in ihr wirkenden Personen.

An den Beginn ist dabei zweifellos Erzherzog Johann zu stellen, der als Begründer des Joanneums die Vorläufer-Institution der heutigen Technischen Universität Graz schuf. Weiters sind hier alle jene Personen zu würdigen, die als hervorragende Forscher und Lehrer an dieser Institution – sei es auch nur vorübergehend – tätig waren; schließlich ist beispielhaft auf jene Studierenden hinzuweisen, die, von der *Technik in Graz* ausgehend, eine herausragende berufliche Entwicklung eingeschlagen haben.

Max Pietsch: Rektor 1962/63 (Porträt von Rudolf Szyszkowitz/Foto: H. Tezak, TU Graz)

Persönliche Danksagung

Die vorgenommene Aufgabe verkörpert ein hohes Maß an Komplexität. Sie kann zunächst in der Verknüpfung von historischer Entwicklung mit aktuellem Bezug gesehen werden; weiters liegt sie in der möglichst ausgewogenen Darstellung von positiven wie negativen Aspekten der Entwicklung, und dies nicht nur in technischer Hinsicht. So wurde diese Arbeit zu einem interdisziplinären Projekt für sehr unterschiedliche Fach-VertreterInnen. Daß dieses fächerübergreifende Zusammenwirken realisiert werden konnte, erscheint im Rückblick großartig. Deshalb ist hier allen jenen zu danken, die einen Beitrag zum Gelingen geleistet haben.

Damit sind zunächst insbesondere die AutorInnen gemeint, die durch ihre Ausarbeitungen den Inhalt dieser Dokumentation mit so viel persönlichem Einsatz zusammengetragen haben. Weiters schließe ich hier alle jene Personen ein, die Hinweise auf zusätzliche Unterlagen abgaben bzw. solche zur Verfügung stellten. Dadurch wurde es möglich, bisher noch nicht veröffentlichte Tatbestände darzustellen bzw. abzubilden.

Darüber hinaus ist es mir ein Anliegen, besonders zu erwähnen:

- Irolt Killmann, der als mein Nachfolger im Rektorat in freundschaftlicher Verbundenheit das Vorhaben entscheidend unterstützte,
- Friedrich Auer, Karl F. Stock und Johann Theurl, die mit den Anstoß zu diesem Projekt gaben,
- Helmut Tezak, Marieluise Vesulak und Ute Wiedner, die bei der konkreten Ausgestaltung wichtige Unterstützung leisteten.

Josef W. Wohinz: Rektor 1993–1996 (Porträt von Hans Szyszkowitz/Foto: H. Tezak, TU Graz)

Meine eigene persönliche Entwicklung wurde durch die Institution *Technik in Graz* maßgeblich beeinflußt. Dies begann als Student in den Jahren 1961 bis 1967, sodann als wissenschaftliche Hilfskraft und Universitätsassistent bis 1973. Dadurch und in einem neuen Abschnitt als Universitätsdozent bzw. Universitätsprofessor seit 1979 lernte ich diese Universität aus unterschiedlichen Blickwinkeln kennen und wurde durch sie geprägt. In besonderer Weise gilt dies für meine Tätigkeit bei Univ.-Prof. Dipl.-Ing. Dr. Max Pietsch, der durch seine Forschungsarbeit zur Industrie- und Technikgeschichte auch mein Interesse dafür nachhaltig wecken konnte. Mit seiner Publikation „Die industrielle Revolution – Von Watts Dampfmaschine zu Automation und Atomkernspaltung" lieferte er eine Analyse, die ein reges Interesse für die damalige Zeit nach sich zog.

So ist es für mich heute kein Zufall, daß mir während meiner Rektorszeit die Vorbereitungen für den Aufbau eines Universitätsarchivs ein sehr persönliches Anliegen waren. Damit verbunden, ließ mich der Gedanke an eine Gesamtdarstellung, wie sie hiermit vorliegt, nicht mehr los. Die konkrete Umsetzung hat einige Zeit in Anspruch genommen, und so habe ich heute auch meinen MitarbeiterInnen am Institut für Wirtschafts- und Betriebswissenschaften, Abteilung für Industriebetriebslehre und Innovationsforschung, zu danken. Insbesondere gilt dies für Anneliese Krenn, Klaus Offner, Karl Ritsch und Jasmine Sagrando. Hier habe ich auch meine Frau Gerlinde einzubeziehen; sie alle haben mir wichtige Hilfestellung zukommen lassen.

Mein besonderer Dank gilt auch den Institutionen und Personen außerhalb der Universität, die durch unterschiedliche Förderungen das Erscheinen in dieser repräsentativen Form ermöglichten.

Zuletzt ist dem Verlag Böhlau für die ansprechende und rasche Drucklegung zu danken. So ist es schließlich gelungen, das Buch zur 140. Wiederkehr des Todestages von Erzherzog Johann – er starb am 12. Mai 1859 – erstmals zu präsentieren.

Nun hoffe ich auf eine interessierte Leserschaft innerhalb und außerhalb der *Technik in Graz* und freue mich über allfällige Stellungnahmen, Anregungen und Bemerkungen.

„Vivat academia, vivat alma mater Joannea!"

Literaturhinweise

BINDER, Dieter A.: Das Joanneum in Graz. Lehranstalt und Bildungsstätte. Ein Beitrag zur Entwicklung des technischen und naturwissenschaftlichen Unterrichts im 19. Jahrhundert, Band 12 der Publikationen aus dem Archiv der Universität Graz, Graz 1983

DIMITRIOU, Sokratis: Die Technische Universität Graz; in: 850 Jahre Graz 1128–1978. Festschrift, hrsg. von Wilhelm Steinböck, Graz–Wien–Köln 1978, S. 399–416

FEDERHOFER, Karl: Die Technische Hochule, in: Die Stadt Graz. Ihre kulturelle, bauliche, soziale und wirtschaftliche Entwicklung der letzten sechzig Jahre nebst kurzen geschichtlichen Rückblicken, hrsg. aus Anlaß der Achthundertjahrfeier, 1128–1928, Graz 1928

GÖTH, Georg: Das Joanneum in Gratz, geschichtlich dargestellt zur Erinnerung an seine Gründung vor 50 Jahren, Graz 1861

HOHENBERG, Fritz: Die Technische Hochschule in Graz, in: Die Steiermark. Land, Leute, Leistung, hrsg. von der Steiermärkischen Landesregierung, Graz 1971, S. 764–774

ILWOF, Franz: Die Entwicklung der Technischen Hochschule von ihren Anfängen bis in die Gegenwart. Eine geschichtliche Skizze, in: Festschrift zur Jahrhundertfeier des Joanneums, 1911,
S. 11–54

KERNBAUER, Alois (Hrsg.): Der Grazer „Campus", Universitätsarchitektur aus vier Jahrhunderten, Graz 1995

LUDESCHER, Marcus: Zur Geschichte der Technischen Universität Graz, Zwei Texte (TUG-Projektdokumentation) Graz, im Mai 1995

PIETSCH, Max: Die industrielle Revolution – Von Watts Dampfmaschine zu Automation und Atomkernspaltung, Freiburg–Basel–Wien 1961

STURM, Friedrich (Hrsg.): 150 Jahre Montanuniversität Leoben, 1840–1950, Graz 1990

TECHNISCHE HOCHSCHULE IN GRAZ (Hg.): Gedenkschrift zur Hundertfünfzig-Jahrfeier der Technischen Hochschule in Graz, Graz 1962

TECHNISCHE UNIVERSITÄT GRAZ (Hg.): Technische Universität Graz / Erzherzog-Johann-Universität, Geschichte, Lehr- und Forschungstätigkeit, Graz 1978 bzw. 1982/83

WEINGAND, Hans-Peter: Die Technische Hochschule im Dritten Reich. Vorgeschichte, Geschichte und Nachgeschichte des Nationalsozialismus an einer Institution, ed. Hochschülerschaft an der TU Graz, 2., durchges.Aufl., Graz 1995

WELAN, Manfried (Hrsg.): Die Universität für Bodenkultur Wien. Von der Gründung in die Zukunft 1872–1997, Wien–Köln–Weimar 1997

WILHELM, Gustav: Aus der Geschichte der k.k. technischen Hochschule in Graz, in: Zur Feier der Eröffnung des Neubaues der k.k. Technischen Hochschule in Graz am 12. December 1888, S. 5–15

Josef W. Wohinz

Die Technik in Graz

Aus Tradition für Innovation

Traditionelle Insignien der akademischen Funktionäre an der Technik in Graz (Foto: H. Tezak)

Die Technische Universität Graz von heute geht in ihren Anfängen auf eine Stiftung von Erzherzog Johann von Österreich im Jahre 1811 zurück. Er übergab damals seine naturwissenschaftlichen Sammlungen den Ständen des Herzogtums Steiermark, und das danach benannte Joanneum wurde zur Keimzelle der späteren Universitätsentwicklung. Die *Technik in Graz* zählt damit zu den traditionsreichen Lehr- und Forschungseinrichtungen ihrer Art. Dieses Traditionsbewußtsein kann jedoch nicht unreflektiert gepflegt werden.

Es sind etwa 30 Jahre her, da hatte an den Universitäten – nicht nur unseres Sprachraumes – ein provokantes Motto hohe Aktualität: „Weg mit den Talaren, unter ihnen steckt der Muff von tausend Jahren!". Talar, Barett, Amtsketten der Rektoren und Dekane sowie das Szepter der Universität sind ja in der Tat deutlich sichtbare Zeichen eines Traditionsbewußtseins. Wenn trotz aller Kritikpunkte diese Ausstattungsstücke auch heute bei allen akademischen Festakten noch Verwendung finden, so ist dies für die jeweiligen akademischen Funktionäre mehr oder weniger selbstverständlich. Auch die überwiegende Zahl der zu einer Promotion oder Sponsion geladenen Studierenden – und mehr noch ihre Angehörigen – schätzen die Gestaltung des Studienabschlusses in dieser festlichen Weise. Dennoch sollte diese Tradition am Ende des 20. Jahrhunderts durchaus hinterfragt werden.

Gerade an einer Technischen Universität, an der ja technischer Fortschritt das universitäre Wirken immer stark prägte und Veränderung im weitesten

Gedenktafel für die gefallenen akademischen Mitbürger im Stiegenaufgang des Hauptgebäudes (Foto: H. Tezak)

Sinn auch heute noch prägt, erscheint nun dieses Spannungsfeld zwischen Tradition einerseits und Innovation andererseits besonders herausfordernd und damit auch stimulierend.

Tradition als Überlieferung

Tradition bedeutet (nach Duden) die Überlieferung, den Brauch, die Gewohnheit, die Gepflogenheit bzw. die Weitergabe (an spätere Generationen). Traditionalismus umschreibt jene geistige Haltung, die bewußt an der Tradition festhält, sich ihr verbunden fühlt und skeptisch allem Neuen gegenübersteht.

Nun scheint es durchaus angebracht, auch an der *Technik in Graz* Traditionsbewußtsein zu pflegen und damit Verbundenheit zu zeigen in mehrfacher Hinsicht:

- Verbundenheit mit dem Gründer des Joanneums, Erzherzog Johann, der als „Habsburgs grüner Rebell" (nach H. Magenschab) die Keimzelle der heutigen „Alma mater Joannea" stiftete.
- Verbundenheit mit den jungen Menschen, die an dieser Universität studierten und zu denen beispielsweise in den Jahren 1876/77 und 1877/78 auch Nikola Tesla zählte. Der spätere Gegenspieler T.A. Edisons wird heute als einer der genialsten und phantasievollsten Erfinder (von manchen als der vermutlich größte Erfinder aller Zeiten und Völker) eingestuft (nach Josef Hermann Stiegler).

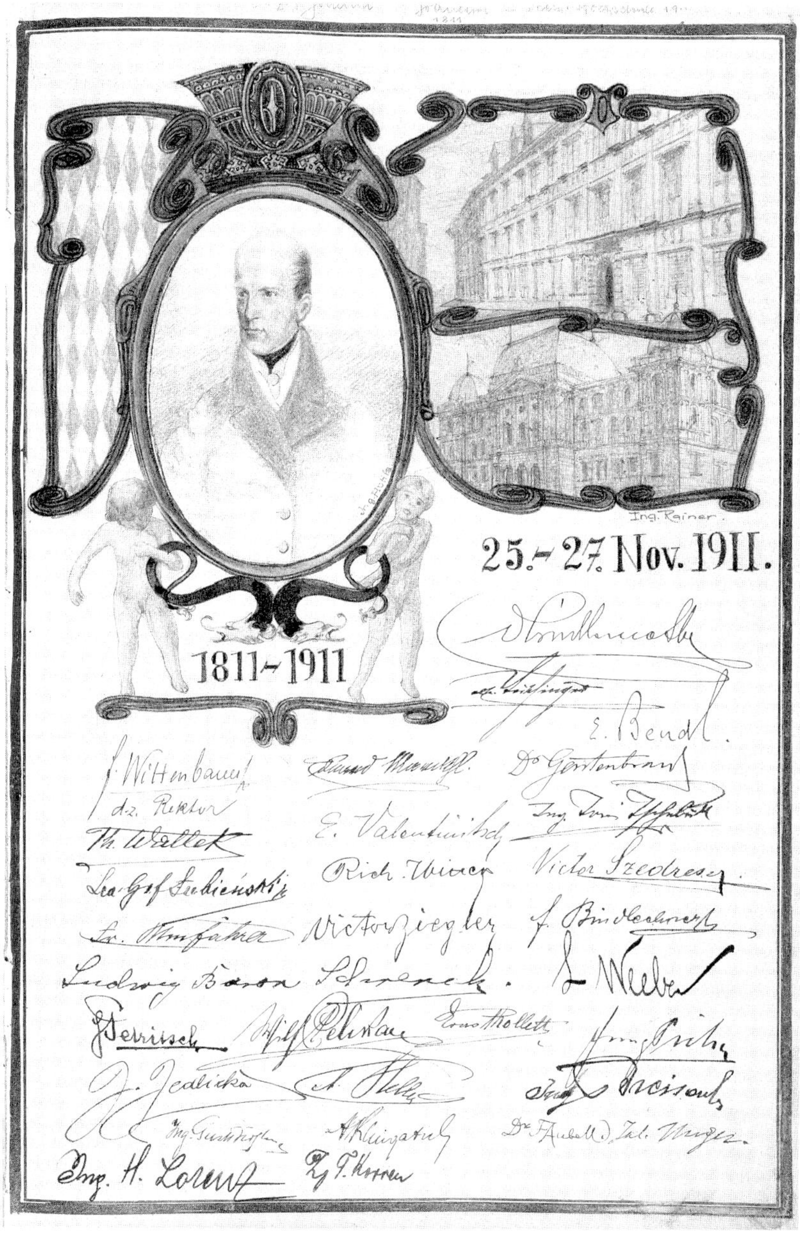

Erinnerungsblatt aus dem Gedenkbuch des Verbandes ehemaliger Grazer Techniker (Universitätsarchiv TU Graz)

– Verbundenheit mit den UniversitätsmitarbeiterInnen, die an dieser Stätte wirkten und damit den heutigen Ruf begründeten. Stellvertretend soll hier Richard Zsigmondy erwähnt werden, der als Assistent und Privatdozent in den Jahren 1893 bis 1898 Lehrveranstaltungen über Chemische Technologie abhielt und dem 1926 rückwirkend für 1925 der Nobelpreis für Chemie verliehen wurde.

Aber was wäre eine Technische Universität heute und in Zukunft, wenn sie nur aus der Vergangenheit lebte? Oder noch krasser fomuliert: Was wäre, wenn sie auf dem Stand der Technik von 1811 stehen geblieben wäre?

Offensichtlich ist gerade mit der Technik der Begriff des technischen Fortschritts untrennbar verbunden und macht damit auch einen Wesenszug einer Technischen Universität aus. Oder – um ein aktuelles Schlagwort unserer Zeit aufzugreifen – Technik kann – bei aller Tradition – nicht losgelöst von Innovation gesehen werden.

Innovation als Erneuerung

Joseph A. Schumpeter
(Foto: Bildarchiv, ÖNB Wien)

Innovation bedeutet (nach Duden) Erneuerung, Veränderung, heute insbesondere die Entwicklung neuer Ideen, Techniken, Produkte o.ä.. Noch in der Duden-Ausgabe des Jahres 1966 wurde unter dem Begriff der Innovation lediglich der Erneuerungssproß bei mehrjährigen Pflanzen erwähnt. Dabei hat der Begriff der Innovation auch im heutigen wirtschaftswissenschaftlichen Sinn bereits Tradition. Er geht auf Joseph A. Schumpeter (1883–1950) zurück.

Dieser große österreichische Vertreter der Wirtschafts- und Sozialwissenschaften lehrte in den Jahren 1911 bis 1918 als ordentlicher Professor der politischen Ökonomie an der Karl-Franzens-Universität Graz. Er war – im Jahre 1911 – der jüngste ordentliche Professor der Monarchie überhaupt.

Joseph Alois(ius Julius) Schumpeter wurde am 8. Februar 1883 in der kleinen mährischen Stadt Triesch (heute Trest) geboren. Seine Eltern gehörten der dort lebenden, deutschsprechenden Minderheit an; sein Vater war Tuchfabrikant. Im Oktober 1888 zog seine Mutter, nach dem Tod ihres Mannes, mit ihrem Sohn nach Graz. Hier besuchte Joseph die Volksschule. 1893 übersiedelte man nach Wien. Schumpeter wurde in das Theresianum aufgenommen und schloß dort im Jahre 1901 mit Auszeichnung ab. Er begann danach an der Universität Wien das Studium der Rechtswissenschaften und der Politischen Wissenschaft, hatte aber offensichtlich immer schon die Nationalökonomie im Auge. Er nahm darüber hinaus an Seminaren in Statistik und Mathematik teil und legte 1905 im Alter von 22 Jahren dazu die ersten Publikationen vor. Nach fünf Jahren Studium wurde Schumpeter im Jahre 1906 zum Doktor der Rechte promoviert.

Doch sein großes Interesse galt insbesondere der ökonomischen Theorie – er wollte Nationalökonom werden. Nach einer ausgedehnten Reise nach Deutschland, Frankreich und England konnte er im Jahre 1909 seine Habilitation zum Privatdozenten in Politischer Ökonomie erfolgreich abschließen. Im selben Jahr wurde er als außerordentlicher Professor an die Universität von Czernowitz (in der heutigen Ukraine) berufen. Vermutlich hatte er einen Ruf an eine angesehenere Universität angestrebt; so nahm er bereits im Jahre 1911 einen Ruf als ordentlicher Universitätsprofessor der Politischen Ökonomie an die Universität Graz an.

64

143. Wasserbau: Übungen. 6 St. **W. S.** 10 St. **S. S.**
Prof. Paul.

144. Enzyklopädie der Ingenieur-Wissenschaften: Vorträge: 3 St. **W. S.** Übungen: 3 St. **W. S.** Zivilingenieur Schenkel.

145. Feuerschutz. Feuerschutz und Volkswirtschaft; Verhütung der Brandentstehung und der Brandausbreitung; Feuerbekämpfung. Bauart der Feuerwehren. (Besichtigung, praktische Vorführungen, nach Verlangen praktische persönliche Ausbildung). 1 St. **W. S.**
Städt. Oberbaurat und Branddirektor Qurin.

G. Rechts-, staats- und handelswissenschaftliche Fächer.

146. Baugesetzkunde: 3 St. **W. S.**
Univ.-Prof. Dr. Anders.

147. Eisenbahngesetzkunde: 2 St. **W. S.**
Univ.-Prof. Dr. Anders.

148. Grundbuchsrecht: 1½ St. **W. S.**
Dozent Landesgerichtsrat Dr. Krauss.

149. Katastergesetze und Evidenzhaltung des Grundsteuerkatasters: 1½ St. **W. S.** Dozent Evidenzhaltungsdirektor Klomser.

150. Staatswissenschaften, I. Teil:
a) Elemente des österreichischen Verfassungsrechtes. 2 St. **W. S.**
b) Elemente des österreichischen Verwaltungsrechtes. 1 St. **S. S.**
Dozent Oberstadtrat Dr. Bischoff.

II. Teil: 1. Volkswirtschaftslehre. 2. Volkswirtschaftspolitik: National-Ökonomik der Land- und Forstwirtschaft, des Bergbaues, der Gewerbe und der Industrie, des Handels, mit besonderer Berücksichtigung des Geld-, Kredit- und Bankwesens sowie des Verkehres, insbesondere des Eisenbahnwesens; Sozialpolitik. 3. Finanzwissenschaft. 2 St. **W. S.** 3 St. **S. S.**
Univ.-Prof. Dr. Schumpeter.

151. Handels- und Wechselrecht: 4 St. **S. S.**
Univ.-Prof. Dr. Anders.

152. Buchhaltung: Einführung in das Wesen der doppelten Buchhaltung im Zusammenhang mit Organisation und Selbstkostenberechnung industrieller Betriebe. Industrie- und Bankbilanzen. 2 St. **W. S.** Dozent Handelsakademie-Prof. Führer.

H. Geschichte, Sprachen und Fertigkeiten.

153. Deutsche Literatur: Die neuere deutsche Novelle. 2 St. **W. S.** Dienstag, pünktlich 6 bis ¼8 Uhr, verlegbar.
Dozent Dr. Polheim.

97

Klusemann Erich, Dr. phil., Ökonomierat, I. Vizepräsident der Landwirtschafts-Gesellschaft für Steiermark — für Enzyklopädie der Land- und Forstwirtschaft. Hart bei Straßgang.

Krauss Ludwig, Doktor der Rechte, Landesgerichtsrat, Mitglied der Kommission für die Abhaltung der Staatsprüfung an dem Kurse für Vermessungsgeometer. — Für Grundbuchsrecht. Brockmanngasse 68.

Kruppa Erwin, Doktor der technischen Wissenschaften, Privatdozent, wie oben. — Für Elemente der höheren Mathematik und projektive Geometrie. Naglergasse 25.

Marussig Anton, akademischer Maler, — für figurales Zeichnen und Aquarellieren. Joanneumring 6.

Polheim Karl, Doktor der Philosophie, Privatdozent an der Universität, — für deutsche Literatur. Radetzkystraße 17.

Qurin Theophil, städt. Oberbaurat und Branddirektor, beeideter Sachverständiger für Feuerlösch- und Rettungswesen — für Feuerschutz. Lendplatz 15.

Sartory Franz, tit. a. o. Professor, städt. Oberbaurat, wie oben.

Schenkel Theodor, Zivilingenieur für das Bauwesen, Ritter des Franz-Josef-Ordens mit der Kriegsdekoration, Mitglied der II. Staatsprüfungs-Kommission für die Bauingenieur-Schule und der Kommission für die Abhaltung der Staatsprüfung an dem Kurse für Vermessungsgeometer — für Enzyklopädie der Ingenieur-Wissenschaften. Auersperggasse 11. (Fernsprecher der Wohnung: Nr. 2258.)

Schneider Rudolf, Oberbaurat der steierm. Landesregierung, Ritter des Franz-Josef-Ordens, Mitglied der II. Staatsprüfungs-Kommissionen für die Bauingenieur- und Hochbau-Schule, — für technische Hygiene. Nibelungengasse 46.

Schumpeter Josef, Doktor der Rechte, o. ö. Universitätsprofessor, Mitglied der Prüfungskommissionen für Zivilingenieure für das Bauwesen sowie für Architektur und Hochbau, für Maschinenbau, für Elektrotechnik, für Forstwesen, für technische Chemie und für Zivilgeometer, — für Volkswirtschaftslehre, Volkswirtschaftspolitik, Sozialpolitik und Finanzwissenschaft. Parkstraße 17. (Fernsprecher der Wohnung: Nr. 2781.)

Suida Wilhelm, Doktor der Philosophie, a. o. Universitätsprofessor, — für Geschichte der Architektur sowie für Geschichte der Malerei und Bildhauerei. Heinrichstraße 18.

Lehrer.

Dietrich Adolf, Doktor der Philosophie, Professor an der Landes-Oberrealschule, — für französische und italienische Sprache. Kroisbach: Dominikanergrund 10.

7

Auszug aus dem Programm der Technischen Hochschule in Graz für das Studienjahr 1919/20 (Universitätsbibliothek TU Graz)

Schumpeter hatte in dieser Zeit in Graz umfangreiche Lehrverpflichtungen zu erfüllen. Auch an der *Technik in Graz* lehrte er in den Studienjahren 1912/13 bis 1919/20 die Fächer Volkswirtschaftslehre und Volkswirtschaftspolitik und war Mitglied der Prüfungskommissionen für Zivilingenieure mehrerer Fachgebiete. So erledigte er ein beträchtliches Arbeitspensum. Da er zu dieser Zeit der einzige Professor für Volkswirtschaftslehre in Graz war, wurde er – trotz Musterung – nicht zum aktiven Militärdienst herangezogen. So ergab es sich auch, daß unter Schumpeter als damaligem Rektor am 20. Juli 1917 dem steirischen Dichter Peter Rosegger das Ehrendoktorat der Universität Graz verliehen wurde.

Bereits in den Jahren 1913/14 nahm er eine Gastprofessur in den Vereinigten Staaten an der Columbia University in New York an. Nach dem Ersten Weltkrieg verließ er die akademische Laufbahn und wurde 1919 zum Finanzminister in der neu begründeten Republik Österreich bestellt. Bereits sieben Monate nach seiner Ernennung wurde er allerdings wieder entlassen. Die folgenden Jahre waren für ihn eine Periode großer Schwierigkeiten.

Nach Beurlaubung bzw. Befreiung von seinen Lehrverpflichtungen in Graz wurde er Präsident einer kleinen Wiener Bank und begann, beträchtliche Investitionen in verschiedenen Unternehmungen vorzunehmen. Mit der Wirtschaftskrise im Jahre 1924 entstanden ernste Schwierigkeiten, die auch zur Entlassung Schumpeters als Vorstandsvorsitzender führten. So war es eine große Hilfe für ihn, als er 1925 einen Ruf an den Lehrstuhl für öffentliche Finanzwirtschaft an der Universität Bonn erhielt und im selben Jahr auch ernannt wurde.

Schumpeters Lehrtätigkeit in Bonn war überaus erfolgreich; dennoch entschloß er sich – nach Gastprofessuren in den Jahren 1927/28 – im Jahre 1932 dazu, Europa langfristig zu verlassen.

Er nahm ein Angebot der Harvard University in Cambridge/ Massachusetts an und gehörte ihr bis zu seinem Tode an. Schumpy, wie er von den Studenten vielfach genannt wurde, genoß große Popularität und war gleichzeitig wissenschaftlich höchst geachtet. So war er in den Jahren 1937 bis 1941 Präsident der Econometric Society, 1948 Präsident der American Economic Association und 1949 wurde er zum ersten Präsidenten der International Economic Association gewählt. Joseph A. Schumpeter starb am 8. Jänner 1950 in seinem Landhaus in Taconic/Connecticut.

Am Beginn seiner Zeit in Graz, nämlich im Jahre 1911, erschien sein wohl wichtigstes Werk „Theorie der wirtschaftlichen Entwicklung". In diesem ging er erstmals auf das Wesen der Innovation in der heutigen Deutung unter dem Begriff „Durchsetzung neuer Kombinationen" ein und beschrieb die folgenden fünf Fälle:

„1. Herstellung eines neuen, d.h. dem Konsumentenkreise noch nicht vertrauten Gutes oder einer neuen Qualität eines Gutes.
2. Einführung einer neuen, d.h. dem betreffenden Industriezweig noch nicht praktisch bekannten Produktionsmethode, die keineswegs auf einer wissenschaftlich neuen Entdeckung zu beruhen braucht und auch in einer neuartigen Weise bestehen kann, mit einer Ware kommerziell zu verfahren.
3. Erschließung eines neuen Absatzmarktes, d.h. eines Marktes, auf dem der betreffende Industriezweig des betreffenden Landes bisher noch nicht eingeführt war, mag dieser Markt schon vorher existiert haben oder nicht.
4. Eroberung einer neuen Bezugsquelle von Rohstoffen oder Halbfabrikaten, wiederum: gleichgültig, ob diese Bezugsquelle schon vorher existierte – und nur vielleicht nicht beachtet wurde oder für unzulänglich galt – oder ob sie erst geschaffen werden muß.
5. Durchführung einer Neuorganisation, wie Schaffung einer Monopolstellung (z.B. durch Vertrustung) oder Durchbrechen eines Monopols."

Joseph A. Schumpeter differenzierte in der weiteren Folge deutlich zwischen Invention, Innovation und Imitation, was in den folgenden Formulierungen (nach G. F. Ray) zum Ausdruck kommt:

„Invention: obvious first step toward any new product or process
Innovation: process of finding economic application for the inventions
Imitation: process by which innovation is diffused throughout the industry or the economy."

Im Grunde wird in etwas abgewandelter Form auch heute dieser Begriffsinhalt verwendet; je nachdem, welcher Schwerpunkt im Rahmen eines betrieblichen Innovationsprozesses im Vordergrund steht, werden beispielsweise unter Beziehung auf K.E. Knight vier Formen unterschieden:

- Produktinnovationen als Erneuerung im Sachziel von soziotechnischen Systemen (entspricht: product oder service innovations)
- Verfahrensinnovationen als geplante Veränderungen im Prozeß der Faktorkombination (entspricht: production-process innovations, i.e. introduction of new elements in the organization's task, decision, and information systems or its physical production or service operations, the advances in the technology of the company)
- Strukturinnovationen als geplante Veränderungen von Aufgabenzuordnungen, Autoritätsbeziehungen oder Kommunikationssytemen (entspricht: organizational-structure innovation, i.e. the introduction of altered work assignment, authority relations, communication systems, or formal rewards systems into the organization)
- Sozialinnovationen als geplante Änderungen im Humanbereich von soziotechnischen Systemen (entspricht: people innovation, i.e. altering the personnel by dismissing and/or hiring and modifying the behavior or beliefs of the people in organization via techniques such as education or psychoanalysis).

Innovation (als „Aufbruch ins Neuland") kann durch die Merkmale

- Neuigkeitsgrad
- Komplexität
- Unsicherheit/Risiko
- Konfliktgehalt

gekennzeichnet werden und erfordert deshalb Innovationsbereitschaft (Wollen) und Innovationsfähigkeit (Können) zum erfolgreichen Erreichen eines angestrebten Zustandes. Im günstigen Fall spricht man von einem positiven Innovationsklima, im anderen Fall liegen Innovationsbarrieren vor, die für eine Veränderung erst überwunden werden müssen.

Übertrag auf die universitäre Situation

Überträgt man diese Überlegungen auf die aktuelle universitäre Situation, so können durchaus bestimmende Merkmale herausgearbeitet werden.

In einer extern orientierten Betrachtung kann zunächst allgemein festgehalten werden, daß natürlich dieselbe starke Dynamik im Umfeld wirkt, wie sie auch sonst allerorten festzustellen ist. Dies betrifft die Kategorien

- der gesellschaftlichen Entwicklung
- der politischen Entwicklung
- der wirtschaftlichen Entwicklung
- der ökologischen Entwicklung
- der technischen Entwicklung.

Aus der Dynamik in diesen Umfeldkategorien wird hier beispielhaft auf Veränderungen in den gesetzlichen Rahmenbedingungen – als Ergebnis der gesellschaftlichen bzw. politischen Entwicklung – hingewiesen.

Mit der Veränderung gesetzlicher Rahmenbedingungen werden natürlich auch die internen Arbeitsbedingungen innerhalb der Universität wesentlich beeinflußt. Überlagert wird diese Entwicklung durch die allgemeine Forderung nach „schlanken Organisationen", wie sie in dem Management-Bestseller von Womack J.P., Jones D.T. und Roos D. für die Autoindustrie so überzeugend beschrieben werden; „Lean University" kann durchaus zum Schlagwort zukünftiger universitärer Diskussionen werden!

Wie werden nun solche Entwicklungen innerhalb der Universität gesehen? Werden sie als Bedrohung interpretiert, weil dadurch bestehende Strukturen bewußt in Frage gestellt werden müssen? Oder werden sie auch als Chance angesehen, um vielleicht längst sinnvolle Anpassungsprozesse einleiten zu können? Es bleibt also die Frage offen, wie sehr es einer Organisation wie der Universität gelingt, vorhandene interne Stärken zu verstärken und Schwachstellen zu beseitigen, um damit entsprechende Voraussetzungen für überdurchschnittliche Ergebnisse auch in der Zukunft zu schaffen.

Im Untertitel dieses Buches wird darauf hingewiesen, daß an der *Technik in Graz* „aus Tradition für Innovation" gedacht und gearbeitet wird; drei Beispiele sollen hier stellvertretend für dieses innovative Engagement angeführt werden:

- Das Engagement des Gründers, Erzherzog Johann von Österreich, der seine persönliche Einstellung im Gründungsstatut 1811 eindrucksvoll ausformulierte.
- Die Promotion des ersten Doctors der technischen Wissenschaften in der k.u.k. Monarchie, mit der 1901 eine neue Ära der organisationsrechtlichen Entwicklung für Technische Hochschulen in Österreich eingeleitet wurde.

Aktuelle Ausdrucksformen der corporate identity an der Technik in Graz (Foto: H. Tezak)

– Die Implementierung des UOG 1993; wobei die *Technik in Graz* unter den ersten Universitäten in Österreich und als einzige mit einer ausgeprägten Fakultätengliederung Pilotfunktion übernahm.

Zusammenfassung und Ausblick

Als Resumee der Betrachtungen über das Spannungsfeld zwischen Tradition und Innovation an der *Technik in Graz* kann abgeleitet werden:

1. Tradition als Verbundenheit mit dem Überlieferten erscheint wichtig und zweckmäßig. Traditionalismus als Geisteshaltung wird aber dann gefährlich werden, wenn diese Verbundenheit mit dem Überlieferten dazu führt, daß man skeptisch allem Neuen gegenübersteht und dadurch erschwert oder sogar verhindert wird, daß neue, zeitgemäße Lösungen gesucht, gefunden und auch umgesetzt werden.
2. Die Tradition der „Alma mater Joannea" stellt einen Wert dar, der alle Universitätsangehörigen – Studierende, AbsolventInnen wie UniversitätsmitarbeiterInnen –, aber auch die Gesellschaft mit Stolz erfüllen kann und deshalb auch bewußt gepflegt werden sollte.
3. Gleichzeitig sollte aber das Bemühen um Bereitschaft und Fähigkeit zur Innovation ebenso bewußt gestärkt werden. In einem sich überaus dynamisch entwickelnden Umfeld wird eine Universität nur dann die von der Gesellschaft erwarteten Beiträge liefern können, wenn aktuelle und zukünftige Entwicklungen rechtzeitig erkannt werden und danach auch gehandelt wird.
4. Innovation als Aufbruch ins Neuland stellt immer ein ungewisses, risikobehaftetes, schwieriges Unterfangen dar. Eine Innovation wird aber dann um so erfolgreicher gelingen, wenn Bereitschaft und Fähigkeit dazu gegeben sind. Dabei kann es durchaus von Vorteil sein, wenn Einsichten und

Erfahrungswerte aus bisherigen Aktivitäten verwendet und zumindest teilweise in die Zukunft übertragen werden können.

5. Die Gestaltung strategischer Erfolgspositionen als Grundlage für überdurchschnittliche Ergebnisse muß von der Universität bewußt vorangetrieben werden. Der Aufbau bzw. Ausbau interner Stärken sowie die Beseitigung interner Schwachstellen zur Wahrnehmung extern gegebener Chancen und die Abwehr extern vorhandener Bedrohungen werden damit zu einer Herausforderung für heute und die Zukunft.
6. Dazu erscheint es interessant, die Universität von heute auch unter Management-Aspekten zu sehen. Der Wertmanagement-Ansatz (nach Peter Gomez) sollte anregen, die verschiedenen Anspruchsgruppen mit ihren unterschiedlichen Interessen aufzuzeigen und bei universitären Entscheidungen entsprechend zu berücksichtigen.
7. In erster Linie kommt es offensichtlich auf den Geist an, in dem Tradition und Innovation gepflegt werden. Es liegt also an den Menschen als den handelnden Personen, und diese Einsicht hat etwas Beruhigendes, aber auch etwas Herausforderndes in sich: Der Mensch, die menschlichen Aspekte haben augenscheinlich entscheidende Bedeutung auch im Arbeitsfeld der Technik.

So bleibt als Ausblick eine andauernde Herausforderung zur Innovationsbereitschaft und Innovationsfähigkeit. Diese Herausforderung gilt zunächst und in erster Linie für die Universitätsangehörigen, d.h. diejenigen Personen bzw. Personengruppen, die innerhalb der Universität arbeiten bzw. das Leben und Arbeiten beeinflussen: Studierende, UniversitätsassistentInnen und UniversitätsprofessorInnen, MitarbeiterInnen im Bereich der Lehre, Forschung und Verwaltung.

Diese Herausforderung gilt aber auch für alle, die das universitäre Umfeld bilden: AbsolventInnen, EntscheidungsträgerInnen in Politik und Verwaltung, aber auch AuftraggeberInnen, Kooperations- und GeschäftspartnerInnen.

Alle sind aufgerufen, nach Maßgabe der Möglichkeiten ihre Beiträge einzubringen, um der großen Tradition der *Technik in Graz* – der Erzherzog-Johann-Universität – zu entsprechen. Mit innovativem Engagement soll damit unser aller Zukunft gestaltet werden.

Literaturhinweise:

DUDEN: Das Fremdwörterbuch, Bd. 5, 2. Aufl., Mannheim–Wien–Zürich 1966

DUDEN: Das Fremdwörterbuch, Bd. 5, 3. Aufl., Mannheim–Wien–Zürich 1974

GOMEZ, Peter: Wertmanagement. Vernetzte Strategien für Unternehmen im Wandel, Düsseldorf–Wien–New York–Moskau 1993

KNIGHT, K.E.: A Descriptive Model of the Intra-Firm Innovation Process, in: JoB, 40(1967), S. 478–496

MAGENSCHAB, Hans: Erzherzog Johann – Habsburgs grüner Rebell, Graz–Wien–Köln 1981
OBERHOFER, A.F.; WOHINZ, J.W.; KROPIUNIG, J.: Innovatives UNI-Management, Eine Orientierung, Wien 1997
RAY, G.F.: The diffusion of new technology – A study of ten processes in nine industries, in: National Institute Economic Review, Heft 48, May 1969, S. 40
SCHUMPETER, J.A.: Theorie der wirtschaftlichen Entwicklung, 7. Aufl., Berlin 1987
SEIDL, Christian: Joseph Alois Schumpeter – Ein großer Sozialökonom, in: Tradition und Herausforderung, 400 Jahre Universität Graz, hrsg. von Kurt Freisitzer, Walter Höflechner, Hans-Ludwig Holzer und Wolfgang Mantl, Graz 1985, Seite 227–246
STIEGLER, J.H.: Vor 50 Jahren starb der Erfinder Nikola Tesla, in: Die Presse, 30. April 1993
SWEDBERG, Richard: Joseph A. Schumpeter – Eine Biographie, Stuttgart 1994
WOHINZ, Josef W.: Tradition und Innovation, in: Akademische Reden an der Technischen Universität Graz, Bd. 1, Graz 1996
WOHINZ, Josef W.: Innovation als Gründungsauftrag, in: Technische Universität Graz (Hg.): Bericht 1993–1996, Graz 1996

Erzherzog Johann von Österreich
(Bild: Steiermärkisches Landesmuseum
Joanneum, Bild- und Tonarchiv)

Franz Harnoncourt-Unverzagt
Josef W. Wohinz

Erzherzog Johann

Kaiserspröß und Innovator

Die Zeit am Ende des 18. und am Beginn des 19. Jahrhunderts war durch tiefgreifende Veränderungen gekennzeichnet. Es war jene Zeit, in der Napoleon Bonaparte ganz Europa politisch-militärisch seinen Stempel aufdrückte. Es war aber auch jene Zeit, die als Übergang von der Aufklärung zur Industriellen Revolution bezeichnet werden kann. Diese Veränderungen umfaßten praktisch alle europäischen Länder, und selbstverständlich betrafen sie damit auch Österreich und die Steiermark.

In diese Zeit wurde am 20. Jänner 1782 im Palazzo Pitti zu Florenz Johann Baptist von Österreich geboren. Er war das dreizehnte Kind aus einer Ehe zwischen dem Habsburger Großherzog Peter Leopold von Toskana und Maria Ludovica (auch Marie Luisa), Infantin von Spanien, Prinzessin von Neapel und Sizilien, aus dem Hause Bourbon.

Schon seine Ankunft hatte etwas Volkstümliches, denn er wurde auf den Namen des Stadtpatrons von Florenz getauft. Dieser hatte allerdings in der Habsburgischen Familiengeschichte keinen besonders guten Klang. Erinnerte er doch an den Rebell Johannes Parricida und den illegitimen Sproß Kaiser Karls V, Don Juan d'Austria. Die Paten des kleinen Erzherzogs waren ein einfacher Florentiner Bürger und ein unbekannter Kapuzinermönch.

Von Florenz nach Wien

Die großherzogliche Familie führte ein harmonisches und für damalige Begriffe eigentlich bürgerliches Familienleben. Der an den Naturwissenschaften interessierte Vater vermittelte dem Sohn schon früh ein lebhaftes Interesse für die Natur. Gerade diese Naturliebe wurde später einmal eine wichtige Basis auch seiner wirtschaftlichen Überlegungen. Johanns später klar gefügtes weltanschauliches Programm beruhte auf der vom Vater übernommenen, in der Toskana erprobten, wirtschaftlichen Theorie physiokratischer Art.

Die unbeschwerten Kindheitsjahre in der Toskana endeten jäh, als mit dem Tod Kaiser Josefs II. am 20. Februar 1790 nun Leopold (als Bruder) durch Wahl am 9. Oktober 1790 in Frankfurt am Main die römisch-deutsche Kaiserkrone übernahm. Unmittelbar danach erfolgte die Krönung zum Apostolischen König von Ungarn (15. November 1790) bzw. zum König von Böhmen (6. September 1791). Noch vor seiner Abreise nach Wien hatte er den Toskanern einen ausführlichen Rechenschaftsbericht über seine Leistungen in den Jahren seiner Regierung und die Notwendigkeiten für künftige Zeiten gegeben. Eine solche ethische Grundeinstellung mangelte manchem der Mächtigen damals gleichermaßen, wie sie vielen von ihnen auch heute noch fehlt.

Mit dieser Entwicklung wurde auch das Leben des jungen Erzherzogs wesentlich geprägt. Im Alter von acht Jahren machte er seine erste Reise von Florenz über Bologna, Modena, Mantua, Verona, Bozen, Bruneck, Lienz, Spittal, Klagenfurt und Judenburg nach Wien.

Diese Übersiedlung brachte Johann in eine ganz neue Welt und zum ersten Mal in Kontakt mit jenen beiden Ländern, die ihm später einmal so viel bedeuten sollten: Tirol und Steiermark.

Die ersten Jahre in Wien waren von schwersten Schicksalsschlägen gekennzeichnet, die sicherlich einen maßgeblichen Einfluß auf den weiteren Lebensweg des Prinzen hatten. 1792 verlor der damals zehnjährige Johann innerhalb von drei Monaten Vater und Mutter. Sein ältester Bruder Franz, der schon zu Lebzeiten von Josef II in Wien erzogen worden war, folgte dem Vater auf den Thron.

Die Erziehung eines Prinzen am Wiener Hof war seit Jahrhunderten fixiert. Streng und einfach, gespickt mit Lernstoff und militärischem Drill. Sprachen, Geschichte, Staatswissenschaften, Naturwissenschaften, dazu Fechten und Reiten – nicht zu vergessen eine profunde religiöse Erziehung – füllten die Tage bis zum Rande aus. Der kriegerischen Zeiten wegen dürfte die sonst übliche künstlerische Erziehung etwas zu kurz gekommen sein.

In späteren Jahren erinnerte sich Erzherzog Johann mit größter Dankbarkeit an seinen damaligen Erzieher, den Hauptmann im Ingenieurcorps Armand Graf Mottet, der ihm immer hilfreich zur Seite gestanden war und richtungsweisend auf den Knaben gewirkt hatte. Es dürfte auch Mottet gewesen sein, der dem Prinzen die Grundidee seines späteren Wirkens, die Überwindung der zerstörerischen Revolution durch Evolution und soziales Handeln, nahegebracht hatte.

Was Mottet begonnen, entwickelte Johannes von Müller als Lehrer des heranwachsenden Johann weiter. Müller war ein bedeutender Schweizer Historiker und in Wien als k.u.k. Hofrat bei der Geheimen Hof- und Staatskanzlei tätig. Er regte den jungen Mann zu systematischen und ernsthaften Geschichtsstudien an. Dies war in der damaligen, sehr geschichtsfeindlichen Zeit eine Seltenheit. Johann fand in den schwersten Stunden seines Lebens Trost im Rückblick auf geschichtliche Ereignisse. Er sagte selbst: „Da wird es hell in meinem Kopf, die Geschichte ist der Schlüssel zu allem." Aus dem Studium der Geschichte schöpfte er auch jene Grundeinsichten und Erkenntnisse über die Wechselbeziehungen zwischen Volk und Staat, die sein späteres aktives Handeln stark beeinflussen sollten. Auch der Unterricht durch Franz von Zeiller, den geistigen Urheber des klassischen „Allgemeinen Bürgerlichen Gesetzbuches" war von großer Bedeutung. Geführt von einem so bedeutenden Rechtsgelehrten, erfaßte er früher als andere den tiefen Sinn des Rechtssatzes, daß im Kaiserreich Österreich alle Menschen ohne Unterschied vor dem Gesetz gleich zu sein hätten.

Am 9. November 1799 hatte General Napoleon Bonaparte in einem Staatsstreich in Paris die Macht an sich gerissen – in der weiteren Folge erfaßten die kriegerischen Auseinandersetzungen als Spätfolge der Französischen Revolution ganz Europa.

So kam es, daß Johann immer stärker und ausschließlicher für das Kriegshandwerk ausgebildet wurde. Mitten in seiner Ausbildung – er war damals noch im Range eines Unteroffiziers – erhielt Johann von seinem kaiserlichen Bruder plötzlich den Befehl, gemeinsam mit ihm ins Feld zu ziehen. Im Hauptquartier in Altötting angelangt, wurde der völlig überraschte Prinz zum kommandierenden General ernannt. Allerdings erhielt er gleichzeitig eine ausführliche Dienstanweisung, in der ihm der Kaiser befahl, nur das zu tun, was ihm der beigegebene General Lauser anordne. Wenige Tage darauf erlitten die österreichischen Truppen in Hohenlinden bei München eine vernichtende Niederlage. Die Verantwortung dafür lastete sicher wie ein Alpdruck auf dem unschuldigen Prinzen. Der Kaiser sah sich gezwungen, seinem Bruder Erzherzog Karl, dem er immer mit einem gewissen Mißtrauen gegenüberstand, das Oberkommando zu übergeben. Im Dezember 1800 wurde der Waffenstillstand von Steyr geschlossen, dem der Friede von Luneville folgte, der erste in einer Reihe von ungünstigen Friedensschlüssen, die Österreich durch Napoleon hinnehmen mußte.

Erzherzog Johann wurde nun stärker im administrativen militärischen Bereich eingesetzt. Auf Vorschlag von Erzherzog Karl ernannte ihn der Kaiser zum Generaldirektor des Österreichischen Fortifikations- und Geniewesens. Die technische Leitung des Festungsbaues hatten Ingenieuroffiziere inne, die an den Akademien von Wien und Brüssel ausgebildet wurden. Es erscheint uns heute merkwürdig, daß in jener Zeit eine gehobene technische Ausbildung praktisch nur für das Militär vorgesehen war. An diesen Aufgaben fand Erzherzog Johann viel Gefallen; er hatte ja für die Fragen der Technik und Geographie schon immer eine große Vorliebe gehabt. Wenn man Festungen bauen wollte, so mußte man die Gegenden, in denen sie errichtet werden sollten, gut kennen. So besuchte er im April 1804 anläßlich einer Inspektionsreise erstmals auch Graz.

Über Tirol nach Steiermark

Aufgrund seiner starken Beziehung zum Land Tirol war ihm bereits am 7. Oktober 1800 von der Universität Innsbruck die Würde eines „Rector magnificentissimus ac perpetuus" verliehen worden. Mit Begeisterung arbeitete Johann daran, das Land Tirol, das damals noch bis zum Gardasee reichte, zu einer Festung auszubauen. Daneben verfolgte er zielstrebig den Gedanken der Volksbewaffnung, was die absolut regierenden Herrscher nicht gerne sahen, weil sie fürchteten, daß das bewaffnete Volk sich gegen sie und ihre Regierung richten könnte. Die Bedrohung durch Napoleon war aber so groß, daß Johann bei der Bildung einer Miliz weitgehend freie Hand erhielt. 1805 war es dann so weit; England, Rußland und Österreich sollten den Kampf gegen Napoleon aufnehmen. Erzherzog Karl und Johann hatten ernste Bedenken, weil sie wußten, daß Österreich auf den Waffengang noch nicht genügend vorbereitet war. Johann hatte die Aufgabe, die Bergfestung Tirol zu verteidigen. Da traf ihn eine der bittersten Enttäuschungen seines Lebens: Ihm selbst wurde auferlegt, unter dem Eindruck des französischen Vormarsches in Süddeutschland und auf Befehl der Wiener Hofstrategen, das Land zu räumen, obwohl es stark und verteidigungswillig war. Im folgenden Frieden von Preßburg trennte man Tirol von Österreich ab und schlug es Bayern zu.

Mit dieser politischen Entwicklung in den Jahren 1809 und 1810 – am 20. Februar 1810 wurde Andreas Hofer in Mantua hingerichtet – mußte er seine Aufmerksamkeit von Tirol abwenden und widmete sich fortan besonders der Steiermark.

In dieser Zeit errichtete Erzherzog Johann seinen Wohnsitz auf Schloß Thernberg in Niederösterreich, nahe der steirischen Grenze. Hier vereinigte er fürs erste seine bedeutend angewachsenen naturwissenschaftlichen Sammlungen und entwickelte auch jenen Lebensstil, der für seine weiteren Jahre kennzeichnend werden sollte.

Ursprünglich hatte er vor, seine Materialien der Universität Innsbruck zu schenken; aufgrund der Abtretung Tirols an Bayern und der vorübergehenden Aufhebung der Universität im Jahre 1810 kam es jedoch nicht dazu.

So ergab es sich, daß diese Sammlungen den Weg in die Steiermark fanden. In seinem Tagebuch ist am 1. März 1810 dazu die folgende Eintragung vermerkt:

„Als noch Tyrol zu Österreich gehörte, hatte ich die Absicht, alles, was ich an Büchern, Naturprodukten, wissenschaftlichen Apparaten etc. gesammelt hatte, nach Innsbruck für die Universität zu geben, von welcher ich rector magnificus ... Nun ging aber das Land verloren, wohin mit allen meinen Sammlungen, wo dieselben ohne Gefährdung aufstellen? ... Diese Betrachtungen brachten mich auf den Gedanken, alles jenem Gebirgslande zu geben, welches noch Österreich geblieben, und dadurch, daß ich es den Ständen des Landes gab, es bleibend zu machen und Sicherheit zu verschaffen, zugleich aber damit die nützliche Verwendung zum Unterricht zu verbinden; Dies war die Steyermark, mir bekannt durch die frühen Bereisungen, vorzüglich bei Gelegenheit der Organisierung der Landesbewohner. Ich hatte die Leute aus den verschiedenen Klassen, ihr Gutes und ihre Schwachheit, ihr Gemüt und ihre Treue kennen gelernt und sie daher auch lieb gewonnen ...“.

Die Gründung des Joanneums

Umfangreiche Vorarbeiten waren notwendig, um diesen Gedanken Realität werden zu lassen. Am 31. Jänner 1809 hatte er seinem Bruder, Kaiser Franz I., seinen Plan überreicht,

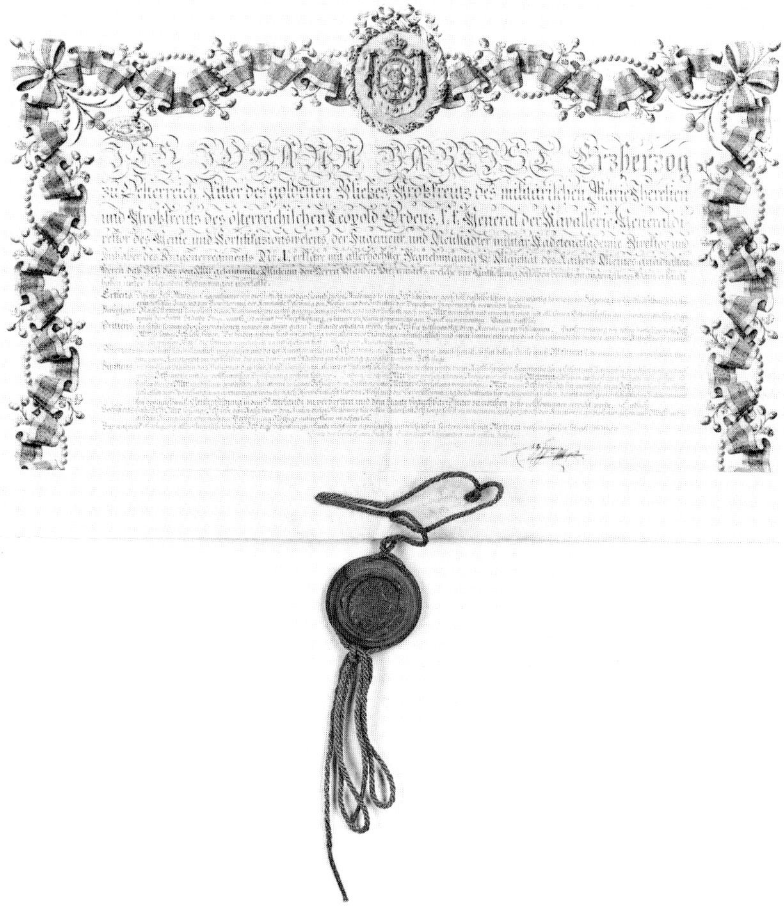

Schenkungsurkunde Erzherzog Johanns vom 16. Juli 1811
(Orig.: Steiermärkisches Landesarchiv)

„in Rücksicht der Errichtung eines Museums am Lyceo zu Gratz aus den von mir gegebenen Sammlungen. Meine Absicht geht allein dahin, die Ausbildung der Jugend Steyermarks zu fördern. Allerdings liegt viel Stoff in diesem Volke; natürliche Anlagen gab die Natur sowohl den deutschen als den windischen Bewohnern, beharrlicher Fleiß bezeichnet vorzüglich erstere sowie ein lebhafter Geist letztere. Zahlreich ist die Jugend, die sich den Studien widmet. Das sie diese so vollbringe, damit einst der gebildete Jüngling dem Staate in seiner Sphäre nütze, dafür, glaube ich, kann nicht genug Sorge getragen werden. Wenn nur alle Hilfsmittel vorhanden sind, so wird derselben die Erreichung dieses Zweckes sehr erleichtern."

Der Kaiser stimmte dem Vorschlag zu, der steirische Landtag nahm die Schenkung an.

Die Schenkungsurkunde trägt das Datum vom 16. Juli 1811 und hat den folgenden Wortlaut:

„ICH Johann Baptist Erzherzog zu Österreich, Ritter des goldenen Vließes, Großkreutz des militärischen Marie Theresien und Großkreuz des österreichischen Leopold Ordens, k.k. General der Kavallerie, Generaldirektor des Genie- und Fortifikationswesens, der Ingenieur- und Neustädter militär Kadetenakademie Direktor, und Inhaber des Dragonerregiments Nr. 1 erkläre mit allerhöchster Genehmigung Sr. Majestät des Kaisers Meines gnädigsten Herrn, daß Ich das von Mir gesammelte Museum den Herrn Ständen Steyermarks, welche zur Aufstellung desselben bereits ein angemessenes Haus erkauft haben, unter folgenden Bedingungen überlasse:

Erstens, Behalte Ich Mir das Eigenthumsrecht, die Aufsicht, und den Genuß des Museums so lang Ich lebe, bevor, doch soll dasselbe schon gegenwärtig, sowie in der Folgezeit zur Geistesbildung der steyermärkischen Jugend zur Erweiterung der Kenntnisse, Belebung des Fleißes und der Industrie der Bewohner Steyermarks verwendet werden.

Zweytens, Nach Meinem Tode bleibt dieses Museum so, wie es sich gegenwärtig befindet, und in der Zukunft noch von Mir vermehrt und erweitert wird, mit all seinen Bestandtheilen ein unwiderrufliches Eigenthum der Herrn Stände Steyermarks, jedoch mit der Verpflichtung, es immer zu jenem gemeinnützigen Zweck zu verwenden. Damit dasselbe

Drittens, auch für kommende Generationen immer in einem guten Zustande erhalten werde, finde Ich für nothwendig, drey Kuratoren zu bestimmen. Die Ernennung des ersten derselben halte Ich Mir, so lange ich lebe, bevor. Die beiden anderen sind im Landtag von allen vier Ständen gemeinschaftlich und zwar immer einer aus dem Herrenstande, der andere aus dem Ritterstande zu wählen, bei welcher Wahl die Stimmenmehrheit zu entscheiden hat. Diese drey Kuratoren haben

Viertens, ihrem Amte lebenslänglich vorzustehen und da der Kurator, welchen Ich ernenne, als Mein Vertreter anzusehen ist: so hat dessen Stelle nach Meinem Tode einzugehen, und es haben nur jene zwey Kuratoren zu verbleiben, die von den Herrn Ständen im Landtag gewählt werden. Ich hege

Fünftens, zu den Herrn Ständen das Zutrauen, daß ihre Wahl, sowohl jetzt als in Zukunft solche Männer treffen werde, die in Rücksicht ihrer Kenntnisse, ihres Eifers, und Patriotismus bewährt sind, und auf welche Ich und sie mit der vollkommensten Beruhigung rechnen können. Indem jedoch die Mir hier vorbehaltenen Rechte nur erst nach Meinem Ableben an die Herrn Stände übergehen, so haben die von Mir und ihnen gewählten Kuratoren, so lange Ich lebe, dem Institute unter Meiner Oberleitung vorzustehen; Mir, wenn Ich in Grätz bin, mündlich, wenn Ich abwesend bin, schriftlich alles zur Genehmigung anzuzeigen, was sie nach ihrer Einsicht für das Wohl und die Vervollkommnung des Insti-

Zur Erinnerung an die Jahrhundertfeier: Ansichtskarte aus 1911 (Sammlung J.W. Wohinz)

tutes für nothwendig halten, damit durch gemeinschaftliches Zusammenwirken der gute Zweck: Geistesbildung in dem Vaterlande zu verbreiten und dem Staate brauchbare Diener zu erziehen, desto vollkommener erreicht werde. Endlich

Sechstens, halte Ich Mir, so lange Ich lebe, das Recht bevor, den Kustos dieses Museums, für dessen Unterhalt Ich sorge, selbst zu ernennen, welcher jedoch den Kuratoren an die Hand gehen und Mich und sie auf das Mangelnde oder noch zur Verbesserung Nöthige aufmerksam machen soll.

Zur wahren Bekräftigung alles Angeführten habe ich diese Schenkungsurkunde nicht nur eigenhändig unterschrieben, sondern auch mit Meinem erzherzoglichen Siegel bekräftiget."

Die formelle Überreichung der Urkunde an den steirischen Landtag erfolgte erst am 26. November 1811. Dieser Tag wird seither auch als der Gründungstag des Joanneums und damit auch als Gründungstag der *Technik in Graz* betrachtet.

In dem von ihm eigenhändig verfaßten, mit 1. Dezember 1811 datierten Gründungsstatut hielt Erzherzog Johann dazu fest:

„Stäte Entwicklung, unaufhörliches Fortschreiten ist das Ziel des Einzelnen, jedes Staaten-Vereines, der Menschheit. Stille stehen und Zurückbleiben ist (nach dem Ausspruche eines großen Weisen) in dem regen Leben des immer neuen Weltschauspiels einerley. Das Vorbild jener Wachsamkeit, Willenskraft und Erfindungen, wodurch Heere, Regierung, Kunstfleiß musterhaft werden, muß den Geist unaufhörlich emporhalten, um bei jedem Aufrufe des Vergangenen würdig, der Gegenwart gewachsen, für die Zukunft wohlthätig zu seyn. Das Leben eines Staates ist wie ein Strom nur in fortgehender Bewegung herrlich. Steht der Strom, so wird er Eis oder Sumpf. Nur wo Licht und Wärme, da ist Leben.

Die Nothwendigkeit, gründliche Kenntnisse an die Stelle hohler Vielwisserei, Kraft und Festigkeit an jene der immer weiter umgreifenden Frivolität und egoistischen Zurückziehens, reges Hingebens, einer schmählichen Gleichgiltigkeit, eines kargen Abfindens mit seinen Pflichten zu setzen, mit ganzem Herzen sich anzuschließen ans theure Vaterland, auf die höchste National-Angelegenheit, auf die Erziehung, unablässig sein Augenmerk zu richten, hat sich wohl nie so stark als in unsern Tagen ausgesprochen.

Zu diesem großen Zwecke seines Ortes möglichst mitzuwirken, ihm wenigstens in einer großen Provinz des Kaiserstaates, in Innerösterreich, wesentlich näher zu rücken, ist das Ziel des National-Musäums.

Dasselbe soll alle in den Umkreis der National-Literatur gehörigen Gegenstände in sich begreifen. Alles, was in Innerösterreich die Natur, der Zeitwechsel, menschlicher Fleiß und Beharrlichkeit hervorgebracht haben, was die Lehrer der verschiedenen öffentlichen Anstalten ihren wißbegierigen Zöglingen vortragen. Es soll dieselben versinnlichen, dadurch das Lernen erleichtern, die Wißbegirde reitzen, jenes dem Selbstdenken, und hiemit der Selbstständigkeit so nachtheilige bloße Memorieren, jene schädliche Kluft zwischen dem Begriff und der Anschauung, der Theorie und der Praxis mehr und mehr ausfüllen helfen. Dieses hatte ich vor Augen, als ich den Plan des Musäums entwarf, und den Herren Ständen vorlegte. Vom Nutzen eines solchen Instituts innigst durchdrungen, ergriffen sie dies Anerbiethen mit wahrhaft vaterländischem Sinne, sorgten für ein zweckmäßiges Locale, welches sie in einem sehr kurzem Zeitraume mit rastloser Thätigkeit herstellten, für die noch mangelnden Lehrer, für die nöthige Personal-Besetzung. Die Genehmhaltung und Unterstützung Sr. Majestät meines allergnädigsten Kaisers und geliebtesten Herrn Bruders entschied die wirkliche und schnelle Realisierung."

Initiativen für die Steiermark

Wenn man Berichte von Reisenden zu Ende des 18. Jahrhunderts liest und die Ergebnisse der von Erzherzog Johann in der ganzen Steiermark initiierten Umfrage über die Situation der steirischen Landstriche und ihrer Bewohner betrachtet, so kann man die Steiermark wahrlich als ein Entwicklungsland der damaligen Welt bezeichnen. Die Ergebnisse von Erzherzog Johanns Erkundungen im Inland, die Suche nach neuen Arbeitsmethoden und Bodenschätzen, die zielstrebig vorangetrieben wurden, bildeten den

Grundstein für die wirtschaftliche Aufwärtsentwicklung des Landes in den nächsten Jahrzehnten.

Vom Herbst 1815 bis zum Frühjahr 1816 unternahm Erzherzog Johann zusammen mit seinem jüngeren Bruder Ludwig eine ausgedehnte Reise nach England und kam dabei bis in den Norden Schottlands. Er konnte dort die Auswirkungen der damaligen Industrialisierung erkunden und vielfältige Erfahrungen sammeln.

Unter anderem lernte er in Birmingham James Watt kennen, der gerade den Siegeszug der Dampfmaschine eingeleitet hatte. In seinem Tagebuch notierte er dazu am 5. Jänner 1816: „Herr Watt, der uns führte, erklärte nach den Zeichnungen die Reihenfolge und wie er nach und nach alle die Verbesserungen erfunden, welche jetzt diese Maschine so vollkommen gemacht."

Auch sah Erzherzog Johann erstmals Manuskripte zu einer geognostischen Karte von England. Es wurde ihm bewußt, daß es in der Steiermark an einer solchen kartographischen Darstellung fehlte. Wohl hatte Matthias Josef Anker, ein bedeutender Wissenschaftler seiner Zeit, im Auftrag Johanns bereits Material über Mineralvorkommen und Gesteinsformationen gesammelt. Nun beauftragte er Anker, alljährlich Exkursionen zu unternehmen und nach englischem Muster allmählich eine Gebirgskarte der Steiermark zu erstellen. Im Zuge dieser Arbeiten wurden sicher auch die Magnesitvorkommen in Trieben erforscht und damit der Ausgangspunkt für einen künftigen Abbau geschaffen.

Die Englandreise ergänzte das technische Wissen des Erzherzogs und gab ihm Aufschlüsse über Möglichkeiten, aber auch Probleme der industriellen Entwicklung. Er sah, wie der Mensch durch Maschinen Zwängen unterworfen werden kann, denen er sich, wie wir heute wissen, nur schwer entziehen kann. Johann versuchte schon damals, einen Weg zu finden, damit Land- und Forstwirtschaft, Industrie und Handel sich sinnvoll ergänzen und die Menschen und ihr Wohlergehen das zentrale Element aller Ziele bleiben.

Seine Beziehung zur Steiermark wurde in der Folge durch das Zusammentreffen mit der Tochter des Postmeisters von Aussee im Jahre 1816 noch viel stärker. Der Erwerb des Brandhofes 1818 und sein endgültiges Niederlassen in der Steiermark machten ihn fortan zum „Steirischen Prinzen".

In diesem Sinn waren die weiteren Jahre auch durch vielfältige Aktivitäten im Lande gekennzeichnet:

1818: Übernahme der Patronanz über den Leseverein, die Erweiterte Leseanstalt am Joanneum

1819: Übernahme des Protektorates zur Einrichtung des Musikvereins von Steyermark

1819: Initiative bei der Errichtung der Landwirtschaftsgesellschaft für Steiermark (Vorläufer der heutigen Kammer für Land- und Forstwirtschaft)

1827: Mitwirkung an der Wiederbegründung der Karl-Franzens-Universität in Graz
1828: Initiative zur Gründung der Grazer Wechselseitigen Brandschaden-Versicherungsanstalt
1833: Initiative zur Gründung der Lehranstalt für Hüttenkunde in Vordernberg (als Vorläufer der heutigen Montanuniversität Leoben)
1837: Initiative zur Gründung des Vereins zur Förderung und Unterstützung der Industrie und des Gewerbes in Graz (als Vorläufer der heutigen Wirtschaftskammer Steiermark)
1844: Eröffnung der Bahnlinie Graz–Mürzzuschlag im Zuge des Ausbaues der Semmering-Bahnstrecke.

In dieser Zeit allerdings erlangte sein Wirken auch überregionale Bedeutung. Als Beispiele dazu sind anzuführen:
- die Versammlung deutscher Naturforscher und Ärzte im Jahre 1843 in Graz und
- die Bestellung zum Kurator der Akademie der Wissenschaften am 2. Juli 1846.

In seiner persönlichen Beziehung zur Wissenschaft muß mit Hanns Koren festgehalten werden, daß er eigentlich keine „philosophische" Natur darstellte. Er pflegte die Wissenschaften ihrer praktischen Verwertbarkeit wegen, aber es gab für ihn auch kein einziges praktisches Anliegen, das nicht wissenschaftlich ergründet und vorbereitet worden wäre.

Die Pflegestätte der Wissenschaft, das Instrument, mit dem er selbsttätig und fördernd das wissenschaftliche Leben vor allem im Lande Steiermark unterstützte, war das von ihm gegründete Joanneum. Alles, was im Joanneum geschah, stand nicht nur unter dem fernen Wohlwollen, sondern immer unter der tatkräftigsten Anteilnahme, geschah oft auf seine Anregung hin. So zum Beispiel berichtete er am 5. November 1829 in seinem Tagebuch: „Brachte den Tag im Institut zu, setzte mit den Kuratoren alles fest wegen des Provisoriums für Vests Lehrkanzel, wegen Besetzung der Lehrkanzel selbst, indem ich antrug, die Botanik allein, Physik und Chemie vereint zu tradieren, wegen der Lehrkanzel für Berg- und Hüttenkunde, wo ich antrug, den zukünftigen Professor Berzelius nach Schweden zu senden."
Erzherzog Johann verkehrte mit zahlreichen Gelehrten dieser Zeit und unterstützte das wissenschaftliche Leben nach besten Kräften. Als Erzherzog Johann im Jahre 1848 im Namen des Kaisers und in seiner Funktion als Kurator der Akademie der Wissenschaften die erste Sitzung des von Anfang an schon sehr angesehenen Institutes eröffnete, war dies sicherlich auch für ihn ein wichtiges Ereignis in seinem Leben.

Erzherzog Johann inspiziert das Gratzer Freicorps der Herren Studierenden (Bild: Steiermärkisches Landesarchiv)

1848 und die Zeit danach

Das Jahr 1848 brachte wohl den Höhepunkt in der persönlichen Entwicklung von Erzherzog Johann. Zunächst übernahm er in den stürmischen Märztagen in Graz eine wichtige Rolle zur Verständigung. Am 17. März 1848 begab sich deshalb eine Deputation der Universität, angeführt von Rektor Dr. Friedrich Wagl, zu ihm, um ihm den Dank der Universität für seine verständnisvolle Haltung auszudrücken. Einige Tage später erschien Erzherzog Johann am damaligen Franzensplatz (heute Freiheitsplatz), als dort das Studentenfreicorps mit seiner Fahne zur Befehlsausgabe angetreten war, und inspizierte die Kompanien (nach: Reimann, Reinhold, S. 5f.).

Diese ausgleichende und offene Haltung war wohl auch der Grund dafür, daß Erzherzog Johann am 29. Juni desselben Jahres durch die Nationalversammlung in der Paulskirche in Frankfurt zum „Deutschen Reichsverweser" gewählt wurde. Aus Anlaß der Wahl veranstalteten in Graz die Studenten gemeinsam mit dem Männergesangsverein am 17. Juli einen Fackelzug. Er führte von der (alten) Universität durch das Burgtor hinaus zum Palais Meran, dem Wohnsitz Erzherzog Johanns seit 1844.

Die weitere politische Entwicklung konnte aber auch er nicht entsprechend klären. Ein Beobachter dieser Zeit bezeichnete ihn als „Wanderer am Scheideweg zwischen Fürstenhausen und Volkshausen".

So kehrte Erzherzog Johann im Jahre 1850 von Frankfurt nach Österreich und in die Steiermark zurück. Trotz gesundheitlicher Beeinträchtigung nahm er die Wahl zum Bürgermeister von Stainz an, wo er 1840 Gut und Schloß erworben hatte.

Erzherzog Johann als Deutscher Reichsverweser – mit den sieben Abgeordneten, die ihm die Wahlentscheidung des Reichstages überbrachten (Bild: Steiermärkisches Landesmuseum Joanneum, Bild- und Tonarchiv, Graz)

Sein Antwortschreiben auf die Anfrage der Gemeinde stellt ein berührendes Dokument seiner persönlichen Einstellung dar:

„Meine lieben Stainzer! Die von Euch auf mich gefallene Wahl zu Eurem Gemeindevorstand hat mich als Beweis Eures Vertrauens sehr erfreut, ich zögere keinen Augenblick, dieselbe anzunehmen. Meine Gesinnung gegen Euch konnten die veränderten Verhältnisse nicht ändern, so wie früher als Grundherr, Euer Freund, für Euer Wohl besorgt, so itzt als Glied Eurer Gemeinde. Wir wollen nun ernstlich, aufrichtig und beharrlich die Aufgabe lösen, welche uns von unserem Kaiser und seiner Regierung zu lösen gegeben ist, als Beispiel dessen, was und wie eine Gemeinde sein soll: Durch einträchtiges Zusammenwirken, durch Treue, und Ordnung jenen Frieden erreichen, ohne welchen nichts gedeihet für Euer und des lieben Vaterlandes Wohl."

Erzherzog Johann als Wanderer am Scheideweg zwischen Fürstenhausen und Volkshausen (Bild: Historisches Museum Frankfurt am Main)

Er übte diese Funktion noch über 9 Jahre aus, leitete die Sitzungen des Gemeinderates, stellte Amtsräume zur Verfügung und bemühte sich um die Förderung des Gemeinwesens, der Landwirtschaft sowie von Handel und Gewerbe.

Am 12. Mai 1859 verstarb Erzherzog Johann in Graz.

Erzherzog Johann als Innovator

Erzherzog Johanns ganzes Leben galt der Erneuerung. Diese Erneuerung bezog sich aber nicht nur auf gesellschaftlich-politische Aspekte, sondern in ebenso hohem Maße auf wirtschaftlich-technologische Aspekte. Deshalb erscheint es durchaus gerechtfertigt, von ihm nicht nur als Kaiserspröß, sondern auch als Innovator im heute gebrauchten Sinn zu sprechen.

Erzherzog Johann war dabei selbst überaus unternehmerisch tätig. So erwarb und betrieb er eine Reihe von Besitzungen:

Das Radwerk V in Vordernberg, von J. Tendler (Bild: Steiermärkisches Landesmuseum Joanneum, Bild- und Tonarchiv, Graz)

1818: Brandhof bei Mariazell
1822: Weingut Pickern bei Marburg (heute Maribor)
1822: Radwerk II und Radmeisterhaus in Vordernberg
1837: Radwerk V in Vordernberg
1840: Schloß und Herrschaft Stainz
1848: Blechwalzwerk Krems bei Voitsberg, Hammerwerk Obergraden bei Voitsberg, Kohlengruben im Raum Maria Lankowitz, Pichling und Köflach

Im Sinne eines erfolgreichen Innovators war er nicht nur um die Einleitung von Erneuerungen bemüht, sondern führte – wie Landeshauptmann Waltraud Klasnic als Autorin anmerkt – mit der ihm eigenen Konsequenz die begonnenen Aktivitäten zu einem erfolgreichen Ende. Als Unternehmer war er ein forschender, gleichzeitig aber zusammenführender und in großen Zusammenhängen denkender Mensch. Er war an Informationen über zukunftsorientierte Entwicklungen am Beginn der Industrialisierung überaus interessiert. Heute könnte seine Neugier durchaus mit Industriespionage in Zusammenhang gebracht werden. In einer seiner Notizen hielt er dazu fest:

„Es gilt, sich das Wissen über neue Technologien zu verschaffen."

Als Hammerherr, das heißt als Unternehmer auf dem Sektor Eisenerzeugung und Eisenverarbeitung, erkannte er schon damals, daß eine Bündelung der vorhandenen Kräfte notwendig war, um auf Märkten bestehen zu können. So bemühte er sich um entsprechende Kooperationen und gründete mit der ihm eigenen Initiative die Hammerherrenkommunität. Ihr Ziel bestand darin, die Bewirtschaftung der Rohstoff-Vorkommen, insbesondere am Erzberg, gemeinschaftlich vorzunehmen. Darüber hinaus sorgte er mit seinen weit verzweigten Verbindungen auch für die Grundlagen eines erfolgreichen Absatzes der Produkte aus der Steiermark im In- und Ausland. Die Einrichtung der notwendigen Verkehrsverbindungen war ihm ein besonderes Anliegen. Er bemühte sich um den Bau der Südbahn über den Semmering und durch die Steiermark. Dabei war er maßgeblich daran beteiligt, daß Carl Ritter von Ghega nach England und Amerika reisen konnte, um dort den Eisenbahnbau zu studieren. Letztlich war es Erzherzog Johann auch gegönnt, die Eröffnung der ersten Teilstrecke der Semmeringbahn auf der steirischen Seite selbst vornehmen zu können.

Im Jahr 1828 hatte er ein Grundstück in der Leonhardstraße in Graz erworben, auf dem er in den Jahren 1842 bis 1844 durch Georg Hauberisser d. Ä. das heutige Palais Meran erbauen ließ. Es ist eine schöne Fügung der Entwicklung, daß in diesem Hause nun die dritte Hohe Schule in Graz – die Universität für Musik und Darstellende Kunst – untergebracht ist.

1844 schließlich erwarb er Schloß und Gut Schenna in Südtirol, welches er zu seiner letzten Ruhestätte bestimmte.

Erzherzog Johann und die Technik in Graz

Büste Erzherzog Johanns in der Aula der Technischen Universität Graz (Foto: H. Tezak)

Die Bedeutung von Erzherzog Johann für die Entwicklung der Technischen Universität Graz ist offensichtlich. Ihm wurde deshalb in der Aula des Hauptgebäudes eine Büste gewidmet. In diesem Festsaal steht auch ein Standbild Kaiser Franz Josef I, der anläßlich der feierlichen Eröffnung des Hauptgebäudes am 12. Dezember 1888 persönlich anwesend war.

Schon im Jahr zuvor, am 20. Oktober 1887, hatten Kronprinz Rudolf und Kronprinzessin Stephanie die Baustelle besichtigt; eine Erinnerungstafel im Stiegenaufgang zur Aula weist darauf hin.

Erzherzog Johann war ein Großonkel von Kaiser Franz Josef I. Aus der Ehe von Johanns ältestem Bruder – und späteren Kaiser – Franz (II bzw. I) mit Maria Theresia von Neapel-Sizilien ging Franz Karl (1802 – 1878), ein Neffe Johanns, hervor. Dessen Sohn übernahm nach der Abdankung Kaiser Ferdinands I im Alter von 18 Jahren im schwierigen Jahr 1848 als Kaiser Franz Joseph I die Regierung und blieb bis zu seinem Tod im Jahre 1916 – also über 68 Jahre – im Amt.

Mit dem Standbild des Kaisers und der Büste Erzherzog Johanns in der

Erinnerungstafel an den Besuch von Kronprinz Rudolf und Kronprinzessin Stefanie im Stiegen-aufgang zur Aula (Foto: H. Tezak)

Aula wird auch heute noch eine Verbindung zwischen zwei Habsburger-Persönlichkeiten angedeutet, die auf die Entwicklung der Technischen Universität Graz wesentlichen Einfluss hatten: Erzherzog Johann als Gründer des Joanneums und Kaiser Franz Josef, in dessen Regierungszeit die Errichtung des Hauptgebäudes fiel. Diese Verbindung wird auch in der Erinnerungstafel an der Wand hinter der Büste Erzherzog Johanns durch den folgenden Text zum Ausdruck gebracht:

„In seiner Majestät des Kaisers Franz Joseph I. vierzigstem Jahre glorreicher Regierung ward dieses in den Jahren 1885–1888 aus Mitteln des Staates und des Landes errichtete Gebäude der k. k. Technischen Hochschule welche hervorgegangen aus dem vom Durchlauchtigsten Erzherzoge Johann gegründeten Joanneum eröffnet."

Schließlich faßte der Akademische Senat der Technischen Universität Graz am 3. November 1976 den einstimmigen Beschluß, zu Ehren des Gründers des Joanneums der Universität die Bezeichnung „Erzherzog Johann Universität" hinzuzufügen.

Kurz darauf, und zwar am 25. März 1977, wurde Hanns Koren, vielfach als „Erzherzog Johann unserer Tage" bezeichnet, das Doktorat der technischen Wissenschaften ehrenhalber verliehen. In seiner Ansprache formulierte der Geehrte als damaliger Präsident des Kuratoriums des Joanneums zum Thema „Erzherzog Johann und die Wissenschaft": „Es wird wohl ein Bekenntnis zur Mutter der Technischen Hochschule und der Technischen Universität, dem Joanneum, gewesen sein, das Sie sinnbildlich heimholen, indem Sie den Präsidenten des Kuratoriums dieser altehrwürdigen Stiftung zu einem der Ihren machen. In der Begründung des Antrages wird auf meine Bemühungen um die kulturellen und wissenschaftlichen Aufgaben hinge-

Logo der Technischen Universität Graz – Erzherzog Johann-Universität

wiesen, die durch Ihre Universität vertreten werden. Es war und ist meine oft bekundete Überzeugung, daß die kulturellen Werte eines Landes nicht nur im Bereich des Musischen und allen seinen Ausformungen allein liegen, sondern daß auch die Technik eine Leistung von Humanisten ist, eine sittliche Leistung, wenn sie als Werk der Bewältigung der den Menschen gegebenen und gegenüberstehenden Kräfte und Mächte der Natur verstanden wird."

Diese Worte haben wohl auch heute noch uneingeschränkte Gültigkeit.

Literaturhinweise:

BINDER, Dieter A.: Das Joanneum in Graz, Lehranstalt und Bildungsstätte. Ein Beitrag zur Entwicklung des technischen und naturwissenschaftlichen Unterrichts im 19. Jahrhundert, Band 12 der Publikationen aus dem Archiv der Universität Graz, Graz 1983

HARNONCOURT-UNVERZAGT, Franz: Ein Leben für die Erneuerung, in Koren, Johannes (Hrsg.): Erzherzog Johann und die Steiermark, S. 29–32

KLASNIC, Waltraud: Förderer, Unternehmer und „Industriespion", in Koren, Johannes (Hrsg.): Erzherzog Johann und die Steiermark, S. 51–54

KLINGENSTEIN, Grete (Hrsg.) unter Mitwirkung von CORDES, Peter: Erzherzog Johann von Österreich – Beiträge zur Geschichte seiner Zeit, Band I: Landesausstellung 1982 – Katalog; Band II: Beiträge zur Geschichte seiner Zeit, Graz 1982

KOREN, Hanns: Erzherzog Johann und die Wissenschaft, in: Hanns Koren Gesamtausgabe, hrsg. von Koren, Johannes, Erster Band: Reden, Graz 1996, S. 570–577

KOREN, Hanns: Erzherzog Johann und die Wissenschaft, in: Koren, Johannes (Hrsg.): Erzherzog Johann und die Steiermark, S. 45–49

KOREN, Johannes (Hrsg.): Erzherzog Johann und die Steiermark, Graz 1995

MAGENSCHAB, Hans: Erzherzog Johann – Habsburgs grüner Rebell, Graz–Wien–Köln 1981

REIFENSCHEID, Richard: Die Habsburger in Lebensbildern. Von Rudolf I bis Karl I, Graz–Wien–Köln 1982

REIMANN, Reinhold: Ein freies Lied der Freiheit darzubringen – Vom Studententum in Graz 1848/49, Schriftenreihe des Steirischen Studentenhistoriker-Vereines, Folge 25, Graz 1998

SKREINER, Wilfried: Erzherzog Johann im Porträt, Ausstellung und Katalog: Neue Galerie am Landesmuseum Joanneum, Graz 1982

Friedrich Mohs, Professor der Mineralogie (Bild: Steiermärkisches Landesmuseum Joanneum, Bild- und Tonarchiv, Graz)

Dieter A. Binder
Maria Edlinger

Vom Museum zur Pilotuniversität

Die organisationsrechtliche Entwicklung

Die organisationsrechtliche Entwicklung von der Gründung des Joanneums bis zur Technischen Universität Graz der Gegenwart kann in einzelne Abschnitte mit sehr unterschiedlichen Schwerpunkten differenziert werden. In der weiteren Darstellung werden dazu drei Entwicklungsschritte gebildet und nachgezeichnet:

- Vom Museum zur k.k. Technischen Hochschule (1811–1874)
- Die Entwicklung bis zum Ende des Zweiten Weltkrieges (1874–1945)
- Die Entwicklung von 1945 bis zur Gegenwart

Vom Museum zur k.k. Technischen Hochschule (1811–1874)

Erzherzog Johanns Stiftungsansatz spricht bereits Ende 1809 im Zusammenhang mit der geplanten Errichtung eines „Museums am Lyceo zu Gratz" den Lehrmittelcharakter der Sammlung an, in der er ein „Hülfsmittel" zur gezielten Förderung der „Naturgeschichte, Oekonomie, Physik, Technologie und Chemie" sah. Trotz der Zuordnung zum Lyceum wünschte Johann eine strikte Trennung seiner Sammlungen von den dort bestehenden Unterrichtssammlungen. Der angestrebte eigenständige Charakter sollte auch durch eine entsprechende räumliche Trennung zum Ausdruck kommen, wobei von Beginn an die Sammlungen in Verbindung mit entsprechenden Werkstätten, Labors und eigenen Hörsälen gesehen wurden. Im Zuge der Errichtung der Stiftung wurde eine erste Professur für Technologie, Chemie und Botanik ausverhandelt, die von den Ständen zu übernehmen war. Die Intention Johanns zielte auf eine Ergänzung des natuwissenschaftlich-technischen Begleitstudiums an der Philosophischen Fakultät. Neben der Lehre sollten die Sammlungen und der zu schaffende botanische Garten der einschlägigen Forschung und praxisbezogenen Nutzanwendung zur Verfügung stehen. Ausdrücklich ausbedungene regelmäßige öffentliche Vorlesungen sollten überdies im Sinne des Stifters eine interessierte Öffentlichkeit mit modernen Entwicklungen vertraut machen.

Der Studienbetrieb wurde im Dezember 1811 mit der Anstellung Lorenz von Vests als Professor der Chemie und Botanik eröffnet. Die Technologie betreute mit Zustimmung der Studienhofkommission Franz Jeschowsky, der bereits seit einigen Jahren einschlägige collegia publica am Lyceum gehalten hatte, während ab 1812 Friedrich Mohs, von Johann besoldet, als Professor der Mineralogie wirkte. Johann Philipp Neumann übernahm im selben Jahr Vorlesungen über die Astronomie.

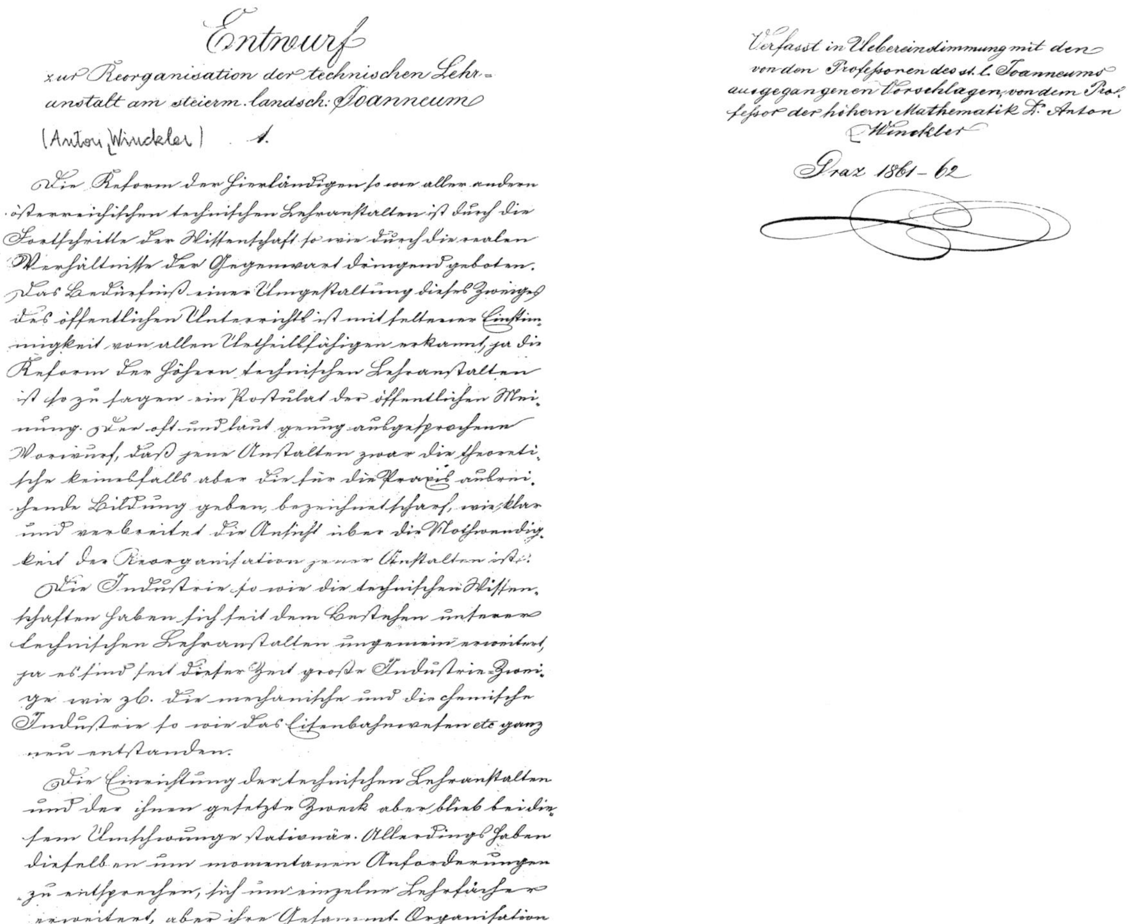

Entwurf
zur Reorganisation der technischen Lehranstalt am steierm. landsch: Joanneum
(Anton Winckler) 1.

Verfasst in Uebereinstimmung mit den von den Professoren des st. l. Joanneums ausgegangenen Vorschlägen, von dem Prof. fessor der höhern Mathematik Dr. Anton Winckler

Graz 1861–62

Entwurf zur Reorganisation der technischen Lehranstalt am steierm. landsch. Joanneum aus 1861–62 (Kopie in der Universitätsbibliothek TU Graz)

Damit war im August 1812 die erste Ausbaustufe des naturwissenschaftlich-technischen Studiums am Joanneum gegeben, dessen Integration in den Studienplan der Philosophischen Fakultät vorangetrieben werden sollte. Johann trat heftig für die Einführung von Pflichtlehrveranstaltungen ein, obwohl die Hörerzahlen an sich durch die Teilnahme auch von interessierten Laien erstaunlich gut waren.

Bereits 1814/15 kommt es zu einer intensiven Diskussion über den zu beschreitenden Weg für den Ausbau der Lehranstalt. Grundsätzlich beeinflußt vom Wiener Polytechnikum und von der von Beginn an praktizierten strikten organisatorischen Trennung vom Lyceum, wird ein völlig neues Konzept entwickelt. Hatte die in Zusammenhang mit der Stiftung Erzherzog Johanns stehende Lehrtätigkeit bislang eine Ergänzung zur dortigen Ausbildung dargestellt, so wandte man sich nun dem Modell einer eigenständigen technisch-naturwissenschaftlichen Lehranstalt zu. Das Lehrziel wurde durch die ökonomischen Bedürfnisse der Steiermark – Berg- und Hüttenbau, Land- und

Forstwirtschaft – definiert. Da man bei den künftigen Studenten entsprechende Vorkenntnisse voraussetzen mußte, entwickelte man den Plan einer selbständigen Realschule, die den ordentlichen Hörern das mathematische Rüstzeug bieten konnte. Über Johanns Intervention wurde zunächst 1816 die Lehrkanzel für Eisenwesen errichtet, die als erster Ansatz für die spätere Lehranstalt in Vordernberg bzw. Leoben zu sehen ist. Die nach wie vor bestehende Teilnahme von Professoren des Lyceums am Lehrbetrieb – neben den bereits genannten Fächern galt dies vor allem für die Landwirtschaftslehrkanzel am Lyceum – und das Scheitern einer geeigneten Besetzung der neuen Lehrkanzel verursachten eine Stagnation der geplanten Weiterentwicklung. Erst am Ende des Dezenniums war wiederum ein Fortschritt zu verzeichnen. Profil bekam der Lehrbetrieb am Joanneum mit der Errichtung des dreijährigen Ausbildungsganges für Grenzverwaltungszöglinge, an dem das Joanneum mit seinem Lehrangebot direkt beteiligt wurde und damit erstmals eine durchgehende Aufgabe in einem staatlichen Studienplan erfüllte.

Ausgehend von der Reform des philosophischen Lehrplans von 1824, unternahm das Joanneum einen entschiedenen Vorstoß zur Profilierung. Die Landwirtschaftslehre kam ans Joanneum und wurde dort in Verbindung mit der Zoologie gelehrt. Im Bereich Chemie, Mineralogie und Botanik strebte man eine Monopolstellung an, während die bisherigen Ausgaben für die Zoologie, Astronomie und Technologie zur Schaffung einer Lehrkanzel für „angewandte Mechanik und Maschinenlehre" genutzt wurden. Die Studienhofkommission akzeptierte endgültig den eigenständigen Charakter der „ständischen Lehranstalt", die einen Studiendirektor aus dem Kreis ihrer Professoren erhielt, während andere Bestimmungen auf die Koordination mit dem Lehrbetrieb am Lyceum, bzw. an der später wiedererrichteten Universität abzielten. Gemessen am Wiener Polytechnikum war das Joanneum wohl eher eine Realschule, angesichts der fortbestehenden Kooperation mit dem Lyceum aber eindeutig eine höhere Lehranstalt.

Formell wurde diese Richtung 1833 mit der erneuten Genehmigung einer Professur für Hüttenkunde zu einem ersten Abschluß gebracht, da damit das Joanneum einen vollständigen Ausbildungsgang eigenständig anbieten konnte. Während die Grundlagenfächer in Graz zu erwerben waren, sollte die neue Lehrkanzel das Fachwissen gleichsam vor Ort in Vordernberg vermitteln. 1832 wurde das Problem der Gültigkeit der Zeugnisse des Joanneums in jenen Fächern geklärt, in denen unabhängig vom philosophischen Studienplan Studien absolviert wurden. Allerdings verneinte man die automatische Anrechnung dieser Studien für Ausbildungsgänge am Wiener oder Prager Polytechnikum. Als die Studienhofkommission angesichts der Etablierung des medizinischen Studiums an der wiedererrichteten Universität eine erneute intensive Einbindung einzelner Fächer des Joanneums in den Ausbildungsgang der Universität überlegte, wurde dies von den Ständen geschickt hintertrieben, da man die zunehmende Hinwendung zum technischen Unterricht dadurch gefährdet sah.

Ausdruck dieser Entwicklung war die Errichtung selbständiger Lehrkanzeln für die Fächer Botanik und Zoologie, Chemie und Physik, die gemeinsam mit der Hüttenkunde errichtet (1832/35) und besetzt wurden. Die Bewerber wurden nicht nach dem von der Studienhofkommission vorgegebenen Konkurssystem gereiht, da Johanns Vorschläge zur Kenntnis genommen werden mußten. 1836 wurde schließlich die Lehrkanzel der Landwirtschaftslehre mit der Forstnaturkunde verbunden. 1840 wurde die Berg- und Hüttenkundeanstalt in Vordernberg eröffnet, deren Lehrplan die Absolvierung der Vorstudien am Joanneum oder anderen vergleichbaren Anstalten vorsah und aus einem zweijährigen Ausbildungsprogramm in Vordernberg bestand, das im wesentlichen Peter Tunner im Alleingang bestritt.

Die Reformdiskussion, die ab 1835 intensiviert wurde, führte 1844/45 zur Gründung und raschen Eröffnung der Realschule, die in ihrer Ausrichtung durch die Studienhofkommission dem Prager Modell angeglichen war. Zunächst der Lehranstalt am Joanneum als Vorbereitungsschule untergeordnet, setzten mit der Angliederung eines kurzlebigen kommerziellen Zweiges 1847 entschiedene Verselbständigungstendenzen ein. Mitte der sechziger Jahre fiel die letzte personelle Verschränkung und die nunmehrige Oberrealschule schied aus dem Verband des Joanneums endgültig aus.

Im eigentlichen Lehrbetrieb des Joanneums kam die entscheidende Änderung mit dem Lehrplan von 1844, in dem die Studienhofkommission „sämmtliche Studienfächer des ständischen Joanneums“ regelte. Der erste Jahrgang sah ein gleichlautendes Basisstudium für alle Studienrichtungen in den Fächern Mathematik, Geometrie, Geometrisches Linienzeichnen, Zoologie und Botanik vor, auf das die Studienpläne für die Berg- und Hüttenkunde (2. bis 4. Jahrgang in Graz, 5. und 6. Jahrgang in Vordernberg), für Mechaniker, Chemiker und Landwirtschaft (jeweils insgesamt vier Jahrgänge) aufbauten. Ein derartiger Lehrplan mußte zu einem entschiedenen Ausbau der Lehrkanzeln führen. 1845 wurde die Chemie selbständig, während die Physik mit der Mathematik verknüpft wurde. Nach wechselvollen Jahren der Supplierungen durch Universitäts- und Realschullehrer erhielt die Physik 1854 eine eigenständige Lehrkanzel. Aus der Lehrkanzel der Mechanik ging 1844/45 die Lehrkanzel der höheren Mathematik hervor. Aus dieser entwickelte sich in Zusammenarbeit mit der Realschule ab 1845 die Lehrkanzel der Darstellenden Geometrie, die 1854 erstmals mit einem ordentlichen Professor besetzt wurde. Personell war mit dieser Entwicklung im Studienjahr 1846/47 die Errichtung einer weiteren Lehrkanzel, die der Baukunst, verbunden. In den fünfziger Jahren folgte auch eine entsprechende Differenzierung im Bereich der Mathematik. Gleichzeitig mit dem Lehrplan von 1844 genehmigte die Wiener Zentralbehörde umfangreiche Mittel zum Ausbau der Sammlungen, um auch auf dieser Ebene den Erfordernissen eines nunmehr breitgefächerten Ausbildungsprogrammes zu entsprechen. 1847 setzte die Studienhofkommission die Zeugnisse der Realschule und jener der Studienrichtungen denen der staatlichen Anstalten gleich, nachdem

Ansicht des Lesliehofes
(Orig. Alte Galerie des Steiermärkischen Landesmuseums Joanneum, Graz; Foto: Josef Kierein, Bild- und Tonarchiv)

Eingangsportal mit Wappenband
(Foto: H. Tezak)

Das Mandell'sche Schlößchen (Foto: Steiermärkisches Landesmuseum Joanneum, Bild- und Tonarchiv)

Mörteltruhe mit zwei Tragbalken zur Feierlichkeit des ersten Spatenstiches am 26. Nov. 1884 (Steiermärkisches Landesmuseum Joanneum, Referat Kunstgewerbliche Sammlungen, Graz)

Spaten für den ersten Spatenstich zur Erbauung der k.k. Technischen Hochschule am 26. Nov. 1884 (Steiermärkisches Landesmuseum Joanneum, Referat Kunstgewerbliche Sammlungen, Graz)

Die k.k. Technische Hochschule – Außenansicht (Aquarell von Johann Wist, Universitätsarchiv TU Graz)

Die k.k.Technische Hochschule – Innenansicht (Aquarell von Johann Wist, Universitätsarchiv TU Graz)

Die feierliche Eröffnung der k.k. Technischen Hochschule in Graz durch Kaiser Franz Josef (Originalzeichnung des Spezialartisten F. Schlegel, Archiv: W. Veit)

Kassettendecke der Aula
(Foto: H. Tezak)

Euklid, von H. Brandstetter, an der Hauptfassade der Alten Technik
(Foto: H. Tezak)

Archimedes, von H. Brandstetter, an der Hauptfassade der Alten Technik
(Foto: H. Tezak)

Gruß aus Graz, Ansichtskarte aus 1897 (Sammlung J. W. Wohinz)

Motive aus Graz: Ansichtskarte um 1930(Sammlung J. W. Wohinz)

bereits 1845 die Professoren am Joanneum bei Berufungen an das Wiener Polytechnikum den Professoren des Prager Technikums gleichgestellt worden waren. Unmittelbar vor den Ereignissen des Jahres 1848 war damit die Grazer Lehranstalt als technische Studienstätte endgültig öffentlich anerkannt.

Zwischen 1848 und 1865/66 vollzog sich, eingebettet in die allgemeinen Studienreformen, die Umwandlung des in seiner Zielsetzung regional definierten Polytechnikums am Joanneum zu einer ständisch getragenen technischen Hochschule. Mit dem gleichzeitigen Ausbau des naturwissenschaftlichen Fächerkanons an der Philosophischen Fakultät der Universität stieg die Bedeutung der Doppelstellung des Joanneumslehrkörpers in diesen Fächern an, bis mit der Schaffung der entsprechenden Lehrkanzeln an der Universität die Verbindung zwischen beiden Lehranstalten gelöst wurde. Der naturwissenschaftliche Grundlagenunterricht konnte zukünftig ausschließlich den Bedürfnissen einer technischen Hochschule angepaßt werden.

1848/49 wurde die Vordernberger Lehranstalt aus dem Joanneum und der ständischen Verantwortung ausgegliedert und nach Leoben transferiert. Gemeinsam mit Pribram begann hier der Ausbau der staatlichen Montanlehranstalt, wobei im Gegensatz zur Bergakademie in Schemnitz hier noch keine Vorstudien möglich waren und vorerst eher fachspezifische „postgraduate studies“ angeboten wurden.

Das Jahr 1848 brachte auch für die Grazer technische Lehranstalt die Lehr- und Lernfreiheit, allerdings reduzierte sich angesichts der klaren Studienpläne und der knappen Personalressourcen die Lernfreiheit auf einige freie Dozenten mit sog. „Orchideenfächern“, so z.B. Weltgeschichte, Anthropologie oder Mnemonik, die nach wenigen Jahren wieder aus dem Lehrangebot verschwanden. Während der Einfluß Johanns seit den frühen vierziger Jahren dramatisch abnahm, verhinderten die Kuratoren eine völlige Gleichstellung der Professoren des Joanneums mit ihren Kollegen in Prag. Zwischen dem Lehrkörper und der allgemeinen Verwaltung stand vor allem bei Reformvorschlägen aus diesem Kreis immer noch das Kuratorium, dessen fachliche Inkompetenz durch eine absolute Loyalität gegenüber dem Stifter und dem stets zitierten Stifterwillen substituiert wurde. 1861, zwei Jahre nach dem Tode des Erzherzogs, wurde erstmals die Studiendirektion der Lehranstalt mit einem Professor besetzt, nachdem der längst dienende Kurator diese Funktion endgültig niedergelegt hatte. Als Träger der Lehre desavouierten die Professoren der Anstalt 1861 die Bemühungen des Kuratoriums bei der Gestaltung der Jubiläumsfeierlichkeiten zum fünfzigjährigen Bestehen der Anstalt. Sie signalisierten damit die erforderliche Loslösung der Lehranstalt vom Museumsbetrieb, der ja mehr als nur eine Lehrmittelsammlung sein sollte.

Ausgehend von der seit 1859 laufenden Revision der Wiener Anstalt folgten Prag und mit einer gewissen Verzögerung Graz dieser Modernisierungwelle, die 1865 in einem neuen Statut für die „Technische Hochschule am Joan-

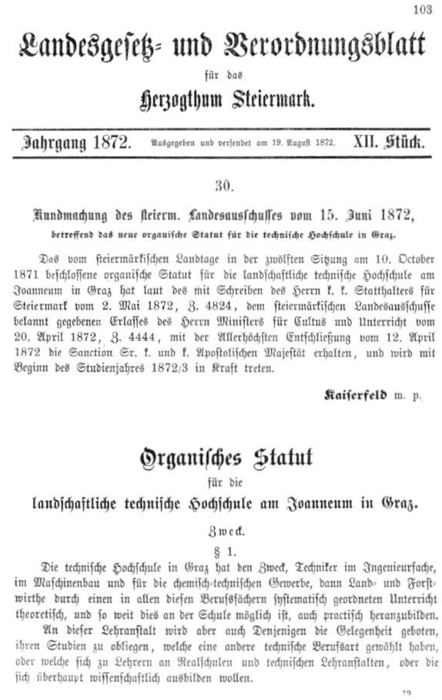

103

Landesgesetz- und Verordnungsblatt

für das

Herzogthum Steiermark.

Jahrgang 1872. Ausgegeben und versendet am 19. August 1872. XII. Stück.

30.

Kundmachung des steierm. Landesausschusses vom 15. Juni 1872,

betreffend das neue organische Statut für die technische Hochschule in Graz.

Das vom steiermärkischen Landtage in der zwölften Sitzung am 10. October 1871 beschlossene organische Statut für die landschaftliche technische Hochschule am Joanneum in Graz hat laut des mit Schreiben des Herrn k. k. Statthalters für Steiermark vom 2. Mai 1872, Z. 4824, dem steiermärkischen Landesausschusse bekannt gegebenen Erlasses des Herrn Ministers für Cultus und Unterricht vom 20. April 1872, Z. 4444, mit der Allerhöchsten Entschließung vom 12. April 1872 die Sanction Sr. k. und k. Apostolischen Majestät erhalten, und wird mit Beginn des Studienjahres 1872/3 in Kraft treten.

Kaiserfeld m. p.

Organisches Statut

für die

landschaftliche technische Hochschule am Joanneum in Graz.

Zweck.

§ 1.

Die technische Hochschule in Graz hat den Zweck, Techniker im Ingenieurfache, im Maschinenbau und für die chemisch-technischen Gewerbe, dann Land- und Forstwirthe durch einen in allen diesen Berufsfächern systematisch geordneten Unterricht theoretisch, und so weit dies an der Schule möglich ist, auch practisch heranzubilden.

An dieser Lehranstalt wird aber auch Denjenigen die Gelegenheit geboten, ihren Studien zu obliegen, welche eine andere technische Berufsart gewählt haben, oder welche sich zu Lehrern an Realschulen und technischen Lehranstalten, oder die sich überhaupt wissenschaftlich ausbilden wollen.

19

Landesgesetzblatt aus 1872
(Orig.: Steiermärkisches Landesarchiv)

Anton Winckler, Professor der höhern Mathematik (Archiv F. Allmer)

neum" gipfelte. Gleichzeitig damit wurde der Studienplan revidiert, so daß mit dem Studienjahr 1865/66 die Technik im modernen Sinne Wirklichkeit wurde. Nicht mehr die regionalen Bedürfnisse standen im Vordergrund, sondern die Schaffung einer modernen überregionalen Ausbildungsstätte für technische Berufe war oberstes Ziel. Zwar betonte man noch die Möglichkeit für Vorstudien von künftigen Berg- und Hüttenleuten, doch das eigentliche Ausbildungsziel wurde durch die vier Fachschulen definiert.

Auf den ersten zweijährigen Studienabschnitt in den allgemeinen Klassen folgte der zweite Studienabschnitt mit seiner fachspezifischen Spezialisierung. Zur Auswahl standen Schulen für Ingenieure, für Maschinenbau, für chemisch-technische Berufe, sowie für Land- und Forstwirtschaft. Die vierjährige Ingenieurausbildung umfaßte die Bereiche Straßen-, Brücken-, Wasser- und Eisenbahnbau, die dreijährige Maschinenbauausbildung sah neben der engeren fachlichen Ausbildung auch einen Unterricht für die Aufgaben als Leiter einer Werkstätte oder Fabrik vor. Die dreijährige chemisch-technische Schule hatte als Ausbildungsziel neben dem einschlägig tätigen Chemiker auch naturwissenschaftliche Lehrer und künftige Montanisten. Im glei-

Meilensteine in der organisationsrechtlichen-Entwicklung der Technik in Graz

chen zeitlichen Umfang war auch die Ausbildung der Land- und Forstwirte angelegt.

Den vier Fachschulen waren zwei Hochschullehrgänge angegliedert, in denen man in einem einjährigen Kurs zum Geometer- und Wiesenbaumeister, in einem zweijährigen Kurs zum Werk- und Baumeister ausgebildet werden konnte.

Aus dem Lehrkörper des ersten Studienabschnittes und der Fachschulen war jeweils auf zwei Jahre ein Vorstand zu wählen, während die Professoren jährlich den Direktor der Anstalt zu wählen hatten. Während die Professoren und die Assistenten deutlich analog zu den Kollegen an den Universitäten definiert wurden, fällt bei den Studenten der Anstalt die Unterscheidung zwischen ordentlichen und außerordentlichen Hörern auf. Letztere unterschieden sich von den ordentlichen Hörern dadurch, daß sie sichtlich nicht einem der sechs Ausbildungsgänge direkt zuzurechnen waren. Der stark schulische Charakter kam durch das Klassensystem und die Leistungsbeurteilung der Studenten am Ende eines Studienjahres durch den Lehrkörper zum Ausdruck, deren positives Ergebnis die Voraussetzung für den Aufstieg in die nächsthöhere Klasse war. Am Ende des Studienganges hatte der Student eine Diplomprüfung abzulegen, die die Voraussetzung für die entsprechende Berufsberechtigung sein sollte. Unübersehbar ist im Statut das Fehlen der akademischen Lehr- und Lernfreiheit. Die rein fachspezifische Orientierung ließ auch keinen expliziten Auftrag zur Forschung erkennen. Andererseits war aber damit die endgültige Lösung vom Museum gegeben und der Anschluß an die gesamtösterreichische Entwicklung vollzogen. Die von den Studienplänen gegebenen Rahmenbedingungen ermöglichten einen weiteren zügigen Ausbau der Lehrkanzeln.

Den unbestrittenen Hochschulcharakter erlangte die Lehranstalt mit dem Statut von 1872/73; die im ersten Studienabschnitt angesiedelten allgemeinen Klassen wurden beseitigt, nachdem der Zugang an die Lehranstalt von der Matura an einem Gymnasium oder einer Oberrealschule abhängig gemacht worden war. Gleichzeitig schloß man die Kurzlehrgänge, die kaum Interessenten gefunden hatten. Mit der Übernahme der Technischen Hochschule in die staatliche Kompetenz endete die steirische Sonderentwicklung 1874/75 endgültig. Gleichzeitig schloß man damals auch den Fachbereich für Land- und Forstwirtschaft, da der Staat mit der Errichtung der Hochschule für Bodenkultur 1872 grundsätzlich für diesen Bereich vorgesorgt hatte. Der Vorbereitungskurs für die Spezialausbildung in Leoben wurde ebenfalls 1872/73 aufgelassen, da dort zunehmend auch die Grundlagenfächer aufgebaut worden waren. Der Hochschulcharakter des Technikums trat 1872/73 auch mit der Deklaration der Lehr- und Lernfreiheit in Erscheinung, wozu noch verstärkend der Forschungsauftrag formuliert wurde. Man kann also die Zeit zwischen 1865 und 1872 als Probedurchgang zur Sammlung von Erfahrungswerten, die Zeit zwischen 1872/73 und 1874 als Implementierungsphase des für damalige Verhältnisse modernen Organisationsrechts und Studienplans einstufen. Äußeres Zeichen dafür war auch der Umstand, daß die bisherigen Direktoren, die jährlich aus der Mitte des Professorenkollegiums zu wählen waren, nun die Bezeichnung „Rektor" erhielten und die Fachschulvorstände die Bezeichnung „Dekan".

Die Entwicklung bis zum Ende des Zweiten Weltkrieges (1874–1945)

Mit der Mitte der 70er Jahre des 19. Jahrhunderts war die Struktur der Technischen Hochschule folgendermaßen gegeben: 3 Fachschulen mit 17 ordentlichen und 2 außerordentlichen Professuren, von denen allerdings nur rund ein Drittel den Ingenieurfächern im engeren Sinn und mehr als die Hälfte den mathematisch-naturwissenschaftlichen Grundlagenfächern zuzuordnen waren.

Die Einführung von Staatsprüfungen 1878/79 sowie die Eröffnung einer Fachschule für Hochbau 1890/91 und eines Kurses für Vermessungsgeometer 1896/97 waren weitere Meilensteine in der organisationsrechtlichen Entwicklung.

Die Anerkennung als Technische Hochschule wurde besonders durch die Errichtung der sog. „Alten Technik" in der Rechbauerstraße (1884–1888) unterstützt.

Einen besonderen Meilenstein auf dem Weg zur heutigen Universität – nicht nur für die *Technik in Graz* – bedeutete die Zuerkennung des Promotionsrechtes am 13. April 1901 und die Verleihung des ersten Doktorates der technischen Wissenschaften am 14. November 1901.

Die weitere Entwicklung führte zu einer Reihe von Lehrkanzelgründungen (für Baumechanik, Wasserbau, Maschinenlehre und Hochbau II). Es gelang damit, angesehene Wissenschaftler langfristig an die *Technik in Graz* zu binden. Beispielhaft können hier Albert von Ettingshausen, Philipp Forchheimer, Friedrich Emich und Ferdinand Wittenbauer erwähnt werden. Unmittelbar damit verbunden, war auch die Tatsache, daß die Technische Hochschule als Ausbildungsstätte einen hervorragenden Ruf erlangte und Studierende aus allen Bereichen der Donauländer anzog. Beispiele dafür sind die klingenden Namen von Persönlichkeiten wie Nikola Tesla und Karl von Terzaghi.

Mit dem Ende des Ersten Weltkrieges wurde auch an der *Technik in Graz* die weitere Entwicklung vorangetrieben. Insbesondere war dies im Bereich der Maschinenbau-Ausbildung der Fall. 1918 bis 1920 entstanden Lehrkanzeln für Getriebelehre und Höhere Maschinenelemente, Thermodynamik und Verbrennungskraftmaschinen sowie eine erste Lehrkanzel für Elektrotechnik. Auch in den Bereichen der Architektur, des Bauingenieurwesens und der Naturwissenschaften wurde eine Differenzierung und Spezialisierung herbeigeführt.

In diese Zeit fällt auch die Aufnahme der ersten weiblichen Studierenden, die seit 1919 regulär am Studienbetrieb teilnehmen konnten.

Dieser große organisationsrechtliche Entwicklungsschritt wurde begleitet durch eine Infrastruktur-Entwicklung, die zum Bau der sog. „Neuen Technik" in den Jahren 1921 bis 1928 führte.

Ein besonderer Abschnitt ist in der weiteren Folge in der vorübergehenden Zusammenlegung der Technischen Hochschule in Graz mit der Montanistischen Hochschule in Leoben in den Jahren 1935 bis 1937 zu sehen.

Die folgenden Jahre waren durch den „Anschluß" an das Deutsche Reich gekennzeichnet. Die *Technik in Graz* konnte daraus in den ersten Jahren auf organisationsrechtlicher Ebene durchaus Nutzen ziehen: Die Zahl der Dozenten und Assistenten wurde erhöht und 1940 eine eigene Abteilung für Elektrotechnik mit drei Lehrkanzeln eingerichtet.

In diese Zeit (1938) fällt auch die Einführung der Berufsbezeichnung „Diplom-Ingenieur", nachdem bereits 1917 die Führung der Berufsbezeichnung „Ingenieur" nur den Absolventen eines Hochschulstudiums zuerkannt worden war.

Die Entwicklung von 1945 bis zur Gegenwart

Mit dem Ende des Zweiten Weltkrieges setzte auch an der *Technik in Graz* eine Phase des Wiederaufbaues ein. Zunächst bestanden Pläne, die Technische Hochschule mit den anderen Hohen Schulen (Universität Graz, Montanistische Hochschule Leoben) zusammenzuführen. Letztlich kam es aber nicht dazu, und nach Überwindung der schwierigsten Jahre erlebte die *Technik in Graz* eine Reihe von Entwicklungsschritten, die sie zur gegenwärtigen Struktur führte.

In der organisationsrechtlichen Entwicklung prägten drei Gesetze diese Zeit nach dem Zweiten Weltkrieg: das Hochschul-Organisationsgesetz (HOG) 1955, das Universitäts-Organisationsgesetz 1975 und das Universitäts-Organisationsgesetz aus 1993.

Das Hochschul-Organisationsgesetz 1955 (HOG 1955) trat mit Beginn des Studienjahres 1955/56 in Kraft, galt für alle wissenschaftlichen Hochschulen Österreichs und enthielt die Abgrenzung der Kompetenzen zwischen den einzelnen organisatorischen Einheiten und für die Willensbildung in den akademischen Behörden. Es ersetzte im wesentlichen das Gesetz über die Organisation der akademischen Behörde an den Universitäten aus dem Jahre 1873.

Das HOG 1955 bezeichnete die Hochschulen als „Anstalten des Bundes" und bestätigte den Universitäten ihre bislang gesetzlich allerdings nicht eindeutig festgelegte Autonomie als Forschungs- und Lehranstalten. Die Festlegung der Autonomie der Universitäten war, gemessen an der tatsächlich geübten Praxis, nichts Neues. Neu hingegen war, daß allen wissenschaftlichen Hochschulen, die bisher keine Selbstverwaltung genossen hatten, Autonomie gewährt wurde, d.h. die Hochschulen wurden den Universitäten in rechtlichen Belangen gleichgestellt und unterstanden unmittelbar dem damaligen Bundesministerium für Unterricht.

Den Hochschulen und Fakultäten wurde durch das HOG eine eingeschränkte Rechtspersönlichkeit verliehen. Sie konnten Schenkungen und letztwillige Zuwendungen im eigenen Namen annehmen und darüber verfügen und sie hatten auch die Möglichkeit, Mitglieder von Vereinen und internationalen wissenschaftlichen Verbänden zu werden.

Bestehende Technische Hochschulen nach dem HOG 1955 waren die Technische Hochschule in Wien und die Technische Hochschule in Graz mit drei Fakultäten (Bauingenieurwesen und Architektur, Maschinenwesen und Elektrotechnik, Naturwissenschaften).

Akademische Behörden an den Technischen Hochschulen waren die Fakultätskollegien, die Dekane, der Akademische Senat, das Gesamtkollegium und der Rektor. Die Fakultäten wurden vom Fakultätskollegium und vom Dekan, die Hochschule selbst vom Akademischen Senat, vom Rektor und vom

Gesamtkollegium, der obersten akademischen Behörde, geleitet. Die Organisation folgte damit erstmals dem Vorbild der Universitäten.

Das Gesamtkollegium wurde an den Technischen Hochschulen neben den Fakultätskollegien und dem Akademischen Senat beibehalten, da es sich einerseits um verhältnismäßig junge Hochschulen handelte und andererseits die Verflechtungen der einzelnen Fächer und Fakultäten viel enger als an den Universitäten waren. Ebenso waren die Angelegenheiten, die mehrere Fakultäten betrafen, viel zahlreicher. Dem Gesamtkollegium war die Möglichkeit eingeräumt, Agenden an den Akademischen Senat und an die Fakultätskollegien abzugeben.

Die Dekane (gewählt vom zuständigen Fakultätskollegium) und Rektoren (gewählt vom Gesamtkollegium) waren nach dem HOG 1955 für jedes Studienjahr im Monat Juni des vorhergehenden Studienjahres zu wählen. Der Gewählte war grundsätzlich zur Annahme der Wahl verpflichtet.

Dem Fakultätskollegium gehörten mit Sitz und Stimme alle ordentlichen und außerordentlichen Hochschulprofessoren, die emeritierten Hochschulprofessoren und Honorarprofessoren, die mit der Vertretung einer Lehrkanzel betraut waren, und je ein Vertreter der anderen Fakultäten an.

Zwei Vertreter der Hochschuldozenten – so es an der Fakultät nicht mehr als zwei gab – waren automatisch Mitglieder des Fakultätskollegiums. Gab es mehr als zwei, so waren die Vertreter der Dozenten für die Dauer eines Studienjahres in das Fakultätskollegium in einer vom Dekan einzuberufenden Versammlung aller Universitätsdozenten persönlich und geheim zu wählen.

Dem Akademischen Senat gehörten der Rektor, der Prorektor, die Dekane, die Prodekane und je ein Senator der drei Fakultäten an. Die Senatoren waren für drei Studienjahre aus den Mitgliedern des jeweiligen Fakultätskollegiums zu entsenden und das Gesamtkollegium setzte sich aus allen Mitgliedern des Fakultätskollegiums zusammen, sodaß in diesem Gremium alle Professoren fakultätsübergreifende Kommunikation pflegen konnten.

Der Rektor war als Vorstand der Technischen Hochschule Vorsitzender des Akademischen Senates und des Gesamtkollegiums. Ihm oblag die Durchführung der Beschlüsse des Akademischen Senates und des Gesamtkollegiums sowie die Vollziehung der jeweils anzuwendenden Vorschriften.

Das Rektorat unter Leitung des Rektoratsdirektors, die Quästur und die Dekanate unterstanden der verantwortlichen Leitung des Rektors bzw. Dekans. Die Geschäfte dieser Dienststellen waren also nach den Weisungen des Rektors bzw. Dekans zu führen. Der Bibliotheksdirektor unterstand direkt dem Bundesministerium für Unterricht.

Das HOG 1955 bemühte sich, eine klare Terminologie der Lehr- und Forschungseinrichtungen der Hochschulen einzuführen. „Lehrkanzel" bedeutete im Sinne des Gesetzes die Zusammenfassung des Unterrichts über ein bestimmtes Fach (oder ein Teilgebiet eines größeren Faches) unter der verantwortlichen Leitung des Lehrkanzelinhabers. Es war sowohl zulässig, mehrere Lehrkanzeln zur Vertretung desselben Faches einzurichten als auch

Lehrkanzeln zur Vertretung eines selbständigen Teilgebietes eines größeren Faches zu errichten. Die Bezeichnung der Lehrkanzeln hatte auf die systematische Gliederung der Hochschule bzw. auf die der Fakultät anvertrauten Gebiete der Wissenschaft Rücksicht zu nehmen und in der Regel mit der Bezeichnung der Nominalfächer eines ordentlichen oder außerordentlichen Hochschulprofessors übereinzustimmen.

Das HOG 1955 schrieb vor, daß die Lehrverpflichtung bzw. ein Lehrauftrag persönlich zu erfüllen war. Auch die Einrichtung der Rektorenkonferenz war im Gesetz verankert. Sie hatte sich wenigstens einmal in jedem Studienjahr zur gemeinsamen Beratung unter dem Vorsitz des jeweiligen Rektors der Universität Wien zu versammeln.

Mit dem Bundesgesetz für die technischen Studienrichtungen aus dem Jahre 1969 waren unter anderem für die Technischen Hochschulen drittelparitätisch zusammengesetzte Studienkommissionen (Professoren, Assistenten, Studierende) einzurichten. Es wurde aber jeder Gruppe die Möglichkeit eingeräumt, das Zustandekommen eines gültigen Beschlusses durch das Vetorecht einer Gruppe zu verhindern.

1972, schon während der Auseinandersetzungen um das Universitäts-Organisationsgesetz 1975, wurde durch eine Novelle zum HOG 1955 die Möglichkeit eröffnet, Vertreter der Assistenten und Studierenden den Kollegialorganen mit beratender Stimme und Antragsrecht sowie den Kommissionen als vollberechtigte Mitglieder beizuziehen.

Mit dem Hochschul-Taxengesetz, das mit 1. Oktober 1972 in Kraft gesetzt wurde, wurden für österreichische Studierende an österreichischen Universitäten und Hochschulen künstlerischer Richtung die Hochschultaxen abgeschafft. Durch diese finanzielle Entlastung der Studierenden wurde einerseits grundsätzlichen bildungspolitischen Erwägungen Rechnung getragen, sollte doch die Absolvierung eines Studiums nicht an einer finanziellen Barriere scheitern. Andererseits wurde mit dem Entfall der Einhebung einer Vielzahl verschiedener Taxen auch ein wesentlicher Schritt im Sinne der Verwaltungsreform gesetzt.

Das Universitäts-Organisationsgesetz 1975 (UOG 75): Im Leitartikel von Eberhard Strohal in der Wochenpresse vom 26. März 1975 „Trauer muß die Hertha tragen, UOG kommt ohne Parteienkonsens gegen heftigsten Widerstand der Professoren zustande, Wissenschaftsminister als Entbindungshelfer einer umstrittenen Zangengeburt“, ist zu lesen: „Ich fühle mich beschimpft, verspottet, gehöhnt, bespuckt für meine Ziele“ schäumt Staatslehrer Günther Winkler und braucht einige Sekunden der Sammlung, bis er sein zornverzerrtes Gesicht wieder mit dem gewohnten liebenswürdigen Lächeln ausgestattet hat. Seine Empörung, frisch wie am ersten Tag, gilt dem neuen Universitäts-Organisationsgesetz (UOG), das nach vier Jahren mühevoller Beratungen, TV-Diskussionen zwischen akademischer Höflichkeit, gespielten und echten Zornausbrüchen, wortreichen Fehden, Streiks,

Enqueten nun endlich am 11. April ohne Konsens der Oppositionsparteien über die Schaubühne des Parlaments gehen soll."

Der Historiker Adam Wandruszka bezeichnet das Gesetz als „Wechselbalg" und die Rektorenkonferenz hatte in ihrer 4. Plenarsitzung 1974/75 am 11. März bereits einhellig beschlossen, im Falle einer Beschlußfassung über das UOG aus Protest ihren Kollegien den Rücktritt anzubieten.

Der Rektor und der Prorektor der Technischen Hochschule in Graz boten dem Gesamtkollegium am 14. April 1975 den Rücktritt an. In einer außerordentlichen Sitzung des Gesamtkollegiums am 22. April 1975 erklärte der Rektor wegen seiner persönlichen Betroffenheit durch die Art des Zustandekommens des UOG 75 und die Nichtbeachtung der konstruktiven Vorschläge der Hochschulen seinen Rücktritt und ersuchte den Prorektor, die Geschäfte als Rektor weiterzuführen.

Was erregte die Gemüter nun so sehr? Die Forderung nach einer Neuordnung der Hochschulorganisation konzentrierte sich im wesentlichen auf die Forderung nach Mitwirkung der Studierenden und des akademischen Mittelbaues an der Willensbildung der akademischen Behörden mit Drittelparität. Dies sollte zur Ablösung der „Ordinarienuniversität" durch eine demokratisch organisierte Gruppenuniversität führen. In dem gesetzlich den akademischen Behörden übertragenen autonomen Wirkungsbereich sollten nicht die Professoren allein entscheiden, sondern den an der Hochschule vertretenen Personengruppen sollte ein nach Qualifikation und Kompetenz abgestuftes Mitsprache- bzw. Mitbestimmungsrecht eingeräumt werden.

Als im Frühjahr/Sommer 1968 der seit dem Beginn der sechziger Jahre existierende studentische Protest gegen bestehende Verhältnisse an den Hochschulen und Universitäten seinen Höhepunkt erreichte, veranstalteten in Österreich die Klubs der im Nationalrat vertretenen Parteien am 5. Juli 1968 eine große Hochschulenquete. Konkretes Ergebnis dieses „Hearings" war die Anregung nach Einsetzung einer Hochschulreformkommission, in der Abgeordnete, Professoren, Assistenten und Studenten gemeinsam mit Vertretern der Interessensverbände Maßnahmen und konkrete Schritte zur Hochschulreform besprechen sollten, um zu tragbaren Lösungen zu gelangen.

Diese parlamentarische Hochschulreformkommission, die binnen Jahresfrist einen Plan zur Reform des österreichischen Hochschulwesens ausarbeiten sollte, nahm ihre Arbeit am 31. Oktober 1968 auf. In einer Sitzung vom 22. Juni 1970 kam es über die Frage der Mitbestimmung von Studierenden und Assistenten in der Organisation der Institute zu schwerwiegenden Differenzen. Eine Mehrheit der Kommission sprach sich gegen das Votum der Professoren dafür aus, daß die Mehrheit der Mitglieder in den einzurichtenden Institutskonferenzen aus dem Kreise der Hochschulassistenten und Studierenden zu entnehmen sei. Daraufhin legten am 23. Juni die Vertreter der Hochschulprofessoren die Mitarbeit in der Kommission nieder.

Mit der Gründung des Bundesministeriums für Wissenschaft und Forschung Mitte 1970 wurde von Bundesministerin Hertha Firnberg ein Redaktionskomitee mit der Ausarbeitung eines Diskussionsentwurfes bis Ende des Jahres beauftragt, der zu Beginn des Jahres 1971 allen wissenschaftlichen Hochschulen und den Organisationen der Professoren, Assistenten, Lektoren und Studenten zur Begutachtung übermittelt wurde. Dieser Entwurf lag auch der parlamentarischen Hochschulreformkommission bei ihrem ersten Zusammentritt im Jänner 1971 zur Diskussion der einzelnen Abschnitte vor. Nach Auflösung der Kommission wurde unter Einarbeitung der eingelangten Stellungnahmen der Ministerialentwurf eines Universitäts-Organisationsgesetzes unter dem Vorsitz der Bundesministerin ausgearbeitet.

Durch das UOG 75 kam es an den Universitäten zu einschneidenden Organisationsänderungen. Am heftigsten kritisiert wurde die unter den politischen Begriffen „Demokratisierung" und „Gruppenuniversität" eingeführte Einbeziehung aller Personengruppen in die Willensbildung der Kollegialorgane bzw. der Wahlgremien für monokratische Organe. Die Beteiligungsverhältnisse der Gruppen (Ordentliche und außerordentliche Univ.-Prof., Mittelbau, Studierende) waren nach Qualifikation abgestuft. Studienkommissionen waren drittelparitätisch zusammengesetzt. Im Fakulätskollegium als Beispiel entfielen auf die Professoren so viele Sitze wie auf den Mittelbau und die Gruppe der Studierenden zusammengenommen, das nichtwissenschaftliche Personal war mit zwei Sitzen vertreten. Das Amt des Rektors und des Dekans blieb für eine Funktionsperiode von jeweils zwei Jahren den Ordentlichen Universitätsprofessoren vorbehalten.

Beim Institut als kleinster organisatorischer Einheit lagen die wesentlichen Kompetenzen beim Institutsvorstand (O. oder Ao. Univ.-Prof.), einem monokratischen Organ. Die Lehrkanzel im Sinne des HOG 1955 wurde abgeschafft. Pro Universität durfte nur ein Institut desselben Fachs bestehen bleiben (Verbot von Parallelinstituten). Daraus folgt, daß das gesamte Personal einer Universität Instituten zuzuteilen war. Die Einrichtung von Abteilungen war im Rahmen der Institutsordnung möglich.

Die Modernisierung der administrativen Hochschulverwaltung wurde vor allem durch die Ausgestaltung der Bestimmungen über die zentrale Universitätsverwaltung und die Stellung des Universitätsdirektors realisiert. Der Universitätsdirektor unterstand in Angelegenheiten des autonomen Wirkungsbereiches dem Rektor, in Angelegenheiten des übertragenen Wirkungsbereiches dem Bundesminister für Wissenschaft und Forschung. Er war jedoch auch in diesen Angelegenheiten verpflichtet, den Rektor zu informieren.

Durch das UOG 75 wurde die Technische Hochschule in Graz zur Technischen Universität Graz mit – anstelle von bisher drei – fünf Fakultäten (Architektur, Bauingenieurwesen, Maschinenbau, Elektrotechnik und die Technisch-Naturwissenschaftliche Fakultät).

Das Universitäts-Organisationsgesetz 1993 (UOG 93): Nach dem UOG 75 waren alle Entscheidungsorgane im universitären Bereich Kollegialorganen mit basisdemokratischen Elementen übertragen. Rektoren und Dekane hatten selbst so gut wie keine Entscheidungskompetenzen, sondern waren von Gesetzes wegen lediglich dazu berufen, die in Kollegialorganen getroffenen Entscheidungen ohne einen eigenen Gestaltungsspielraum zu vollziehen. Zweifellos wurde durch das UOG 75 das Ziel einer verstärkten Entscheidungstransparenz und grundsätzlichen Öffnung der bis dahin oft sehr stark in sich abgeschlossenen Universitäten erreicht. Die Unzufriedenheit manifestierte sich in Schlagworten wie „Sitzungsuniversität" sowie in Klagen über ein im Vergleich zu ausländischen Beispielen bestehendes Defizit an universitärer Autonomie und über ein zu hohes Ausmaß an ministerieller Einflußnahme. Die Entscheidungsprozesse im österreichischen Universitätenbereich werden oft auch heute noch mit den Begriffen „Konfliktvermeidung" und „Konfliktverlagerung" ,gemeint ist damit eine Verlagerung auf die Ebene des zuständigen Bundesministeriums, charakterisiert.

Das im Dezember 1990 von den Regierungsparteien verfaßte Arbeitsübereinkommen sieht unter anderem vor, daß „die demokratisch verfaßten Universitäten" zu selbständigen, für ihre Leistung verantwortlichen Einrichtungen weiterzuentwickeln seien. Die Umsetzung dauerte insgesamt zweieinhalb Jahre. Das Bundesgesetz über die Organisation der Universitäten (UOG 93) wurde im Bundesgesetzblatt Nr. 805/1993 veröffentlicht. Die Universitäten erhielten durch die im Rahmen von Verfassungsbestimmungen festgelegte Autonomie eine weitgehende Selbstgestaltungsmöglichkeit im Rahmen einer eigenen Satzung.

Vollkommen neu sind die Beziehungen zwischen Bundesministerium und Universitäten gestaltet, obwohl die Universitäten weiterhin Einrichtungen des Bundes bleiben.

An Stelle des staatlichen Wirkungsbereiches tritt im UOG 1993 ein verstärktes Aufsichtsrecht des Bundesministeriums.

Die Budgetzuweisung erfolgt weiterhin durch den Bundesminister, er kann aber aufgrund allfälliger Entwicklungsplanungen oder im Hinblick auf gesetzliche oder vertragliche Verpflichtungen die Budgetzuweisung mit Zweckbindungen versehen.

Dem Bundesminister steht ein Untersagungsrecht bei der Entscheidung über die weitere Verfügung von freiwerdenden Universitätsprofessoren-Planstellen zu und er hat Durchführungsverordnungen bzw. Richtlinien für die Bedarfsberechnungen und Kostenrechnung, die Erstellung des Budgetantrages, die Arbeitsberichte der Institutsvorstände, die Durchführung von Evaluierungsmaßnahmen in Forschung und Lehre und für die Aufgabenerfüllung der Universitätsbibliothek zu erlassen.

Die Gliederung der Universität in Fakultäten erfolgt auf Vorschlag oder nach Anhörung des Senats durch Verordnung des Bundesministers, die im Einvernehmen mit dem Hauptausschuß des Nationalrates zu erlassen ist.

Die Kollegialorgane erhalten verstärkte Richtlinienkompetenzen: der Senat gegenüber dem Rektor, Fakultätskollegien gegenüber den Dekanen und Studiendekanen, Institutskonferenzen gegenüber den Institutsvorständen. Sie können die Wirksamkeit von Entscheidungen aussetzen, die einer gegebenen Richtlinie widersprechen. Die Entscheidungskompetenzen im operativen Bereich werden weitgehend den monokratischen Organen übertragen.

Der Vorsitzende des Senates und die Vorsitzenden der Fakultätskollegien werden für eine Funktionsperiode von zwei Jahren aus dem Kreis der Mitglieder mit venia docendi gewählt.

Der Senat ist verantwortlich für die Beschlußfassung über die Satzung, für längerfristige Bedarfsberechnungen und für den jährlichen Budgetantrag der Gesamtuniversität. Er erstellt einen Vorschlag für die Wahl des Rektors an die Universitätsversammlung und entscheidet über die Einrichtung von Instituten im Rahmen der Satzung sowie über die fachliche Widmung bzw. über Art und Zeit der Besetzung von neuen oder frei gewordenen Planstellen für Universitäsprofessoren.

Das Fakultätskollegium erstellt längerfristige Bedarfsberechnungen und den jährlichen Budgetantrag der Fakultät, ist zuständig für die Wahl und Abberufung des Vorsitzenden des Fakultätskollegiums, des Dekan und des Studiendekans und hat zusätzlich eine Richtlinienkompetenz bezüglich der Tätigkeit der Institutskonferenzen.

Der Studienkommission obliegt auch weiterhin die Erlassung und Abänderung des Studienplans und die Wahl und Abberufung des Vorsitzenden der Studienkommission.

Die Institutskonferenz verabschiedet den jährlichen Budgetantrag des Instituts und entscheidet über die Wahl und Abberufung des Institutsvorstandes. Die Institutskonferenz hat Anhörungs-, Mitwirkungs- und Richtlinienkompetenzen.

Als monokratische Organe werden der Rektor und die Dekane für eine Funktionsperiode von vier Jahren gewählt, Studiendekane und Vorsitzende der Studienkommissionen für zwei Jahre.

Der Rektor übt seine Tätigkeit hauptamtlich aus. Wählbar sind Universitätsprofessoren mit Fähigkeit zur organisatorischen und wirtschaftlichen Leitung einer Universität oder eine außerhalb einer Universität tätige Person mit gleichzuhaltender Qualifikation.

Der Dekan ist vom Fakultätskollegium aus einem zumindest drei Personen umfassenden Vorschlag des Rektors aus dem Kreis der Universitätsprofessoren der Fakultät zu wählen. Er darf nicht gleichzeitig die Funktion eines Rektors, Vizerektors, Studiendekans oder Institutsvorstandes ausüben.

Die Stellung des Rektors wird durch das UOG 93 deutlich gestärkt. Er entscheidet im wesentlichen über sämtliche Personalaufnahmen, verhandelt bei Berufungen von Universitätsprofessoren mit dem Bundesministerium und bestellt die Leiter der Dienstleistungseinrichtungen. Er verteilt das Budget und arbeitet für den Senat die Vorlagen für den Budgetantrag und für die Bedarfsberechnungen aus. Er ist als monokratisches Leitungsorgan für die

Einhaltung des Budgets verantwortlich und schlägt der Universitätsversammlung die Vizerektoren zur Wahl vor. Die Vizerektoren sowie die Leiter der Dienstleistungseinrichtungen unterstehen unmittelbar dem Rektor und sind diesem gegenüber weisungsgebunden. Der Rektor hat beratende Stimme im Senat.

Dem Dekan obliegt die Zuweisung der Planstellen, Räume und Sachmittel an die einzelnen Institute im Wege der Institutsvorstände und an den Studiendekan. Er führt gemeinsam mit dem Rektor die Berufungsverhandlungen für die Besetzung von Planstellen für Universitätsprofessoren und setzt Habilitations- und Berufungskommissionen ein.

Der Studiendekan ist als neues Organ im Rahmen der Fakultät verankert. Ihm obliegt die Entscheidung in allen Angelegenheiten, die zur Organisation und Evaluierung des Studien- und Prüfungsbetriebes erforderlich sind.

Der Vorsitzende der Studienkommission nimmt zwischen der Teilung in monokratische und kollegiale Organe insoferne eine Sonderstellung ein, als er in der Funktion des Vorsitzenden bestimmte behördliche Aufgaben als monokratisches Organ wahrnimmt (z.B. die Anrechnung von Studien) andererseits aber auch Mitglied des Kollegialorgans „Studienkommission" ist.

Der Institutsvorstand führt wie bisher den Vorsitz in der Institutskonferenz und hat für den Ressourceneinsatz am Institut Sorge zu tragen. Durch den Wegfall der Personalkommissionen schlägt er dem Rektor direkt die Aufnahme des Institutspersonals nach Anhörung der Institutskonferenz vor.

Durch das UOG 93 werden Dienstleistungseinrichtungen geschaffen, die nach dem UOG 75 teils bereits als unterstützende Einheiten (Universitätsdirektion) und teils als besondere Universitätseinrichtungen (Universitätsbibliothek, EDV-Zentrum) geführt wurden. Nach UOG 93 sind jedenfalls die Zentrale Verwaltung, der Zentrale Informatikdienst sowie die Universitätsbibliothek einzurichten.

Durch die Zentrale Verwaltung sind insbesondere folgende Bereiche abzudecken: Studien- und Prüfungsverwaltung, Personalverwaltung, Haushalts- und Finanzverwaltung, Gebäudebetrieb und technische Dienste, Beschaffungswesen, Inventar- und Materialverwaltung, Rechtsangelegenheiten, Informations- und Veranstaltungswesen, Drittmittelangelegenheiten, Planungsvorbereitung, allgemeine administrative Angelegenheiten mit Ausnahme von Instituten und die Führung des Universitätsarchivs.

Der Zentrale Informatikdienst soll die gesamte Breite der Telekommunikation betreuen und insbesondere die Aufgaben des bisherigen EDV-Zentrums und der ADV-Abteilung der Universitätsdirektion übernehmen.

Die Universitätsbibliothek ist im Rahmen der Satzung in eine Hauptbibliothek und nach Bedarf in Fakultäts- bzw. Fachbibliotheken zu untergliedern. Der Bibliotheksdirektor als Leiter dieser Dienstleistungseinrichtung untersteht nunmehr dem Rektor.

Der Universitätsversammlung obliegt die Wahl bzw. Abberufung des Rektors und der Vizerektoren. Sie besteht jeweils aus der gleichen Anzahl an Vertreterinnen/Vertretern der Universitätsprofessoren, der Universitätsassistenten und wissenschaftlichen Mitarbeiter im Forschungs- und Lehrbetrieb, der Studierenden und der Allgemeinen Universitätsbediensteten.

Der Universitätsbeirat hat den Senat und den Rektor insbesondere in den längerfristigen Bedarfsberechnungen der Universität, in der inneruniversitären Personal- und Budgetverteilung, bei der Durchführung von Evaluierungsmaßnahmen in Lehre und Forschung und bei der Kooperation der Universität mit Wirtschaft und Gesellschaft zu beraten. Er besteht aus jeweils der gleichen Anzahl an Personen aus VertreterInnen der Gebietskörperschaften, der Wirtschaft unter Berücksichtigung der beruflichen Interessensvertretungen der Arbeitgeber und Arbeitnehmer und der Beschäftigten in von der Universität erfaßten Bereichen sowie der AbsolventInnen der betreffenden Universität.

Der Bundesminister war per Gesetz ermächtigt, das UOG 93 durch Verordnung in drei Phasen an österreichischen Universitäten einzuführen. Nach dieser Vorgabe war eine Zustimmung der in diese erste Phase aufzunehmenden Universitäten nicht erforderlich, der Minister war jedoch auf der Suche nach „Freiwilligen".

Die *Technik in Graz* sollte als erste größere Universität Pilotuniversität sein. Das wurde sie auch, allerdings nicht ganz freiwillig. Zunächst wurde vom Akademischen Senat am 13. Dezember 1993 abgelehnt, das UOG 93 in der ersten Phase zu übernehmen. Am 9. Mai 1994 verfehlte die Aufhebung des Beschlusses vom 13.12.1993 die erforderliche Zweidrittelmehrheit. Dennoch waren im Entwurf der Verordnung zur Implementierung des UOG 93 vom 25. Mai 1994 in der ersten Phase die TU Graz, die Montanuniversität Leoben, die Universität für Bodenkultur Wien, die Universität Klagenfurt und die Universität Linz genannt. Trotz des Einspruchs blieb es dabei: Im Sinne des Bundesministers für Wissenschaft und Forschung wurde die Technische Universität Graz mit 1. Oktober 1994 Pilotuniversität und begann mit der Implementierung des UOG 93.

Die nach UOG 75 gewählten Funktionäre blieben bis zum Kippzeitpunkt im Amt.

Der Akademische Senat beschloß am 17.10.1994 den Senat gemäß UOG 93 so rasch wie möglich, spätestens aber bis zum Ende des WS 1994/95 (in der nächsten Sitzung auf „so bald wie möglich" abgeändert) zu konstituieren und setzte eine Arbeitsgruppe „Satzung" zur Ausarbeitung einer Startsatzung und eine Arbeitsgruppe „Organisation" zur Klärungen von organisatorischen Fragen bei der UOG-Implementierung ein.

Der Senat nach UOG 93 wurde am 22. Mai 1995 konstituiert. Er wählte Ao.Univ.-Prof. DDr. Peter Kautsch zum ersten Vorsitzenden.

Durch die im Herbst 1995 beschlossene „Startsatzung" wurde die Uni-

BUNDESMINISTERIUM FÜR WISSENSCHAFT UND FORSCHUNG

W F

MINORITENPLATZ 5
A-1014 WIEN
TELEFON
(0222) 53120-0
DVR 0000175

GZ 68.152/19-I/B/5B/94

Sachbearbeiter:
Rat Dr. Gerald Bast
Tel.: 531 20-5830

Herrn Rektor
Ord.Univ.Prof.
Dipl.-Ing.Dr. Josef WOHINZ
Technischen Universität Graz
Rechbauerstraße 12
8010 Graz

Verordnung gemäß § 87 Abs. 4 UOG 1993
über den Beginn der Konstituierung von
Universitätsorganen nach dem UOG 1993

Vom Bundesministerium für Wissenschaft und Forschung wurde der in der Anlage beigeschlossene Text einer "Verordnung über die Konstituierung von Universitätsorganen nach dem UOG 1993" zur Publikation im Bundesgesetzblatt vorbereitet.
Da das UOG 1993, welches die Rechtsgrundlage zur Erlassung der gegenständlichen Verordnung bildet, erst ab 1. Oktober 1994 in Kraft tritt, kann aus formalen Gründen die Publikation der genannten Verordnung ebenfalls erst am 1. Oktober 1994 erfolgen.

Anlage

Technische Universität Graz
Eingelangt am 25. Juli 1994
UD Zl. 72/11/P41A

Wien, 15. Juli 1994
Der Bundesminister:
Dr. Busek

F.d.R.d.A.:

Verordnung des Bundesministers für Wissenschaft
und Forschung über die Konstituierung von
Universitätsorganen nach dem UOG 1993

Auf Grund des § 87 Abs. 4 UOG 1993, BGBl. Nr. 805, wird verordnet:

§ 1. Der Senat bzw. das Universitätskollegium ist nach den Bestimmungen des UOG 1993 innerhalb des Studienjahres 1994/95 an den folgenden Universitäten zu konstituieren:

1. Montanuniversität Leoben;
2. Technische Universität Graz;
3. Universität für Bodenkultur Wien;
4. Universität Klagenfurt;
5. Universität Linz.

§ 2. Der Zeitplan für die Konstituierung der Universitätsorgane gemäß UOG 1993 an den übrigen Universitäten wird Gegenstand einer gesonderten Verordnung gemäß § 87 Abs. 4 UOG 1993 sein.

§ 3. Diese Verordnung tritt am 1. Oktober 1994 in Kraft.

Dr. Busek eh.

Verordnung über den Beginn der Konstituierung von Universitätsorganen nach dem UOG 1993 (Universitätsarchiv TU Graz)

versitätsversammlung mit 200 Mitgliedern festgelegt sowie die Gesamtzahl der Mitglieder der Fakultätskollegien und die Wahl- und Geschäftsordnung im Senat bestimmt. Zur größeren Transparenz dieser Gremien sieht die Geschäftsordnung für Sitzungen von Kollegialorganen einen öffentlichen und einen nichtöffentlichen Teil vor.

Die Funktion des Rektors wurde im Herbst 1995 im In- und Ausland öffentlich ausgeschrieben. Von den 17 eingelangten Bewerbungen wurden acht Personen im Jänner 1996 zu einem Hearing vor der Universitätsversammlung eingeladen. Aus dem vom Senat beschlossenen Dreiervorschlag ging am 29. Jänner 1996 mit Dr. Irolt Killmann zum erstenmal eine außeruniversitäre Person als Rektor für eine Funktionsperiode von vier Jahren hervor.

Die Einrichtung, Benennung und Auflösung von Instituten erfolgte durch den Senat auf Vorschlag der Fakultätskollegien am 22. Juni 1996, sodaß mit der Konstituierung der Institutskonferenzen und Wahl der Institutsleiter begonnen werden konnte.

Die Wahlen der fünf Dekane nach UOG 93 fanden im Mai und Juni bzw. Oktober statt; ebenso die Wahlen der dem Rektor zur Erfüllung seiner Aufgaben zur Seite stehenden Vizerektoren (für Angelegenheiten der Forschung: O.Univ.-Prof. Dr. Hartmut Kahlert, für Angelegenheiten der Lehre und Studien: Ao. Univ.-Prof. Dr. Holger Neuwirth und für Angelegenheiten der Planung, Entwicklung und Ressourcen: Hofrat Dr. Johann Theurl).

Mit der Konstituierung des Universitätsbeirates am 16. Oktober 1996

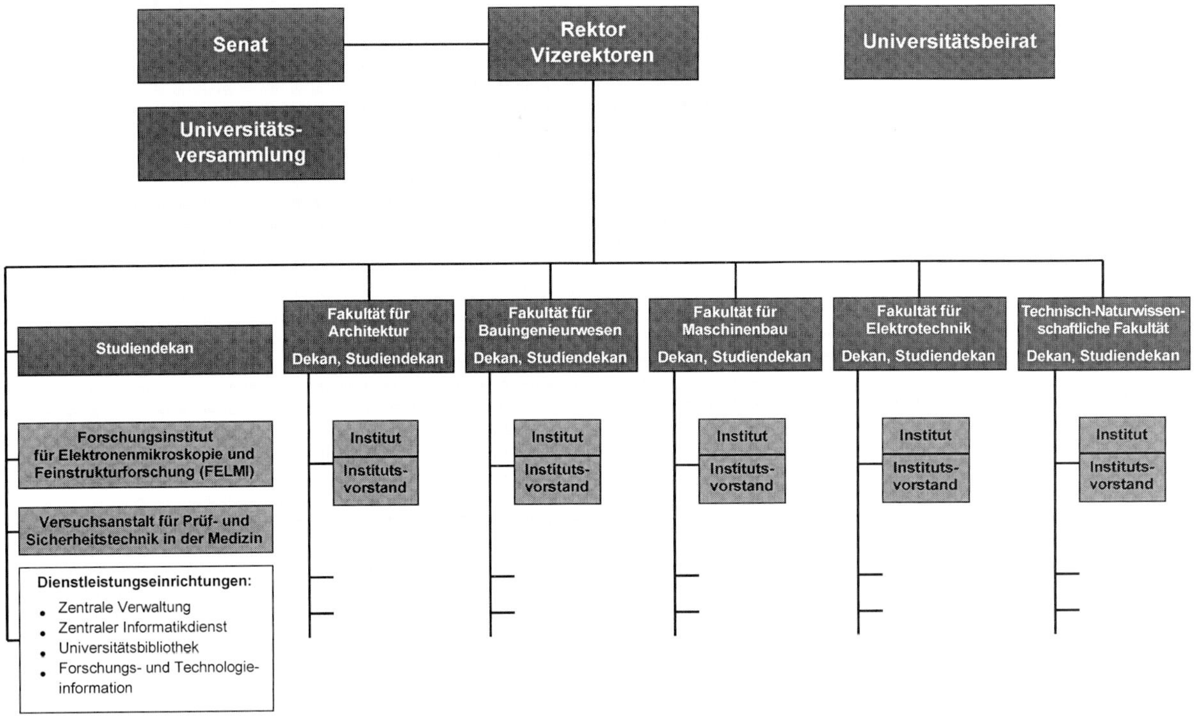

Die Organisation der Technischen Universität Graz nach dem UOG 1993

und der letzten Konstituierung einer Institutskonferenz am 25. Oktober – nach 19 Monaten Implementierungsphase – waren alle Voraussetzungen zur Inkraftsetzung des UOG 93 erfüllt.

Die Schlüsselübergabe des letzten Rektors nach UOG 75 an den ersten Rektor nach UOG 93 erfolgte am 28. Oktober 1996.

Ein wesentlicher Schritt in der organisationsrechtlichen Entwicklung der *Technik in Graz* war erfolgreich abgeschlossen; es wird aber mit Sicherheit nicht der letzte gewesen sein, dazu ist die allgemeine Entwicklung wie die spezifische Entwicklung an den Universitäten viel zu dynamisch.

Jedenfalls hat die Technische Universität Graz mit ihren derzeit 1156 MitarbeiterInnen (davon 592 im wissenschaftlichen und 564 im allgemeinen Dienst) in 72 Instituten und sonstigen Einrichtungen sowie mit ihren mehr als 11.000 Studierenden (im Studienjahr 1998/99) einen Entwicklungsstand erreicht, der den Anforderungen der aktuellen Situation gut entsprechen kann. Darüber hinaus sollten alle Voraussetzungen gegeben sein, eine erfolgreiche Entwicklung auch für die Zukunft zu gewährleisten.

Irolt Killmann, erster Rektor nach dem UOG 1993 (Foto: Robert Illemann)

Literaturhinweise:

BAST, Gerald: UOG 1993 (Universitäts-Organisationsgesetz), Wien 1998

BINDER, Dieter A.: Das Joanneum in Graz. Lehranstalt und Bildungsstätte. Ein Beitrag zur Entwicklung des technischen und naturwissenschaftlichen Unterrichts im 19. Jahrhundert, Band 12 der Publikationen aus dem Archiv der Universität Graz, Graz 1983

ERMACORA, Felix: Österreichisches Hochschulrecht, 2. Aufl., Wien 1972

ERMACORA, Felix: LANGEDER, Ewald; STRASSER, Rudolf: Österreichisches Hochschulrecht, Loseblattsammlung, Kapitel Organisation, Wien 1986

GÖTH, Georg: Das Joanneum in Gratz, geschichtlich dargestellt zur Erinnerung an seine Gründung vor 50 Jahren, Graz 1861

JONTES, Lieselotte: Zur Entwicklung des montanistischen Unterrichtes in der Steiermark zur Zeit Erzherzog Johanns (1811–1864), in: Die Berg- und Hüttenmännische Ausbildung zur Zeit Erzherzog Johanns (1811–1849). Ausstellungskatalog, Leoben 1982, S. 1–33

KOHLRAUSCH, Fritz: Technische Hochschule Graz, in: Die Deutschen Technischen Hochschulen, München 1941, S. 179–190

KOSTAL, Mario (Hrsg.) : Universitätsorganisationsgesetz, Wien 1993

LUDESCHER, Marcus: Zur Geschichte der Technischen Universität Graz, Zwei Texte, (TUG-Projektdokumentation) Graz, im Mai 1995

OTRUBA, Ludwig; DRISCHEL, Otto: Handbuch der Hochschulreform, Loseblattsammlung, Wien, o.J.

ROTH, Paul W.: 150 Jahre Montanuniversität Leoben. Aus ihrer Geschichte, in: 150 Jahre Montanuniversität Leoben 1840–1990, Graz 1990, S. 43–76

ZAWISCHA, Georg: Universitäts-Organisationsgesetz, Wien 1978

Lesliehof und Alte Technik – Ansichtskarte zur Erinnerung an die Jahrhundertfeier 1911 (Sammlung J.W. Wohinz)

Ursula Tomantschger-Steßl
Josef W. Wohinz

Vom Lesliehof zum virtuellen Campus

Die Entwicklung der Infrastruktur

Mit der organisationsrechtlichen Entwicklung verbunden war auch eine Entwicklung der Infrastruktur, die hier in den wichtigsten Schritten nachgezeichnet wird. Dabei wird in die folgenden Abschnitte gegliedert:

- Vom Lesliehof zur Alten Technik
- Erweiterungsbauten auf den Mandellgründen
- Die Neue Technik und der Komplex auf dem Schörgelhofgelände
- Die Entwicklung auf den Inffeldgründen
- Auf dem Weg zum virtuellen Campus

Vom Lesliehof zur Alten Technik

In Verbindung mit der Gründung des Joanneums zur Übernahme der naturwissenschaftlichen Sammlungen und damit zur Durchführung des ersten Lehrbetriebes wurde 1811 von den Ständen des Herzogtums Steiermark in der Raubergasse Nr. 10 der ehemalige Lesliehof erworben. Es handelt sich dabei um ein 1665 bis 1674 von Domenico Sciassia als Stiftshof für das Benediktinerstift St. Lambrecht erbautes, durchaus repräsentatives Gebäude. Von 1684 bis 1802 war es im Besitz der Grafen von Leslie und wird deshalb auch heute noch als Lesliehof bezeichnet (DEHIO).

Die äußere Erscheinung wird durch einen langgestreckten, dreigeschossigen Baublock mit zwei Innenhöfen geprägt. Über dem Eingang befinden sich sieben bemalte Bronzewappen steirischer Verordneter. Diese Wappen wurden 1811 von Leopold Zeillinger geschaffen. Auf der rechten Seite des Haupttraktes im Erdgeschoß befindet sich die ehemalige Hauskapelle, in der auch heute noch am Gründungstag des Joanneums – dem 26. November jeden Jahres – eine Meßfeier abgehalten wird.

Neben Bronzebüsten Erzherzog Johanns und Kaiser Franz I. verdienen eine Marmorbüste Franz Ungers sowie eine Büste Friedrich Mohs besondere Beachtung.

Der Lesliehof diente anfangs zur Unterbringung der Sammlungen zur Geologie, Mineralogie, Zoologie und Botanik und wird in diesem Sinn auch heute noch genutzt.

Auch die Vorlesungen über Mineralogie, Botanik und Chemie, Experimentalphysik und Astronomie sowie über Technologie, die im Jahre 1812 aufgenommen wurden, fanden hier statt.

Mit der Umwandlung der technischen Lehranstalt am Joanneum in die Technische Hochschule mit Beginn des Studienjahres 1865/66 blieb zunächst die Unterbringung in der Raubergasse bestehen.

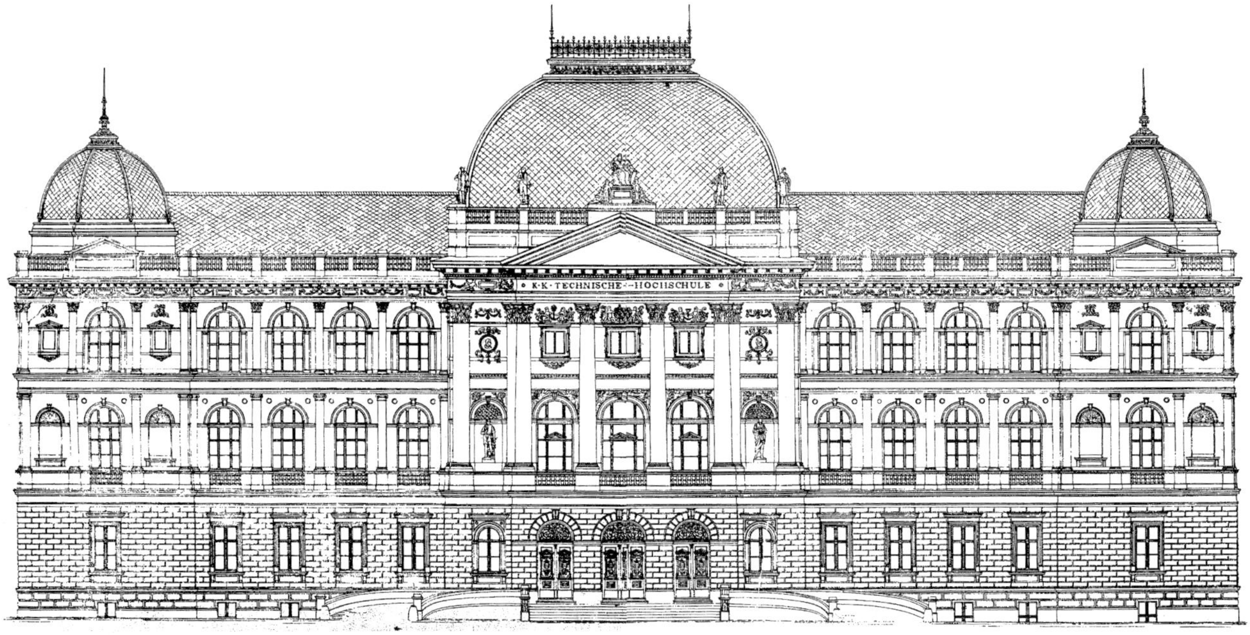

Die Hauptfassade der Alten Technik (Universitätsarchiv TU Graz)

Die steigende Hörerzahl – 1870/71 gab es bereits 362 Studierende – und der dadurch gegebene Raumbedarf führten zu vorübergehenden Anmietungen, z.B. im Lindnerhaus in der Neutorgasse und im Mildschuhhaus auf dem Dietrichsteinplatz.

Schon seit 1858 hatte das Professorenkollegium der damaligen technischen Lehranstalt auf die ungünstigen Raumverhältnisse hingewiesen. Spätestens mit der Umwandlung in die k.k. Technische Hochschule in Graz am 12. August 1873 wurde die Errichtung eines entsprechenden Neubaues immer dringlicher.

Im Oktober 1875 erfolgte dazu durch das Ministerium für Kultus und Unterricht der Ankauf des ehemals Baron Mandell'schen Grundes in der Rechbauerstraße als Bauplatz für den Neubau. Am 26. November 1884 konnte der erste Spatenstich vollzogen werden.

Die Professoren Josef Horky und Johann Wist wurden mit der Planung beauftragt; der Kostenrahmen wurde mit 650.000 Gulden festgelegt. Nach vier Jahren Bauzeit konnte das neue Gebäude – die heutige Alte Technik – am 12. Dezember 1888 in Anwesenheit von Kaiser Franz Joseph I eröffnet werden.

In der aus diesem Anlaß von der k.k. Technischen Hochschule herausgegebenen Festschrift wird als Einleitung festgehalten:

„In Anwesenheit seiner k. und k. Apostolischen Majestät des Kaisers Franz Joseph I., des erhabenen Schirmherrn der Wissenschaften und Künste, findet am 12. December 1888 in feierlichster Weise die Eröffnung des in den Jahren 1885 bis 1888 aufgeführten Neubaues der k.k. Technischen Hochschule in Graz statt.

Seine Majestät, Allerhöchstderen eigenster Initiative die Inangriffnahme dieses Neubaues zu verdanken ist, geruhen durch die beglückende Gegenwart bei dieser Feier neuerdings die huldvolle Fürsorge zu bethätigen, deren sich das technische Unterrichtswesen in Österreich während der nun vierzigjährigen glorreichen Regierung unseres Allergnädigsten Kaisers und Herrn in so überaus reichem Masse zu erfreuen hat.

In der Geschichte der Technischen Hochschule, deren bisherige Entwicklung und deren neue Heimstätte die nachstehenden Blätter zu schildern versuchen, wird der 12. December 1888 für alle Zeiten als leuchtender Ehrentag verzeichnet stehen."

Der durchaus monumental wirkende Baukörper bringt seine spezifische Nutzung durch die künstlerische Gestaltung der Frontfassade besonders deutlich zum Ausdruck. Neben der Aufschrift: K.K. TECHNISCHE HOCHSCHULE, sind hier einzelne Plastiken erwähnenswert. Die Giebelgruppe stellt „Austria schützend Künste und Wissenschaften" dar, zwei Nischenfiguren verkörpern Euklid und Archimedes und wurden von Hans Brandstetter geschaffen. Vier Attikafiguren links und rechts der Mittelgruppe, wichtige Repräsentanten der Technik darstellend, und zwar Schinkel, G. Stephenson, Redtenbacher und Liebig, sowie zwei Medaillons mit Porträts von Gauss und Darwin stammen von Carl Pekary. Darüber hinaus sind auf Steintafeln die Namen hervorragender Gelehrter verschiedenster technischer Fachgebiete angeführt.

Mit der Errichtung des neuen Gebäudes wurde der Standort Lesliehof beendet. Mit 3. September 1886 wurde auch der Bau des Laboratoriums für das Chemische Institut genehmigt, welches bereits 1889 zur Benützung übergeben werden konnte.

Erweiterungsbauten auf den Mandellgründen

Noch heute begrenzt eine unter Denkmalschutz stehende Bauzeile gemeinsam mit einem Altbau das Areal der Mandellgründe in südlicher Richtung. Diese Bauwerke wurden ursprünglich als Beamtenwohnhäuser errichtet und nach und nach von Instituten und Verwaltungseinrichtungen der heutigen Technischen Universität Graz besiedelt.

So entstanden auf diesen ehemals Mandell'schen Gründen verschiedene Erweiterungsbauten.

1965 bezeichnet den Beginn mit der Errichtung eines Fakultätsgebäudes für Bauingenieurwesen. Dieser Bauteil befindet sich an der Stelle des ursprünglichen Chemiegebäudes, welches nach Fertigstellung des Neubaues auf dem Schörgelhofgelände abgerissen wurde. Für die Planung des Gebäudes zeichneten die Architekten Prof. Dipl.-Ing. K.R. Lorenz, Dipl.-Ing. H. Repolusk, Dipl.-Ing. H. Ilgerl, Dipl.-Ing. H. Worschitz, Dipl.-Ing. H. Weixler

Der Erweiterungsbau Technikerstraße 4
(Foto: LBD/IVb)

verantwortlich. Nach vierjähriger Bauzeit konnte das erste Gebäude 1969 seiner Bestimmung übergeben werden.

Der Erweiterungsbau sollte in Zukunft die gesamte Fakultät für Bauingenieurwesen mit den Studienrichtungen Bauingenieurwesen, Vermessungswesen und Wirtschaftsingenieurwesen-Bau aufnehmen. Die Fakultät für Architektur sollte nach ersten Überlegungen im Altbau verbleiben. Heute sind in diesem Gebäude die Institute für Kunstgeschichte und Tragwerkslehre der Fakultät für Architektur, das Institut für Analytische Chemie, Mikro- und Radiochemie und ein Teil des Institutes für Physikalische und Theoretische Chemie der Technisch Naturwissenschaftlichen Fakultät beheimatet.

Das Planungsteam um Professor K.R. Lorenz realisierte als nächsten Bauabschnitt in diesem Bereich die Zentralbibliothek in den Jahren 1970–1975. Diese bildet den südlichen Abschluß des Erweiterungsbaues der TU Graz an der Straßengabelung Technikerstraße – Sparbersbachgasse und schließt an die Mandellstraße an. Es handelte sich dabei um den ersten eigenständigen Bibliotheksbau Österreichs. Dies führte am 25.8.1974 in der Wiener Zei-

Das Bibliotheksgebäude
(Foto: H. Tezak)

tung zu folgender Meldung: „Die Quellen der Weisheit für jeden Studenten – die Hochschulbibliotheken – werden nun in Österreich einem gründlichen Ausbau unterzogen.... Die Bücherzentrale an der TH Graz wird gleichzeitig für den Hochschulbereich eine Besonderheit sein; es handelt sich hier nicht um einen Zu- oder Ausbau, sondern um ein völlig eigenes Gebäude."

Wegen des geringen zur Verfügung stehenden Bauareales kam für den Neubau der Universitätsbibliothek nur ein sogenannter „Turmtypus" in Frage, und zwar in ähnlicher Weise wie er beim Neubau der Hochschulbibliothek der Universität Karlsruhe konzipiert wurde. Der Bau besitzt eine Grundfläche von 528 m^2 und einen umbauten Raum von ca. 18.150 m^2. Er ist nach den damals neuesten bibliothekstechnischen Gesichtspunkten durchgeführt worden (K. R. Lorenz).

Das Bibliotheksgebäude gliedert sich wiederum in zwei Bauteile, deren Funktionen auch von außen deutlich unterscheidbar sind: das Büchermagazin sowie den Bürotrakt mit den Lesesälen und Verwaltungsräumen, die im Süden des Bücherturmes U-förmig um diesen herumgreifen. Der Bibliotheksbau ist mittels eines Gelenks, das ein Treppenhaus und Sanitärgruppen enthält, unmittelbar mit dem im ersten Bauabschnitt errichteten Fakultätsgebäude verbunden. In Bezug auf die Höhenerstreckung ist die Bibliothek so organisiert, daß die Geschoße der Lesesäle und Verwaltungsräume auf gleichem Niveau wie das Fakultätsgebäude liegen und somit ein niveaugleicher Übergang ermöglicht wird.

Das eigentliche Hauptgeschoß der Bibliothek ist das 3. Obergeschoß, in dem sich die Bücherausgabe und die Bibliothekskataloge befinden. Es ist durch eine freitragende geschwungene Treppe mit dem darüberliegenden und dem darunterliegenden Lesesaal direkt verbunden. Der freie Zugriff zum

Der Erweiterungsbau Lessingstraße 25
(Foto: Architekturbüro G. Domenig)

Buch ist in den Lesesälen oberstes Prinzip. Insgesamt können diese Räume 260 Leser aufnehmen und bieten einen einzigartigen Blick auf die Dachlandschaft von Graz.

Den damals ca. 4200 Studierenden und ca. 900 Lehrenden wurden mit Eröffnung des Bauvorhabens am 15. Oktober 1975 fast 4000 m^2 Nutzfläche zur Verfügung gestellt. Die reinen Baukosten betrugen rund 37 Millionen Schilling. Für die Inneneinrichtung mußten weitere 8 Millionen aufgebracht werden.

Im Frühling 1986 wurde die Baugenehmigung für ein weiteres Objekt in der Lessingstraße, den Erweiterungsbau für die Institute der Architektur und des Bauingenieurwesens, erteilt.

Die städtebaulichen Vorgaben waren komplex. Das alte „solitäre" Gebäude sollte nicht angetastet werden, während die Bibliothek und das Institutsgebäude unter Berücksichtigung der geschlossenen Gründerzeitbebauung der Umgebung in die Neuplanung zu integrieren waren. Weiters war die Durchlässigkeit und Durchsichtigkeit der Parkanlage voll zu erhalten.

Eine Jury erteilte im Frühjahr 1983 dem Entwurf „Körper und Freiraum" von Architekt o.Univ.-Prof. Dipl.-Ing. Günther Domenig den Zuschlag. Vehemente Bürgerproteste ließen diesen Erstentwurf jedoch stark abmagern.

Es war eine lange Wegstrecke vom ersten Wettbewerb 1983 bis zur Besiedelung des letztlich in seinem Umfang sehr reduzierten Neubaues in der Lessingstraße. Seine prägnantesten Elemente stellen wohl die langgezogene Rampe und der Glaskörper des Eingangsbereiches dar. Die relativ enge Halle mit den rundumliegenden Galerien auf den einzelnen Geschoßebenen hat sich Christian Ludwig Attersee im Rahmen der Aktion „Kunst am Bau" für seine „Wetterwand" gewählt. Der Hörsaal – von den Studierenden wegen seiner rundlichen Form als „Guglhupf" bezeichnet – liegt gleich neben dem gläsernen Keil der Haupttreppe und dominiert gemeinsam mit diesem die Hauptansicht des Bauwerkes. Die Institutsbauten selbst scheinen einander praktisch zu durchdringen und sind so organisiert, daß mit einem Mittelgang die links und rechts liegenden Institutsräumlichkeiten erschlossen werden. Eine nicht gleich sichtbare Besonderheit des Gebäudes stellt eine Reihe den Institutsbereichen vorgelagerter Terrassen dar, die großzügige Freibereiche zur Verfügung stellen.

Die ersten Institute konnten im Oktober 1993 den mit 130 Millionen Schilling errichteten Neubau beziehen und somit den Altbau in der Rechbauerstraße entlasten.

Die Neue Technik und der Komplex auf dem Schörgelhofgelände

Mit der steigenden Hörerzahl nach dem Ende des Ersten Weltkrieges stellte sich bald heraus, daß das Hauptgebäude für ca. 300 Studierende viel zu knapp konzipiert gewesen war. Besonders schwierig gestalteten sich die Lehr- und Studienverhältnisse in der Abteilung für Maschinenbau. Die starken Zuwächse an Studierenden, ebenso wie Neugründungen von Lehrkanzeln bzw. Instituten ließen den Raumbedarf neuerlich ansteigen. Weiters zeigte sich immer stärker der Bedarf an moderneren Laboratorien und entsprechenden Einrichtungen für experimentelle Forschung und Lehre. Dies veranlaßte das Professorenkollegium mit Nachdruck die Errichtung eines Neubaues für die Fakultät für Maschinenbau und ein Institut für Elektrotechnik zu fordern. Abhilfe konnte erst 1921 durch den Spatenstich zum Neubau auf dem 9.200 m^2 großen Baugrund Ecke Brockmanngasse – Kopernikusgasse geschaffen werden. Der Grundrißplan zur nun entstehenden „Neuen Technik" stammte vom damaligen Ministerium für öffentliche Arbeiten; der Fassadenplan wurde von Professor Franz Drobny erstellt. Aufgrund der schwierigen Verhältnisse der Zwischenkriegszeit konnte der Bau erst nach siebenjähriger Bauzeit 1928 bezogen werden.

Im Zweiten Weltkrieg schlugen drei Bomben im Bauwerk ein und brachten den gesamten Mitteltrakt vom Erdgeschoß bis zum vierten Obergeschoß zum Einsturz. Die umfangreichen Wiederaufbauarbeiten waren erst mit Beginn des Wintersemesters 1951/52 beendet.

Die Neue Technik nach Bombentreffern im November 1944 (Foto: Steiermärkisches Landesmuseum Joanneum, Bild- und Tonarchiv, Graz)

Angrenzend an dieses Areal wurde nach dem Zweiten Weltkrieg das sog. Schörgelhofgelände nach und nach vom Bund erworben; es umfaßt etwa 31.500 m^2 Baufläche. Auf einem Teil dieses Grundstückes befand sich das ursprüngliche Heeresverpflegsmagazin des Bundesheeres, welches im Krieg durch Bomben fast vollständig zerstört worden war. Als erstes Bauwerk der Nachkriegsjahre wurde das Chemieinstitut in Angriff genommen. Ihm folgten alsbald ein zentrales Heizkraftwerk, welches die bestehenden Hochschulgebäude mit Wärme und elektrischer Energie versorgte, und das Wasserbaulaboratorium. Im Zuge der laufenden Entwicklungen stellte sich sehr rasch heraus , daß die auf dem Schörgelhofgelände geplanten Institutsbauten einen größeren Umfang benötigten, als ursprünglich angenommen wurde. Dadurch ergab sich die Notwendigkeit insbesondere für die Fakultäten für Maschinenbau und Elektrotechnik neue Gründe zu erwerben und das Schörgelhofgelände den Naturwissenschaften vorzubehalten. So wurde als nächster Neubau das Physikgebäude errichtet. Die zwischenzeitlich im angemieteten Palais der Dietrichsteinschen Stiftung untergebrachten biochemischen Institute konnten 1990 in das von den Architekten Szyszkowitz und Kowalski geplante Gebäude „Biochemie – Biotechnologie“ gegenüber dem Felix-Dahn-Platz übersiedeln. Nach Abriß des Heizhauses, welches mit seinem Kohlebunker direkt an die Steyrergasse grenzte, wurde an derselben Stelle ein weiterer Neubau für die Institute der Geodäsie und der Mathematik gebaut.

Das Chemiegebäude (Foto: H. Tezak)

Geblieben ist nach wie vor eine kleine Baulücke an der Petersgasse, ein kleines Areal, das heute als Parkplatz genützt wird.

Bereits nach dem ersten Weltkrieg riefen die Raumverhältnisse der Naturwissenschaften, insbesondere des Institutes für Chemie, in den Mandellgärten große Sorgen hervor. Nach dem Zweiten Weltkrieg drängten deshalb vor allem die Institutsvorstände der chemischen Institute auf einen Neubau, unterstützt durch die Tatsache, daß die Arbeitsbedingungen geradezu unzumutbar geworden waren.

Das von Architekt o.Univ.-Prof. Karl Raimund Lorenz konzipierte Bauwerk wurde im Juli 1954 nach ca. dreijähriger Planung in Angriff genommen. Noch vor Beginn hatten Fachleute Universitäten in ganz Europa besucht, um Erfahrungen für ein solches Bauwerk zu sammeln. Mit der Fertigstellung 1961 präsentierte sich ein modernes, allen Erfordernissen entsprechendes, achtgeschoßiges Haus, welches von drei Instituten – gleichsam als Geschenk zur 150-Jahr-Feier der Technischen Hochschule Graz – besiedelt werden konnte: Dabei handelte es sich um die Institute für Organische Chemie, Organische Technologie und Holzchemie, die Institute für Anorganische Technologie und Analytische Chemie und das Institut für Anorganische Chemie.

Das Bauwerk hat Kosten in der Höhe von ca. 70 Millionen Schilling verursacht. Die besonderen Schwierigkeiten, die bei der Errichtung überwun-

Das Wasserbaulabor und Chemiegebäude (Foto: LBD/IVb)

den werden mußten, lagen vor allem in den Installationsarbeiten. Nicht weniger als 15 Kilometer Rohrleitungen wurden im Haus verlegt. Jeder Laborplatz mußte mit Gas, Strom und Wasser versorgt werden. Die errichtete Frischluftanlage war imstande, in einer Stunde 50.000 m³ Luft umzuwälzen. Die zahlreichen Ventilationseinrichtungen ermöglichten es den Studierenden und Wissenschaftlern, die Experimente erstmals gefahrlos unter Abzugskaminen durchzuführen. Bei allen Wandverkleidungen, Tischbelägen und Fußböden wurde auf deren Säurebeständigkeit geachtet.

Das Gelände zwischen der Stremayrgasse und der Steyrergasse bot sich darüber hinaus den Architekten K.R. Lorenz, W.A. Herdey und L. Herdey geradezu für die Errichtung eines Wasserbaulaboratoriums an, da das Labor gegenüber der Stremayrgasse um ca. sechs Meter höher liegt, eine Höhendifferenz, die idealste Voraussetzungen für viele Wasserbauversuche liefert. Neben der großen Versuchshalle für den Kraftwerksbau und sonstige Forschungsaufgaben konnten in diesem Bau auch das Institut für Wasserwirtschaft und Konstruktiven Wasserbau und das Institut für Hydraulik, landwirtschaftlichen Wasserbau und Siedlungswasserbau untergebracht werden. Erst die Verlegung dieser beiden Institute aus dem Hauptgebäude ermöglichte die Besetzung zweier neu errichteter Lehrkanzeln. Das Wasserbaulaboratorium wurde mit einem reinen Baukostenaufwand von 17 Millionen Schilling errichtet und im Jahr 1964 seiner Bestimmung übergeben.

Gleich neben dem Gebäude der Wasserbauinstitute und nahe dem Chemiegebäude stand das Heizkraftwerk der Technischen Hochschule Graz – mit

Sprengung des Heizkraftwerkes im August 1985 (Foto: H. Stuhlhofer)

angeschlossenem Wärmelaboratorium und einer Trafostation –, welches Anfang der sechziger Jahre im typischen Stil der Fünfziger mit einem Bauaufwand von etwa 18 Millionen Schilling, ebenfalls nach Planungen von Architekt o.Univ.-Prof. Dipl.-Ing. K. R. Lorenz unter Mitarbeit der Diplomingenieure W. A. und L. Herdey errichtet wurde. Damals mit Kohle beheizt, sollte es die bereits vorhandenen Institutsbauten und ebenso alle Neubauten mit Wärme und Energie versorgen. 1981 erfolgte der Anschluß der gesamten Technischen Universität an das Grazer Fernwärmenetz. Das Heizkraftwerk wurde zur Freude aller Anrainer außer Betrieb gesetzt. Da aber Raumnot an der TU schon legendär war, fanden rege Diskussionen zu einer möglichen Adaptierung des Gebäudes statt. Was tun mit einem Gebäude, das zwar massive Außenmauern besaß, aber keine Zwischendecken aufwies? Die Hochschülerschaft wollte ein Studienzentrum errichten, auch Biochemiker, Materialprüfer und Verfahrenstechniker wären unter beträchtlichem Aufwand zum Einzug bereit gewesen. 1983 sollte das Gebäude für Versuche im Bereich der Biomasseverwertung wieder eingesetzt werden. Dies brachte die Anrainer – noch die dunklen Rauchschwaden aus dem Schlot vor Augen – auf die Barrikaden. In einer Bürgerversammlung im Hörsaal A in der Neuen Technik wurde am 4. Mai 1983 heftigst gegen dieses Vorhaben protestiert.
Etwa ein Jahr später – am 5. Februar 1984 – schreibt Herbert Starmühler in der Kleinen Zeitung: „Die Entscheidung ist gefallen: Das Heizkraftwerk der Technischen Universität in der Steyrergasse wird abgerissen, ...“ Der einstimmige Beschluß des Akademischen Senates begründete sich einerseits auf

die vehementen Bürgerproteste, andererseits auf die Tatsache, daß eine Umnutzung des Heizkraftwerkes für andere Zwecke zu unwirtschaftlich gewesen wäre. Das Areal war jedoch äußerst wertvoll. Abbruch und Neubau waren somit die einzig denkbaren Alternativen. Mit dem Schleifen des Betonbunkers bot sich Bauraum für das dringend benötigte Gebäude für die Geodäsieinstitute an. Denn auch dieser Raum war – zuvor im Erweiterungsbau Lessingstraße vorgesehen – einer Bürgerinitiative zum Opfer gefallen.

So wurde unter großem Aufwand die Sprengung des Gebäudes in Angriff genommen. Heizhaus und Schlot lösten sich rasch in Schutt auf, doch der alte Kohlebunker stellte sich auch bei zwei weiteren präzise abgestimmten Sprengungen quer. Das Ereignis fand nicht nur in den Medien reges Interesse, Anrainer und Schaulustige drängten sich dicht vor den Absperrungen in der Steyrergasse und auf den umliegenden Gebäuden. Die Fachleute schienen ratlos. Das Bauwerk wollte nicht weichen. Erst als Monate später das österreichische Bundesheer unter Einsatz von Panzern eingriff, konnte das widerspenstige Gebäude geschliffen werden. 1988 wurde an dieser Stelle mit einem neuen Erweiterungsbau der Technischen Universität Graz begonnen, der die Fachgruppe Geodäsie der Fakultät für Bauingenieurwesen, alle Fachrichtungen des Institutes für Mathematik, das Zentrum für elektronische Datenverarbeitung und eine Fachbibliothek für Mathematik und Geodäsie aufnehmen sollte.

In der Folge wurde im Jahr 1967 ein allgemeiner baukünstlerischer Wettbewerb durchgeführt, der für das Schörgelhofgelände die Detailplanung für ein gefordertes Physikinstitut enthielt. Außerdem sollte die städtebauliche Verteilung der Baumassen zweier weiterer Chemieinstitute – eines davon an der angrenzenden durchzubrechenden Stremayrgasse – angegeben werden und ein Institut für Festigkeitslehre und Materialprüfung sowie ein studentisches Zentrum mit Mensa konzipiert werden.

Den ersten Preis in diesem offenen Wettbewerb erhielt der Leobner Architekt Dipl.-Ing. Eduard Praschag für seinen Vorschlag eines mehrgeschoßigen Institutsbaues. Er wurde infolgedessen mit der Planung des Physikgebäudes beauftragt. Die Bauarbeiten begannen mit 1. Juni 1970. Vier physikalische Institute (Experimentalphysik, Kernphysik, Angewandte Physik und Lichttechnik) sowie das Dekanat der Technisch Naturwissenschaftlichen Fakultät sollten in den zwei sechs- und siebengeschoßigen Labortrakten (einschließlich der Tiefkeller) und einem davor gelagerten viergeschoßigen Praktikumstrakt untergebracht werden.

Im Jahr 1955 war o.Univ.-Prof. Dr. R. Gebauer an die Lehrkanzel für Experimentalphysik berufen worden. Bereits in seinen Berufungsverhandlungen wurde die Schaffung eines Neubaues für die Physikinstitute zum zentralen Thema, doch konnten vorerst nur Adaptierungsarbeiten und neue technische Ausstattungen für die vorhandenen Räumlichkeiten in der Alten Technik erreicht werden. Bis zum Jahr 1970 stiegen die Studierendenzahlen derart, daß sowohl die umgebauten Institutsbereiche als auch der neu er-

Das Physikgebäude (Foto: LBD/IVb)

richtete provisorische Hörsaal – ein Annex der Alten Technik an der Technikerstraße – viel zu wenig Raum boten.

Von besonderer Bedeutung für die Technische Universität Graz ist der bis heute größte Hörsaal P1 für ca. 530 Hörer. Seine spezielle Ausstattung ermöglicht die Präsentation auch aufwendigerer physikalischer Experimente vor einem größeren Publikum. An den Hörsaal schließen ein Praktikumstrakt und die Werkstätten an. Ein weiterer kleiner Hörsaal für theoretische Fächer befindet sich neben dem Institutstrakt parallel zur Petersgasse.

Die Baukosten betrugen rund 70 Millionen Schilling. Nach mehr als siebenjähriger Bauzeit konnte das Gebäude mit Beginn des Studienjahres 1977/78 seiner Bestimmung übergeben werden.

Für die Biochemie/Biotechnologie wurde 1983 ein „allgemeiner baukünstlerischer Wettbewerb" zur Erlangung von möglichen Bauentwürfen durchgeführt. Aus den insgesamt 28 Bewerbungen ging das Projekt des Architektenehepaares Dipl.-Ing. Michael Szyszkowitz und Dipl.-Ing. Karla Szyszkowitz-Kowalski als Siegerprojekt hervor. Für die Zuerkennung des ersten Preises waren für die Jury folgende Gründe ausschlaggebend: „Das Projekt zeichnet sich durch eine durchgehende hohe Qualität aus. Insbesondere sind es maßstäbliche Einordnung in den städtebaulichen Umraum, die Fortführung von vorgegebenen Raumbildungen und die guten inneren Raumbezüge, die das Projekt auszeichnen. Eine allfällige Errichtung eines weiteren Institutsgebäudes würde in der vorgeschlagenen Weise gute städtebauliche Raumbildungen ergeben …".

Biochemie / Biotechnologie
(Foto: Architekturbüro M. u. K. Szyszkowitz Kowalski)

Im Herbst 1985 konnte – nach den entsprechenden Detailplanungen und der Sicherung der Finanzierung – an der Kreuzung Mandellstraße – Schörgelgasse – Petersgasse mit der baulichen Durchführung begonnen werden. Die Baufertigstellung war zwar für Dezember 1988 geplant, verzögerte sich jedoch wegen eines vorübergehenden Finanzierungsengpasses bis zum September 1990. Die feierliche Eröffnung fand im darauffolgenden Frühjahr 1991 statt. Die Gesamtkosten betrugen 222 Mio. Schilling (inklusive 26 Mio. für die Inneneinrichtung).

Die äußerlich sehr bewegt wirkende Baumasse zeigt im Inneren ein sehr klares funktionelles Konzept. Eine breite Eingangshalle durchzieht den gesamten Mitteltrakt. An diesen schließen im Erdgeschoß eine Bibliothek und ein kleiner Hörsaal an. Bei der Planung wurde darauf geachtet, daß die in allen Geschoßen angeordneten Werkstätten und Labors an den Außenfronten liegen, während die Büroräume an den Innenfronten angeordnet wurden. Jedes Institut bzw. jede Abteilung sollte ihren eigenen Flügel bekommen. Gemeinsame Räumlichkeiten und ein Seminarraum wurden im Mitteltrakt angeordnet, um so die Zusammenarbeit und Kommunikation zu fördern. Ein wichtiges Gestaltungselement ist die Farbe. In kräftigen Farben werden Funktionszusammenhänge im Stiegenhaus und in den Gängen betont. Eine der besonderen Attraktionen dieses Bauwerkes stellt auch die Gestaltung der Außenanlagen dar. Dadurch konnten sich die Universitätsangehörigen beim Einzug in das Gebäude über bereits begrünte vollständig gestaltete Gartenanlagen freuen. Die weitere Besonderheit ist ein 27 m langer Betonstollen, welcher vom Vorplatz bis unter die Halle führt. Seine Öffnung ist mit poliertem Chrom-Nickelstahl verkleidet und verläuft in der Neigung des Geländes. Der Fußgänger sieht diese Form je nach Entfernung und Standort als Linie im Rasen, bis hin zum gleichschenkeligen Dreieck.

Das Gebäude für Mathematik und Geodäsie (Foto: Helge Sommer)

Der Erweiterungsbau für Mathematik und Geodäsie in der Steyrergasse stammt von der Architektengemeinschaft Günther Domenig – Hermann Eisenköck. Das ursprünglich gemeinsam für Architekten, Bauingenieure und Vermessungstechniker auf den Mandellgründen geplante Bauwerk sollte dort zwischen Alter Technik und Bibliotheksbau eingefügt werden. Für den auf dem Stammareal durch die Bürgerinitiative verhinderten Bauteil für Vermessungstechniker mußte allerdings erst eine Baulücke – durch Abbruch des Heizhauses – auf dem Schörgelhof geschaffen werden. Die Finanzierung des Bauwerkes erfolgte über eine Bauträgergesellschaft. Es konnte daher in kürzester Bauzeit und ohne Finanzierungsengpässe von September 1987 bis Juni 1990 errichtet werden.

Das Gebäude besteht im wesentlichen aus zwei Institutsgebäuden in Form von Längsbalken, verbunden durch eine repräsentative Halle – „die Spange" – als Verbindungsbau. Sie beherbergt das Hauptstiegenhaus und bietet den Zutritt zum Hörsaal und zur Fachbibliothek für Mathematik und Geodäsie, beide im Erdgeschoß untergebracht. Diese rundum verglaste Eingangshalle vereinigt somit alle von den verschiedenen Instituten gemeinsam genutzten zentralen Funktionen und tritt in seiner äußeren Erscheinung wohl am spektakulärsten hervor. Der südlich gelegene Längsbalken entlang der Steyrergasse ist ausschließlich den Instituten für Angewandte und Theoretische Geodäsie mit deren Fachabteilungen vorbehalten. In seinen Obergeschoßen liegen alle Büro- und Lehrräumlichkeiten, während im Tiefgeschoß vor allem die Versuchseinrichtungen wie Labors, Lasermeßstrecke, Präzisionsmeßlabor, etc. situiert sind. Der Gebäudekomplex wird heute vielfach genutzt. So konnten im zweiten, leicht in das Schörgelhofgelände verdrehten Längsbalken nach langer Zeit auch die vier Fachbereiche des Institutes für Mathematik unter einem Dach zusammengeführt werden. Die untere Hälfte des Gebäudes lieferte Platz für die räumliche Entwicklung des Zentrums für elektronische Datenverarbeitung.

Die Entwicklung auf den Inffeldgründen

Gleichzeitig mit dem Wettbewerb für die Bautätigkeiten auf dem Schörgelhofgelände liefen seit 1965 zwei weitere öffentliche Wettbewerbe für die Bebauung der ca. 150.000 m^2 umfassenden Inffeldgründe. Fünf Institute der Fakultät für Elektrotechnik sollten in zwei nebeneinander errichteten Institusgebäuden untergebracht werden. Entlang der Inffeldgasse entstanden ab 1970 im südlichen Bereich des Areals nach und nach die langgestreckten Bauwerke mit großen Werks- und Versuchshallen. Als Besonderheit der Bauvorhaben auf den Inffeldgründen ist wohl die erste im öffentlichen Bau angewandte Nutzwasserversorgung zu erwähnen. Da auf einem Teil des Geländes ursprünglich einige Gärtnereien angesiedelt waren, existierten dort mehrere Brunnen, die einer weiteren sinnvollen Nutzung zugeführt werden konnten. Es ist der Bauleitung zu verdanken, daß alle Kühlleitungen und Sanitärräume noch heute mit diesem Brunnenwasser versorgt werden können. Die im Jahr 1970 installierten vier Wasserpumpen sind ebenfalls noch heute in Betrieb.

Erst nach dem Zweiten Weltkrieg wurde der Fachrichtung Elektrotechnik größere Aufmerksamkeit geschenkt. Nur mit einiger Mühe konnten die einschlägigen Institute untergebracht werden. Man hatte Schwierigkeiten, mit der besonderen Entwicklung Schritt zu halten. Probleme traten besonders dort auf, wo großer Raumbedarf gegeben war. Nicht von ungefähr entstanden in den sechziger Jahren an fast allen deutschen Hochschulen modernst eingerichtete und leistungsfähige Hochspannungsinstitute.

Nach Überwindung anfänglicher Schwierigkeiten, Überzeugung der maßgeblichen Entscheidungsträger und der erfolgreichen Suche nach einem geeigneten Bauplatz trat im Jahr 1964 die Planung für ein Gebäude der Hochspannungstechnik in ein konkretes Stadium. Die zwanzigjährige Erfahrung auf diesem Lehrgebiet und die zehnjährige Tätigkeit der Versuchs- und Forschungsanstalt für Hochspannungstechnik waren die Grundlage zur Erstellung des Raumkonzeptes des Neubaues. Viele gemeinsame Interessen von Hochspannungstechnik und der elektrischen Anlagentechnik ließen es wünschenswert erscheinen, beide Disziplinen im neuen Gebäude unterzubringen. Spezialgebiete wie Regeltechnik, Elektromedizin und Schutztechnik, sollten ebenfalls vom Anlageninstitut betreut werden. Die komplexen Arbeitsgebiete sollten optimale Zusammenarbeit ermöglichen, aber gegensei-

Die Hochspannungshalle (Foto: H. Tezak)

tige Störungen ausschließen. Die architektonische Planung wurde nach einem öffentlichen österreichweiten Wettbewerb von den Architekten Dipl.-Ing. Ignaz Gallowitsch und Dipl.-Ing. Hubert Hoffmann durchgeführt. Nach mehrjähriger Bauzeit wurde der Gebäudekomplex 1972 seiner Bestimmung übergeben. Die reinen Baukosten betrugen 144 Millionen Schilling. Die Einrichtungen, die auch mehrere Großgeräte erforderten, schlugen mit weiteren 100 Millionen Schilling zu Buche.

Besonderes Interesse verdient die angeschlossene Hochspannungshalle aus Stahl mit außenliegender Konstruktion (d.h. das gesamte Gebäude hängt auf einem Stahlrahmen) und einer nach F. Achleitner „perfekten konstruktiv-strukturellen Durchbildung und einer hohen ästhetischen Qualität". Großes Gewicht wurde der Abschirmfrage der großen Halle beigemessen, um sowohl Störungen nach außen als auch von außen nach innen weitgehend auszuschalten. Auf Grund der Untersuchungen wurde ein geschlossener Blechschirm gewählt, bei dessen Auslegung auch die Gewichtsbeanspruchungen und Wärmedehnungen berücksichtigt werden mußten. Beeindruckend ist das riesige Hallentor mit seinen Abmessungen von 14x14 Metern Seitenlänge. Es wird hydraulisch betrieben und war für die damalige Zeit einzigartig im Hochschulbau.

Der gesamte Gebäudekomplex besteht heute aus Lehr- und Forschungsinstituten für Hochspannungstechnik, Elektrische Anlagen, Elektro- und Biomedizinische Technik, Elektronik sowie Nachrichtentechnik und Wellenausbreitung. Das etwas seitlich stehende Gebäude allgemein „Hochfequenztechnik" genannt, bekam eine Halle für aufwendige Laserversuche.

Maschinentechnische Institute in der Inffeldgasse im Jahr 1974 (Foto: LBD/IVb)

Heute befindet sich darin das Toningeneiurstudio des Institutes für Nachrichtentechnik und Wellenausbreitung. Das Flachdach wurde begehbar gestaltet, um so Raum für die ausladenden Antennen zur Förderung der Weltraumforschung zu schaffen.

Die Errichtung der maschinentechnischen Institute kann wegen der langwierigen, mit vielen Problemen und Planungsänderungen verbundenen Bauzeit wohl als „unendliche Geschichte" bezeichnet werden. 1967 ging Architekt Dipl.-Ing. Helmut Dorner als Gewinner des Wettbewerbs in die Detailplanung des umfangreichen Bauprojektes. Im Jahr 1970 erfolgte der Spatenstich für den ersten Institutstrakt. Mitte der 70er Jahre fanden vor allem im Bereich der Versuchshallen umfangreiche Planungsänderungen statt, so daß erst zu Beginn der 80-er Jahre die ersten Institute in den Neubau einziehen konnten. Dennoch war die Bautätigkeit noch lange nicht abgeschlossen. Die endgültige Fertigstellung erfolgte erst im Jahr 1988. Heute ist der Gebäudekomplex die Forschungs- und Lehrstätte von sieben Instituten der Fakultät für Maschinenbau. Dazu gehören: Das Institut für Wärmetechnik, die Abteilung Fördertechnik und Maschinenzeichen des Instituts für Allgemeine Maschinenlehre und Fördertechnik, Teile des Institutes für Verbrennungskraftmaschinen und Thermodynamik, das Institut für Thermische Turbomaschinen und Maschinendynamik, das Institut für Verfahrenstechnik, das Institut für Thermische Verfahrenstechnik und Umwelttechnik und das Institut für Strömungslehre und Gasdynamik.

An das letzte Institutsgebäude schließt südlich eine Versuchshalle an, in

Informations- und Elektrotechnische Institute im Jahr 1998 (Foto: H. Tezak)

welcher ursprünglich ein Windkanal eingerichtet wurde. Neuplanungen sehen für diesen Raum den Einbau eines Fahrzeug-Akustik-Prüfstandes vor.

Ebenfalls im Bereich der Maschinenbauinstitute in der Inffeldgasse wurde ein nach modernsten Anforderungen errichteter Schwingprüfstand mit Beginn des Wintersemesters 1998/99 eröffnet. Entscheidend trug dazu die am Institut für Allgemeine Maschinenlehre und Fördertechnik vorhandene Kapazität und Erfahrung in der wissenschaftlichen Bearbeitung von Schwingungsfragen und in der Prüfung von Fahrwerken bei. Dem Projekt ging ein im Studienjahr 1996/97 geschlossenes Kooperationsabkommen der Technischen Universität Graz mit der Firma Siemens SGP Verkehrstechnik GmbH zur Entwicklung und Prüfung neuer Laufwerke für Schienenfahrzeuge voran. Das gesamte Vorhaben wurde mit einem Aufwand von insgesamt 33 Millionen Schilling realisiert. Zur Finanzierung trug das Bundesministerium für wirtschaftliche Angelegenheiten 28 Mio. S und die Firma Siemens SGP Verkehrstechnik 5 Mio. S bei.

Die langjährigen Bemühungen, alle in Anmietungen im Nahbereich der *Technik in Graz* untergebrachten Institute der Informationstechnik und der Elektrotechnik auf einem Areal zu vereinigen, mündeten im Juli 1991 in einem Raum- und Funktionsprogramm für einen Neubau auf den Inffeldgründen. Nutznießer sind nicht ausschließlich die betroffenen Forschungs- und Lehreinrichtungen, sondern auch die Hörerinnen und Hörer der im Studienjahr 1985/86 eröffneten Studienrichtung Telematik, die laufend zwischen den in den drei Stadtteilen verstreuten Lehreinrichtungen pendeln mußten.

Die Jury des baukünstlerischen Wettbewerbs erkannte im Herbst 1993 dem Architektenteam Dipl.-Ing. Florian Riegler und Dipl.-Ing. Roger Riewe den ersten Preis zu. Das von den Architekten bereits mehrfach aufgenommene Thema paralleler Rippen und ihrer räumlichen Interaktion findet sich auch im Projekt für die Technische Universität Graz wieder. Hier wurden die im oberen Bereich durch zweistöckige Arkaden und Brücken verbundenen parallelen Blöcke – acht parallel zueinander ausgerichtete Bauwerke – als Reaktion auf eine Reihe unterschiedlicher Anforderungen auf einer flexiblen Basis entwickelt.

Um die Finanzierung des Gebäudes zu gewährleisten, wurde das Projekt in zwei Bauteile gesplittet. Der erste Bauabschnitt mit einer Nettonutzfläche von etwa 12.200 m^2, soll die Institute für Informationstechnik versorgen und wird in zwei weiteren Teilabschnitten erfolgen. Der Spatenstich für den ersten Gebäudekomplex erfolgte im Jänner 1997. Dieser Bauteil kann bereits im Februar 1999 von den ersten Instituten (Technische Informatik, Maschinelles Sehen und Darstellen, Angewandte Informationsverarbeitung und Kommunikationstechnologie und die Abteilung Medizinische Informatik des Institutes für Elektro- und Biomedizinische Technik) bezogen werden. Auch der zweite der insgesamt vier Bauabschnitte befindet sich bereits in der Realisierungsphase und soll nach zweieinhalbjähriger Bauzeit seiner Bestimmung übergeben werden. Die reinen Baukosten der Informationstechnischen Institute werden auf rund 340 Millionen Schilling geschätzt, für die Inneneinrichtungen werden weitere 14 Millionen Schilling angenommen.

Seit das Areal auf den Inffeldgründen der Technischen Universität Graz zur Verfügung steht, besteht das Bestreben nach Errichtung eines Bauwerkes, das alle infrastrukturellen Einrichtungen der zentrumsnahen Standorte vereint: so u. a. eine Bibliothek, eine Mensa und studentische Arbeitsräume. Der für das Studienzentrum vorgegebne 4000 m^2 große Bauplatz war bereits im Bebauungsplan des Jahres 1966 für diesen Zweck ausgewiesen. Er wird an drei Seiten von den Instituten der Fakultäten für Maschinenbau und Elektrotechnik umlagert und im Nordosten vom Wirtschaftskundlichen Realgymnasium begrenzt. Ein Relikt der ersten Planungszeit stellt die derzeit unvollendete Brücke über dem Haupteingang der Maschinentechnischen Institute dar. Sie sollte ursprünglich das Institutsgebäude mit dem Studienzentrum verbinden. Die Einbindung dieses Übergangs war auch Teil der Aufgabe des steiermarkweiten baukünstlerischen Wettbewerbs. Aus den 26 eingereichten Entwürfen gingen das Architektenehepaar Michael Szyszkowitz/Karla Kowalski gemeinsam mit dem Team A (Franz Cziharz, Dietrich Eccher, Herbert Missoni, Jörg Wallmüller) als Preisträger hervor. Auf Empfehlung der Jury hatten beide Teams die Entwürfe zu überarbeiten. Die Entscheidung fiel zwei Monate später, im Oktober 1990, für das Projekt der Architekten Szyszkowitz/Kowalski.

Im Jahr 1992 wurde mit der Planung begonnen. Zentraler Drehpunkt und „Zentrum" des hufeisenförmigen Bauwerkes soll der nach Westen zur

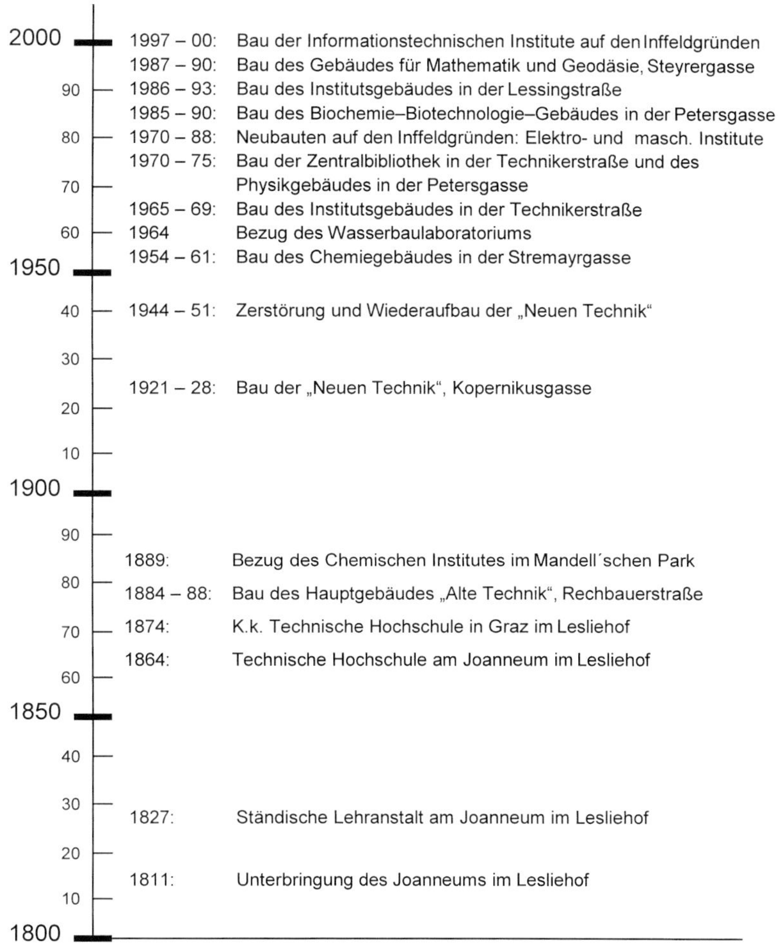

Meilensteine in der Entwicklung der Infrastruktur an der Technik in Graz

Abendsonne geöffntete Innenhof sein. Deshalb sind die der Geselligkeit gewidmeten Räume ausschließlich an der Innenseite geplant. Die ausschreibungsreifen Planungsunterlagen für das von der Bundesimmobiliengesellschaft zu errichtende Gebäude werden mit Frühling 1999 vorliegen. Die reinen Baukosten werden auf etwa 124 Millionen Schilling geschätzt.

Die Technische Universität Graz betreibt seit vielen Jahren Einrichtungen zur Untersuchung und zur Prüfung von Werkstoffen, Bauteilen und Konstruktionen. Für die Auswertung der Aktivitäten im Rahmen künftiger Forschungsaufträge bedarf es dringend der räumlichen Zusammenführung der beteiligten Institute bzw. deren Laboreinrichtungen unter einem Dach. Deshalb soll ein Bauzentrallabor auf den Inffeldgünden errichtet werden. In drei Bauphasen werden 9.200 m² Nutzfläche für Laboreinrichtungen und eine gemeinsam genutzte Halle entstehen. Das Bauwerk wird fünf Einrichtungen der Technischen Universität Graz integrieren: die Institute für Bodenmechanik und Grundbau, Felsmechanik und Tunnelbau, Technische Geologie und Angewandte Mineralogie, die Konstruktive Versuchsanstalt (KVA) und die

Technische Versuchs- und Forschungsanstalt für Festigkeits- und Materialprüfung (TVFA). Gleichzeitig erhalten die Institute für Hoch- und Industriebau, Stahl- und Holzbau sowie das Institut für Eisenbahnwesen zusätzliche Laboreinrichtungen (J. Theurl).

Auf der Basis der neu entstehenden Infrastruktur des Bautechnikzentrums soll hier die Einrichtung eines anwendungsorientierten Forschungs-, Prüf- und Transferzentrums entstehen. Die reinen Baukosten werden auf ca. 80 Millionen Schilling geschätzt.

Zusätzlich konnte in den Jahren 1974–1976 in Zusammenarbeit mit der Karl Franzens Universität Graz auf dem Lustbühel bei Graz eine Satelliten-Beobachtungsstation für je zwei Institute der Universität und der Technik errichtet werden. Sie dient vor allem der Unterstützung der Weltraumforschung in Graz und ist ein wichtiger Stützpunkt für die Lehre in der Astronomie.

Auf dem Weg zum virtuellen Campus

Obwohl sich die Technische Universität Graz im wesentlichen an drei verschiedenen Standorten (Mandellgründe, Schörgelhofgelände und Inffeldgünde) zu ihrer heutigen Form entwickelte, wird diese Dislozierung der einzelnen Fachbereiche durch ein unsichtbares Band überwunden und damit der Weg zu einem virtuellen Campus eröffnet. Es handelt sich um ein hochleistungsfähiges Glasfaserdatennetz. Dieses TU-weite Backbone-Datennetz auf Basis von ATM-Technologie erlaubt die Übertragung aller Arten von Daten (Audio, Video, Grafik, Text, …) mit einer Übertragungsgeschwindigkeit von 155 Mbit/ sec. Die Anbindung an das internationale Datennetz erfolgt über eine ATM-Verbindung via Wien mit 8 Mbit/sec (J. Theurl).

Das gesamte Rechnernetz der TU Graz umfaßt mehr als 100 leistungsstarke Server, etwa 300 Workstations und etwa 2000 PCs. Dabei stehen ca. 250 Arbeitsplatzrechner nur für Ausbildungszwecke in den Subzentren der drei TU-Standorte zur Verfügung. Alle EDV-Arbeitsräume weisen eine strukturierte Verkabelung mit einer 100 Mbit/sec-Ethernet-Anbindung je Arbeitsplatz auf.

1993–1996 wurden im Rahmen der Aktion „Akademisches Wohnen“ drei neue Studentenwohnanlagen mit insgesamt 726 Plätzen errichtet. Sie alle erhielten eine hochwertige, strukturierte Verkabelung mit einer leistungsfähigen Anbindung an das Datennetz der Grazer Universitäten. Damit stand den Heimbewohnerinnen und -bewohnern ein eigener im Wohnraum befindlicher Zugang zu allen Diensten der TU Graz zur Verfügung, und zwar in gleicher Qualität wie in den TU-Gebäuden. Aus dieser Initiative erwuchs ein mehrjähriges Förderungsprogramm zur EDV-Integration aller studentischen Wohnanlagen. Dies ermöglicht den Studierenden mittels eigener e-mail-Adresse weltweit zu kommunizieren, sich auf einer selbst gestalteten Informationsseite im World Wide Web zu präsentieren, Prüfungsanmeldungen von der Wohnung aus vorzunehmen und neue Wege des Lernens zu beschreiten. Der externe Zugang zum Datennetz der TU Graz kann dabei über eine der 90 Modem- und ISDN-Verbindungen über eine „Online-Nummer" der PTA kostengünstig genutzt werden. Ein zusätzliches CALLBACK-Service mit derzeit 30 ISDN-Anschlüssen bietet allen Universitätsangehörigen (Bediensteten und Studierenden) eine kostenfreie Netzverbindung zur Technischen Universität Graz und damit einen Weg in den Cyberspace.

Dennoch prägt auch heute und in Zukunft die *Technik in Graz* das Stadtbild dreier Grazer Bezirke: des Bezirkes St.Leonhard mit der Alten Technik bzw. dem Komplex auf den ehemaligen Mandell'schen Gründen, das Bild des Bezirkes Jakomini mit der Neuen Technik und dem daran anschließenden Komplex auf dem ehemaligen Schörgelhofgelände und jenes des Bezirkes St. Peter mit dem Komplex auf den sog. Inffeldgründen. Die *Te*chnik in Graz wird auch im Zeitalter des Cyberspace Bestandteil der Grazer Stadtlandschaft bleiben.

Literaturhinweise:

ACHLEITNER Friedrich, Österreichische Architektur im 20. Jahrhundert, Band II, Salzburg 1983

AMT DER STEIERMÄRKISCHEN LANDESREGIERUNG, Landesbaudirektion, FA IVa: Architektur als Haltung, Eine Dokumentation anläßlich 125 Jahre Landesbaudirektion, Graz 1992

DEHIO: Handbuch Graz, hrsg. vom Institut für österreichische Kunstforschung des Bundesdenkmalamtes, bearbeitet von Horst Schweigert, Wien 1979

FORUM STADTPARK GRAZ, Referat für Architektur (Hg.): Standpunkte '94, Graz 1994

GEBAUER, Rudolf: Zum Neubau der Physik-Institute der TH Graz, in: Studentenführer der Technischen Hochschule Graz, Studienjahr 1970/71

HAUS DER ARCHITEKTUR (Hg.): Institute für Biochemie und Biotechnologie der Technischen Universität Graz, Szyszkowitz-Kowalski, Graz 1991 (Deutsch / Englisch)

HAUS DER ARCHITEKTUR (Hg.): Technische Universität Graz, Erweiterungsbauten, Günter Domenig, Hermann Eisenköck, Graz 1995 (Deutsch/Englisch)

LESCHANZ, Alfred; OBERDORFER, Günther: Das neue Hochspannungsinstitut der TH Graz, in: Studentenführer der Technischen Hochschule Graz, Studienjahr 1969/70

LORENZ, Karl Raimund: Der Neubau der Universitätsbibliothek, Kurzbericht im Rahmen des 2. Symposions „Moderner Bibliotheksbau" des Österr. Instituts für Bildungsforschung, Wien 1978

RIEGLER, Florian; RIEWE, Roger; ULAMA, Margit: Minimalismus made in Graz, Architektur aktuell, June 1998, S. 96–109

TECHNISCHE UNIVERSITÄT GRAZ (Hg.): Leitbild der Technischen Universität Graz, vorgelegt von der Planungskommission für den Zeitraum 1975–1985, Band 1 Gesamtübersicht, Graz, Oktober 1975

TECHNISCHE UNIVERSITÄT GRAZ (Hg.): Technische Universität Graz / Erzherzog-Johann-Universität, Geschichte, Lehr- und Forschungstätigkeit (herausgegeben anläßlich des 850-Jahr-Jubiläums der Stadt Graz, Studienjahr 1977/78

TECHNISCHE UNIVERSITÄT GRAZ (Hg.): Bericht 1993–1996 und 1996/97, Graz

TECHNISCHE UNIVERSITÄT GRAZ (Hg.): Der neue Schwingprüfstand an der Technischen Universität Graz, Prospekt zur Eröffnung am 1.10.1998

THEURL Johann: Infrastruktur, in: Technische Universität Graz (Hg.): Bericht 1993–1996 und 1996/97, Graz

WIST, Johann: Baubeschreibung, in: Festschrift zur Feier der Eröffnung des Neubaues der k.k. Technischen Hochschule in Graz am 12. December 1888, Graz

Kundgebung vor dem Hauptgebäude der Technik unmittelbar nach dem „Anschluß" (Foto: Steiermärkisches Landesmuseum Joanneum, Bild- und Tonarchiv, Graz)

Hans-Peter Weingand

Die Technische Hochschule Graz im Dritten Reich

Zur Entwicklung zwischen 1938 und 1945

Am 12. März 1938 – Österreich war von Deutschen Truppen besetzt und sollte am nächsten Tag kein selbständiger Staat mehr sein – wurde an der *Technik in Graz* im Rahmen eines Festaktes die Hakenkreuzfahne gehißt und über dem Eingang der „Alten Technik" in der Rechbauerstraße eine Inschrift angebracht: „Die erste nationalsozialistische Hochschule des Deutschen Sprachgebietes grüßt ihren Führer!"

Diese Behauptung wurde mit den studentischen Wahlen des Jahres 1932 argumentiert und ist als massive Geschichtsklitterung zu sehen. Denn in Wirklichkeit hatte sich der NS-Studentenbund (NSDStB) an der Technischen Hochschule in Graz niemals einer Wahl gestellt. Sehr wohl hatte diese Parteiorganisation bei den Wahlen zur „Deutschen Studentenschaft" – eine zwar gesetzlich nicht verankerte, aber praktisch anerkannte Studentenvertretung auf deutsch-arischer Grundlage – auch in Österreich durchaus beachtliche Erfolge erzielt. Der NSDStB war z. B. 1931 an der Universität Wien stärkste Fraktion, stellte an der Veterinärmedizinischen Hochschule, an der Hochschule für Bodenkultur und an der Hochschule für Welthandel die absolute Mehrheit und verfehlte sie an der TH Wien nur knapp. In Graz wurde von den traditionellen deutschnationalen und antisemitischen Kräften in den Korporationen (Burschenschaften usw.) der NS-Studentenbund noch in den 30er Jahren als lästige Konkurrenz betrachtet, was u. a. dazu führte, daß eine Kandidatur an der Technik verhindert werden konnte. Tatsächlich hatte an dieser Hochschule 1928, 1929 und 1930 nur eine „Völkische Liste" kandidiert, der natürlich alle Mandate zugefallen waren. Erst durch eine Vereinbarung im Sommer 1932 über künftige gemeinsame Kandidaturen der „wehrhaften Korporationen" und des NSDStB wurde eine Listeneinheit konstruiert, die sechs Jahre später derart interpretiert werden konnte, daß die Technische Hochschule Graz zur Gänze nationalsozialistisch gewesen sei.

Zur Vorgeschichte: Im Ständestaat

Daß wichtige ideologische Elemente des Nationalsozialismus, so etwa Antisemitismus, deutsche Volksgemeinschaft usw., gerade unter den Grazer Studierenden schon in den frühen 30er Jahren mehrheitsfähig waren, soll durch obige Feststellungen nicht bestritten werden. Im Juni 1933 waren in Österreich die NSDAP und auch der NS-Studentenbund verboten worden, auch die „Deutsche Studentenschaft“ (DSt) wurde aufgelöst. Dennoch waren es die deutschnationalen Studenten, die in den Hochschulen den Ton angaben und deren Willen sich auch die Rektoren nicht entziehen konnten. Nach Krawallen an der Universität Wien im Mai 1933 konnte die DSt bei Rektor Robert Engel erreichen, daß die Technik „zum Zeichen des Protestes“ gesperrt wurde; gegenüber dem Unterrichtsministerium wurde diese Maßnahme mit der Notwendigkeit argumentiert, „folgenschwere Demonstrationen“ zu vermeiden. Solche gab es auch in Graz: Als die Professoren der Universität auf die Regierung Dollfuß vereidigt werden sollten, sperrten am 12. Juni 1933 „Studentenmassen“ die Universität, blockierten die Türen und hißten auf dem Dach die Hakenkreuzfahne.

Der Rektor der Grazer Universität, Hans Benndorf, schätzte im November 1933, daß von den rund 3.000 Studierenden der beiden Grazer Hochschulen höchstens 30% der katholischen und 70% der national gesinnten Studentenschaft angehören würden. „Drohungen und selbst harte Strafen“, so Benndorf in einem Brief an Bundeskanzler Engelbert Dollfuß, seien „als Abschreckungsmittel unwirksam“: Viele der deutschnationalen Studenten, die den sich konstituierenden katholischen Ständestaat noch weit mehr haßten, als die mittlerweile beseitigte demokratische Erste Republik, würden „vor keinem Opfer zurückscheuen und erfüllt von einer förmlichen Sehnsucht nach Märtyrertum selbst ihr Leben auf's Spiel setzen, wenn sie glauben, dies ihren Idealen darbringen zu müssen.“ Mangels eines Gegenpols aus dem katholischen Lager war die Lage an der *Technik in Graz* noch extremer, da hier ohnehin nur die „völkischen“ Studenten den Ton angaben. Dies war noch 1932 von Rektor Engel als „günstig“ bewertet worden, da es dadurch zwischen den Studenten nicht zu Auseinandersetzungen kommen könne!

„Mehr als die in der nivellierenden Atmosphäre Wiens gelegenen Hochschulen werden besonders die beiden Grazer Hochschulen … als deutscher Boden bewußt empfunden … Die Grazer Technische Hochschule ist auf deutsches Pflichtbewußtsein und auf deutsche Arbeit eingestellt“, schrieb 1925 Rektor Alexander Tornquist – und dies dürften praktisch alle Lehrenden auch so empfunden haben. Bereits 1933 waren einzelne Mitglieder des Professorenkollegiums, eine Reihe von Dozenten und Assistenten NSDAP-Mitglieder, doch im Gegensatz zu anderen Hochschulen, etwa der Universität Graz, wurde im „Ständestaat“ kein einziger Nationalsozialist von der Technik entfernt. Auch exponierte Nationalsozialisten verblieben in ihren Funktionen, so Armin Dadieu oder Adolf Härtel, die beide 1933 sogar Mitglieder der NSDAP-Gauleitung waren. Härtel wurde im Studienjahr 1933/34 sogar Dekan der Fakultät für Maschinenbau und Elektrotechnik und nach dem ‚Anschluß‘ Rektor. Es darf vermutet werden, daß die Ministerialbürokratie Lehrende an (scheinbar) ‚nicht ideologischen‘ Hochschulen (im Gegensatz etwa zu Juristen oder Geisteswissenschaftern) ziemlich schonte, auch dürften hochschulinterne Interventionen ausgeblieben sein. Wie verfehlt jedoch die

Wandzeichnung in einem Architektenzeichensaal aus dem Jahre 1936 (Archiv F. Allmer)

Annahme wäre, die ‚Techniker' seien einfach ‚unpolitisch' gewesen, zeigt die Tatsache, daß man sich an der *Technik in Graz* völlig einig war, daß Alfons Leon, Professor für mechanische Technologie, die Hochschule verlassen mußte. Nach jahrelangem ‚Mobbing' war 1934 das Ziel erreicht: Leon wurde in den Ruhestand versetzt – und damit der einzige sozialdemokratische Hochschullehrer, den es damals in Graz überhaupt gab, entfernt.

Auch akademische Karrieren entwickelten sich offensichtlich ohne größere Brüche. Karl Lindner, nach dem „Anschluß" der Dozentenbundführer an der Technik, schrieb 1938, daß sich die nationalsozialistischen Lehrenden 1936 verstärkt organisierten, gar eine „Spitzengruppe" bildeten, „welche die Führung der Hochschule in allmählich immer steigendem Maße in die Hand nahm." NS-Engagement brachte wohl einen gewissen Karriereschub für Assistenten: Die Zahl der Dozenten/Lehrbeauftragten der Grazer Technik erhöhte sich vom WS 1937/38 zum WS 1939/40 durch 17 Neuzugänge unter Berücksichtigung der Abgänger von 36 auf 45. Von diesen 17 neuen Dozenten/Lehrbeauftragten waren nur drei echte Neuzugänge, sieben waren früher Assistenten, wobei es bei diesen zehn Personen auffallende Parallelen mit der Liste der Funktionäre des NS-Dozentenbundes (NSDDB) der Technischen Hochschule gibt. Daß dieser Weg der akademischen Karriere jedoch keineswegs nach der NS-Machtübernahme sprunghaft einsetzte, zeigt andererseits die Tatsache, daß von den sieben Assistenten sechs und von den drei Neuzugängen bereits zwei sich vor dem „Anschluß" habilitiert hatten bzw. deren Habilitierung bereits eingeleitet war.

Die im Ständestaat gesetzten Maßnahmen an den Hochschulen griffen an der *Technik in Graz* kaum bzw. wurden massiv abgelehnt. Bei den 1935 eingeführten Pflichtvorlesungen über „weltanschauliche und staatsbürgerliche

Erziehung" kam es oft zu Krawallen, so daß die Polizei eingreifen mußte. „Die Technische Hochschule glich einer Propagandazentrale", schrieb 1938 der NS-Studentenführer Sepp Held: „Zeichenladen waren vollgefüllt mit Propagandamaterial, Plakate wurden gemalt, Stink- und Tränengasbomben und Böller erzeugt."

Massiv abgelehnt wurde auch die Vereinigung mit der Montanistischen Hochschule Leoben im August 1934, eine Maßnahme, die im April 1937 wieder rückgängig gemacht wurde. „Als Sparmaßnahme" begründet wird die Bildung der „Technischen und Montanistischen Hochschule Graz-Leoben" von Zeitzeugen als Versuch gewertet, die beiden als ‚braun' bekannten Hochschulen besser kontrollieren zu können. Rektor Adolf Härtel wertete diese Maßnahme 1938 jedenfalls als „Exzess des politischen Katholizismus", der die *Technik in Graz*, „die als nationales Bollwerk galt", unter die Räder bringen sollte.

Vor allem die Ereignisse im Februar und März 1938 zeigen deutlich, daß die Grazer Hochschulen sich allen behördlichen Maßnahmen entziehen konnten. In Graz, der „Stadt der Volkserhebung", kam es zu NS-Manifestationen, die in anderen Städten wohl (noch) nicht möglich gewesen wären. Nach dem „Berchtesgadener Abkommen" vom 12. Februar 1938, durch das vom Deutschen Reich eine Regierungsbeteiligung von Nationalsozialisten in Österreich erzwungen wurde, kam es in Graz zu großen NS-Kundgebungen. Der NSDStB agierte im Rahmen einer eigenen „SA-Standarte 27" und führte trotz aller Verbote am 22. Februar vor der Universität und der Technik Kundgebungen durch, bei der Studenten mit Hakenkreuzarmbinden praktisch die beiden Hochschulen besetzt hielten. Die Regierung ließ am 25. Februar die Grazer Hochschulen schließen. Zwei Tage vorher war die Beflaggung aller Bundesgebäude angeordnet worden, doch die Stimmung an den Hochschulen war derart, daß selbst das Ministerium „in Erwägung der besonderen Situation in Graz" den Hochschulen gestattete, trotz strikter Weisung auf die Hissung der Kruckenkreuzfahne als Symbol der „Vaterländischen Front" zu verzichten.

Der „Anschluß" Österreichs

Am 12. März war der „Anschluß" vollzogen. Zu Mittag fand eine Sitzung des Professorenkollegiums statt, bei der Rektor Friedrich Zotter „die Herren Professoren und Dozenten in feierlicher Stunde unter Hinweis darauf, daß Österreich ein Bestandteil des Deutschen Reiches geworden ist", begrüßte: „Er dankt dem Führer der nationalsozialistischen Bewegung Adolf Hitler, daß er das österreichische Volk zu seinen deutschen Brüdern zurückgeführt hat." Am 14. März wurden Telegramme abgesandt: „Lehrer und Studenten der Technischen Hochschule Graz bitten ihren Führer, tiefbewegten Dank entgegenzunehmen. Der Rektor." Der „Statthalter von Steiermark", Armin

Kundgebung aus Anlaß des „Anschlusses" am 13. März 1938 im Stiegenaufgang des Hauptgebäudes (Archiv H. P. Weingand)

Dadieu, wurde „in kollegialer Verbundenheit" beglückwünscht, Bundeskanzler Seyß-Inquart die „Versicherung vorbehaltsloser stets einsatzbereiter Gefolgschaft" entgegengebracht, dem neuen Unterrichtsminister, Oswald Menghin, mitgeteilt, daß „die Professoren und Dozenten der Technischen Hochschule Graz ... in freudigster Erregung ... an der Heimkehr von Heimat und Volk in den Schoß unseres Muttervolkes" teilnehmen. Nun konnte auf allen Ebenen die Gleichschaltung beginnen.

Noch am 13. März 1938 wurde die Wiedererrichtung der (1933 aufgelösten) „Deutschen Studentenschaft" proklamiert, deren Leitung vom NSDStB übernommen wurde. Am folgenden Tag wurde der NSDStB Österreichs als „Bereich Südost" offiziell in die Reichsstrukturen eingegliedert. Die Inskriptionszulassung war an die Bewilligung des NS-Studentenführers der jeweiligen Hochschule gebunden, der „Einspruch" erheben konnte. Die Säuberung der Studierenden aus politischen und rassischen Gründen setzte ein. Statistische Vergleiche über den Rückgang der Studierendenzahlen lassen einige aufschlußreiche Folgerungen zu:

Das Absinken der HörerInnenzahlen vom WS 1937/38 auf das WS 1938/39 war an den steirischen Hochschulen geringer als an den vergleichbaren Wiener Hochschulen: An der Universität Graz sank die Zahl 1938/39 auf 69,7% des Standes von 1937/38 (2015 auf 1404). Die HörerInnenzahl sank dagegen an der Universität Wien auf 58,3% (9180 auf 5351). An der TH Graz sank die Zahl auf 85% (von 481 auf 409), an der TH Wien dagegen auf 73,0% (von 1763 auf 1287). Äußerst gering war der Rückgang an der MHS Leoben: 91,2% (von 137 auf 125).

Für die steirischen Hochschulen ist das Absinken der HörerInnenzahlen nur in einem geringen Ausmaß auf den Ausschluß jüdischer Studierender

Vereidigung der Lehrenden auf den „Führer" im Amtszimmer des Rektors am 21. März 1938 (Foto: Steiermärkisches Landesmuseum Joanneum, Bild- und Tonarchiv, Graz)

zurückzuführen. Antisemitische Aktionen auf Grazer Hochschulboden stellten in den 30er Jahren praktisch einen ‚Antisemitismus ohne Juden' dar. Ihre Zahl war gering und von einer ‚Bedrohung' durch ‚rassenfremde Elemente' konnte gar keine Rede sein. Setzt man die absolute Anzahl der Studierenden mit „israelitischem Religionsbekenntnis" in Relation zur Differenz der HörerInnenzahlen zwischen 1937/38 und 1938/39, dann erhält man für die Universität und die TH Wien den Wert 38, für die Universität Graz den Wert sieben und für die *Technik in Graz* gemeinsam mit der MHS Leoben den Wert neun. Die Ausschließung jüdischer Studierender würde somit für die genannten Wiener Hochschulen ca. 40% des HörerInnen-Rückganges erklären, an den steirischen Hochschulen jedoch nur ca. 10%! Schon vor dem „Anschluß", im WS 1937/38, hatte es an der Universität Graz nur 37 und an der *Technik in Graz* nur sechs jüdische HörerInnen gegeben, was auch Rückschlüsse auf das Klima an den Grazer Hochschulen zuläßt.

Nach dem „Anschluß" bedauerten die Statistiker, daß nur die „Glaubensjuden" und nicht die „Rassejuden" statistisch erfaßt seien: „Der Prozentsatz der Rassejuden wäre – zumal bei Einbeziehung der Mischlinge – ein wesentlich höherer." Deshalb wurden bereits ab März 1938 bei einer „allgemeinen

Durchmusterung aller deutschblütigen Hochschüler" durch das „Reichsstudentenwerk" auch die sogenannten „Mischlinge" (im Sinne der Nürnberger Gesetze mit „Ariernachweis" bis zur Großelterngeneration) erfaßt: Von ca. 14.000 Studierenden wurden 2% als „Mischlinge" qualifiziert, von diesen 279 erfaßten Personen studierten sechs in Innsbruck und fünf in Graz.

Die geringere „Säuberungsrate" an den steirischen Hochschulen korrespondiert mit einem hohen Organisierungsgrad in der „nationalsozialistischen Bewegung". Die auf den Erhebungen des „Reichsstudentenwerkes" beruhende Statistik weist die Ergebnisse jedoch nur nach Hochschultypen aus: Spitzenreiter war die MHS Leoben mit einem Organisierungsgrad der Studierenden von 86,0%. An den Technischen Hochschulen (Wien und Graz) betrug der Anteil 70,3%, an den Universitäten (Wien, Graz und Innsbruck) dagegen ‚nur' 55,6%. Daß der Organisierungsgrad an den Grazer Hochschulen über dem Durchschnitt lag, ergibt die Auswertung nach der regionalen Herkunft der Studierenden: Nach „Gauen" gegliedert, führt die Steiermark mit einem Organisierungsgrad von 62% die Liste deutlich an, dann folgt Wien und Kärnten mit 59%, in Tirol und Vorarlberg betrug der Anteil dagegen ‚nur' 38%.

Nach dem „Anschluß" wurde die Gemeinschaft der Lehrenden in die NSD-Dozentenschaft eingegliedert, die unter der alleinigen Führung des NS-Dozentenbundes – wie der NSDStB eine Parteiorganisation – stand. Der Dozentenbundführer der Grazer Technik, Dozent Karl Lindner, wurde mit der Vorbereitung sämtlicher Personalanträge betreffend Einstellung, Weiterbestellung und Neubesetzung beauftragt. Gleichzeitig wurden die Hochschulen straff organisiert, der „Rektor als Führer" installiert. Im diesbezüglichen Erlaß vom 20. Juli 1938 heißt es: „Eine Abstimmung in den Kollegien findet nicht mehr statt."

An der Technischen Hochschule Graz verlief der Machtwechsel wesentlich unspektakulärer als an der Universität Graz. Dort war noch am 13. März Rektor Josef Dobretsberger abgesetzt worden, während an der Technik Rektor Friedrich Zotter noch am 21. März sämtliche Professoren und Bedienstete auf den „Führer des Deutschen Reiches und Volkes, Adolf Hitler" vereidigte. Nur der Mathematiker Bernhard Baule fehlte, er war kurz nach der Annexion verhaftet worden. Dessen beschlagnahmte Korrespondenz wurde für die Begründung der Auflösung katholischer Studentenverbindungen herangezogen und gegen ihn ein Verfahren wegen „Landesverrat" angestrebt, da er als Staatsbürger des Deutschen Reiches gegen den Nationalsozialismus gehandelt habe. Baule wurde im April 1938 beurlaubt, im Mai in den Ruhestand versetzt, dann aber nach 18 Monaten Haft über Intervention des „Kaiser-Wilhelm-Institutes" in Berlin freigelassen, um sich „kriegswichtigen" Arbeiten widmen zu können, an einer Institution, die damals eine Stütze der traditionellen, nur beschränkt nationalsozialistisch infizierten Naturwissenschaft darstellte. Bernhard Baule kehrte 1945 nach Graz zurück, wurde mit

1. September wieder Ordinarius und im Dezember (zunächst geschäftsführend) Rektor der *Technik in Graz*.

Friedrich Zotter: Rektor bis zum 26. März 1938 (Porträt von SL/Foto: H. Tezak, TU Graz)

Zwei Tage nach der Vereidigung wurde Gustav Jantsch, Professor für allgemeine und anorganisch-chemische Technologie, verhaftet und im April 1938 beurlaubt. Jantsch, der sich als Mitglied der von den Nationalsozialisten aufgelösten Rotariervereinigung einer international orientierten Wissenschaft verbunden fühlte, legte im Mai zunächst Einspruch gegen seine Beurlaubung ein, übermittelte im August jedoch ein Ansuchen um Versetzung in den dauernden Ruhestand. Während des Krieges, 1944, wieder für „kriegswichtige Forschung" eingesetzt, wurde Jantsch im September 1945 abermals Ordinarius und im November Dekan der Fakultät für Chemie.

Hier ist wieder ein Vergleich mit anderen Hochschulen angebracht: An der Universität Graz wurden – ohne Berücksichtigung der Theologischen Fakultät, die mit 1. April 1939 aufgelöst wurde – von 36 Ordinarien elf und von zwölf Extraordinarien drei entlassen, das entspricht bei den Professoren einer Entlassungsrate von fast 30%. Hinter diesen Zahlen verbergen sich gleich drei Nobelpreisträger: Viktor Franz Hess (1936 für Physik), Otto Loewi (1936 für Medizin) und Erwin Schrödinger (1933 für Physik). An der *Technik in Graz* wurden zwei von 27 o. bzw. ao. Professoren (unter 8%) enthoben. An der MHS Leoben scheint für die neuen Machthaber dagegen keine einzige Enthebung notwendig gewesen zu sein.

Rektor Friedrich Zotter legte sein Amt am 26. März nieder und wurde offensichtlich einige Tage von der Gestapo in „Schutzhaft" genommen. Zotter blieb jedoch Professor an der Technik und war 1945 einer der ganz wenigen, die nie NSDAP-Mitglied geworden waren. Am 2. April legten – routinemäßig in der „Ostmark" – sämtliche akademischen Funktionäre ihre Ämter zurück und am selben Tag wurde das Unterrichtsministerium um Genehmigung eines Vorschlags „für die kommissarische Führung der Hochschule" gebeten. Mit einer Ausnahme sollten Pg's (Parteigenossen) die Funktionen übernehmen: „Rektor: Pg. Prof. Dr. techn. Adolf Härtel, Stellvertreter: Pg. Prof. Dr. techn. Josef Krames. Dekane: Fak. f. Bauingenieurwesen: Pg. Prof. Dr. Ing. e. h. Franz Brunner, Fak. f. Architektur: Pg. Prof. Ing. Friedrich Jäckel, Fak. f. Maschinenbau: Prof. Ing. Karl Koller, Fak. f. Chemie: Prof. Dr. Reinhard Seka, Fak. f. Angewandte Math. u. Physik: Pg. Prof. Dr. techn. J. Krames." Härtel wurde im Mai erwartungsgemäß mit der Funktion des Rektors betraut und mit 1. November 1938 offiziell vom „Reichsminister für Wissenschaft, Erziehung und Volksbildung" im Sinne des Führerprinzips ermächtigt, „einen neuen Prorektor und neue Dekane der Fakultäten in meinem Namen zu ernennen."

Parallel zu diesen Maßnahmen wurden in den ersten Wochen nach dem „Anschluß" noch einige propagandistische Aktionen gesetzt. Am 7. April 1938 wurde in einer Sondersitzung des Professorenkollegiums erwogen, den Leiter des Nationalsozialistischen Bundes Deutscher Technik (NSBDT),

Adolf Härtel: Ernannt als Rektor ab 1. November 1938 (Foto: Archiv H. P. Weingand)

Studentische Ehrenwache vor der Gedenktafel für Alois Riedler im Stiegenaufgang der Neuen Technik (Foto: Steiermärkisches Landesmuseum Joanneum, Bild- und Tonarchiv, Graz)

Fritz Todt, „durch Verleihung des Ehrendoktors oder Ehrenbürgerrechtes" zu ehren. Die Ehrenbürger-Urkunde wurde „dem genialen Erbauer der Straßen Adolf Hitlers" am nächsten Tag überreicht. Todt, ab 1940 auch Reichsminister für Bewaffnung und Munition, weilte damals in Graz, um als Propagandist für die Volksabstimmung am 10. April zu wirken, und sprach an der Technik „zur Studentenschaft beider Grazer Hochschulen". Am 20. April schließlich wurde „Führers Geburtstag" im „ganz besonderen" Glanz begangen – und in dieser Zeit die Technik derart überreichlich geschmückt, daß sich die Landeshauptmannschaft weigerte, die exorbitant hohen Kosten für Fahnen usw. zu begleichen.

Für die Studierenden war in der Folge der „Nachweis der arischen Abstammung" zu erbringen, die „neueingetretenen Hörer" versammelten sich am 17. Dezember 1938 erstmals unter Hakenkreuzfahne und Führerbild zur

„Angelobung" bei einem „Betriebsappell". Die „körperliche Erziehung" wurde an die Spitze der Erziehungsarbeit gestellt, Hauptgewicht auf „gemeinschaftsfördernden Mannschaftssport" gelegt. Ebenfalls wichtig war Kleinkaliberschießen in der Grundausbildung, regelmäßige Teilnahme war für die Zulassung zum nächsten Semester bindend und für die ersten drei Semester Pflicht. Das „Reichsstudentenwerk" stellte sich das Ziel, die „Heranführung besonders begabter Arbeiter- und Bauernsöhne" an die Hochschule zu erreichen, wobei Unterstützungen natürlich nur jenen zukamen, „die sich im Dienst der HJ, SA, SS, Arbeitsdienst usw. bewährt haben". Der Ideologie zum Trotz ist jedoch der Hochschulstatistik des Dritten Reiches zu entnehmen, daß der Anteil der Studierenden aus mittleren und unteren Schichten zwischen 1933 und 1941 um fast 10% zurückging. Entgegen aller Propaganda nahm sogar der Anteil von Studierenden aus Akademikerfamilien von 25% (1933) auf 29,4% (1939) zu. (Untersuchungen aus Göttingen für das WS 1935/36 zeigen z.B., daß von der Hochschulförderung mehr Akademiker- als Arbeiterkinder profitierten und über die Hälfte der Förderungen an Kinder aus dem neuen Mittelstand verteilt wurden.) Weitere Förderungsbedingung war die Mitgliedschaft in einer Kameradschaft des NSDStB, von denen es an der *Technik in Graz* 1940/41 vier und 1944/45 sieben gab, wobei hier die Traditionen der Burschenschaften und deutschnationalen Verbände, die sich 1938 freiwillig selbst aufgelöst hatten, weiter gepflegt wurden. So firmierte, um nur ein Beispiel zu nennen, die Kameradschaft „Narvik" als „ehem. Sängerschaft Gothia".

Die nationalsozialistische Hochschulplanung in den 30er Jahren (z. B. 1933 Beschränkung der Immatrikulation von Frauen auf 10% der Zahl der männlichen Abiturienten mit Studienberechtigung, 1934 numerus clausus für über die Hälfte aller Abiturienten usw.) hatte bis 1938 praktisch zu einer Halbierung der Studierendenzahlen geführt. Diese Maßnahmen wurden, bereits vor dem Krieg, als Fehlplanung erkannt, da es akut an akademischem Nachwuchs mangelte. Weil die Luftwaffe nicht genug Techniker bekommen konnte, erließ das Wissenschaftsministerium schon 1936 einen Aufruf „Deutschland braucht tüchtige Ingenieure!", wobei sich ab 1937 an den Technischen Hochschulen ein Aufschwung abzeichnete. Der „Verein Deutscher Ingenieure" (VDI) schätzte 1938 den Fehlbedarf an Ingenieuren für Ende 1939 auf 18.000, für 1942 auf 30.000. Unter dem Motto „Jugend, die Technik ruft euch!" startete der NS-Technikerbund eine Werbekampagne. Zusätzlich wurde 1939 (bis 1941) das Studienjahr in Trimester eingeteilt, um die Studienzeit zu verkürzen, und die Regelstudienzeit auf sieben Semester beschränkt. Nun stiegen auch in der „Ostmark" die Studierendenzahlen technischer Disziplinen von 1939/40 bis 1943/44 leicht an, ohne daß jedoch der Vorkriegsstand erreicht werden konnte. An der *Technik in Graz* sank die Studierendenzahl von 1938/39 (444) bis SS 1941 (208) jedoch kontinuierlich ab. In der Folge blieben, trotz massiver Gegenmaßnahmen (Studentenkompagnien, sinkender Widerstand gegen das Frauenstudium, Aufrufe im Rundfunk und in Zeitungen), die Studierendenzahlen unter dem Vorkriegsniveau.

Vor allem nach Kriegsbeginn monierten Technik-Professoren und das Oberkommando der Wehrmacht einen dramatischen Verfall der Leistungen bzw. „einen von Jahr zu Jahr zunehmenden Rückgang des Wissens und der Fähigkeit logischen Denkens", wofür die Trimesterregelungen und die verschiedensten außeruniversitären Verpflichtungen verantwortlich gemacht wurden. Im Juli 1940 meldete der Sicherheitsdienst der SS, daß in allen Teilen des Reiches allgemein befürchtet werde, „daß die geringer werdenden Studentenzahlen … in Kürze zu einem starken Mangel an Technikern und Physikern mit gediegener Ausbildung führen." Schon im Mai 1939 hatte sich Fritz Todt bei der Hauptversammlung des „Vereins Deutscher Ingenieure" – vergeblich – gegen diese Entwicklung ausgesprochen. Zwar sei es verständlich, „daß diese Zeit rücksichtslos in die Substanz des Nachwuchses eingreift" (1937 meldeten sich z. B. von 18.000 Primanern rund 10.000 als Offiziersanwärter bei der Wehrmacht), doch wehre er sich dagegen, „daß die Ausbildung des Ingenieurs, also des Führers in der Technik, weniger sorgfältig, flüchtiger und oberflächlicher erfolgen könne als z. B. die Ausbildung eines Arztes, eines Juristen oder eines anderen akademischen Berufes."

Der Zweite Weltkrieg

Zu Kriegsbeginn – 1. September 1939 – wurden zunächst fast alle Hochschulen des Deutschen Reiches bis Anfang 1940 geschlossen. Am 6. Jänner 1940 fand dann zu Trimesterbeginn ein „Appell der Gefolgschaftsmitglieder und Studenten" statt, bei dem Rektor Härtel aufrief, „mit frischen Kräften ans Werk zu gehen" und die Kriegslage analysierte: „Die Kriegshetzer sind die internationalen Juden, organisiert in den Freimaurerlogen und vertreten durch die Wirtsvölker England und Frankreich. Sie können allein schon an ihrer Kampfesart erkannt werden. Es widerstrebt arisch-germanischer Art, statt des ehrlichen Kampfes mit den Waffen den Meuchelmord zu wählen. Der Meuchelmord aber ist eine alttestamentarische Kampfesweise."

Bereits zu Kriegsbeginn wurde den Kriegsteilnehmern eine Reihe von Vergünstigungen gewährt: Erleichterung bei der Ablegung von akademischen Prüfungen, Aufhebung studentischer Strafen, Prüfungserleichterungen für die Beamtenlaufbahn. Der Verlust an Studenten durch den Abzug in die Wehrmacht wurde de facto durch Studentinnen kompensiert, obwohl die NS-Ideologie die Position vertrat, daß die Frau die „Ordnung erfüllt und nicht Ordnung umstößt". Von 1939 bis 1944 erhöhte sich der Frauenanteil an den Technischen Hochschulen im Deutschen Reich von 1,9% auf 23,5%. Frauen stellten 1944 49,3% aller Studierenden an den Universitäten und Hochschulen und 64% der Immatrikulierenden. Somit erzwangen die Umstände und der Akademikermangel eine begrenzte Emanzipation studierender Frauen im Dritten Reich. Nach dem Krieg ging der Frauenanteil wieder rapide zurück. An der *Technik in Graz* stieg der Frauenanteil von 1,9% (WS 1939/40) auf 24% (WS 1944/45) und hätte in diesem Semester fast 39% betragen, wenn nicht Rektor Härtel im August 1944 „in Würdigung der Totalisierung des Krieges" die Neuaufnahme von Frauen stoppte und anordnete, die bereits inskribierten Studentinnen „in Hinsicht auf ihren Studienerfolg derart streng zu überprüfen, daß etwa 50% im Winter-Semester 1944/45 nicht aufgenommen werden". Tatsächlich sank die Zahl der Studentinnen von 1943/44 auf 1944/45 genau um 50%, von 70 auf 35.

Im Jahr 1938 war die Ableistung des „Reichsarbeitsdienstes" vor der Immatrikulation verpflichtend eingeführt worden, wobei sich auch an der Technik der militärische Drill fortsetzte: „Es wird getrachtet, die soldatische Zucht, die die Männer vom RAD mitbringen, auch in der Lehrwerkstätte aufrechtzuerhalten." Anfang 1940 ordnete die Reichsstudentenführung eine studentische „Dienstpflicht" an, um die Kritik am „leichten Leben" der Daheimgebliebenen zum Verstummen zu bringen. Studierende wurden zu diversen Arbeiten herangezogen, im Sommertrimester 1940 zusätzlich zu einem Monat Ernteeinsatz, ein Jahr später zum Rüstungseinsatz von 8 Wochen. 1941 kamen die Studenten erst nach einem halben Jahr Arbeitsdienst und meist erst nach zweijährigem Wehrdienst an die Grazer Technik. Die Zahl der Höhersemestrigen war stark zurückgegangen, auch Assistenten waren eingezogen worden. Die Lehrenden konnten fast zur Gänze an der Hochschule bleiben, was auch mit „kriegswichtigen" Forschungsarbeiten zusammenhing. 1944/45 waren nur 2 von 28 Professoren, 3 von 41 Dozenten bzw. Lehrbeauftragten, aber 20 von 58 Assistenten bzw. ihren Vertretern zur Wehrmacht eingezogen.

Der Großteil der Studierenden bestand aus Angehörigen von „Studentenkompagnien", die mit einem Führungsoffizier zum Studium abkommandiert waren. Die spezielle Ausbildung zu „Ingenieuroffizieren" der Deutschen Wehrmacht, eine Kombination aus technischer und militärischer Ausbildung, war schon vor Kriegsbeginn vorgesehen. Die Teilnahme an Lehrveranstaltungen von Angehörigen der „Studentenkompagnien" war nach einem strengen Dienstplan geregelt, der Lehrbetrieb auf die Bedürfnisse der Soldaten und Wehrmachtsurlauber zugeschnitten. Studierende benötigten zum Betreten der Grazer Technik einen eigenen Ausweis, eine „Legitimation". Die „Neue Technik" in der Kopernikusgasse – dort befanden sich die wichtigsten Forschungsinstitute – konnte nur mit einer zusätzlichen Genehmigung betreten werden.

1944 brach dann der Lehrbetrieb praktisch zusammen. Studiengenehmigungen wurden im wesentlichen auf Kriegsuntaugliche, Schwerbeschädigte oder Fronturlauber begrenzt, Neuimmatrikulationen ab dem Sommersemester nur mehr unter besonderen Auflagen gewährt, für Kriegsverletzte, Kriegerwitwen usw. Im Sommer 1944 wurde auch die Zusammenlegung der drei steirischen Hochschulen erwogen, im Herbst war der Betrieb bereits auf ein Mindestmaß herabgesetzt. Arbeitseinsätze, der „Volkssturm", Einsatzarbeiten nach Bombenangriffen oder Fliegeralarme machten einen geregelten Lehrbetrieb unmöglich. Auch die Forschungsarbeiten, die jedenfalls Priorität hatten, wurden eingeschränkt, zahlreiche Institute aufs Land verlagert.

Das Dritte Reich brachte der Technischen Hochschule in Graz Neuerungen, wobei der große Traum einer gigantischen „Hochschulstadt" mit „Schulungsburg und Feierstätte", also eine Kombination von Universität und NSDAP, bald begraben werden mußte. Eine gewisse Unsicherheit bewirkte auch der Befehl Adolf Hitlers, in Linz eine Technische Hochschule zu errichten, wobei die Planung von fünf Fakultäten und 1.500 Studierenden ausging und bei Realisierung natürlich beträchtliche Mittel gebunden hätte.

Bereits 1938 war in einer Denkschrift der *Technik in Graz* die „Ausgestaltung der Elektrotechnik" angeregt worden, was mit dem „Bedürfnis der Alpengaue nach einer Ausbildungsstätte", mit dem „Reichtum an ausbauwürdigen Wasserkräften" und mit der „Lage in der Südostecke des Reiches" begründet wurde. Da die Bedeutung der Elektrizitätsversorgung – besonders für die Kriegswirtschaft – klar erkannt wurde (die Stromerzeugung der STEWEAG wurde von 1938 bis 1945 verdoppelt), richtete man 1940 eine eigene Abteilung für Elektrotechnik ein. Damit begann im WS 1940/41 in Graz „als erste Technische Hochschule Großdeutschlands die praktische Vorausbildung der Studenten des Maschinenbaues und der Elektrotechnik in der eigenen Lehrwerkstätte in geschlossenem Lehrgang". Kriegsbedingt konnte zunächst nur die Grundausbildung angeboten werden, die „Fachausbildung im Gebiete Starkstromtechnik" und das „Fachgebiet Fernmeldetechnik" wurden für „spätestens nach Kriegsende … in Aussicht genommen".

Parallel dazu wurde die Einteilung der Fakultäten geändert. Den Fakultäten Bauingenieurwesen, Architektur, Maschinenwesen und Chemie war 1935/36 die Fakultät für angewandte Mathematik und Physik hinzugefügt worden. Im August 1940 wurden diese fünf Fakultäten auf drei reduziert: Naturwissenschaften und Ergänzungsfächer, Bauwesen, Maschinenwesen. Da das Geodäsie-Vollstudium bereits 1939 eingestellt worden war, wurde die Abteilung Vermessungswesen aufgelassen. Als Dekane fungierten nun Reinhard Seka, Franz Brunner und Josef Pirkl. Die Abteilungsleiter für Elektrotechnik bzw. Architektur waren Karl Schäfer und Friedrich Zotter. 1942 wurden Robert Müller, Karl Hoffmann und Karl Lindner Dekane, Erwin Massute wurde Abteilungsleiter des Bauingenieurwesens und Armin Schoklitsch Prorektor.

Als im April 1944 die bis dahin geltende Sperre für die Ablöse der amtierenden Rektoren aufgehoben worden war, wurde mit 1. November Armin Schoklitsch Rektor, ein langjähriges NSDAP-Mitglied und Vorsitzender des „Verbandes der Deutsch-arischen Akademiker in der Tschechoslowakei" (er war 1940 aus Brünn nach Graz berufen worden), der bei festlichen Anlässen mit Rektorskette in der Uniform eines SS-Sturmführers aufzutreten pflegte.

Aus den Rektoratsakten der *Technik in Graz* geht übrigens nicht hervor, daß sich die damaligen Rektoren porträtieren ließen. Wahrscheinlich wären dafür auch keine Gelder genehmigt worden. So hatte der Bildhauer Doz. Anton Weinkopf 1940 eine „Führerbüste" mit Sockel modelliert, die anstatt des Standbildes des Kaisers Franz Joseph die Nische in der Aula zieren sollte. Mangels finanzieller Unterstützung für den Guß wurde jedoch nur die bemalte Gipsfigur aufgestellt.

Die *Technik in Graz* war ab März 1941, vor allem wegen der Forschungsarbeiten auf den Gebieten Maschinenbau und Verbrennungsmaschinen, offizieller Rüstungsbetrieb. Rektor Adolf Härtel fungierte bis Kriegsende als „Betriebsführer" der Technik und als „Abwehrbeauftragter" beider Grazer Hochschulen. Die Rüstungsforschung sicherte den betreffenden Instituten das Personal, die Versorgung mit Rohstoffen, Apparaten und Energie. Bereits im Oktober 1939 waren einige Institute „mit wehrtechnischen Aufgaben betraut", so mit der Entwicklung von Diesel- und Flugzeugmotoren. Die „Flugtechnische Fachgruppe" arbeitete an der Entwicklung eines schwanzlosen Jagdflugzeuges. In den folgenden Jahren folgten aeromechanische Versuche an Flugzeugteilen, Festigkeitsversuche an Flügel-Rumpfverbindungen, „Kraftfahrtforschung" am Institut für Verbrennungskraftmaschinen, welches vor allem bei Dieselmotoren einen weltweit führenden Rang einnahm.

Im Jahre 1943 bildeten fünf Institute (Festigkeitslehre, mechanische Technologie, technische Mechanik, Wärmetechnik, Verbrennungskraftmaschinen) mit 5 Professoren, 3 Dozenten, 10 Assistenten und 48 Mitarbeitern den „Spezialbetrieb Techn. Hochschule Graz". Aber auch andere Institute bekamen „kriegswichtige" Forschungsvorhaben bewilligt. Das Institut für Straßenbau befaßte sich z. B. 1944 mit „Untersuchungen über den Einfluß verschiedener Abbaumethoden auf den Baufortschritt und den Arbeitsaufwand bei der Herstellung von Fertigungstunnel des Bauvorhabens XVIII/VIII A 8 (M)" Hinter dieser Bezeichnung verbargen sich die Stollenbauten im Steinbruch des KZ-Nebenlagers Peggau, in dem ab August 1944 fast 400 Häftlinge unter unmenschlichen Bedingungen neun Stollen für die Verlagerung der Flugzeugteileproduktion der Steyr-Daimler-Puch-AG in den Felsen schlugen. Mit dem Forschungsauftrag war der ehemalige NS-Studentenführer Sepp Held beauftragt, der durch „Leistungssteigerungsvorschläge" die Ausbruchsleistung von Oktober bis Dezember 1944 um 75% erhöhen konnte, was wohl damit zusammenhängt, daß bis Ende 1944 die Anzahl der Häftlinge durch Transporte aus dem Hauptlager Mauthausen auf ca. 700 erhöht wurde.

„Der Kampf ist hart und unerbittlich ... Die ununterbrochenen Luftangriffe auf England ... sind uns kaum faßbar", formulierte Rektor Adolf Härtel im Tätigkeitsbericht 1941. Zwei Jahre später erreichte der Luftkrieg auch Graz. Ab Mitte August 1943 wurde Österreich dauerndes Angriffsgebiet für Bombengeschwader und Graz verzeichnete die meisten Luftangriffe aller österreichischen Städte. Am 1. November 1944 war Graz das Ziel massiver alliierter Bombardements, die fast 400 Tote forderten und 111 Gebäude total zerstörten. Dabei wurde auch der mittlere Teil der „Neuen Technik" durch drei Treffer zum Einsturz gebracht. Die mechanisch-technische Versuchsanstalt wurde dadurch zerstört und wegen der Gefährdung der „wichtigsten Forschungs- und Entwicklungsstätten" suchte Prof. Adolf Härtel als „Betriebsführer" nach Ausweichmöglichkeiten. Im Einvernehmen mit dem Gauleiter von Oberdonau, August Eigruber, fand er diese in den Stollen des KZ-Nebenlagers Gusen. Eigruber ersuchte am 24. November den Reichsführer der SS, Heinrich Himmler, um zwei Stollen mit 3.000 m^2 für die Grazer Technik. Das Ersuchen wurde am 8. Dezember „zu allseitiger Zufriedenheit erledigt" und 1.000 m^2 zur Verfügung gestellt.

Nun setzte eine massive Verlagerung von Instituten ein. Bereits im September 1943 wurde das Physikalische Institut nach Hörgas bei Gratwein ausgelagert, Ende 1943 mit der weiteren „Schaffung von Ausweichstellen" begonnen. Vor allem Ende 1944 und Anfang 1945 wurden mindestens 16 Institute verlagert, wobei die Einrichtung von weiteren drei Instituten in die Stollen von Gusen offensichtlich nicht mehr zustande kam. Geschahen die ersten Verlagerungen noch auf Anordnung, setzte ab Februar 1945 de facto die Flucht vor der immer näher rückenden Ostfront ein. Die Verlagerungsorte waren offensichtlich auch weitsichtig gewählt, denn zu Kriegsende befanden sich von 20 Instituten nur zwei (und zwei Institutsteile) in der von der Roten Armee besetzten Zone, alle anderen jedoch im amerikanischen Sektor jenseits der Enns bzw. eines im britisch besetzten Turrach.

Im April 1945 operierte die Rote Armee teilweise nur 30 km von Graz entfernt. In diesen Tagen fand die letzte bekannte Institutsverlagerung statt. Rektor Schoklitsch übertrug am 12. April die Führung der Geschäfte an den Architekten Karl Hoffmann und setzte sich ab.

Ein neuer Anfang

Am 8. Mai war der Zweite Weltkrieg zu Ende. Am Nachmittag bestand bereits eine erste provisorische Landesregierung mit dem Sozialdemokraten Reinhard Machold an der Spitze. In der folgenden Nacht wurde Graz der Roten Armee übergeben und als letzte der österreichischen Landeshauptstädte besetzt.

Die verschiedenen Institutionen versuchten, wieder ihren Betrieb aufzunehmen. Die wenigen verbliebenen Professoren – zunächst fünf, Anfang Juni sieben – ersuchten am 23. Mai Bartel Granigg, den einzigen Hochschulangehörigen der russisch sprach, die Funktion des Rektors zu übernehmen. Granigg bat wiederum die provisorische Landesregierung um „die Genehmigung zur Weiterführung der Vorlesungen und Übungen im Sommersemester 1944/45". Landeshauptmann Machold ordnete in der Folge für alle steirischen Hochschulen die Wiederaufnahme des Vorlesungsbetriebes an. So begann an der *Technik in Graz* am 4. Juni 1945 die Einschreibung für das Sommersemester mit 144 inskribierten Studierenden.

Der Aufbau des Studienbetriebes stieß auf große Schwierigkeiten. Die meisten Professoren befanden sich jenseits der Zonengrenze und konnten zunächst ohne Passierschein nicht nach Graz kommen. Den zweiten Grund für die prekäre Situation formulierte Rektor Granigg so: „Die meisten unter uns haben die volle Überzeugung, daß die verlagerten Herren sofort nach Graz zurückgekommen wären, wenn Graz statt von den Russen, von den Engländern besetzt worden wäre". Durch das alliierte Zonenabkommen zogen am 24. Juli 1945 die Briten in der Steiermark ein. Erst jetzt folgten die meisten Hochschulangehörigen dem dringenden Appell des Rektors. Granigg hatte mittlerweile mit Karl Rauch, dem Rektor der Universität Graz, eine Vereinbarung geschlossen, die gegenseitige Unterstützung und Hilfe vorsah, insbesondere die behelfsmäßige Füllung personeller Lücken durch gemeinsames Lehrpersonal. Die Gespräche waren zunächst sehr spannungsgeladen, da Rektor Rauch dem Landeshauptmann vorgeschlagen hatte, die Technik der Universität als Fakultät anzuschließen, mit der Montanistischen Hochschule Leoben zu vereinen, und somit eine „Gesamtuniversität" mit der Bezeichnung „Vereinigte Universität und Technisch-montanistische Hochschule" zu schaffen. Derartige Überlegungen hatte es bereits 1944 gegeben, sie konnten aber u.a. durch heftigen Widerstand der Technischen Hochschule vereitelt werden.

Die britische Militärregierung wollte an sich nur auf Grund der Wiedergutmachung in ihr Amt zurückberufene Professoren als Rektoren dulden. Das war wohl der Grund, weshalb sich die Grazer Technik ab August mit Aufrufen im Radio bemühte, den 1938 entlassenen Bernhard Baule zu gewinnen. Tatsächlich wurde Baule mit 1. September wieder Ordinarius, am 20. Dezember wurde er als Rektor vorgeschlagen und am 9. Jänner 1946 provisorisch bestellt. Auch der zweite von den Nationalsozialisten entfernte Professor, Gustav Jantsch, wurde wieder als Ordinarius eingesetzt, er wurde Dekan der Naturwissenschaftlichen Fakultät.

Im WS 1945/46 inskribierten insgesamt 2125 Studierende, das war mehr als das 13fache der Zahl des WS 1944/45. Auch eine Studierendenvertretung hatte sich gebildet, die bereits im Juni als „Antifaschistische Studentenliga", ab Herbst als „Österreichische Demokratische Studentenunion", den politischen Hintergrund der Inskriptionswilligen überprüfte. Diese Maßnahme führte auch zu heftigen Konflikten, stellte doch der amerikanische Geheimdienst noch im November 1945 fest, daß die überwiegende Mehrheit der Studierenden der *Technik in Graz* „noch immer nazistisch und pro-Anschluß eingestellt" sei.

Das Problem der Entnazifizierung stellte sich natürlich auch bei den Pro-

Bernhard Baule: (Provisorischer) Rektor ab 21. Dezember 1945 (Porträt von Rudolf Hanzl; Foto: H. Tezak, TU Graz)

fessoren, wobei es zur paradoxen Situation kam, daß die Richtlinien von 1946 bis 1948 für die Lernenden wesentlich strenger waren, als für die Lehrenden. Im Mai 1945 galten von den 28 Professoren nur zwei als unbelastet: Fritz Kohlrausch und Friedrich Zotter. Nach den gesetzlichen Richtlinien waren „Illegale", also Personen, die zwischen dem 1. Juli 1933 und dem 13. März 1938 der NSDAP oder einem ihrer Wehrverbände angehört hatten, zu entlassen. Zur Überprüfung des Lehrkörpers wurde im Juli 1945 eine Kommission eingesetzt, der von seiten der Hochschule die Professoren Karl Zaar, Friedrich Zotter und der Dozent Erwin Keller angehörte. Zotter war in dieser Kommission übrigens der einzige unbelastete Repräsentant der Technik. Bis November 1946 verloren 18 von den bei Kriegsende 28 Professoren durch die Entnazifizierung ihre Stellung als Hochschullehrer an der Grazer Technik, das sind 64%. Bis 1949 kamen noch zwei Fälle dazu, wodurch die Entlassungsrate über 71% betrug. Zum Vergleich: An der Universität Graz wurden bis November 1946 47 von 69 Professoren entlassen (67%), an der TH Wien bis April 1947 64% der Professoren entfernt. Aber an der Montanistischen Hochschule Leoben hatten noch 1946, bis auf einen Professor, sämtliche ehemalige Nationalsozialisten ihre Lehrkanzeln inne.

Einige Beispiele beleuchten die Bandbreite der gängigen Biographien entnazifizierter Hochschullehrer. Adolf Härtel wurde wegen seiner hohen Funktionen in der NSDAP und der Rüstungsindustrie vor ein Volksgericht gestellt. Er war mindestens ein Jahr im Gefängnis und verunglückte 1949 bei einem Bergunfall tödlich. Rektor Armin Schoklitsch, wie Härtel auch im Sicherheitsdienst der SS aktiv, wurde von den Amerikanern verhaftet, entlassen und 1949 an die Universidad Nacional de Tucuman nach Argentinien berufen. Über Arno Reitz, Gauschulungsleiter der NSDAP, urteilte die britische Militärregierung, daß dieser unter keinen Umständen eine Position an der Hochschule einnehmen dürfe. Reitz wurde 1957 Professor an der Montanistischen Hochschule Leoben, war dort von 1965–1967 und von 1970–1972 Rektor und betätigte sich als Obmann des Freiheitlichen Akademikerverbandes bei Veranstaltungen wie z. B. „1000 Jahre Deutsche Ostmark". Armin Dadieu lebte bis 1947 versteckt in Graz und flüchtete dann nach Argentinien. Später wurde er Professor an der Deutschen Forschungs- und Versuchsanstalt für Luft- und Raumfahrt in Stuttgart. Er starb 1978 in Graz, eine lancierte Berufung an die *Technik in Graz* kam nicht zustande.

Die überwiegende Mehrheit der Hochschüler waren sogenannte „Heimkehrer", noch 1947 stellten ehemalige Soldaten 70–80% der Grazer Studenten. Die Explosion der HörerInnenzahlen führte zu großen sozialen Problemen. Es mangelte an Wohnraum, Nahrung, Lehrmitteln. Viele Studierende hatten, wenn überhaupt, nur zwei Garnituren Wäsche zur Verfügung. Es fehlte besonders an winterfester Kleidung und Schuhen, wobei Sachspenden nur unwesentliche Verbesserungen brachten. Die Wohnungsnot war in Graz besonders gravierend, da durch Bombentreffer jedes dritte Haus entweder

Der Wiederaufbau der Neuen Technik 1951/52 (Archiv H. Stark)

zerstört oder beschädigt worden war. Viele Studierende waren ständig auf Wohnungssuche, stammte doch nur etwa die Hälfte aus Graz selbst, schliefen in Notunterkünften (leere Autos, Autobusse usw.) und anderen völlig unzureichenden Quartieren. Neben der Wohnsituation war auch die Ernährungssituation besonders prekär. Studierende galten bei der Zuteilung der Lebensmittelmarken als „Normalverbraucher mit Angestelltenzulage" (WS 1947/48) und hatten täglich auf 1.600 bis 1.700 Kalorien Anspruch. Im WS 1945/46 konnte die „Österreichische Demokratische Studentenschaft", eine Vorläuferorganisation der Hochschülerschaft, im Studentenhaus in der Leechgasse eine Mensa eröffnen. 1.000 Mahlzeiten zu Mittag und 800 am

Abend konnten ausgegeben werden. Der Betrieb wurde durch Lebensmittelspenden des „World Student Relief" (WSR), des Englischen Roten Kreuzes, der „Schweizer Hilfe" und der Universität Basel aufrechterhalten. Auch die Katholische Hochschulgemeinde (KHG) konnte 1945 eine Mensa, allerdings im bescheidenen Umfang, in der Leechgasse 24 eröffnen. Eine regelmäßige Versorgung der Studierenden mit hochwertigen Lebensmitteln war damals von besonderer Bedeutung, hatten doch noch 1947/48 nur 16% aller Studierenden der Universität Graz Normalgewicht, 26% hatten sogar 10 kg und 3% mehr als 25 kg Untergewicht.

Finanzielle Unterstützung gab es in den 40er Jahren zunächst kaum. Für Wohnraum, Bekleidung und Studium mußten im Schnitt 300 Schilling pro Monat ausgegeben werden. Da es noch kein staatliches Stipendiensystem gab, waren die Studierenden (1947) weitgehend auf die Unterstützung der Eltern (60%) sowie auf Arbeiten während der Studien- und Ferienzeit (33%) angewiesen. Nur 5% bekamen ein Stipendium, das entweder von den Bundesländern oder von den Kammern bereitgestellt wurde. Erst in den 50er Jahren verbesserte sich die Lage spürbar.

Der amerikanische Geheimdienst berichtete im November 1945 über die Studierenden der Technischen Hochschule Graz: „Sie sind pessimistisch eingestellt über ihre Zukunft in einem unabhängigen Österreich ohne das industrielle Potential eines Großdeutschland. Die meisten Studenten glauben noch immer, daß Deutschland die zivilisierteste der europäischen Nationen ist und zur Führung Europas bestimmt sei. Im Allgemeinen lehnen sie die Rassentheorie, das Führerprinzip, die Brutalität und die Gestapo-Methoden des Dritten Reiches ab … Einmal kam es zu einer heftigen Debatte über die Wahrheit von Konzentrationslagergeschichten. Im großen und ganzen glauben die Studenten, daß nur echte Kriminelle in diesen Lagern eingesperrt waren." Kritik gab es auch an den Entnazifizierungsmaßnahmen der Studierendenvertretung, die vor allem von ehemaligen Offizieren geschürt wurde. In Wirklichkeit ging der zuständige „Ehrenrat" keineswegs rigide vor. So wurden an der Technik im WS 1945/46 nur 14 Studierende wegen ihrer Funktionen in NS-Organisationen vom Studium ausgeschlossen.

Unverständnis gegenüber der Entnazifizierung prägte in den Darstellungen der *Technik in Graz* bis in die 50er Jahre den Ton. 1951/52 war dann der Wiederaufbau der durch Bombentreffer teilweise eingestürzten „Neuen Technik" beendet. „Im Zweiten Weltkrieg wurde der Neubau durch Bombentreffer schwer beschädigt", blieb dann bis in die späten 80er Jahre die einzige historische Aussage über die Geschichte der *Technik in Graz* im Dritten Reich.

Ein beeindruckendes Zeugnis für diese Enttäuschung und Verbitterung ist die vertrauliche Rede, die Karl Federhofer, Professor für technische Mechanik, am 12. April 1948 im Institut vor seinen Schülern aus Anlaß des 25. Jahrestages seiner Grazer Antrittsvorlesung hielt: Der Rektor und seine

Kollegen hätten ihn im Stich gelassen und deshalb sei seine Villa noch immer vom britischen Militär in Beschlag genommen. Bis vor kurzem wegen seiner Funktion im NS-Dozentenbund als „minderbelastet“ eingestuft, sei ihm auch der Sitz im Professorenkollegium und seine Mitgliedschaft in der Akademie der Wissenschaften verwehrt gewesen. Erst jetzt sei er von diesen Sühnefolgen befreit, weil ihm nach schwerer Krankheit ein Arzt darauf aufmerksam machte, daß die Einstufung in die Versehrtenstufe 3 nach amtsärztlicher Untersuchung Sühnefolgen juristisch beende. Federhofer war bitter enttäuscht, daß weder der Kanzleidirektor der Technik, noch andere Kollegen, die sich durch ein solches Attest den Sühnefolgen schon längst entzogen hatten, ihn auf diese Möglichkeit hingewiesen hatten. Aber nun könne er im Kollegium wieder die Stimme erheben: „Immerhin fühle ich mich auch weiterhin mit den wenigen Kollegen verbunden, die nur aus dem Grunde, weil sie meinten, die Mitgliedschaft zu der einzigen Staatspartei könne kein Vergehen sein, schwerste Nachteile und Opfer auf sich nehmen mußten.“

Literaturhinweise:

BINDER, Dieter A.: Der Weg der Studentenschaft in den Nationalsozialismus, in: Die Universität und 1938 (= Böhlaus zeitgeschichtliche Bibliothek, Bd. 11), Wien 1989

JARAUSCH, Konrad H.: Deutsche Studenten 1800–1970, Frankfurt a. M. 1984

KERNBAUER, Alois: Der lange Marsch zur „politischen Hochschule“. Die Grazer Hohen Schulen in den ersten Jahren der nationalsozialistischen Herrschaft, in: Karner, Stefan (Hg.): Graz in der NS-Zeit 1938–1945, Graz 1998, S. 179–193

KLÖSCH, Christian; WEINGAND, Hans-Peter: Zur Lage der Studierenden in Graz im Jahr 1945, in: Historisches Jahrbuch der Stadt Graz, Jg. 25/1994, S. 399–420

KLÖSCH, Christian; WEINGAND, Hans-Peter: Zur Lage der Studierenden in der Steiermark 1945–1955, in: Die „britische“ Steiermark (= Forschungen zur geschichtlichen Landeskunde der Steiermark, Bd. 38/1995), S 467–499

KUBINZKY, Karl Albrecht: Die Stadtplanung für die Gauhauptstadt Graz, in: Karner, Stefan (Hg.): Graz in der NS-Zeit 1938–1945, Graz 1998, S. 245–256

LICHTENBERGER-FENZ, Brigitte: Österreichs Hochschulen und Universitäten und das NS-Regime, in: NS-Herrschaft in Österreich 1938–1945 (= Österreichische Texte zur Gesellschaftskritik, Bd. 36), Wien 1988, S. 269–282

MÜNZINGER, Friedrich: Ingenieure. Gedanken über Technik und Ingenieure, 2., erw. Aufl., Berlin 1942 (insb. Abschnitt IX e: Der unzureichende Ingenieurnachwuchs)

SEIDLER, Franz W.: Fritz Todt, Baumeister des Dritten Reiches, Frankfurt a. M. 1988

WEINERT, Willi: Zu den Versuchen der Errichtung einer Technischen Hochschule in Linz (unter besonderer Berücksichtigung des Zeitraumes 1938–1945), in: Oberösterreichische Heimatblätter, 40. Jg., Heft 1, Linz 1986, S. 38–51

WEINGAND, Hans-Peter: Die Technische Hochschule Graz im Dritten Reich. Vorgeschichte, Geschichte und Nachgeschichte des Nationalsozialismus an einer Institution, ed. Hochschülerschaft der TU Graz, 2., durchges. Aufl., Graz 1995

WEINGAND, Hans-Peter; WINKLER, Werner: Diese Welt muß unser sein. Die sozialistischen Studierenden in Graz 1919–1991, ed. VSStÖ Graz, Graz 1991 (insb. die Kapitel: „Alfons Leon. Ein sozialdemokratischer Hochschulprofessor in Graz. Eine Spurensicherung“, „Nationalsozialistische und „völkische“ studentische Aktivitäten in Graz“ und „Die Universitäten im Nationalsozialismus“)

Marcus Ludescher
Josef W. Wohinz

Vom Erzherzog zur scientific community

Menschen prägen die Technik-Entwicklung

Wenn man sich die Frage stellt, was eigentlich die Technische Universität Graz als Institution ausmacht, so können darauf Antworten in verschiedener Richtung abgegeben werden. Eine universitäre Einrichtung wie die *Technik in Graz* kann beispielsweise charakterisiert werden anhand der erbrachten Dienstleistungen in wissenschaftlicher Forschung und Lehre oder durch Aufzählung der verfügbaren Einrichtungen in Infrastruktur und Organisation. Verallgemeinert ist festzustellen, daß eine geschichtliche Entwicklung nicht in überindividuellen Strukturen und Prozessen allein abgebildet, noch auf eine zeitliche Abfolge von Ereignissen und Einzelpersonen reduziert werden kann. Sie ist immer beides, und das Ganze ist – um es mit einem Gemeinplatz zu sagen – immer mehr als die Summe seiner Teile. Das gilt sowohl für die Weltgeschichte als auch für die Geschichte einer Institution.

In diesem Beitrag geht es um die biographische Dimension der Geschichte der *Technik in Graz*. Gerade an einer Universität kommt den Menschen, die hier forschen, lehren und studieren, ganz besondere Bedeutung zu. Sie sind es, die der toten Infrastruktur Leben „einhauchen". Im folgenden werden daher Menschen porträtiert, die an der Grazer Technik gewirkt haben und die nicht an anderer Stelle dieses Buches behandelt werden: Georg Göth, Friedrich Mohs, Wilhelm Engerth, Josef Herr, Karl Scheidtenberger, Friedrich Reinitzer, Friedrich Emich, Fritz Kohlrausch, Robert Honold, Friedrich Schmiedl, Luis Trenker, Martha Spiera und Hedwig Katschinka. Selbstverständlich handelt es sich hier um eine von den Autoren getroffene Auswahl, die keinen Anspruch auf Vollständigkeit erhebt.

Männer der ersten Stunde

Aufgrund der historischen Gegebenheiten erscheint es naheliegend, diese Darstellung mit der Person Erzherzog Johanns – dem Gründer des Joanneums – zu beginnen. Seiner besonderen Bedeutung entsprechend, wurde dies in einem eigenen Beitrag bereits vorweggenommen. Nach dem eigentlichen Gründungsakt verfolgte Erzherzog Johann die weitere Entwicklung mit großem Interesse (siehe dazu: Karner, Stefan, S. 231ff.). Dennoch war von Anfang an klar, daß diese weitere Entwicklung durch dafür bestellte Personen bestimmt werden sollte.

In dieser ersten Phase sind zu erwähnen:

- Ludwig Crophius, Edler von Kaiserssieg, Abt zu Rein, als erster Studien-Director für die Jahre 1827–1861
- Georg Haltmeyer, als Vice-Director für die Jahre 1846–1858

- Georg Göth, als Vice-Director für die Jahre 1858–1861 und als Studien-Director für die Jahre 1861–1865.

Gerade das Beispiel des zuletzt genannten Georg Göth (1803–1873) zeigt, wie stark in dieser Anfangsphase der Einfluß von Erzherzog Johann ausgeprägt war.

Georg Göth, geboren am 29. Dezember 1803 in Reindorf bei Wien, studierte Mathematik an der Universität Wien. Er machte eher erfolglose Versuche als wissenschaftlicher Schriftsteller und kam durch die Übernahme einer Hauslehrerstelle in Gußwerk bei Mariazell mit Erzherzog Johann in Kontakt. Er wurde dessen Privatsekretär und Archivar und folgte 1841 einer Berufung zum Professor der Elementar-Mathematik an die Technische Lehranstalt des Joanneums. In der weiteren Folge bekleidete er auch die Funktion des Vice-Directors und des Studien-Directors. Seine Hauptwerke sind in einer geographisch-statistisch-topographischen Beschreibung des Herzogtums Steiermark (1836 begonnen, aber unvollendet) und in der Darstellung: „Das Joanneum in Gratz, geschichtlich dargestellt zur Erinnerung an seine Gründung vor 50 Jahren (1861)" zu sehen.

Georg Göth (Bild: Steiermärkisches Landesmuseum Joanneum, Bild- und Tonarchiv, Graz)

Des weiteren ist hier Friedrich Mohs zu erwähnen. Er erblickte das Licht der Welt am 29. Jänner 1773. Im Jahre 1811 wurde Friedrich Mohs an die neugegründete Anstalt mit dem Auftrag berufen, die Steiermark in geognostischer Hinsicht zu untersuchen. Er wurde von Erzherzog Johann persönlich bezahlt, und durch seine Anwesenheit sollte die Anerkennung des Joanneums in der Wissenschaftswelt bewußt gefördert werden.

Friedrich Mohs war seit 1811 Leiter des mineralogischen Kabinetts und von 1813 bis 1817 Professor der Mineralogie. In das Jahr 1812 fällt auch die Entwicklung der nach ihm benannten Mohs'schen Härteskala über Härte und spezifisches Gewicht der einfachen und zusammengesetzten Mineralien. Im Jahre 1817 nahm er eine Berufung als Berg- und Commissionsrath und Professor für Mineralogie an die königlich-sächsische Bergakademie in Freiberg an. Er verstarb am 29. September 1839.

Pioniere des Eisenbahnwesens und der Feldmeßkunst

Im Warteraum des Bahnhofs Semmering kann man auf einer Gedenktafel folgenden Satz lesen: „Durch die Eisenbahnen verschwinden die Distanzen, die materiellen Interessen werden gefördert, die Cultur wird gehoben und verbreitet." Dieser Ausspruch stammt von Carl Ritter von Ghega, dem Erbauer der Semmeringbahn, der ersten großangelegten Gebirgsbahn der Welt. Er verdeutlicht, welche Symbolkraft das neue Verkehrsmittel Eisenbahn für die Menschen um die Mitte des 19. Jahrhunderts hatte.

Die Eisenbahn war für die einen Hoffnungsträger für wirtschaftlichen und wissenschaftlich-technischen Fortschritt, bei anderen löste sie eher ambiva-

Friedrich Mohs: Büste im Hof des Joanneums (Foto: H. Tezak)

lente Reaktionen aus. Einen Eindruck davon vermittelt Peter Roseggers Schilderung seiner ersten Eisenbahnfahrt von Semmering nach Mürzzuschlag: Der „Dampfwagen", der mit „mächtigem Schnauben und Pfustern" auf der „eisernen Straße" über die schwindelerregenden Viadukte dahinbraust, um plötzlich im Berg zu verschwinden, wird als unheimlich erlebt (Rosegger, Peter, S. 96ff.). Vom fahrenden Zug aus verschwimmen die Details, Häusermauern, Bäume, Telegrafenstangen, fliegen vorbei. Die im Vergleich mit der Postkutsche hohe Fahrgeschwindigkeit – zeitgenössische Mediziner befürchteten bleibende körperliche Schäden für die Reisenden – veränderte die gewohnte Wahrnehmung von Raum und Zeit und formte den in die Ferne gerichteten, „panoramatischen" Blick (nach Wolfgang Schivelbusch) auf die Landschaft. Die Geschichte der Eisenbahn im 19. Jahrhundert ist daher weit mehr als eine Chronologie kühner technischer Leistungen. Sie ist vielmehr ein Beispiel dafür, wie sich technischer, sozialer und mentaler Wandel gegenseitig bedingten und beeinflußten.

Der Eisenbahnbau prägte Generationen von österreichischen Ingenieuren. Die erste mit Dampflokomotiven betriebene Eisenbahnlinie in Österreich wurde (als erster Abschnitt der Kaiser-Ferdinand-Nordbahn) 1837 eröffnet und verlief zwischen Floridsdorf und Deutsch-Wagram. Der volle Ausbau des Eisenbahnnetzes fiel jedoch erst in die Zeit nach 1848: 1850 konnte man von Wien aus bereits Budapest erreichen, 1857 folgte die Strecke nach Triest und ein Jahr später jene nach Linz. Im folgenden sollen drei Ingenieure vorgestellt werden, die im Laufe ihres Lebens mit dem Projekt „Eisenbahn" direkt oder indirekt – sei es als Forscher oder Praktiker – in Verbindung standen und an der *Technik in Graz* gewirkt haben:

- Wilhelm Engerth,
- Josef Herr und
- Karl Scheidtenberger.

Nachdem 1851 die erste Teilstrecke der Semmeringbahn von Payerbach nach Eichberg fertiggestellt worden war, wurde ein Lokomotivtest durchgeführt. Vorausgegangen war eine öffentliche Ausschreibung, an der sich Hersteller aus Bayern, Belgien und Österreich, die Lokomotivfabriken Maffei in München, Günther in Wiener Neustadt, Cockerill in Seraing, und die Wien-Raaber-Bahn unter der Leitung von J. Haswell beteiligt hatten. Insgesamt wurden vier Prototypen auf Herz und Nieren geprüft. Obwohl jeder den Mindestanforderungen entsprach und in der Lage war, eine Zuglast von mindestens 140 Tonnen mit einer mittleren Geschwindigkeit von 11,4 km/h zu befördern, waren die erzielten Resultate dennoch unbefriedigend. Für den Dauerbetrieb auf einer Gebirgsbahn schien keine der getesteten Lokomotiven geeignet zu sein.

In Anbetracht der raschen Baufortschritte am Semmering gerieten die Verantwortlichen allmählich unter Zeitdruck. Aus diesem Grund wurde im

Handelsministerium in der Abteilung für Eisenbahnbetriebs-Mechanik ein eigenes Konstruktionsbüro geschaffen, mit dessen Leitung der frühere Professor für Mechanik an der Technischen Lehranstalt des Joanneums in Graz, Wilhelm Engerth, betraut wurde. Engerth beschrieb die ihm gestellte Aufgabe folgendermaßen: Das Ziel bestand darin, „eine Lokomotive zu konstruieren, welche in ihrer Leistung stärker ist, als die auf ebenen Bahnen üblichen, zur Durchfahrung scharfer Kurven wo möglich geeigneter als die bekannten Maschinen ist, und bei welcher das Adhäsionsgewicht möglichst vergrößert und mit ihrer Leistung in Einklang gebracht wird" (Engerth, S. 87). Engerth löste das Problem, indem er den Tender, der bei den damals üblichen Lokomotiven mit seiner Tonnenlast an Kohle als toter Ballast mitgeschleppt wurde, in die Lokomotive integrierte. Anstatt die Zuglast unnötig zu erhöhen, half der Tender nun mit, die Räder gegen die Schienen zu pressen und dadurch den Reibungswiderstand zu optimieren. Das Resultat war eine besonders leistungsfähige und kurvenbewegliche dampfbetriebene Zugmaschine. Die ersten Lokomotiven dieses Typs wurden in Belgien und Deutschland gefertigt und gingen Ende 1853 in Betrieb. Die Zahnradkupplung zum Antrieb der beiden Tenderachsen wurde allerdings wegen zu rascher Materialabnützung wieder entfernt, die Kraftübertragung lief ausschließlich über die vorderen drei Achsen.

Wilhelm Freiherr von Engerth
(Foto: Bildarchiv ÖNB Wien)

Wer war nun dieser Wilhelm Engerth?

Wilhelm Engerth wurde am 26. Mai 1814 in Pleß in Preußisch-Schlesien als Sohn eines aus Österreich stammenden Kunstmalers geboren. Nach der Realschule bildete er sich im Baufach am Polytechnischen Institut in Wien aus; nach einigen Jahren Berufspraxis begann er Maschinenbau zu studieren. 1840 bekam er eine Assistentenstelle an der Lehrkanzel für Maschinenkunde bei A. v. Burg. 1844 wurde er, im 30. Lebensjahr stehend, zum Professor der Mechanik an der Technischen Lehranstalt am Joanneum berufen, doch war die Lehrkanzel bereits fünf Jahre später wieder vakant. Engerth ging nach Wien, wo er – wie bereits erwähnt – im Ministerium für Handel und Gewerbe mit Fragen des Eisenbahnwesens bzw. Lokomotivbaus befaßt war. 1855, ein Jahr nach der Eröffnung der Semmeringbahn, trat er als technischer Zentraldirektor für Zugförderungs- und Werkstättenwesen in die Dienste der soeben gegründeten Staatseisenbahngesellschaft, wo er – zuletzt in der Funktion eines stellvertretenden Generaldirektors – bis zur Pensionierung blieb.

Neben der inhaltlichen Beschäftigung mit eisenbahntechnischen Fragen (so setzte er sich in den 70er Jahren des vergangenen Jahrhunderts mit seiner ganzen Autorität für die spätere Linienführung der Arlbergbahn ein), fungierte Engerth auch als Organisator und Preisrichter bei diversen internationalen Industrieausstellungen, unter anderem in London 1851, München 1854 und in Wien 1873. Als Befürworter der Donauregulierung konstruierte er die Absperrung von Wien-Nußdorf, die das Eindringen von Hoch-

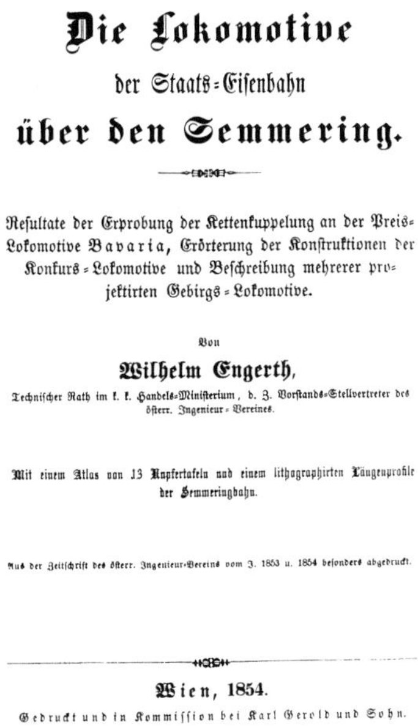

Die Lokomotive
der Staats-Eisenbahn
über den Semmering.

Resultate der Erprobung der Kettenkuppelung an der Preis-Lokomotive Bavaria, Erörterung der Konstruktionen der Konkurs-Lokomotive und Beschreibung mehrerer projektirten Gebirgs-Lokomotive.

Von
Wilhelm Engerth,
Technischer Rath im k. k. Handels-Ministerium, d. Z. Vorstands-Stellvertreter des österr. Ingenieur-Vereines.

Mit einem Atlas von 13 Kupfertafeln und einem lithographirten Längenprofile der Semmeringbahn.

Aus der Zeitschrift des österr. Ingenieur-Vereins vom J. 1853 u. 1854 besonders abgedruckt.

Wien, 1854.
Gedruckt und in Kommission bei Karl Gerold und Sohn.

Wilhelm Engerth: Die Lokomotive der Staats-Eisenbahn über den Semmering (Archiv M. Ludescher)

wasser und Eisschollen in den Donaukanal verhindern sollte. Mehrfach ausgezeichnet, manifestierte sich die gesellschaftliche Anerkennung der Verdienste dieses Ingenieurs in seiner Herrenhausmitgliedschaft und Erhebung in den Freiherrenstand. Wilhelm Freiherr von Engerth starb am 4. September 1884 in der Nähe von Baden.

Einige Wochen nach Wilhelm Engerth verstarb der Geodät und Astronom Josef Herr am 30. September 1884 in Hinterbrühl bei Wien. Herr war ein vielseitig interessierter und gebildeter Mann. Geboren am 18. November 1819 in Wien, fielen Ausbildung und Berufseinstieg in die Zeit des Vormärz: Gymnasium, Studium der Rechtswissenschaften und Philosophie an der Universität Wien, Promotion zum Dr.phil. (1845); anschließend drei Jahre Besuch von Vorlesungen am Wiener Polytechnikum.

Erste Berufserfahrungen konnte Herr beim Bau der Ungarischen Centralbahn, bei der Donau-Aufnahme und beim Bau der Semmeringbahn sammeln. Die Vermessungsarbeiten waren damals äußerst riskant. So mußten z.B. die mit der Aufnahme der Weinzettelwand am Semmering betrauten Ingenieure ihre Messungen – jeder mit einem Gehilfen an Strickleitern hängend – vornehmen. „Das Fehltreten eines einzigen der Partie", schilderte der spätere Rektor der Technischen Hochschule Graz, Wilhelm Heyne, „wie das Loslösen eines Steinstückes aus der hohen Felswand, das Nachgeben der Aufhänge-Vorrichtung, jedes dieser Ereignisse wäre für sich allein schon geeignet gewesen, höchst verhängnisvoll für die Betreffenden zu werden." (Heyne, S. 21)

Josef Philipp Herr (Bild: Bildarchiv, ÖNB Wien)

1850 kehrte Herr an seine Ausbildungsstätte zurück und nahm eine Assistentenstelle an der Lehrkanzel für Praktische Geometrie bei Simon Stampfer am Wiener Polytechnikum an. Nur zwei Jahre später hielt er 1852 das Ernennungsdekret zum Professor für Höhere Mathematik, Theoretische und Praktische Geometrie am Joanneum in Händen, wo er bis 1857 seinen Lehrverpflichtungen nachkam. Schon im Jahr zuvor hatte er einen Ruf an das Wiener Polytechnikum erhalten. Seit 1866 leitete er dort die erste Spezialehrkanzel für Höhere Geodäsie und Sphärische Astronomie in Europa. Herr, der maßgeblich an der Ausarbeitung eines neuen Organisationsstatuts beteiligt war, das die Implementierung des Fachschulsystems vorsah, war 1866/67 der erste gewählte Rektor der Technischen Hochschule Wien. In seiner Inaugurationsrede sprach er „Über die Entwicklung des technischen Unterrichtes, besonders in Österreich, die Gleichwertigkeit desselben mit anderen Zweigen der öffentlichen Unterweisung und die ins Leben tretende Organisation des k.k. Polytechnischen Institutes".

Als Mitglied der Österreichischen Gradmessungskommission, zu deren Präsidenten er 1879 ernannt wurde, führte Herr astronomische Ortsbestimmungen durch, wie z. B. die Bestimmung des Längenunterschieds Wien–Fiume 1868 und Wien–Kremsmünster 1872 und war maßgeblich an der

Einführung des metrischen Maß- und Gewichtssystems in Österreich beteiligt. Neben diversen anderen Aktivitäten redigierte er 1858–1867 die Zeitschrift des Österreichischen Ingenieur- und Architektenvereines. Von seinen selbständigen wissenschaftlichen Publikationen seien hier sein zweibändiges „Lehrbuch der höheren Mathematik" – von dem 1857 bis 1864 drei Auflagen erschienen – sowie sein 1887 posthum herausgekommenes „Lehrbuch der sphärischen Astronomie" erwähnt.

Anders als für Engerth oder Herr war für Karl Scheidtenberger Graz keine Zwischenstation, sondern Höhe- bzw. Endpunkt seiner beruflichen Laufbahn. Das mag auch daran liegen, daß er jünger als die beiden Erstgenannten war und zu einem Zeitpunkt an die Technische Hochschule Graz kam, als diese – nicht zuletzt dank seines Wirkens – zunehmend an Bedeutung gewonnen hatte.

Karl Scheidtenberger wurde am 25. Dezember 1827 in Graz geboren. Seine technische Ausbildung erhielt er am Polytechnischen Institut in Wien, wo er u.a. Vorlesungen über Land- und Wasserbaukunst hörte. Seine berufliche Laufbahn begann 1848 bei der Triester Steinkohlengewerkschaft, wo er u. a. bei der Hrastnigger Kohlenbahn im heutigen Slowenien eingesetzt war. Die nächste Station war die damals unter der Leitung von C. Ghega stehende Zentraldirektion für Eisenbahnbauten (1850–1859). Während dieser Zeit war Scheidtenberger teils mit der Trassierung und Projektierung, teils mit der Bauausführung von diversen Bahnstrecken, so Linz–Passau, Szolnok-Großwardein, Laibach-Triest etc. befaßt. 1859 wechselte er zur Südbahngesellschaft, wo er u.a. beim Bau des Streckenabschnitts Bruck/Mur–Leoben tätig war.

Bald nach der Umwandlung des Grazer Polytechnikums in eine Technische Hochschule wurde Scheidtenberger 1866 zum Professor für Wasser-, Straßen- und Eisenbahnbau, und 1876 – nach der Schaffung einer eigenen Lehrkanzel für Wasserbau – für Eisenbahn- und Tunnelbau ernannt. Insgesamt zweimal – 1872/73 und 1878/79 – übte er die akademische Funktion eines Rektors aus, 1907 wurde ihm das Ehrendoktorat der technischen Wissenschaften verliehen. 1868 schlug er einen Ruf an die Technische Hochschule Wien – teils aus finanziellen Gründen, teils aus Verbundenheit mit der *Technik in Graz* – ebenso aus wie 1869 ein Stellenangebot der Generalinspektion der österreichischen Eisenbahnen.

„Nicht Bücher", heißt es etwas pathetisch über Scheidtenberger in einem Nachruf, „sondern das harte, entbehrungsreiche Leben des Ingenieurs war die Quelle, aus der er schöpfte. Und was er so durch Jahre in seiner stillen, eindringlichen Weise bot, das wuchs langsam zu einer ganzen hochgeachteten Schule heran; sein Name war ein Programm." (Nachruf, S. 339). In der Tat war Scheidtenberger ein erfahrener Praktiker und ein bei den Studenten überaus beliebter Lehrer, dessen Verdienst es vor allem war, an der *Technik in Graz* einen funktionierenden Lehrbetrieb aufzubauen und diese zu einer auch international angesehenen Ausbildungsstätte des Eisenbahnwesens zu machen. Karl Scheidtenberger starb am 25. März 1910 in seiner Heimatstadt Graz.

Friedrich Reinitzer (Archiv S. Reinitzer)

Erforscher des Mikrokosmos

Viele der von den modernen Naturwissenschaften untersuchten Phänomene spielen sich im Unsichtbaren ab. Sie sind der Alltagswahrnehmung weitgehend entzogen: Kristalle, Viren, Gammastrahlen, Radioaktivität, Chromosomen zum Beispiel. Die Suche nach Verfahren und Instrumenten, um auch kleinste Strukturen und Substanzmengen analysieren zu können, erforderte und erfordert auch heute noch die verstärkte Zusammenarbeit zwischen Naturwissenschaften und Technik, zwischen Grundlagenforschung und angewandter Forschung. Als Beispiel sei hier das seit rund einem Jahrhundert betriebene Forschungsvorhaben erwähnt, den Aufbau von Materie zu studieren und die Struktur der kleinsten Teilchen zu entschlüsseln.

Wichtige Beiträge zum Verständnis dieser mikroskopisch kleinen Welten haben drei Wissenschaftler geleistet, die an der *Technik in Graz* tätig waren:

- Friedrich Reinitzer (als Entdecker der Flüssigkristalle),
- Friedrich Emich (als Begründer der quantitativen anorganischen Mikrochemie) und
- Fritz Kohlrausch (als herausragender Experimentalphysiker).

Friedrich Reinitzer wurde am 27. Februar 1857 in Prag als Sohn eines Eisenbahnbeamten geboren. Nach dem Besuch der Realschule studierte er in den Jahren 1873 bis 1877 an der chemisch-technischen Fachschule der Technischen Hochschule Prag und an der Universität Prag. Nach Tätigkeiten als Assistent wurde er 1883 Privatdozent für Warenkunde und technische Mikroskopie an der Technischen Hochschule Prag; eine Ausdehnung der Lehrverpflichtung auf Zoologie und Ackerbauchemie und die Privatdozentur für Pflanzenphysiologie an der Universität Prag 1893 waren die nächsten Stationen. Im Jahre 1895 wurde Friedrich Reinitzer als a.o.Professor für Botanik und technische Mikroskopie an die Technische Hochschule Graz berufen. In der weiteren Folge wurde er zum ordentlichen Professor ernannt, war Vorstand der chemisch-technischen Fachschule und bekleidete das Amt des Rektors im Studienjahr 1909/1910. Friedrich Reinitzer starb am 16. Feber 1927 in Graz.

Bereits im Jahre 1888 beschrieb Friedrich Reinitzer das Phänomen der flüssigen Kristalle in einem wissenschaftlichen Aufsatz, der 1888 im Band 9 der Fachzeitschrift „Monatshefte für Chemie“ erschienen ist. Er hatte dazu in seinem Laboratorium beobachtet, daß Cholesterinbenzoat bei 145 °C schmilzt, aber nicht in eine klare Schmelze übergeht, sondern ein milchig-trübes Aus-

Friedrich Emich: Sonderpostbrief zum 50. Todestag (Archiv: Ch. Weber)

Friedrich Emich: Büste an der Technischen Universität Graz (Foto: H. Tezak)

sehen zeigt. Der in Karlsruhe wirkende Physiker Otto Lehmann bezeichnete diese Cholesterin-Derivate als „scheinbar lebende Kristalle" (siehe: Geschichte der Flüssigkristalle). Friedrich Reinitzer publizierte im Jahre 1908 „Zur Geschichte der flüssigen Kristalle" und wird heute berechtigterweise als Entdecker der flüssigkristallinen Eigenschaften angesehen. Damit kommt ihm die Begründung einer Technologieentwicklung zu, die aus dem heutigen Alltag einfach nicht mehr wegzudenken ist.

Friedrich Emich kann als ein Beispiel für die im ausgehenden 19. Jahrhundert einsetzende Selbstrekrutierung von Wissenschaftlern an der *Technik in Graz* gelten. Er wurde am 5. September 1860 als Sohn eines Ingenieurs in Graz geboren. Nach der Oberrealschule in Laibach immatrikulierte er an der Technischen Hochschule Graz, um technische Chemie zu studieren. Dank eines Stipendiums konnte er sich schon während des Studiums als Mitarbeiter R. Malys am chemischen Institut mit wissenschaftlichen Arbeitsweisen vertraut machen. Nach Abschluß seines Studiums im Jahr 1884 verdiente sich Emich mehrere Jahre sein Brot als Chemielehrer am Grazer Mädchenlyzeum, ohne jedoch seine wissenschaftlichen Ambitionen aufzugeben. 1888 habilitierte er sich, ein Jahr später erfolgte die Ernennung zum außerordentlichen, fünf Jahre darauf die Ernennung zum ordentlichen Professor für reine und analytische Chemie an der Technischen Hochschule Graz. Mehr als vier Jahrzehnte forschte und lehrte Emich an dieser Hochschule. Als er 1931 in den Ruhestand trat, war er ein „hochdekorierter" Wissenschaftler: Lieben-Preisträger und Mitglied der Akademie der Wissenschaften (1911 bzw. 1928), Ehrendoktor der Technischen Hochschule Aachen und der Universität Graz, viermal Rektor (1899/1900, 1907/08–1908/09, 1920/21) und mehrmals Dekan. Er starb am 22. Jänner 1940 in Graz.

Karl Wilhelm Friedrich Kohlrausch: Rektor 1923/24 (Porträt von Leo Scheu/Foto: H. Tezak, TU Graz)

Als Schüler und Mitarbeiter R. Malys beschäftigte sich Emich zuerst mit Problemstellungen der organischen und physiologischen Chemie, wandte sich dann aber der analytischen Chemie zu und fand schließlich in der Mikrochemie und Mikroanalyse das Forschungsgebiet, auf das er sich – die ersten Veröffentlichungen dazu erschienen 1893 – fast ausschließlich konzentrierte. Er entwickelte die von H.T. Behrens begründete qualitative mikroanalytische Arbeitstechnik weiter und dehnte sie auf die Operationen der Reinigung und Synthese kleiner Stoffmengen aus; mittels Verwendung von Zentrifuge und Kapillarröhrchen gelang ihm z.B. der Nachweis von einem Zehntausendstel-Milligramm Stickstoff sowie von Kohlenstoff- und Schwefelspuren. Neuland betrat Emich vor allem mit seinen quantitativen mikrochemischen Forschungen, wo er zur präzisen Bestimmung von geringen Materialmengen Meßinstrumente wie die Nernst-Waage eingehend studierte und weiterentwickelte. Er gilt daher als Begründer der quantitativen anorganischen Mikroanalyse. Emichs Analysetechniken, die später verfeinert und verbessert wurden, machten viele Untersuchungen, insbesondere auf biochemischem Gebiet oder an radioaktiven Elementen, erst möglich. Eine zusammenfassende Darstellung seiner Arbeitsmethoden findet sich in seinem „Lehrbuch der Mikrochemie" (1911, 2. Aufl. 1926) sowie in der Monographie „Mikrochemisches Praktikum" (1924; 2. Aufl. 1931).

In der Familie von Karl Wilhelm Friedrich Kohlrausch gab es wie bei Emich eine gewisse Affinität zur Technik bzw. zu den Naturwissenschaften. Der Vater war Agrarchemiker, Großvater und Onkel waren Physiker. Fritz Kohlrausch wurde am 6. Juli 1884 in Gstettenhof bei Türnitz in Niederösterreich geboren. In Wien und Baden besuchte er das Gymnasium und studierte anschließend Physik und Mathematik an der Universität Wien, wo er u.a. G. Escherich, F. Mertens, F.S. Exner und L. Boltzmann hörte. Nach seiner Promotion war er zwölf Jahre lang – nur unterbrochen durch seine Kriegsdienstleistung im Ersten Weltkrieg – Assistent bei Exner (1908–1920). In dieser Zeit habilitierte er sich für Experimentalphysik (1911) und war u.a. als Dozent für Akustik an der Musikakademie in Wien tätig. Seit 1920 lehrte und forschte er als Nachfolger A.v. Ettingshausens als Professor für Physik an der Technischen Hochschule Graz, der er 1923/24 auch als Rektor vorstand. Die Anerkennung seiner Leistungen dokumentieren Forschungspreise (Lieben-Preis 1922, Haitinger-Preis 1928) sowie Mitgliedschaften in internationalen wissenschaftlichen Gesellschaften. Er war Mitglied der Österreichischen Akademie der Wissenschaften und Ehrenmitglied der Indischen Akademie der Wissenschaft. Studienreisen führten ihn nach Westindien zwecks Durchführung luftelektrischer Studien auf hoher See 1907/08 sowie in mehrere europäische Länder. Karl Wilhelm Friedrich Kohlrausch starb am 17. September 1953 in Graz.

Kohlrausch's Forschungsinteresse galt zuerst Problemen der Luftelektrizität und der Radioaktivität. Seit Ende der 20er Jahre konzentrierte er sich auf einen optischen Effekt, der von dem indischen Physiker und späteren Nobelpreisträger Ch.V. Raman entdeckt worden war. Raman hatte 1928 in einem Experiment gezeigt, daß gestreutes Licht die Tendenz hat, seine Wellenlängen zu verändern und wies damit nach, daß die Photonen des sichtbaren Lichts Teilchencharakter aufweisen. Welche Wellenlängen genau produziert werden, hängt von der Beschaffenheit der die Streuung verursachenden Moleküle ab. Kohlrausch erkannte die grundsätzliche Bedeutung dieser Entdeckung für das Studium des Molekülbaus, verbesserte und verfeinerte die experimentelle Technik und analysierte – unterstützt durch zahlreiche Mitarbeiter und Mitarbeiterinnen – einige tausend Molekülspektren. Seine Bücher „Der Smekal-Raman-Effekt" (1930–38) und „Ramanspektren" (1943) waren Standardwerke auf diesem Spezialgebiet.

Erfinderstreit: Honold als Gegenspieler Kaplans?

Im Bereich des Maschinenbaues, insbesondere auf dem Gebiet der Wasserkraftmaschinen, muß auf die Person und Rolle von Robert Honold eingegangen werden. Er trat als Gegenspieler zum steirischen Erfinder Viktor Kaplan in Erscheinung und soll deshalb hier erwähnt werden.

Robert Honold wurde am 7. Juni 1872 in Langenau in Württemberg geboren. Er besuchte in Stuttgart die kgl. Maschinenbauschule in den Jahren 1892 bis 1895. Danach arbeitete er als Techniker, zuletzt bei der Maschinenfabrik Escher-Wyss & Co. in Ravensburg. Von 1897 bis 1899 setzte er seine Studien an den Technischen Hochschulen Stuttgart und Darmstadt fort und übernahm anschließend eine Assistentenstelle an der Technischen Hochschule Darmstadt. Von 1900 bis 1911 war Robert Honold als Ingenieur bzw. Oberingenieur tätig und wirkte von 1911 bis 1916 als selbständiger Zivilingenieur in Ravensburg (siehe dazu: Ludescher, Marcus). Im Jahr 1916 wurde er als Professor für Maschinenbau, und zwar Maschinenzeichnen, Maschinenelemente, Theorie und Bau der hydraulischen Motoren und Pumpen an die Technische Hochschule Graz berufen.

Robert Honold hatte bereits zwischen 1900 und 1903 die außengeregelte Leitschaufel bei Spiralturbinen während seiner Tätigkeit bei der Fa. Hemmer in Neidenfels in die Praxis eingeführt. Dieser Hintergrund brachte ihn in Konflikt mit Viktor Kaplan, dem Erfinder der nach ihm benannten Turbinenform (siehe dazu: Roth, Paul W., S. 35f.). Viktor Kaplan wurde am 27. November 1876 als Sohn eines Beamten der Südbahn in Mürzzuschlag geboren. Nach dem Ingenieurstudium an der Technischen Hochschule Wien trat er nach zwei Jahren außeruniversitärer Praxis eine Konstrukteurstelle an der Technischen Hochschule in Brünn an. Er richtete dort ein Laboratorium für Wasserkraftmaschinen ein und wurde 1913 zum Professor für Maschinenbau mit besonderer Berücksichtigung der Wasserturbinen ernannt. Bereits im Dezember 1912 legte er ein erstes Turbinenpatent vor, 1913 ein erstes Patent auf das Regulierrad mit verdrehbarer Schaufel; 1918/19 wurde die erste praktisch einsetzbare Kaplanturbine gebaut.

Robert Honold (Universitätsarchiv TU Graz)

Kaplans Patente lösten in der Fachwelt große Widerstände aus. So bezichtigte Robert Honold Viktor Kaplan einer (bewußt) falschen Beweisführung, um die Rechtmäßigkeit seines Patentes drehbarer Schaufeln in Turbinenlaufrädern beim Schlichtungsamt des Patentamtes in Wien durchzusetzen. Honold war der Ansicht, daß die Idee, drehbare Laufradschaufeln zu konstruieren, auf ein bereits 1878 in Berlin publiziertes Buch von Professor Fink zurückgeführt werden könne. Letztlich setzte sich aber Viktor Kaplan durch. Allerdings verursachten die mit den Auseinandersetzungen verbundenen psychischen Belastungen bei ihm ab 1922 große gesundheitliche Probleme, die ihn bis zu seinem Tod am 24. August 1934 begleiteten. Es war ihm jedoch gegönnt, die erfolgreiche Durchsetzung seines Konstruktionsgedankens ab 1925 noch zu erleben.

Die Technik in Graz und ihre Studierenden

Stellvertretend für eine Vielzahl anderer sollen in der Folge noch Personen beleuchtet werden, die als Studierende der *Technik in Graz* angehört haben und später – auf sehr unterschiedliche Weise – in die Annalen eingegangen sind. Es handelt sich um den Raketenpionier Friedrich Schmiedl (1902–1994), den Architekten, Bergführer, Schauspieler und Regisseur Luis Trenker (1892–1990) und die beiden ersten weiblichen Absolventinnen, Martha Spiera und Hedwig Katschinka.

Friedrich Schmiedl, am 14. Mai 1902 in Schwertberg geboren, wurde bereits in frühen Jahren vom „Raketenvirus“ erfaßt (siehe dazu: Trobas, Karl). Die Erscheinung des Halley'schen Kometen im Jahre 1910 weckte in ihm das Interesse für den Weltraum. Bereits 1914 machte er erste Vorschläge, Post aus der belagerten Festung Przemysl mittels einer Rakete herauszuschießen, fand damit aber kein Gehör.

Vor dem Kriegsende 1918 konnte er im Rahmen einer vormilitärischen Ausbildung für Salzburger Gymnasiasten erste Starts von Raketen aus alten Heeresbeständen durchführen. Am 8. September 1919 startete er die erste von ihm konstruierte, stufenförmig konzipierte Rakete, die er selbst „Gruppenrakete“ nannte.

1921 maturierte Schmiedl in Salzburg und nahm danach eine Stellung bei der Bundesbahndirektion in Linz an. Dann begann er jedoch seine Studien an der Universität Graz und Technischen Hochschule in Graz. Hier machte er auch die Bekanntschaft von Hermann Oberth, der als Raumfahrtpionier größte Anerkennung erfuhr. Friedrich Schmiedl studierte in den Jahren 1922 und 1923 an der *Technik in Graz*, hatte allerdings mit seinen Ideen keinen leichten Stand. Eine von ihm verfaßte Dissertation zum Thema „Hitzefeste Antriebsdüsen“ wurde nicht approbiert.

Bereits 1922 begann Friedrich Schmiedl mit Raketenstarts am Thalerhof und ab 1924 am Schöckl, dem Grazer Hausberg. Das Jahr 1928 bezeichnet

Raketenpionier Friedrich Schmiedl (Archiv K. Trobas)

den Beginn der ersten Postraketen-Versuche, von denen bis 1930 sechs gestartet wurden. Die erste Postrakete startete am 2. Feber 1931 und fand zwar nicht in den Grazer Tageszeitungen, aber international durchaus Beachtung. Diese internationale Anerkennung führte in den weiteren Jahren zu zahlreichen Ehrenmitgliedschaften renommierter Vereinigungen. Im Alter von 92 Jahren, 1994, verstarb Friedrich Schmiedl, der Erfinder der Postrakete, in Graz. Seine Ideen sind als Grundlage für Problemlösungen von heute nicht wegzudenken.

Ganz anders gelagert war die Situation bei Luis Trenker. Geboren am 4. Oktober 1892 in Sankt Ulrich im Grödnertal, entwickelte er sich im Laufe seines Lebens zum Inbegriff von Heimatverbundenheit, Bergleidenschaft, Lebenskraft, Daseinsfreude sowie tiefer Gläubigkeit bis hin zum Filmstar, Regisseur und Idol. Dabei hätte seine persönliche Entwicklung ursprünglich

Luis Trenker an der Technik in Graz anläßlich der Verleihung des Goldenen Ingenieurdiploms (Archiv: Ch. Weber)

ganz anders aussehen sollen. Zunächst war vorgesehen, daß Luis Trenker in die Fußstapfen seines Vaters treten sollte. Dieser war als junger Maler ins Grödnertal gekommen, um das Schnitzen und Vergolden zu erlernen und hatte dann die Tochter seines Meisters geheiratet (siehe dazu: Nottebohm, Rudolf; Panitz, Hans-Jürgen).

Luis Trenker wurde aber nicht Herrgottschnitzer, sondern studierte von 1912 bis 1914 an der Technischen Hochschule Wien Architektur. Der Ausbruch des Ersten Weltkrieges und seine vorherige Tätigkeit als Bergführer führten dazu, daß er zunächst Kanonier des k.u.k. schweren Artillerieregiments Nr. 6 wurde und als Infanterist an die Front nach Galizien geschickt wurde. Nach einer schweren Verwundung übernahm er 1916 eine Bergführerkompanie und war an der Front in den Dolomiten und am Ortler eingesetzt. Zuletzt war er Platzkommandant in Cortina d'Ampezzo und erlebte das Kriegsende als alpiner Referent beim Divisionskommando in Bruneck.

Zwei Jahre nach dem Ende des Krieges konnte er sein unterbrochenes Architekturstudium wieder aufnehmen und tat dies an der Technischen Hochschule Graz. Am 8. Juni 1922 legte er die erste Staatsprüfung ab und am 12. Juni 1923 beendete er sein Architekturstudium mit der zweiten Staatsprüfung.

Gemeinsam mit Clemens Holzmeister, dem Erbauer des Salzburger Festspielhauses, hatte er vor, in Bozen ein Architekturbüro zu eröffnen. Allerdings wurden damals aufgrund der politischen Verhältnisse in Österreich erworbene Diplome für Südtirol nicht anerkannt, so daß er diesen geplanten Weg nicht weiter verfolgte. So wurde aus Luis Trenker der Filmstar, den, obwohl am 13. April 1990 verstorben, auch heute noch alle Welt kennt: ein akademisch ausgebildeter Architekt der *Technik in Graz* und gleichzeitig ein großartiges Beispiel für die persönliche Entwicklungsfähigkeit von Technik-Absolventen.

Kraft des den technischen Hochschulen erteilten Rechtes verleiht die

Technische Hochschule zu Graz

unter dem Rektorate von

Ing. Karl Koller

o. ö. Professor der Elektrotechnik

dem Fräulein

Ing. Hedwig Katschinka

aus St. Pölten in Niederösterreich

den Titel und die Würde

eines

Doktors der technischen Wissenschaften

samt allen damit verbundenen Rechten, nachdem dieselbe im vorgeschriebenen Wege durch ihre Dissertation:

„Zur Kenntnis der Dampfdruckkurven binärer Flüssigkeitsgemische"

sowie durch die bestandene strenge Prüfung ihre wissenschaftliche Befähigung erwiesen hat.

Gegeben zu Graz, am 26. Oktober 1926.

Koller m. p.
Rektor.

Hoffmann m. p.
ordnungsmäßig bestellter Promotor.

Prof. Dr. Hans Zinke m. p.
Dekan der chem.-techn. Abteilung.

Promotionsurkunde für Hedwig Katschinka vom 26. Oktober 1926 (Archiv Dr. H. Christalon)

Die Entwicklung zur scientific community von heute war bis in die Anfangsjahre des 20. Jahrhunderts durch den Umstand geprägt, daß Frauen praktisch nicht am Universitätsleben teilhaben konnten. Erst mit der allgemeinen gesellschaftlichen Entwicklung wurde es ab 1919 auch an der *Technik in Graz* für weibliche Studierende möglich, ein reguläres Studium zu beginnen. Die erste Frau, die ihre Ausbildung an der chemisch-technischen Schule mit der zweiten Staatsprüfung am 13. Jänner 1923 erfolgreich abschließen konnte, war Martha Spiera aus Wien. Das erste Doktorat der technischen Wissenschaften – und zwar mit der Dissertation „Zur Kenntnis der Dampfdruckkurven binärer Flüssigkeitsgemische" – wurde im Fachgebiet Chemie Frau Hedwig Katschinka aus St. Pölten mit der Promotion am 26. Oktober 1926 verliehen.

Bis heute entspricht der Anteil der weiblichen Studierenden noch immer nicht der allgemeinen gesellschaftlichen Struktur; allerdings wird bei der Ge-

Hedwig Katschinka: Erste Doktorin der technischen Wissenschaften an der Technik in Graz (Foto: Dr. H. Christalon)

staltung der Studienprogramme wie auch bei der Ausschreibung von Planstellen besonderes Augenmerk auf die Erhöhung des Anteils an Frauen gelegt. In der scientific community von heute und morgen sollten keine Unterschiede aufgrund des Geschlechts gegeben sein.

Schlußfolgerung

Von Erzherzog Johann über Friedrich Mohs bis zu Luis Trenker und Hedwig Katschinka – ein wahrhaft breites Spektrum an unterschiedlichen und vielseitigen Menschen, die bis heute zur Gemeinschaft der Lehrenden und Lernenden an der *Technik in Graz* zählten. Menschen also, unterschiedlich nach ihrer Herkunft, ihrer persönlichen Entwicklung, ihren Neigungen und Interessen, beeinflußten die Entwicklung einer Einrichtung, die durch diese Menschen eine eigene Identität erhielt.

Was kann somit aus den hier beschriebenen – und vielen anderen – Beispielen abgeleitet werden? Offensichtlich trifft auch für die *Technik in Graz* zu, was Tom Peters und Robert Waterman in ihrem Management-Bestseller „In Search of Excellence" (Auf der Suche nach Spitzenleistungen) 1982 aufgrund eines gänzlich anderen Erfahrungshintergrundes – nämlich der damals bestgeführten US-Unternehmen – festgestellt haben. Sie faßten in acht Merkmalen zusammen, worin das wirklich Besondere an besonders erfolgreichen, innovativen Unternehmen zum Ausdruck kommt. Eines davon heißt: „Produktivität durch Menschen – Auf den Mitarbeiter kommt es an!" Danach betrachten exzellente Unternehmen ihre Mitarbeiter als eigentliche Quelle der Qualitäts- und Produktivitätssteigerung. Dieser Gedanke bzw. diese Erfahrung erscheint durchaus übertragbar auf die Situation an Universitäten. Hoch qualifizierte und hoch motivierte MitarbeiterInnen werden auch in Zukunft als wichtigste Ressource Garant für eine erfolgreiche Entwicklung der *Technik in Graz* sein.

Literaturhinweise:

ENGERTH, Wilhelm: Die Lokomotive der Staats-Eisenbahn über den Semmering, Wien 1854

HEYNE, Wilhelm: Rede des antretenden Rectors, in: Die feierliche Eröffnung des Neubaues der k.k. Technischen Hochschule am 12. December 1888 und die Inauguration des Rectors für das Studienjahr 1888/89 am 13. December 1888, Graz 1888, S. 13–25

KARNER, Stefan: Naturwissenschafter und Techniker im Umfeld Erzherzog Johanns, in: Erzherzog Johann von Österreich – Beiträge zur Geschichte seiner Zeit (herausgegeben von Grete Klingenstein unter Mitwirkung von Peter Cordes), Band 2, Landesausstellung Schloß Stainz, 1982, S. 231–245

LIEB, Hans: Friedrich Emich zum Gedächtnis, in: Österreichische Chemiker-Zeitung, 43(1940)5/6, S. 43–47

LUDESCHER, Marcus: Das wissenschaftliche Personal an der TU Graz. Teil 1: Von den Anfängen bis zum Ersten Weltkrieg (TUG-Projektdokumentation), Graz 1995

NOTTEBOHM, Rudolf; PANITZ, Hans-Jürgen: Fast ein Jahrhundert Luis Trenker, München 1987

o.V.: Nachruf Karl SCHEIDTENBERGER, in: Zeitschrift des Österreichischen Ingenieur- und Architekten-Vereines, 62(1910)22, S. 339

o.V.: Geschichte der Flüssigkristalle, in: Merck, E.: Das Doppeljubiläum: Ein Jahrhundert Flüssigkristalle – 20 Jahre Flüssigkristall-Forschung, Darmstadt 1988, S. 6

ÖSTERREICHISCHE AKADEMIE DER WISSENSCHAFTEN (Hg.): Österreichische Naturforscher und Techniker, Wien 1951

ÖSTERREICHISCHE AKADEMIE DER WISSENSCHAFTEN (Hg.): Österreichisches Biographisches Lexikon, mehrere Bände, Graz–Köln 1954

PETERS, Thomas J.; WATERMAN, Robert H.: Auf der Suche nach Spitzenleistungen – Was man von den bestgeführten US-Unternehmen lernen kann, Landsberg am Lech, 1984, 10. Aufl., S. 37ff.

ROSEGGER, Peter: Als ich das erstemal auf dem Dampfwagen saß, in: ders.: Als ich noch ein Waldbauernbub war, Bamberg 1968, S. 94–101

ROTH, Paul W.: Industrie und Technik in der Steiermark – ein Rückblick, in: made in styria, Landesausstellung 97, S. 30–37

SCHIVELBUSCH, Wolfgang: Geschichte der Eisenbahnreise. Zur Industrialisierung von Raum und Zeit im 19. Jahrhundert, Frankfurt a.M. 1989

SEQUENZ, Heinrich (Hrsg.): 150 Jahre Technische Hochschule in Wien 1815–1965, Bd. Geschichte und Ausstrahlungen, Wien 1965

TROBAS, Karl: Raketen – Raketenpost – Postraketen, Der österreichische Raketenpionier Friedrich Schmiedl, herausgegeben von Werner Emig, Graz 1992

WAGNER, J.: Hochschulprofessor Dr. Fritz Kohlrausch, in: Mitteilungen des Naturwissenschaftlichen Vereines für Steiermark, 84 (1954), S. 5–6

WEBER, Christian: Zum 50. Todestag von Friedrich Emich, Text zur Sonderpostmarke, Wien 1990

Helmut Hutten

Nikola Tesla

Technik-Student, Jahrhundert-Erfinder

Ein junger Mann von 25 Jahren ging an einem Februartag des Jahres 1882 mit einem Freund im Budapester Stadtpark spazieren und rezitierte angesichts der untergehenden Sonne die folgende Passage aus Goethes Faust:

> Sie rückt und weicht, der Tag ist überlebt.
> Dort eilt sie hin und fördert neues Leben.
> Oh, daß kein Flügel mich vom Boden hebt,
> Ihr nach und immer nach zu streben!
> Ein schöner Traum, indessen sie entweicht.
> Ach, zu des Geistes Flügeln wird so leicht
> kein körperlicher Flügel sich gesellen.

Noch während der Vortragende die letzten Worte sprach, durchfuhr ihn wie ein Blitz jener Gedanke, nach welchem Konstruktionsprinzip ein Wechselstrom-Elektromotor gebaut werden mußte. So beschreibt dieser Mann selbst 37 Jahre später in einer autobiographischen Betrachtung jenes denkwürdige Ereignis. Mit diesem Einfall hatte er – nach Jahren des Suchens und des Grübelns – die Tür zum Zeitalter der Wechselstromtechnik geöffnet. Zugleich hatte er mit diesem Einfall auch sein weiteres Leben vorbestimmt – als Ingenieur mit Visionen und Erfinder des Jahrhunderts, dessen Genie als Quelle neuer wissenschaftlicher Erkenntnisse und technischer Entwicklungen auch heute noch fast unerschöpflich erscheint und trotzdem immer wieder in Vergessenheit gerät, bevor es nach solchen Perioden schlaglichtartig wieder in hellem Schein erglänzt. Selbst jenen heutigen Fachkollegen, die auf den von ihm aufgezeigten Pfaden wandeln, ist er weitgehend unbekannt. Dieser Mann war Nikola Tesla, von 1875–1878 Student der *Technik in Graz.*

Kindheit und Jugendjahre

Nikola Tesla wurde am 10. Juli 1856 in Smiljan in der Provinz Lika im heutigen Kroatien geboren. Zur Zeit seiner Geburt gehörte dieses Gebiet zur österreichisch-ungarischen Monarchie. Seine Eltern waren serbischer Herkunft. Sein Vater war orthodoxer Priester. Nikola hatte drei Schwestern und einen älteren Bruder, der schon in jungen Jahren durch einen Unfall ums Leben kam. Nikola hatte als Kind immer den Eindruck, im Schatten dieses verstorbenen älteren Bruders zu stehen und seine Eltern durch besondere Leistungen beeindrucken und für den Verlust des Bruders entschädigen zu müssen. Nachdem er bereits im Alter von acht Jahren die väterliche Bibliothek entdeckt hatte, entwickelte er eine große Leidenschaft für das Lesen, die ihn über lange Zeit beherrschte. Der junge Tesla wird als Träumer mit einer Neigung zu Poesie beschrieben, wozu später Selbstdisziplin und der Drang nach Genauigkeit gekommen seien. Es war nach der ersten Begegnung mit Edison, den er wegen seiner Erfolge sehr bewunderte, daß Tesla zunächst der Überzeugung war, er habe mit dem vielen Lesen und dem Besuch von Bibliotheken viel Zeit verschwendet („I had studied a dozen languages, delved in literature and art, and had spent my best years in libraries reading all sorts of stuff that fell into my hands, ..."). Bald folgte jedoch die Erkenntnis, daß dieses das Beste war, was er getan hatte.

Schon früh konnte er ganze Gedichtbände auswendig wiedergeben. Zugleich regten die Bücher seine Phantasie und sein Vorstellungsvermögen so an, daß er in der Lage war, sich ganze Phantasiewelten und komplizierte Zusammenhänge direkt visuell vorzustellen. Diese Fähigkeit kam ihm später sehr zugute, denn nach seiner eigenen Aussage konnte er sich den Weg elektrischer Ströme in Maschinen veranschaulichen, ohne dafür Zeichnungen anfertigen zu müssen („The images I saw were to me perfectly real and tangible").

Sein Vater wird als gebildeter Mensch geschildert, seine Mutter besaß eine ausgesprochen praktische Veranlagung, die sie offensichtlich den Kindern zu vermitteln vermochte. Die Eltern ermöglichten Nikola eine für die damaligen Verhältnisse in ländlichen Gegenden gute Schulbildung. Von 1862–1866 besuchte er die Volksschule in Smiljan und Gospic, anschließend bis 1870 die Realschule in Gospic. Die weiterführende schulische Ausbildung erhielt er 1871–1874 auf der höheren Realschule in Karlovac.

Der mütterlichen Familientradition und dem Beruf des Vaters folgend erwarteten seine Eltern von Nikola, daß er Priester werden würde. Dies entsprach jedoch nicht seinen eigenen Neigungen und Interessen, die mehr auf die Physik ausgerichtet waren. Erst im Zusammenhang mit einer Erkrankung an Cholera gelang es ihm, gewissermaßen als Gegenleistung für das Versprechen der Gesundung, die Zustimmung seiner Eltern zum Physikstudium zu erhalten.

Im Jahre 1859, also drei Jahre nach Nikola Teslas Geburt, starb Erzherzog Johann. Sechs Jahre zuvor wurde in Graz der später so populäre Volksschauspieler und Operettensänger Alexander Girardi geboren, nach dem in Graz eine Gasse benannt ist. Wilhelm Kienzl, der Komponist des „Evangelimann" kam 1857 zur Welt und zog später nach Graz, wo er etwa zur Zeit von Tesla ebenfalls studierte.

Ein früherer Bürgermeister von Graz war Moritz Ritter von Franck, dem ab 1869 die Anlage des Stadtparkes zu verdanken war. Der Landeshauptmann der Steiermark war von 1871–1884 Moritz Edler von Blagatinschegg-Kaiserfeld, der ein Förderer der Wissenschaft war und die Übernahme der Technischen Hochschule durch den Staat unterstützte. Während seiner Amtszeit wurde die 1863 an der Karl-Franzens-Universität errichtete Medizinische Fakultät ausgebaut.

Nikola Tesla als Technik-Student in Graz (Foto: Nikola Tesla-Museum)

Peter Rosegger veröffentlichte 1875 den Tagebuchroman „Die Schriften eines Waldschulmeisters", und ab 1876 gab er die Zeitschrift „Der Heimgarten" heraus.

Nikola Tesla an der Technik in Graz

Von 1875 bis 1878 war Nikola Tesla als Student der Physik an der k.k. Technischen Hochschule in Graz eingeschrieben. Ein Zeugnis, bei dem nachträglich der Geburtstag auf 10. Juli geändert worden ist, weist ihn als eifrigen Studenten aus. Bereits in den Studienjahren 1875/76 und 1876/77 hat er zahlreiche Prüfung abgelegt, fast alle mit dem Prädikat vorzüglich. Unter Nationalität ist im Zeugnis „Serbe" eingetragen.

1874, also unmittelbar vor Teslas Studienbeginn, wurde die bis dahin ausschließlich durch das Land Steiermark finanzierte Hochschule als „Kaiserlich-königliche Technische Hochschule in Graz" vom Staat übernommen. Ab 1878 wurden auch Studienabschlüsse durch Staatsprüfungen möglich. Die Zuerkennung des Promotionsrechtes erfolgte erst 1901.

Im Studienjahr 1873/74 betrug die Zahl der Studenten 294. Die Rektoren zu Teslas Zeiten waren Johann Gottlieb (1874/75), Moritz Allé (1875/76), Heinrich Schwarz (1876/77) und Franz Stark (1877/78).

Nikola Tesla wird in erster Linie als Erfinder auf dem Gebiet der Elektrotechnik gesehen. Allerdings wurde der Begriff „Elektrotechnik" erstmals 1879 von Werner von Siemens nachweislich verwendet. Im selben Jahr kam es auf Anregung von Siemens in Deutschland zur Gründung des Elektrotechnischen Vereins (heute: Verband der Elektrotechnik, Elektronik und Informationstechnik). Eine Vorlesung über Elektrotechnik wurde an der Technischen Hochschule in Graz erstmals 1896/97 von dem Physiker Albert von Ettinghausen gehalten. Erst 1940 wurde eine Abteilung für Elektrotechnik eingerichtet.

Zur Zeit Teslas wurden wesentliche Inhalte aus der heutigen Elektrotechnik von den Physikern vorgetragen. So hat Tesla bei Professor Pöschl laut Zeugnisprotokoll eine Vorlesung über „Technische Physik" gehört. Er berichtet über einen Vorfall im Rahmen einer Vorlesung bei diesem Professor, der für den weiteren Verlauf seines Lebens entscheidend sein sollte. Professor Pöschl hatte aus Paris einen von Gramme neuentwickelten Gleichstromdynamo erhalten, den er in der Vorlesung vorführte. Die besondere Eigenschaft der Gramme-Maschine bestand darin, daß sie unmittelbar ohne Kommutator einen Gleichstrom liefern konnte. Während dieser Vorführungen, bei der die Maschine als Motor betrieben wurde, wurden an den Bürsten Funkenüberschläge und dadurch laute Geräusche erzeugt. Tesla machte die Bemerkung, daß es möglich sein müsse, den Motor ohne die Bürsten zu betreiben. Professor Pöschl erläuterte in einer längeren Ausführung, daß dies nicht möglich sei und schloß mit jener Bemerkung, die in Teslas englischsprachiger au-

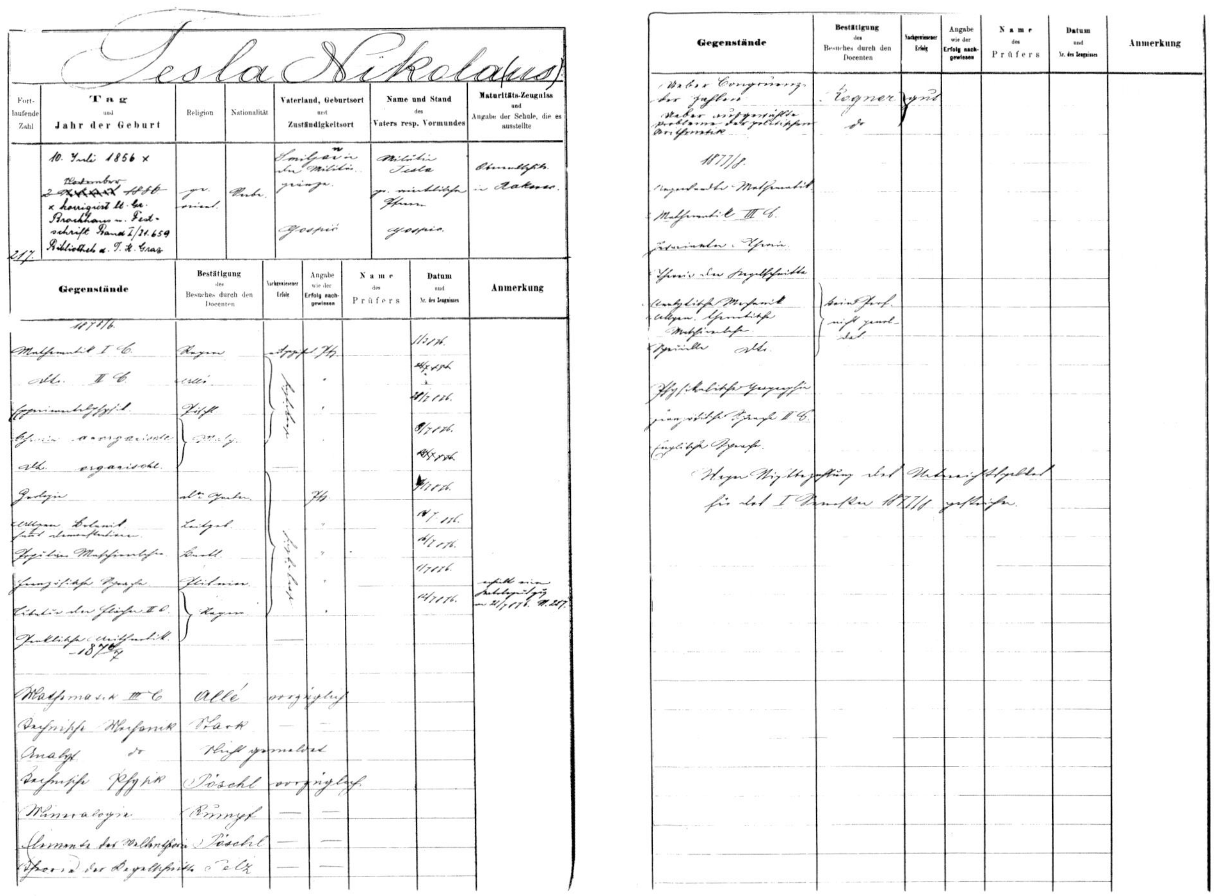

Studienakt von Nikola(us) Tesla an der Technik in Graz (Universitätsarchiv TU Graz)

tobiographischer Darstellung als Zitat wiedergegeben wird: „Herr Tesla mag große Dinge erreichen, aber dieses sicherlich niemals. Das wäre so, als wenn eine in gerader Richtung wirkende Kraft wie die Schwerkraft in eine auf einer Kreisbahn wirkende umgewandelt würde. Das wäre dem Perpetuum mobile vergleichbar, eine unmögliche Idee." Obwohl Tesla zunächst durch die Autorität des Professors beeindruckt war, ließ ihn der Gedanke nicht mehr los, daß es für dieses Problem eine Lösung geben müsse. Übrigens hat Tesla auch die Vorlesung über Technische Physik mit der Note „vorzüglich" abgeschlossen.

Das bereits erwähnte Studienblatt von Nikola Tesla schließt mit der Eintragung „Wegen Nichtbezahlung des Unterrichtsgeldes für das I. Semester 1877/78 gestrichen".

Nikola Tesla hat also sein Studium in Graz nicht erfolgreich zu Ende gebracht. Trotzdem hat ihn die Technische Hochschule am 23. Jänner 1937 durch die Verleihung des Ehrendoktorates gewürdigt. In der Verleihungsurkunde heißt es: „Kraft des den Technischen Hochschulen erteilten Rechtes verleiht über einstimmigen Beschluss des Professorenkollegiums und mit Ermächtigung der Bundesregierung die Technische und Montanistische Hoch-

Kraft des den Technischen Hochschulen erteilten Rechtes verleiht über einstimmigen Beschluß des Professorenkollegiums und mit Ermächtigung der Bundesregierung die Technische und Montanistische Hochschule Graz-Leoben, zu Graz unter dem Rektorate von

Dr. techn. Architekt Friedrich Zotter
o. ö. Professor für Baukunst

Herrn Ingenieur
Nikola Tesla
Dr. techn. e. h. etz.

in Anerkennung seiner überragenden Verdienste um die Entwicklung der Mehrphasenstrom-Maschinen- und der Hochfrequenz-Technik

den Titel und die Würde eines
Doktors der technischen Wissenschaften
ehrenhalber
samt allen damit verbundenen Rechten.

Urkund dessen wurde dieses Diplom ausgefertigt
Gegeben zu Graz, am 23. Jänner 1937.

Der ordnungsgemäß bestellte Promotor — Der Rektor — Der Dekan der Fakultät für angewandte Mathematik und Physik

Urkunde über die Verleihung des Titels und der Würde eines Doktors der technischen Wissenschaften ehrenhalber an Nikola Tesla

schule Graz-Leoben, zu Graz unter dem Rektorate von Dr. techn. Architekt Friedrich Zotter, o.ö.Professor für Baukunst, Herrn Ingenieur Nikola Tesla, Dr. techn. e.h. etz., in Anerkennung seiner überragenden Verdienste um die Entwicklung der Mehrphasenstrom-Maschinen- und der Hochfrequenz-Technik den Titel und die Würde eines Doktors der technischen Wissenschaften ehrenhalber samt allen damit verbundenen Rechten. Gegeben zu Graz, am 23. Jänner 1937." Wie sehr Tesla auch nach so vielen Jahren der Technischen Hochschule innerlich in Dankbarkeit verbunden geblieben ist, geht aus dem Telegramm hervor, das er aus Anlaß dieser Ehrung gesandt hat. Er schreibt dort u.a.: „... das Ehrendokument in Empfang zu nehmen, welches mir höchst schätzbar ist von Ihrer Hochschule, an der ich unter Leitung von ausserordentlich massgebenden und väterlich geneigten Lehrern meine ungeheure Unwissenheit durch klare Begriffe verminderte. Diesen hochgesinnten Männern schulde ich einen beträchtlichen Teil meines Lebenswerkes; ...". Der Dankesbrief schließt mit den Worten: „Der alte Geist wohnt beständig in Ihren Lehrhallen. Möge Ihre berühmte zeitbeehrte und unübertroffene Anstalt durch kommende Jahrhunderte in stetig erweiterndem Tätigkeitskreise für den Fortschritt und die Verbreitung der Wissenschaft und zum Wohle der Menschheit weiterwirken."

Nikola Teslas weiterer Lebensweg

Nachdem Tesla seinen Aufenthalt in Graz beendet hatte, hat er offensichtlich eine vorübergehende Anstellung als Hilfsingenieur in Maribor gefunden. In seiner autobiographischen Darstellung erwähnt er lediglich, daß er im Jahr 1880 nach Prag gegangen ist, um dem Wunsch seines Vaters zu entsprechen und sein Studium an der dortigen Universität abzuschließen. Allerdings gibt er in seiner autobiographischen Darstellung keinen Hinweis, ob er das Studium in Prag tatsächlich erfolgreich abgeschlossen hat. Statt dessen betont er, daß ihm in dem Jahr, das auf den Wechsel nach Prag folgte, klar geworden ist, welche großen Opfer seine Eltern erbracht hätten, um ihm das Studium zu ermöglichen, und daß er deshalb beschlossen habe, sie von dieser Bürde zu befreien. Da das aus Amerika kommende Telefon inzwischen den europäischen Kontinent erreicht hatte, bot sich ihm durch die Vermittlung eines Freundes der Familie die Möglichkeit, eine Stelle (zunächst nur als Zeichner zu einer offensichtlich sehr geringen Entlohnung) bei der Telefongesellschaft in Budapest zu bekommen. Nach einer vorübergehenden schweren Erkrankung und bereits wieder auf dem Weg der Genesung beschäftigte ihn erneut das Problem, wie aus dem Gleichstrom-Motor ein Wechselstrom-Motor gemacht werden könne. Für ihn war, wie er selbst schreibt, die Lösung dieses Problems eine Frage von Leben und Tod. Die Lösung hat er dann bei jenem Spaziergang im Budapester Stadtpark im Februar 1882 mit der Entdeckung des Prinzips des Drehfeldes gefunden.

Noch im gleichen Jahr 1882 ging er nach Paris, wo ihm auf Vermittlung eines Bekannten eine Stelle bei der Firma Continental Edison angeboten worden war. Hier fand er Kontakt zu einigen Amerikanern, nach Teslas eigenen Angaben deshalb, weil diese seine Fähigkeiten im Billiardspielen schätzten. Seine Anstellung war mit häufigen Reisen in Frankreich und Deutschland verbunden, um die von dieser Firma installierten elektrischen Anlagen in Betrieb zu nehmen, was offensichtlich in vielen Fällen gleichbedeutend war mit einer Reparatur und technischen Weiterentwicklung. Nachdem er seine Vorschläge zur Verbesserung der Maschinen den Direktoren der Firma vorstellen und diese davon überzeugen konnte, wurde ihm die Möglichkeit gegeben, automatisch arbeitende Reglereinrichtungen zu entwickeln. Als es bei der feierlichen Inbetriebnahme der Beleuchtung für den neuen Bahnhof in Straßburg, in Anwesenheit des deutschen Kaisers Wilhelm I, durch einen Kurzschluß zu einer Explosion gekommen ist und die deutsche Regierung die Abnahme und Bezahlung der Anlage verweigerte, wurde Tesla als Nothelfer dorthin geschickt. Binnen eines Jahres gelang es ihm, die Anlage zu reparieren und in Betrieb zu nehmen.

Zugleich experimentierte er bei jeder Gelegenheit an seinem Drehstrom-Motor weiter und baute erste Modelle. Im Sommer 1883 gelang es ihm in Straßburg erstmals, einen Drehstrom-Motor ohne Schleifkontakte und Stromwender in Betrieb zu nehmen. Sein überragendes technisches Geschick wurde in der Firma bald erkannt, und nachdem er den Vorgesetzten sein Drehstromprinzip erklärt hatte, wurde ihm die Möglichkeit geboten, zu Edison nach Amerika zu gehen. Mitentscheidend für Teslas Entschluß, nach Amerika zu gehen, um mit Edison direkt zusammenarbeiten zu können, war die Enttäuschung darüber, daß es ihm in Paris nicht gelungen war, das für die Weiterentwicklung des Drehstrom-Motors erforderliche Geld aufzutreiben: „Nachdem meine Anstrengungen, zu Kapital zu kommen, um so meine Erfindungen zu verwirklichen, auch in Paris mißlungen waren, und als Herr Batchelor (Direktor der Continental Edison Company in Paris und enger Freund Edisons) darauf bestand, daß ich nach Amerika reisen solle, um die Verbesserungen auch an Edisonmaschinen vorzunehmen, beschloß ich, das Glück im Lande der goldenen Versprechungen zu suchen."

Thomas Alva Edison wurde 1847 geboren. Er übersiedelte 1868 nach New York und gründete dort eine Fabrik. 1882 errichtete er das erste Elektrizitätswerk. Von Edison stammen zahlreiche Erfindungen, insbesondere auf dem Gebiet der Telegraphie. Zu seinen Erfindungen gehören der Quadruplextelegraph (der eine gleichzeitige Übertragung von vier Telegrammen ermöglichte), das Kohlenkörner-Mikrophon, die Sprechmaschine und die Kohlenfadenlampe. Besonders bekannt wurde Edison dadurch, daß er eine Dampfmaschine mit einer Dynamomaschine zur Erzeugung von elektrischem Strom koppelte. Edison war in erster Linie jedoch Geschäftsmann, für den seine Erfindungen (vergleichbar mit Werner von Siemens) eine Möglichkeit darstellten, verkaufbare Produkte herzustellen. Edison war über viele Jahre ein engagierter Vertreter des Gleichstromprinzips, auf dem seine Maschinen und Elektrizitätswerke basierten. Im Prinzip waren die von Edison hergestellten Maschinen mit jenem Gramme-Dynamo vergleichbar, den Tesla schon in Graz für verbesserungswürdig betrachtet hatte und für den er glaubte, mit seinem Vorschlag zur Nutzung des Drehfeldes eine bessere Lösung gefunden zu haben.

Als Tesla im Juni 1884 in New York ankam, war er angeblich nur noch im Besitz weniger Cents sowie einiger selbstverfaßter Gedichte. Er begann unverzüglich seine Arbeit in den Edison Machine Works. Von Edison und seiner Geschäftstüchtigkeit war Tesla zunächst sehr beeindruckt. In kurzer Zeit entwickelte er 24 verschiedene Standardausführungen einer verbesserten Edison-Maschine. Für die Erfüllung dieser Aufgabe waren ihm 50.000 Dollar zugesagt worden. Aber die Enttäuschung war groß, als er dann von Edison erfahren mußte, daß es sich bei dieser Zusage um einen Scherz gehandelt habe. Aus diesem Grund beendete er die Zusammenarbeit mit Edison. Beide Männer waren wohl auch im Charakter zu gegensätzlich. Edison war geschäftstüchtig, mitteilsam und suchte sowohl in der Arbeit als auch in der Freizeit die Gesellschaft anderer Menschen. Tesla wird hingegen als neurotischer Einzelgänger beschrieben, der niemand in seine Arbeit Einblick nehmen ließ. Zu seinen wenigen Freunden gehörten vornehmlich Schriftsteller, u.a. der amerikanische Humorist Mark Twain. Es zeigt sich im Verlauf seines Lebens immer wieder, daß Tesla kein Verhältnis zu Geld hatte und ihm offensichtlich jeder Sinn für Geschäfte fehlte. Außerdem war Edison ein Anhänger des Gleichstromsystems, Tesla hingegen des Wechselstromsystems. Später kam es aus diesem Grund zwischen den beiden Männern, die auf ihre Art beide herausragende Pioniere der Elektrotechnik waren, immer wieder zu erbitterten Auseinandersetzungen.

Nach der Beendigung der Zusammenarbeit mit Edison wurde Tesla von einer Geldgebergruppe finanzielle Unterstützung angeboten, um unter seinem Namen eine Firma zur Herstellung von Bogenlampen zu gründen. Tesla sah darin die Chance, seinen Drehstrom-Motor weiterzuentwickeln. Deshalb sagte er zu, aber seine Geschäftspartner hatten kein Interesse am Drehstrom-Motor, sondern bestanden auf der Entwicklung von Bogenlampen. Er unterzog sich zwar der Aufgabe, das geforderte Beleuchtungssystem zu entwickeln, aber schied schon 1886 nach Abschluß der Entwicklungsarbeiten aus der Firma wieder aus, wobei er nach eigenen Angaben als Abfindung ein Aktienpaket von hypothetischem Wert erhalten habe. Die Firma nutzte auch weiterhin jene Patente, welche Tesla inzwischen für die Bogenlampe erhalten hatte, für die Errichtung von Strassenbeleuchtungen in Städten weiter aus.

Nach einer offensichtlich auch wirtschaftlich schwierigen Phase, auf die Tesla nicht näher eingeht (es gibt Hinweise darauf, daß er zur Fristung seines Lebensunterhaltes in einer Straßenbaukolonne mitarbeitete), fand er Geldgeber, und es kam 1887 zur Gründung der Tesla Electric Company. In dieser Firma konnte Tesla dann endlich jene Drehstrom-Motoren bauen, die er sich bildhaft immer genau so vorgestellt hatte und die keinerlei Weiterentwicklung erforderten. Die Leistung der Maschinen entsprach seinen Erwartungen, der erreichte Wirkungsgrad war jenem der Gleichstrom-Maschinen vergleichbar. Durch die Patente, die Tesla inzwischen angemeldet und erhalten hatte (1887: Drehstrom-Asynchronmotor, Drehstrom-Kraftübertragung, Drehstrom-Synchronmotor, Induktionsmotor mit Kurzschluß- und Schleifringanker; 1888: Drehstrom-Transformator, Anordnung zur Verteilung der elektrischen Energie, Drehstromübertragung über drei Leitungen, Sternschaltung, Einanker-Umformer, Asynchrongenerator, Drehtransformator mit Regelvorrichtung für Induktionsmotoren und Multipolarmaschinen), war er bereits sehr bekannt und zu einem Vortrag am 16. Mai 1888 über „Ein neues System von Wechselstrom-Motoren und Transformatoren" vor dem „American Institute of Electrical Engineers" eingeladen worden.

Als Folge dieses Vortrages, mit dem Tesla großes Aufsehen erregt hatte, kam er in Kontakt mit George Westinghouse, der ähnlich wie Edison eine große Unternehmerpersönlichkeit war. Es gelang Tesla, Westinghouse davon zu überzeugen, daß die Zukunft nicht der Gleichstrom-, sondern der Wechselstromtechnik gehöre. 1888 schloß Teslas Firma deshalb eine Vereinbarung mit der Westinghouse Company, um die Motoren in größerem Maß zu bauen. Tesla soll dabei für die Abtretung der Nutzungsrechte an seinen Patenten an Westinghouse nicht nur eine direkte Entschädigung erhalten haben, sondern zusätzlich in einem festgelegten Ausmaß an den von Westinghouse zukünftig installierten Wechselstrommaschinen beteiligt worden sein. Es wird berichtet, daß die Firma Westinghouse dieser Verpflichtung in einer späteren Phase wirtschaftlicher Schwierigkeiten nicht mehr nachkommen konnte und Tesla, um Westinghouse zu helfen, den er als Freund betrachtete, die getroffenen vertraglichen Vereinbarungen einfach vernichtet habe.

Schwierigkeiten gab es allerdings dadurch, daß Tesla seine Maschinen für niedrige Frequenzen entwickelte hatte, die Ingenieure von Westinghouse jedoch 133 Hz gewählt hatten, um die Übertragungsprobleme zu verringern. Zur Lösung dieser Anpassungsprobleme übersiedelte Tesla vorübergehend nach Pittsburgh. Ende 1889 war seine Aufgabe bei Westinghouse erfüllt, und er kehrte nach New York zurück, wo er in einem Laboratorium mit den Experimenten zur Entwicklung von Hochfrequenzmaschinen begann. Die von Westinghouse erhaltene finanzielle Entschädigung ermöglichte es Tesla, die Experimente zu finanzieren. Die Zusammenarbeit mit Westinghouse ging jedoch über diesen Zeitpunkt hinaus. Die Beleuchtung der Weltausstellung 1893 in Chicago wurde von Westinghouse nach den Vorstellungen von Tesla verwirklicht. Ebenso wurde die Nutzung der Wasserenergie der Niagara-Fälle zur Beleuchtung der Stadt Buffalo im Jahr 1896 durch ein Gutachten einer internationalen Kommission so entschieden, daß Westinghouse die Generatoren nach dem Wechselstromprinzip installierte, während Edison sich mit dem Bau der Verteilungsanlagen zufrieden geben mußte.

Nachdem Tesla 1889 die Weltausstellung in Paris sowie seine frühere Heimat in Jugoslawien besucht hatte, entwickelte er nach seiner Rückkehr die ersten Hochfrequenz-Generatoren mit einer Frequenz bis 20 kHz. Bereits 1890 entdeckte er die physiologische Wirkung hochfrequenter Ströme. Schon den alten Griechen zur Zeit von Plato und Aristoteles war bekannt, daß die von einem bestimmten Fisch, dem Torpedofisch, erzeugte Elektrizität zur Heilung bestimmter Erkrankungen genutzt werden konnte. Das wissenschaftliche Interesse an der sogenannten tierischen Elektrizität war seit den berühmten Untersuchungen von Luigi Galvani (1737–1798) an Froschschenkeln erheblich gestiegen. Aber es war wohl mehr eine Zufallsentdeckung von Werner von Siemens im Jahr 1844, die dann zu gezielten medizinischen Anwendungen des elektrischen Stromes führte. Siemens berichtet in seinen Lebenserinnerungen: „Ich hatte diese Modifikation bereits im Jahre 1844 hergestellt und ihr den Namen Voltainduktor gegeben. Es bot sich mir schon damals Gelegenheit, die medizinische Wirkung der in der zweiten Umwindung eines solchen Voltainduktors induzierten Wechselströme zu beobachten." Werners Bruder Friedrich hatte unerträgliche Zahnschmerzen, die nach der Behandlung mit dem Voltainduktor zumindest vorübergehend verschwunden waren („... und hatte darauf den seit Wochen nicht gehabten Genuß vollständiger Schmerzlosigkeit"). Da der Schmerz jedoch nicht dauerhaft beseitigt werden konnte, stellte Siemens fest: „Dieser meines Wissens erste Versuch der medizinischen Verwendung elektrischer Ströme hat mir damals ein gewisses Mißtrauen gegen diese Anwendung derselben eingeflößt". Trotzdem entwickelte Siemens bereits 1846 zusammen mit dem Physiologen Du Bois-Reymond den sog. Schlitteninduktor, der jahrzehntelang das bevorzugte Reizstromgerät für Diagnostik und Therapie und zugleich wohl das erste medizin-technische Gerät nach dem heutigen Verständnis war. Allerdings erst mit der Entwicklung von Hochfrequenzgeneratoren durch Tesla wurde der Hochfrequenzbereich für die medizinische Anwendung nutzbar gemacht. Offensichtlich wußte Tesla bereits, daß selbst starke hochfrequente elektrische Ströme und Felder keine Gefahr für den Menschen darstellen. Er hat diese Kenntnisse immer wieder benutzt, um durch Experimentalvorführungen im Rahmen seiner Vorträge und Laborbesichtigungen, bei denen er sich selbst solchen Strömen und Feldern ausgesetzt hat, die Besucher in Staunen und Schrecken zu versetzen. So berichtet er selbst: „Thus, for instance, I demonstrated that powerful electrical discharges of several hundred thousand volts which at that time were considered absolutely deadly, could be passed through the body without inconvenience or hurtful consequences. These oscillations produced other specific physiological effects, which, upon my announcement, were eagerly taken up by skilled physicians and further investigated. This new field has proved itself fruitful beyond expectation, and in the few years passed since, it has been developed to such an extent that it now forms a legitimate and important department of medical science.“ Von Tesla jedoch sind keine Patente oder Entwicklungen bekannt, die unmittelbar auf die medizinische Nutzung solcher Ströme und Felder hinweisen. Trotzdem beruht der Ruf seines Namens in der Nachwelt vor allem auf dem „Tesla-Transformator“, einer Vorrichtung zur Erzeugung von hochfrequenten Schwingungen. Die medizinische Nutzung seit 1892 geht in erster Linie auf den Franzosen D'Arsonval zurück, nach dem diese Behandlung D'Arsonvalisation benannt wurde. Die ersten kommerziellen Geräte für die therapeutische Anwendung hat die Firma Siemens bereits 1897 hergestellt.

In der Folge widmete sich Tesla vor allem Experimenten zur drahtlosen Nachrichtenübertragung, die wiederum zu zahlreichen Patenten führten (1891: Erzeugung von Hochfrequenzströmen mit Kondensatorentladungen sowie Hochfrequenz-Transformator). Ebenfalls 1891 erläuterte er in London in Vorträgen vor der „Institution of Electrical Engineers“ sowie der „Royal Institution“ und in Paris vor der „Société Francaise de Physique“ seine Versuche mit Wechselströmen von sehr hoher Spannung und Frequenz, in denen er im wesentlichen die Möglichkeiten der Radiotechnik aufzeigte. In einem Vortrag am 24. Februar 1893 vor dem Franklin-Institut in Philadelphia und am 1. März desselben Jahres vor der „National Electric Light Association“ in St. Louis erklärte er ausführlich das Grundprinzip der Radiotechnik mit Antenne und Erdleitung sowie das Prinzip der Resonanzstromkreise. Es war insbesondere das Resonanzprinzip, das in den folgenden Jahren von Tesla experimentell untersucht und immer wieder ausgenutzt worden ist.

Tesla-Transformator für 500 kV Spannungshöhe bei 94,24 kHz Resonanzfrequenz (Institut für Hochspannungstechnik mit Versuchsanstalt, TU Graz)

Am 13. März 1895 wurde sein Laboratorium in New York mit den bis dahin entwickelten Radioapparaten durch einen Brand vernichtet. In einem Bericht in der Electrical Review beklagte Tesla seinen Verlust und stellte dabei fest: „I was engaged on four main lines of work and investigation. One of these was the oscillator. Another was improved methods of electric lighting. Another was the transmission of intelligence any distance without wires. A fourth, which is an ever present problem for every thinking electrician, touches the nature of electricity“. Aber bereits 1896 setzte er seine wissenschaftlichen Untersuchungen und Experimente auf dem Gebiet der Radiotechnik in einem neuen Laboratorium in New York fort. Schon im Frühjahr 1897 gelang ihm in New York eine drahtlose Telegraphieübertragung über eine Entfernung von über 20 Meilen. Die Empfangsstation war dabei auf einem Schiff untergebracht, das den Hudson River hinauffuhr. Ein Jahr später, im Frühjahr 1898, demonstrierte er in sehr spektakulärer Weise erstmals die Möglichkeiten der Funkfernsteuerung durch die drahtlose Steuerung eines Schiffes. Die Vorführung fand im September im Madison Square Garden statt, in dessen Mitte ein großer Wasserbehälter aufgestellt worden auf. Mit dieser Vorführung wurde zugleich erstmals die Möglichkeit der ferngesteuerten Robotik aufgezeigt. Für Tesla war es „... der erste Roboter aus dem Geschlecht der mechanischen Menschen, der schwere Arbeit für die Menschen leisten solle."

1899 wurde von ihm dann eine Radiostation mit 200 kW in Colorado gebaut, mit der er drahtlose Telegraphie über Entfernungen von mehr als 1000 km durchführte. Mit dieser Station fand er heraus, was er selbst als seine größte Entdeckung bezeichnete: daß die Erde als leitfähiges Medium zur Erzeugung von Resonanzerscheinungen genutzt und damit Energieübertragung über große Entfernungen erreicht werden konnte. So gelang es ihm, drahtlos 200 Glühbirnen in einer Entfernung von 40 km zum Leuchten zu bringen und Blitze mit einer Länge von 41 m zu erzeugen. Ebenfalls in seinem Laboratorium in Colorado konnte er Signale empfangen, die er als Signale von einem anderen Planeten interpretierte.

Mit dieser Idee der drahtlosen Übertragung von Energie und Information gelang es ihm, den Bankier J. Pierpont Morgan zu überzeugen und für die Finanzierung zu gewinnen. Das Projekt hatte den Namen Wardenclyffe und das Ziel, auf einem größeren Areal auf Long Island in der Nähe von New York sowie in England zwei Türme zur Einrichtung einer Transatlantik-Funkbrücke zu bauen. Die Gründe für das Scheitern dieses Projektes sind unklar, es scheint, daß Morgan seine Finanzierungszusage revidiert hat, nachdem Marconi 1901 erstmals eine drahtlose transatlantische Nachrichtenübertragung erreicht hat. Guglielmo Marconi (1874–1937) war ebenfalls wesentlich an der Entwicklung der drahtlosen Telegraphie beteiligt, wobei es immer wieder zu Patentauseinandersetzungen mit Tesla gekommen ist. Als Marconi 1909 zusammen mit Carl Ferdinand Braun (1850–1918) mit dem Nobelpreis für Physik „in recognition of their contributions to the development of wireless telegraphy" ausgezeichnet wurde, war Tesla enttäuscht, daß damit seine eigenen Leistungen übergangen worden sind.

Obwohl Tesla in den folgenden Jahren noch zahllose Patente erhielt, u.a. für Fernsteuerungssysteme, Detektoren, einen thermomagnetischen Motor, Elektrizitätszähler, Frequenzmesser, Turbinen, Pumpen, faszinierte ihn mehr und mehr der Gedanke, durch geeignete Radiosysteme nicht nur Informationen in alle Teile der Welt auszusenden, sondern auf dem gleichen Weg auch Energie bereitzustellen. Diese wissenschaftlich-technisch durchaus fruchtbare Phase hielt bis etwa 1922 an. Ab dann gibt es nur noch wenige Hinweise auf seine Arbeiten, die er jedoch bis zu seinem Tod im Jahr 1943 fortsetzte.

Seine Publikationen enthalten mehr und mehr philosophische Gedanken, die heute vielfach esoterisch interpretiert werden. So hat er bereits 1900 in einem Beitrag unter dem Titel „The Problem of Increasing Human Energy" im Magazin „Century" Gedanken geäußert, die heute durchaus noch aktuell sind. Die darin vorgetragenen Gedanken reichen von der Gewinnung von Dünger aus dem Stickstoff der Luft unter Ausnutzung von elektrischer Energie für eine bessere Nahrungsproduktion bis zur Verbesserung des Wirkungsgrades von energieverbrauchenden Anlagen. Er plädiert für eine gesunde, d.h. vegetarische Ernährung („... I think, therefore, that vegetarianism is a commendable departure from the established barbarous habit."). Auch die ihn immer mehr beherrschende Idee einer weltweiten Informationsversorgung taucht darin wieder auf: „When I advanced this system of telegraphy, my mind was dominated by the idea of effecting communication to any distance through the earth or environing medium, the practical consummation of which I considered of transcendent importance, chiefly on account of the moral effect which it could not fail to produce universally."

In den letzten Jahren seines Lebens stellte sich Tesla oft in Widerspruch zu akzeptierten wissenschaftlichen Theorien (so griff er Einsteins Relativitätstheorie an und setzte an ihre Stelle eine nie näher erläuterte dynamische Gravitationstheorie) und verkündete Ideen, die ihrerseits auf Widerspruch stießen und zu denen er nie nachprüfbare Ausagen machte. So sprach er von Todesstrahlen, mit denen es möglich wäre, Flugzeuge in 400 km Entfernung zu zerstören, und daß er unter Ausnutzung von Resonanzerscheinungen die Erde in zwei Hälften spalten könne.

Das genaue Todesdatum ist nicht bekannt, vermutlich ist es der 7. Januar 1943. Tesla hatte sich wegen eines Unwohlseins in sein New Yorker Hotelzimmer zurückgezogen und das Schild „Bitte nicht stören" an der Tür angebracht. So wurde er erst am 8. Januar tot im Bett liegend aufgefunden.

Nikola Tesla und die neue Zeit

Nikola Tesla gilt zu Recht als einer der Pioniere der Elektrotechnik. Aber jeder Wissenschaftler und Techniker baut letztlich auf jenen Ideen und Entwicklungen auf, die eine lange Reihe von geistigen Vorfahren hinterlassen hat. Zugleich ist er in einer mehr oder weniger festgefügten Gemeinschaft von Fachkollegen, so daß eine Bewertung von Leistungen immer in dieser Hinsicht relativiert werden muß.

Das Geburtsdatum der Elektrotechnik nach heutigem Verständnis fällt vermutlich mit dem Übergang vom 18. in das 19. Jahrhundert zusammen. Graf Allessandro Volta (1745–1827) führte grundlegende Untersuchungen zu elektrischen Erscheinung durch. Er konstruierte hierfür geeignete elektrische Meßgeräte, Plattenkondensatoren und die nach ihm benannte Voltasche Säule. 1801 stellte er die elektrische Spannungsreihe der Metalle auf. Etwa zur selben Zeit wirkte André Marie Ampère (1775–1836). Er entwickelte eine Theorie des Magnetismus, welche die magnetischen Erscheinungen auf elektrische zurückführt. Außerdem entdeckte er die elektrodynamischen Erscheinungen, insbesondere die Wechselwirkungen zwischen elektrischen Strömen.

Bereits als Vorläufer zu diesen beiden Forschern muß James Watt (1736–1819) gesehen werden, nach dem die Maßeinheit der Leistung benannt ist. Watt erhielt bereits 1769 ein Patent auf die von ihm verbesserte Dampfmaschine und konstruierte ab 1782 betriebsfähige Dampfmaschinen.

Weitere Pioniere aus der Zeit vor Tesla waren Georg Simon Ohm (1789–1854), der grundlegende Untersuchungen zu physikalischen Erscheinungen, insbesondere zur elektrischen Leitfähigkeit von Metallen durchführte, ferner Michael Faraday (1791–1867), der die elektromagnetische Induktion entdeckte (1831) und das allgemeine Induktionsgesetz formulierte. Faraday führte den Begriff der elektrischen und magnetischen Feldlinien ein und nahm grundlegende Untersuchungen zur chemischen Wirkung des elektrischen Stromes vor. Auch Wilhelm Eduard Weber (1804–1891) muß in diese Reihe geistiger Vorfahren eingereiht werden. Er legte durch Präzisionsmessungen die Einheiten von Strom, Spannung und Widerstand fest und gilt als Begründer der exakten elektrischen Meßtechnik. Weber baute bereits 1833 gemeinsam mit Carl Friedrich Gauß den ersten elektromagnetischen Telegraphen. Die ursprünglich nach Gauß benannte Einheit für die magnetische Induktion ist inzwischen durch die Einheit Tesla abgelöst worden.

Eine besondere Stellung in dieser Reihe der geistigen Vorfahren nimmt Werner von Siemens (1816–1892) ein. Siemens verbesserte 1846 die Wheatstoneschen Telegraphen und gründete 1847 gemeinsam mit Johann Georg Halske die „Telegraphen-Bauanstalt von Siemens & Halske“ in Berlin. Nachdem es Siemens gelungen war, ein Verfahren zur Guttapercha-Umhüllung von Telegraphenleitungen zu entwickeln, verlegte er zahlreiche Überland- und Unterwasser-Telegraphenkabel. Er entdeckte 1866 das elektrodynamische Prinzip und baute Dynamomaschinen. Damit war die Grundlage für eine allgemeine Elektrifizierung geschaffen: die erste elektrische Eisenbahn 1879, der erste elektrische Aufzug sowie die erste elektrische Strassenbahn 1881. Auch der Begriff „Elektrotechnik“ wurde von Siemens erstmals 1879 in einem Brief an den damaligen Generalpostmeister verwendet.

Auf Thomas Alva Edison, der nur wenig älter war als Tesla und deren Wege sich so häufig und unter zumeist unerfreulichen Umständen kreuzten, wurde bereits eingegangen. Auch James Clark Maxwell (1831–1879) ist als ein geistiger Vorfahre von Tesla anzusehen. Er hat die Theorie des elektromagnetischen Feldes entwickelt und 1861 eine Beziehung zwischen elektrischen Erscheinungen und den Lichterscheinungen hergestellt.

Etwa gleich alt mit Tesla ist Heinrich Hertz (1857–1894). Hertz wurde durch seine experimentellen und theoretischen Arbeiten auf dem Gebiet der Elektrodynamik bekannt. Er erbrachte als erster den experimentellen Beweis für die Wesensgleichheit von elektromagnetischen Schwingungen und Lichtschwingungen, wie sie von Maxwell postuliert worden ist. Der Name von Hertz bleibt verbunden mit der Entdeckung der elektrischen Wellen, die die Grundlage der drahtlosen Nachrichtenübertragung bilden. Es ist immer wieder darüber diskutiert worden, wer der eigentliche Pionier der drahtlosen Nachrichtenübertrag gewesen sei, Hertz oder Tesla. Obwohl diese Frage nicht grundsätzlich entschieden werden kann, so spricht vieles dafür, daß Hertz zwar das Prinzip der Abstrahlung elektromagnetischer Wellen gefunden, aber nie an die Ausnutzung für die Energie- oder Signalübertragung gedacht hat. Dieses Verdienst kommt eher Tesla zu. Auch die späteren Auseinandersetzungen mit Marconi, insbesondere die Patentauseinandersetzungen, ändern an Teslas Verdienst nichts, denn praktisch alle Patentauseinandersetzungen in dieser Sache gingen zu seinen Gunsten aus.

Die zweite Hälfte des vergangenen Jahrhunderts war überhaupt von einer wissenschaftlich-technischen Aufbruchstimmung geprägt, die ihren Niederschlag in vielen Entdeckungen, Erfindungen und Firmengründungen gefunden hat. Hier sollen nur einige dieser Pioniere beispielhaft erwähnt werden:

Carl Zeiss (1816–1888) entwickelte optische Instrumente wie Lupen und Mikroskope. Er gründete 1846 in Jena eine Werkstatt für Feinmechanik und Optik, die sich inzwischen zu einer Weltfirma entwickelt hat.

Der berühmte österreichische Physiker Ludwig Boltzmann (1844–1906) war nur wenig älter als Tesla. Boltzmann wurde vor allem als theoretischer Physiker und durch seine Arbeiten zur mechanisch-statistischen Begründung thermodynamischer Gesetzmäßigkeiten bekannt. Das hohe Ansehen von Boltzmann, das auch heute noch besteht, drückt sich darin aus, daß in der Physik zwei Konstanten nach ihm benannt sind. In einem Fall trägt die Konstante den Doppelnamen Stefan-Boltzmann.

Ebenfalls nur wenig älter als Tesla war Wilhelm Conrad Röntgen (1845 – 1923), der für die Entdeckung der nach ihm benannten Röntgenstrahlen im Jahr 1895 als erster Physiker 1901 mit dem Nobelpreis ausgezeichnet worden ist. Mit dieser Entdeckung war erstmals ein bildgebendes Verfahren für die Medizin ermöglicht worden.

Rudolf Diesel (1858–1913) und Max Planck (1858–1947) waren nur wenig jünger als Nikola Tesla. Der von Diesel entwickelte und später nach ihm benannte Petroleummotor wurde 1897 vorgestellt, als immer neue Ölquellen erschlossen wurden und sich das Problem stellte, die schweren Rückstände aus der Benzindestillation weiterzuverarbeiten. Diesel war wie Tesla keine Unternehmerpersönlichkeit, auch er erlitt wirtschaftlich Schiffbruch. Diesels Name lebt heute in dem von ihm entwickelten Motor und dem dafür verwendeten Brennstoff weiter. Max Planck führte zahlreiche wissenschaftliche Untersuchungen auf dem Gebiet der Thermodynamik durch. Er erhielt

1919 den Physik-Nobelpreis in „recognition of the service he rendered to the advancement of Physics by his discovery of energy quanta." Nach Planck ist ebenfalls eine wichtige physikalische Konstante benannt, das Plancksche Wirkungsquantum.

Im Gegensatz zu Tesla und Diesel war Hugo Junkers (1859–1935) nicht nur Erfinder, sondern auch erfolgreich in der wirtschaftlichen Umsetzung seiner Erfindungen. 1892 entwickelte er einen nach dem Gegenkolbenprinzip arbeitenden Gasmotor, wurde 1897 als Professor für Thermodynamik an die Technische Hochschule Aachen berufen und gründete in den folgenden Jahren eine Fabrik, die später zum Ausgangspunkt einer beachtlichen Industrie auf dem Gebiet des Flugzeugbaues werden sollte. Die Junkers Luftverkehr AG wurde zusammen mit einem anderen Luftfahrtunternehmen 1925 zur Deutschen Lufthansa zusammengefaßt, die noch heute erfolgreich besteht.

Tesla und seine Erfindungen

Tesla hinterließ bei seinem Tod die unvorstellbare Zahl von über 700 Patenten. Bezogen auf die rund 60 Jahre von 1882 (dem Jahr der Entdeckung des Prinzips des Drehstrom-Motors) bis zu seinem Tod 1943 ergibt das pro Jahr etwa 10 Patente.

Allein die summarische Zusammenfassung seiner in den USA von 1886–1928 erteilten Patente ist beeindruckend. Allerdings läßt sich darin eine Periode besonders intensiver Schaffenskraft bis 1900 erkennen, während sich nach dem Übergang in das 20. Jahrhundert Kreativität und Erfindungsgeist weniger in Patenten niederschlugen: 1886–1890: 33 Patente, 1890–1900: 53 Patente, 1900–1910: 14 Patente, 1910–1920: 8 Patente, 1920–1928: 5 Patente.

Seine ersten US-Patente wurden offensichtlich im Jahr 1886 erteilt, darunter eines über einen „Commutator for Dynamo Electric Machines", eines über eine „Electric Arc Lamp" sowie drei über „Regulator for Dynamo Electric Machines." Seine beiden letzten US-Patente „Apparatus for Aerial Transportation" und „Method for Aerial Transportation" stammen aus dem Jahr 1928.

Schwerpunktsmäßig lassen sich Teslas Patente und damit Aktivitäten in Perioden einteilen. Von 1882 bis 1890 waren es vor allem Patente in Zusammenhang mit der Erzeugung, Verteilung und Nutzung des Wechselstromes. In kurzen Zeitabständen wurden Tesla nahezu alle grundlegenden Patente für die Wechselstromtechnik erteilt. Weitere Patente, z.B. für Bogenlampen oder für Verbesserungen an Gleichstrom-Maschinen, kamen hinzu, waren jedoch eher Ausdruck seiner schöpferischen Tätigkeit auf Gebieten, die nicht seinen Neigungen und Interessen entsprachen. Ein wichtiges Patent von 1889 betraf eine Vorrichtung zur Gleichrichtung des Wechselstromes. Eines der 1888

UNITED STATES PATENT OFFICE.

NIKOLA TESLA, OF NEW YORK, N. Y.

ELECTRICAL TRANSMISSION OF POWER.

SPECIFICATION forming part of **Letters Patent No. 382,280, dated May 1, 1888.**

Original application filed October 12, 1887. Serial No. 252,132. Divided and this application filed March 9, 1888. Serial No. 266,755. (No model.)

To all whom it may concern:

Be it known that I, NIKOLA TESLA, from Smiljan, Lika, border country of Austria-Hungary, and residing in the city, county, and State of New York, have invented certain new and useful Improvements in the Transmission of Power, of which the following is a specification, reference being had to the drawings accompanying and forming a part of the same.

This application is a division of an application filed by me October 12, 1887, No. 252,132.

The practical solution of the problem of the electrical conversion and transmission of mechanical energy involves certain requirements which the apparatus and systems heretofore employed have not been capable of fulfilling. Such a solution primarily demands a uniformity of speed in the motor irrespective of its load within its normal working limits. On the other hand, it is necessary, to attain a greater economy of conversion than has heretofore existed, to construct cheaper and more reliable and simple apparatus, and such that all danger from the use of currents of high tension, which are necessary to an economical transmission, may be avoided.

My present invention is a new method or mode of effecting the transmission of power by electrical agency, whereby many of the present objections are overcome and great economy and efficiency secured.

In carrying out my invention I employ a motor in which there are two or more independent energizing-circuits, through which I pass, in the manner hereinafter described, alternating currents, effecting thereby a progressive shifting of the magnetism or of the "lines of force," which, in accordance with well-known theories, produces the action of the motor.

It is obvious that a proper progressive shifting of the lines of force may be utilized to set up a movement or rotation of either element of the motor, the armature, or the field-magnet, and that if the currents directed through the several circuits of the motor are in proper direction no commutator for the motor will be required; but to avoid all the usual commutating appliances in the system I connect the motor-circuits directly with those of a suitable alternating-current generator. The practical results of such a system, its economical advantages, and the mode of its construction and operation will be described more in detail by reference to the accompanying diagrams and drawings.

Figures 1 to 8 and 1ª to 8ª, inclusive, are diagrams illustrating the principle of the action of my invention. The remaining figures are views of the apparatus in various forms by means of which the invention may be carried into effect, and which will be described in their order.

Referring first to Fig. 9, which is a diagrammatic representation of a motor, a generator, and connecting-circuits in accordance with my invention, M is the motor, and G the generator for driving it. The motor comprises a ring or annulus, R, preferably built up of thin insulated iron rings or annular plates, so as to be as susceptible as possible to variations in its magnetic condition. This ring is surrounded by four coils of insulated wire symmetrically placed and designated by C C C′ C′. The diametrically-opposite coils are connected up so as to co-operate in pairs in producing free poles on diametrically-opposite parts of the ring. The four free ends thus left are connected to terminals T T T′ T′, as indicated. Near the ring, and preferably inside of it, there is mounted on an axis or shaft a magnetic disk, O, generally circular in shape, but having two segments, cut away as shown. This disk is mounted so as to turn freely within the ring R. The generator G is of any ordinary type, that shown in the present instance having field-magnets N S and a cylindrical armature-core, A, wound with the two coils B B′. The free ends of each coil are carried through the shaft *a′* and connected, respectively, to insulated contact-rings *b b b′ b′*. Any convenient form of collector or brush bears on each ring and forms a terminal by which the current to and from a ring is conveyed. These terminals are connected to the terminals of the motor by the wires L and L′ in the manner indicated, whereby two complete circuits are formed, one including, say, the coils B of the generator and C C of the motor and the other the remaining coils B′ and C′ C′ of the generator and the motor.

It remains now to explain the mode of operation of this system, and for this purpose I

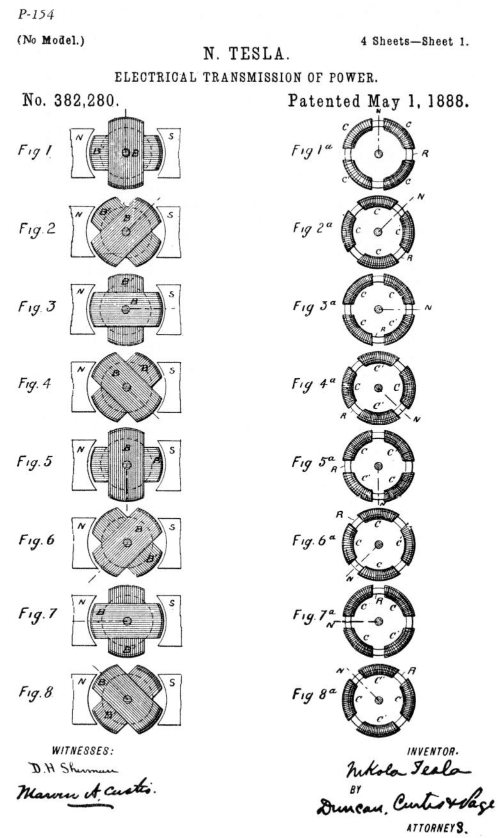

Tesla-Patent 382.280 vom 1. Mai 1888

erteilten Patente über „Electrical Transmission of Power" beginnt mit den Worten: „Be it known that I, Nikola Tesla, from Smiljan, Lika, border country of Austria-Hungary …".

Ab 1890 wandte er sich der Hochspannungs- und Hochfreqenztechnik zu, die damals jedoch bereits bei Frequenzen von 20 kHz begann. Die Patente, die er erhielt, betrafen nicht nur spezielle Verfahren zur Erzeugung von hochfrequenten Schwingungen, sondern auch einzelne Bauelemente wie Kondensatoren und Transformatoren. Besonders erwähnenswert ist ein Patent zur Verwendung von Öl in Hochspannungstransformatoren.

In den Jahren nach 1896 überwiegen Arbeiten auf dem Gebiet der drahtlosen Energieübertragung. Dazu gehören auch Patente zur Signalübertragung und Funkfernsteuerung. Auch hier galt der Patentanspruch sowohl den Verfahren an sich als auch dafür geeigneten Bauelementen und Funktionseinheiten, z. B. Spulen, Abstimmvorrichtungen und Detektoren. Nachdem Tesla 1891 die amerikanische Staatsbürgerschaft erhalten hatte, änderte sich zumindest die Einleitung seiner Patentansprüche. So beginnt ein 1900 beantragtes und 1903 erteiltes Patent über „Method of Signaling" mit den

Worten: „Be it known, that I, Nikola Tesla, a citizen of the United States, residing in the borough of Manhattan, in the city, county, and State of New York, have invented certain new and useful Improvements in Methods of Signaling, of which the following is a specification, reference being had to the drawings accompanying and forming a part of the same."

Weitere Patente betrafen spezielle Motoren wie den thermo-magnetischen Motor, Turbinen und Dampfmaschinen, sowie spezielle Meß- und Aufzeichnungsgeräte. Besonders erwähnenswert sind Patente zu bestimmten Ausführungsformen von Rotationsmaschinen mit hohem Wirkungsgrad, so 1913 zu einer Reibungsturbine und 1920 zu einer als „Valvular Conduit" bezeichneten Vorrichtung, wodurch Ein- und Auslaßventile bei Turbinen überflüssig werden sollten.

Tesla als Mensch, Erfinder und Wissenschaftler

Tesla war unbestritten eine bemerkenswerte Persönlichkeit. Auf der einen Seite besaß er eine poetisch-romantische Veranlagung und suchte die Gesellschaft von Schrifstellern, auf der anderen Seite die Fähigkeit, technische Details in ihrer Bedeutung klar zu erkennen und einer Geräteidee nutzbar zu machen.

Tesla blieb unverheiratet. Der Kreis seiner Freunde und Mitarbeiter reduzierte sich mit zunehmenden Alter auf jene, die schon über längere Zeit seine Weggefährten gewesen waren. Er wird als exzentrischer Einzelgänger mit neurotischer Veranlagung beschrieben. Er soll viel Wert auf gute Kleidung gelegt und eine fast übertriebene Neigung zur Körperhygiene besessen haben. Gesellschaftliche Beziehungen haben ihm offensichtlich nie sonderlich viel bedeutet, denn er hat sie gemieden, wann immer das möglich war. Wenn er sie jedoch gesucht hat, dann in erster Linie, um Unterstützung für seine Forschungs- und Entwicklungsaktivitäten zu gewinnen. Es ist fast symptomatisch, daß er in seiner Todesstunde allein in einem Hotelzimmer gewesen ist, an dessen Tür das Schild „Bitte nicht stören" angebracht gewesen ist.

Seine Mitarbeiter konnte er hervorragend motivieren, aber er hat hohe Anforderungen an sie gestellt. Die von ihm vorgestellten Entwicklungen waren zumeist nur in Entwürfen skizziert, denn für ihn waren diese Skizzen verständlich und ausreichend, und das hat er auch bei den Mitarbeitern vorausgesetzt. In vielfacher Weise folgte er eher seinen Intuitionen als dem technischen Sachverstand. So schreibt er selbst im Zusammenhang mit der Belehrung durch Professor Pöschl in Graz, warum er trotzdem die Idee der Drehstrom-Maschine weiterverfolgt hat: „But instinct is something which transcends knowledge." Trotzdem zeichnen sich die von ihm entwickelten Maschinen, Geräte und Schaltungen durch einen hohen Grad technischer Perfektion aus.

Von seinen Vorträgen gibt es unterschiedliche Darstellungen. Bei jenen Vorträgen, die er noch vor der Jahrhundertwende gehalten hat, wird die Klarheit der Sprache und die Fähigkeit gerühmt, schwierige technische Sachverhalte verständlich darzustellen. Allerdings geht diese Qualität der Vorträge mit zunehmendem Alter verloren. Viele Aussagen in den späteren Vorträgen sind offensichtlich wissenschaftlich-technisch nicht eindeutig und ermöglichen dadurch eine Interpretation, die ihn für die einen zum prophetischen Visionär, für die anderen zu einem Phantasten machen, der nicht mehr auf dem Boden der Realität steht. Eine entsprechende Entwicklung findet sich in den Publikationen und Patenten, wo konkrete Aussagen zu technischen Vorrichtungen mehr und mehr durch vage Formulierungen über Verfahren ersetzt werden. Aus seinen Mitteilungen kann der Anspruch abgeleitet werden, die Röntgenstrahlen schon vor Röntgen entdeckt, das Prinzip des Röhrenverstärkers schon vor der Erfindung der Elektronenröhre durch de Forrest erfunden zu haben. Aber diese Zuordnung war gewissermaßen immer erst retrospektiv möglich, wenn die eigentliche Erfindung durch andere tatsächlich und in ihren wichtigsten Eigenschaften beschrieben worden ist. Selbst die Technologie der Computer und der Telekommunikation kann aus den Patenten und Publikationen von Tesla herausgelesen werden, allerdings ohne konkrete Beschreibung.

Seine frühen Vorträge zeichneten sich auch immer durch einen hohen Unterhaltungswert aus, denn er führte darin Experimente vor, die ebenso spektakulär wie informativ gewesen sein sollen. Da ihm die Ungefährlichkeit hochfrequenter Ströme bekannt war, hat er sie am eigenen Körper in einer Weise vorgeführt, die etwas von Magie an sich hatte.

Aufschlußreich sind Aussagen, die Tesla über sich selbst macht. So könnte folgende Aussage als Leitlinie für sein Leben gesehen werden: „The progressive development of man is vitaly dependent on invention. It is the most important product of his creative brain. Its ultimate purpose is the complete mastery of mind over the material world, the harnessing of the forces of nature to human needs.“ An anderer Stelle sagt er 1919 über sich: „I am credited with being one of the hardest workers and perhaps I am, if thought is the equivalent of labor, for I have devoted to it almost all my working hours. But if work is interpreted to be a definite performance in a specified time according to a rigid rule, then I may be the worst of idlers. Every effort under compulsion demands sacrifice of life-energy. I never paid such a price. On the contrary, I have thrived on my thoughts.“ Im selben Zusammenhang beschreibt er seine Vorstellung von einem Erfinder wie folgt: „But he (Anmerkung: der Erfinder) finds ample compensation in the pleasing exercise of his powers and in the knowledge of being one of that exceptionally priviledged class without whom the race would have long ago perished in the bitter struggle against pitiless elements. Speaking for myself, I have already had more than my full measure of this exquisite enjoyment, so much that for many years my life was little short of continuous rapture.“

Offensichtlich hat sich Tesla selbst in erster Linie als Wissenschaftler gesehen. So soll er 1891 bei einem Vortrag gesagt haben: „Es gibt keinen fesselnderen Gegenstand, welcher mehr des Studiums wert wäre als die Natur. Diesen großen Mechanismus zu verstehen, die Kräfte, welche wirksam sind, und die Gesetze, denen sie gehorchen, zu entdecken, ist das höchste Ziel menschlicher Erkenntnis."

Nirgends in den autobiographischen Aussagen von Tesla oder in Beschreibungen über ihn findet sich der Hinweis, daß er eine Position als Wissenschaftler an einer Universität angestrebt hätte. Obwohl durch zahlreiche Ehrendoktorate ausgezeichnet – jenes der Technischen Universität Wien hatte er schon 1908 erhalten – hat er offensichtlich an keiner Universität Vorlesungen für Studenten gehalten.

In einer Würdigung anläßlich seines 80. Geburtstages stand in der Elektrotechnischen Zeitschrift vom 9. Juli 1936: „Infolge seiner persönlichen Bescheidenheit lebt Tesla, der jetzigen Generation von Elektrotechnikern schon beinahe unbekannt, unter einfachen Verhältnissen in New York, weil er nur auf die wissenschaftliche und technische Lösung seiner Probleme bedacht war, die wirtschaftliche Auswirkung anderen überliess und Einnahmen aus seinen Erfindungen stets zu weiteren und vielfach kostspieligen Versuchen verwendete."

Eine umfassende und allgemeine Würdigung von Tesla fällt schwer. Ohne Zweifel ist er einer der wichtigsten Wegbereiter der modernen Elektrotechnik. Seine Erfindungen und Entdeckungen waren bahnbrechende Beiträge auf vielen Teilgebieten, die hier nicht nochmals aufgezählt werden sollen. Aber er war schon zu Lebzeiten umstritten und immer wieder in Patentstreitereien verwickelt, die jedoch offensichtlich alle zu seinen Gunsten entschieden worden sind. Bereits in Lehrbüchern zur Jahrhundertwende mit ausführlichen Darstellungen der Wechselstromtechnik, der Drehfeld-Motorentechnik, der Hochfrequenztechnik und anderer technischer Einrichtungen, die auf Tesla zurückgeführt werden können, taucht sein Name nicht auf. An den Namen Tesla erinnert heute eigentlich nur noch jener Transformator, mit dem er hochfrequente Schwingungen nach damaligem Verständnis erzeugen konnte, und die erst spät nach ihm benannte Einheit für die magnetische Flußdichte.

Viele zu ihrer Zeit berühmte Forscher sind wieder in die Vergessenheit zurückgefallen, selbst wenn sie für ihre Leistungen mit dem Nobelpreis ausgezeichnet worden sind. Im Gegensatz dazu gibt es Namen, die sich nahezu selbst erhalten, wie jene von Newton, Kopernikus, Siemens, Planck oder Ford. Es ist sicher zu einfach, diese Erscheinung damit zu begründen, daß jene Namen in Erinnerung bleiben, die entweder mit einem sehr wichtigen naturwissenschaftlichen Gesetz, einer Naturkonstanten oder einer Firma verbunden sind. Alle diese Voraussetzungen treffen auf Tesla nicht zu. Es scheint sogar, daß manche seiner Patente so in Vergessenheit geraten sind, daß heute Patente erteilt werden, die doch in großer Nähe zu jenen von Tesla gesehen werden können. Vielleicht hat Tesla unbewußt selbst dazu beigetragen, sein zunächst großes Ansehen, von dem in zeitgenössischen Darstellungen immer wieder berichtet wird, dadurch zu mindern, daß er in seinen späten Patenten und Publikationen keine ingenieurwissenschaftlich klaren Aussagen gemacht hat. Er wurde und wird aufgrund solcher Aussagen in einer Weise vereinnahmt, die seinem Ansehen in der Welt der Wissenschaft eher schadet. Aus der Sicht der *Technik in Graz* kann jedenfalls mit Stolz vermerkt werden, daß einer ihrer ehemaligen Studenten Leistungen hervorgebracht hat, ohne die unsere heutige Zivilisation ärmer wäre.

Literaturhinweise:

HOHENBERG, Fritz: Aus der Geschichte der Technischen Universität Graz, in: Technische Universität Graz / Erzherzog-Johann-Universität: Geschichte, Lehr- und Forschungsaktivitäten (1982/83)

NIKOLA TESLA MUSEUM (Hg.): Nikola Tesla, Lectures, Patents, Articles, Beograd 1956

NIKOLA TESLA MUSEUM (Hg.): Tribute to Nikola Tesla, Presented in Articles, Letters, Documents, Beograd 1961

PALLA, R.: Der Mann, der das 20. Jahrhundert erfand, in: Der Standard, 11. Jänner 1992

SIEMENS, W.: Lebenserinnerungen, Leipzig 1924

SOCIETE POUR LA FONDATION DE L'INSTITUT NIKOLA TESLA (Hg.): Gedenkbuch anläßlich seines 80. Geburtstages, Beograd 1936

Klaus Höllbacher

Otto Nußbaumer

Konstrukteur und Rundfunkpionier

Mit der erstmaligen Übertragung der menschlichen Stimme am 15. Juli 1904 gelang Otto Nußbaumer ein Meilenstein in der drahtlosen Telegraphie. Otto Nußbaumer war zu dieser Zeit Konstrukteur am Institut für Physik an der Technischen Hochschule in Graz.

Wie kam es dazu, daß Nußbaumer gerade hier seine Erfindung machte? Was waren seine wissenschaftlichen und technischen Voraussetzungen und was sein Umfeld? Was führte dazu, daß er seine Erfindung nicht weiter führte und damit Weltruf erlangte?

Die Frage nach den Hintergründen, warum Nußbaumer gerade an der *Technik in Graz* – an der es nicht einmal ein Institut für Elektrotechnik, geschweige denn ein Institut für Telegraphie gab – diese Erfindung machte, führt zu seinem Lehrer, Professor Albert von Ettingshausen. Die Geschichte Nußbaumers ist ohne ihn nur bruchstückhaft.

Ettingshausen war es, der Nußbaumer zu seinen Experimenten anleitete und ihm die Möglichkeit gab, auf dem Gebiet der drahtlosen Telegraphie zu experimentieren.

Ettingshausen und die Physik an der Technik in Graz

Die Anfangszeit des Lehrfaches Physik war an der Technischen Hochschule in Graz einerseits durch die Verbindung mit der Chemie und andererseits durch die Besetzung der Lehrstelle durch Mittelschulprofessoren gekennzeichnet. In einigen Fällen stellte diese Position ein Sprungbrett für eine weitere universitäre Laufbahn dar. So bekleidete der spätere Ordinarius Anton Schrötter, Ritter von Kristelli (1802–1875) diese Funktion über 13 Jahre lang bis 1843. Nach einer Zwischenphase, die durch Supplierungen gekennzeichnet war, wurde Adalbert Edler von Waltenhofen (1828–1914) mit der Lehre der Physik beauftragt. Aber bereits zwei Jahre nach seiner Ernennung folgte Waltenhofen 1853 einem Ruf an die Universität Innsbruck. Waltenhofen wechselte später nach Prag und Wien und wurde der erste Ordinarius der Elektrotechnik auf österreichischem Boden. Als Nachfolger Waltenhofens wurde 1855 Jakob Pöschl (1828–1907) bestellt. Pöschl baute während seiner Professur die Physik als Grundlagenfach für alle technischen Wissenschaften aus. Eine besondere oder bedeutende Ausformung der Physik während seiner Tätigkeit ist nicht feststellbar.

Nach dem Abgang Pöschls war das Lehramt der Physik an der Technischen Hochschule verwaist. Um die Nachfolgefrage zu lösen, wurde eine Kommission gebildet, die aus den Professoren Mertens, Hlawatschek, Ameseder, Wittenbauer und Kulmer bestand. Als auswärtige Gutachter wurden Pöschl, Boltzmann (1844–1906), Toepler (1836–1912) und Stefan (1835–1893) beigezogen. Die Kommission diskutierte die Bestellung folgender Physiker: Albert von Ettingshausen, Ignaz Klemencic (1853–1902), Wilhelm Peukert, Franz Streintz (1855–1922), Otto Tumlirz (1856–1928) und Anton Wassmuth (1844–1927).

Es herrschte Einigkeit darüber, daß für die Nachfolge Pöschls nur ein Experimentalphysiker in Frage kommen konnte. Nach der Auskunft Ludwig Boltzmanns gab es in Deutschland und Österreich aber nur wenige Experimentalphysiker, die Ettingshausen ebenbürtig gewesen wären. „Seine Messungen der Magnetisierungszahlen des Diamagnetismus der elektrischen Normalelemente gehören zu den sorgfältigsten und gelungensten Experimentaluntersuchungen". In gleicher Weise äußerten sich die Professoren Stefan in Wien und Toepler in Dresden. So wurde nach dem Vorschlag der Kommission Ettingshausen mit 15. März 1888 zum Ordinarius der allgemeinen und technischen Physik an der Technischen Hochschule in Graz ernannt. Gleichzeitig wurde er mit „der Abhaltung von Vorlesungen und Übungen auch in elektrotechnischer Richtung" betraut.

Als Ettingshausen an die Physik der Technischen Hochschule kam, lag diese mehr oder weniger „am Boden". Der Unterricht hatte nicht die Qualität, die notwendig gewesen wäre, um die Techniker des angehenden 20. Jahrhunderts mit den Grundlagen der Physik vertraut zu machen. Ihm war es nun zu verdanken, daß die Physik sowohl in theoretischer, als auch in praktischer Hinsicht jenen Stellenwert erhielt, den sie verdiente. Ettingshausens Vorlesungen enthielten nicht nur die neuesten Entwicklungen und Theorien der Physik, sondern waren darüber hinaus mit einer Vielzahl von Experimenten verbunden, die sie zu den interessantesten an der Technischen Hochschule werden ließen. Dabei war Ettingshausen bemüht, die Studenten durch ihre Ausbildung von reinen Anwendern hin zu selbständigem wissenschaftlichen Denken zu führen.

Die Bedeutung Ettingshausens für die *Technik in Graz* liegt aber eigentlich nicht in der Vortragstätigkeit in der Physik, sondern in seinem Bemühen um die Elektrotechnik. Ein eigenes Institut der Elektrotechnik an der Technischen Hochschule Graz wurde jedoch erst nach der Emeritierung Ettingshausens geschaffen.

Als Ettingshausen mit Sommersemester 1888 seine ersten Vorlesungen begann, befaßte sich eine dieser Vorlesungen mit dem Magnetismus und anschließend mit der Elektrizitätslehre. (Die Hochachtung, die ihm von Seiten der Kollegen entgegenkam, zeigte sich schon bald nach seiner Bestellung. Im Jahre 1893 wurde er zum Rektor der Technischen Hochschule gewählt.)

Während an den anderen Technischen Hochschulen Österreichs, z.B. an der Technischen Hochschule Wien im Jahre 1884, an der Technischen Hochschule Prag und der tschechischen Technischen Hochschule in Prag In-

Albert von Ettingshausen (Foto: Steiermärkisches Landesmuseum Joanneum, Bild- und Tonarchiv, Graz)

stitute und Ordinarien für Elektrotechnik eingerichtet wurden, blieb der Technischen Hochschule Graz eine Lehrkanzel für Elektrotechnik verwehrt.

Dies ergab sich, obwohl gerade Ettingshausen und einige seiner Kollegen in der Zeit von 1888 bis in die Zwischenkriegszeit vielfach den Versuch unternahmen, beim Ministerium ein Ordinariat und ein Institut für Elektrotechnik einzufordern. So z.B. im Jahre 1896, als eine Teilung der Maschinenbauschule in eine allgemeine und eine spezielle für Elektrotechnik, eine Lehrkanzel für allgemeine und spezielle Elektrotechnik und die Errichtung eines Neugebäudes für dieses Institut gefordert wurden. Das Ministerium lehnte unter anderem mit der Begründung ab, daß Ettingshausen die Lehre in der Elektrotechnik weiterhin in der gewohnten hervorragenden Art und Weise erledigen könne.

So übernahm Albert von Ettingshausen neben den Physik-Vorlesungen auch noch die Übungen und Vorträge zur Elektrotechnik, wodurch er die Technische Hochschule Graz am Puls der Zeit hielt. Oskar Primavesi (1874–1952) sprach im Rahmen der Feierlichkeiten zum 80. Geburtstag Ettingshausens von ihm „als jenem Gelehrten [...], der die Grundmauern der heutigen Elektrotechnik legte." Primavesi war Schüler Ettingshausens und Ordinarius des Dynamobaues an der Technischen Hochschule Wien.

Aus dieser engen Verbindung der Elektrotechnik mit der Lebensgeschichte Ettingshausens ist auch das Vordringen seines Konstrukteurs Otto Nußbaumer in das Neuland der Übertragung menschlicher Sprache zu erklären.

Auch vor und nach Nußbaumer holte sich Ettingshausen Konstrukteure an sein Institut, die später Karriere machten:

- Richard Hiecke (1864–1948), ab 1924 Dozent der Lichttechnik an der Technischen Hochschule Wien
- Karl Pichelmayer (1868–1914), ab 1905 Professor für den Bau und die Konstruktion elektrischer Maschinen und Apparate an der Technischen Hochschule Wien
- Johann Ossanna (1870–1952), ab 1901 Ordinarius der Elektrotechnik der Technischen Hochschule München
- Arthur Pröll (1876–1957), ab 1913 Ordinarius der technischen Mechanik und flugtechnischen Aerodynamik an der technischen Hochschule Hannover und
- Theodor Pöschl (1882–1955), ab 1928 Ordinarius der Mechanik an der Technischen Hochschule Karlsruhe.

Otto Nußbaumer und seine Versuche mit der drahtlosen Telegraphie

Otto Nußbaumer wurde am 31.3.1876 in Wilten bei Innsbruck geboren. Sein Vater Franz Nußbaumer war als Verkehrskontrollor beim Tiroler Zweig der Südbahnlinie beschäftigt. Seine Mutter Clothilde, geborene Gysinger, stammte aus Feldkirch in Vorarlberg.

1881 übersiedelte die Familie nach Leoben, wo der Vater die Stelle eines Bahnhofsvorstandes versah. Otto Nußbaumer schreibt selbst, daß die Besuche bei seinem Vater sein Interesse für Elektrotechnik weckten. Noch in seiner Kindheit lernte er das Morsealphabet und entwickelte sich zu einem guten Telegraphisten.

Otto Nußbaumers Mutter starb noch während seiner Volksschulzeit, woraufhin er sich immer mehr in die Physik vertiefte und sich dadurch seine eigene Welt schuf. Seine schulischen Leistungen im Landes-Obergymnasium in Leoben ließen mehr als zu wünschen übrig. So schickte ihn sein Vater für drei Jahre ans Stiftsgymnasium nach Kremsmünster. Die erhoffte Verbesserung der Leistungen trat jedoch nicht ein und die Schulleitung in Kremsmünster riet, den Buben in eine Lehre zu schicken. Daraufhin wechselte Otto Nußbaumer an die Landesoberrealschule in Graz, an der er 1896 – im Jahr, in dem Marconi seinen Durchbruch in der drahtlosen Telegraphie schaffte – die Matura ablegte.

Neben seiner schulischen Ausbildung lernte er noch handwerkliche Grundfertigkeiten bei einem Elektromechaniker. So konnte er sich einen Spiegelgalvanometer, einen Funkeninduktor und einen Präzissionswiderstandskasten selbst fertigen.

Aufgrund seiner Vorliebe für die Elektrotechnik gab es für Otto Nußbaumer nur die Möglichkeit, an der *Technik in Graz* zu inskribieren. Da das Fach

Otto Nußbaumer (Foto: Bildarchiv, ÖNB Wien)

der Elektrotechnik noch nicht existierte, entschloß er sich, Maschinenbau zu studieren.

Noch während seiner Studienzeit belegte er Vorlesungen und Übungen für Elektrotechnik vor der dafür vorgesehenen Zeit und verschaffte sich damit ein besonderes Wissen um die im Institut vorhandenen Gerätschaften und Experimente. Im Dezember 1899 legte Nußbaumer die erste und am 9. November 1900 die zweite Staatsprüfung ab. Nach der Beendigung seiner Ausbildung blieb Nußbaumer noch ein Jahr am Institut Ettingshausens als Volontär.

Um diese Zeit, nämlich im Dezember 1895, gelangen Gulielmo Marconi erstmals seine „Funkenversuche". Zu Beginn des Jahres 1896 hatte er einen Apparat entwickelt, der Signale über eine Entfernung von mehr als zwei Meilen übertragen konnte. Damit hatte Marconi ein Gerät erfunden, das sowohl bei der Postbehörde in England, als auch bei den Militärs – vor allem bei der Marine – besondere Aufmerksamkeit erregte. Im selben Jahr ließ Marconi seine Erfindung patentieren.

Bereits im Jahr 1900 gelang es Marconi, den Ärmelkanal mit seiner drahtlosen Telegraphie zu überbrücken und 1902 schaffte er es, Signale über den Atlantik zu übertragen. Damit war dem bisherigen Telegraphenverkehr eine ernsthafte Konkurrenz erwachsen.

Ettingshausen als Förderer Nußbaumers?

Als im Juni 1901 der bisherige Konstrukteur Ettingshausens Arthur Pröll seine Stelle niederlegte, bot sich Otto Nußbaumer die Chance, seine Nachfolge zu übernehmen.

Am 13. Juni 1901 schlug Albert von Ettingshausen dem Professorenkollegium seinen Schüler Otto Nußbaumer als Konstrukteur für die Lehrkanzel der Physik vor. Der Antrag wurde sowohl von der Fakultät als auch vom Ministerium für Cultus und Unterricht genehmigt. Die Jahresdotation Nußbaumers betrug 2400 Kronen. (Das war die in dieser Zeit übliche Dotation für einen Konstrukteur. Um geeignete Personen am Institut halten zu können, war es aber zu wenig. So mußte sich Ettingshausen alle paar Jahre nach einem neuen Konstrukteur umschauen, da die Angebote aus der Wirtschaft bedeutend lukrativer waren.)

Das Interesse an der drahtlosen Telegraphie war seit der ersten Übertragung Marconis auch am Institut für Physik sehr groß. Wie bereits berichtet, wandte Ettingshausen einen Großteil seiner Vorlesungsstunden, aber auch seiner Forschungstätigkeit, für die Elektrotechnik auf. In diesem Umfeld konnte Nußbaumer mit Unterstützung für seine Experimente rechnen. Dabei ist der Beitrag Ettingshausen an der Erfindung Nußbaumers umstritten. Sicher ist, daß Nußbaumer nur am Institut Ettingshausens die Voraussetzungen für Experimente in der Elektrotechnik finden konnte. Ein anderes Institut, das sich mit der Elektrotechnik auseinandersetzte, existierte nur in Wien. Das Verständnis für seine Experimente fand Nußbaumer ebenfalls bei Ettingshausen. Inwieweit Ettingshausen aber Nußbaumer in der Weiterführung seiner Experimente unterstützte bzw. ihn ermutigte, diese fortzusetzen, ist nicht klar.

In den Aufzeichnungen Ettingshausens finden sich jedoch vor allem aus der Zeit nach den Versuchen Nußbaumers viele Aufzeichnungen zum Thema der drahtlosen Telegraphie. Ettingshausen hat sich bis zu seinem Tode – auch nach seiner Emeritierung – eingehend mit dem Thema und den neuesten Entwicklungen auseinandergesetzt.

Der immer wieder in Biographien Nußbaumers erhobene Vorwurf, Ettingshausen habe Nußbaumer nicht unterstützt, da die Elektrotechnik nicht Ettingshausens Fach gewesen sei, läßt sich auf keinen Fall bestätigen. Gerade die Elektrotechnik war Ettingshausens Fach, mehr noch als die Physik.

Der Durchbruch?

Bereits im Jahre 1902 begann Nußbaumer, sich intensiv mit der drahtlosen Telegraphie auseinanderzusetzen. Nußbaumer baute die Schaltungen von Slaby, aber auch die Sender und Empfänger von Braun nach und versuchte diese nach seinen Vorstellungen zu modifizieren.

Dazu muß berücksichtigt werden, daß Marconis Erfindung und Experiment auf einer Funkenentladung beruhte. Dabei wurde die Energie durch eine Influenzmaschine erzeugt und mittels Leydner Flaschen gespeichert. Die Funkenentladung wurde über eine Funkenstrecke zwischen zwei Kugeln durchgeführt, wobei die Frequenz der oszillierenden Entladung sowohl vom Abstand der Kugeln, als auch von Kapazität und Induktivität der Versuchsanordnung abhängig ist. Diese elektromagnetische Welle – Funkenentladung – wurde mittels einer Antenne und eines Kohärers (ein Glasröhrchen mit Metallspänen, die bei Empfang einer elektromagnetischen Welle zusammengepackt werden) als Empfänger übertragen. Dabei wurde durch den Kohärer ein Strom geschickt, der über ein Relais eine Glühlampe zum Leuchten brachte. Der Kohärer mußte nach dem Empfang durch Klopfen wieder in Empfangsbereitschaft gebracht werden. Marconi konnte damit auf einfachste Weise Information übertragen. Durch technische Verbesserungen gelang es, die Anordnung weiter zu verbessern und gebrauchsfähig zu machen.

Der bedeutende Unterschied der Erfindung Nußbaumers zu der Marconis lag nun in der Tatsache begründet, daß nicht nur ein Bit Information übertragen werden sollte, sondern Sprache bzw. Musik.

Nußbaumer war im Frühjahr 1904 mit Vorlesungsversuchen beschäftigt, die Resonanzerscheinungen zum Thema hatten. Er wählte dabei eine Schaltung des singenden Lichtbogens nach der Duddelschen Schaltung und

Der Versuch am 15. Juni 1904 mit Albert v. Ettingshausen, Otto Nußbaumer und Heinrich Geitner (Foto: Steiermärkisches Landesmuseum Joanneum, Bild- und Tonarchiv, Graz)

modifizierte diese, indem er eine Hilfsschaltung einführte, durch die er die Eigenfrequenz des Lichtbogens erhöhen konnte. Dieser hatte nun eine Frequenz von ca. 7000 Hertz. Durch das Ersetzen einer Drahtspule durch einen Funkeninduktor konnte er die Frequenz auf 20.000 Schwingungen/sec. weiter erhöhen. Nachdem er diese Versuchsanordnung für seine Resonanzversuche entwickelt hatte, kam Nußbaumer auf die Idee, den Induktor mit einem Braunschen Schwingkreis zu einem Sender zusammenzuschließen. Die Funkenstrecke, die einen Abstand von einem Zentimeter hatte, wurde von ihm auf wenige Millimeter verringert, wodurch ein nahezu ununterbrochener Strom von Funken entstand, der geeignet war, den ausgestrahlten Wellen ungedämpften Charakter zu verleihen. Durch die Hinzufügung eines Mikrophons wurden die Schwingungen moduliert.

Weit größere Probleme verursachte jedoch die Empfängeranlage. Die bisher zum Empfang verwendeten Kohärer waren für Nußbaumer ungeeignet. Er hätte einen Detektor gebraucht, der aber eigentlich erst 1906 durch Braun und Dunwoody erfunden wurde. Nußbaumer löste dieses Problem auf folgende Weise: Er nahm feines Eisenpulver und erzeugte mit Hilfe eines Magneten und einer schwachen Flamme einen kristallinen Klumpen. Daraus bildete er feine Körner, mit denen er ein Glasröhrchen füllte. Der so gebaute Detektor – von Nußbaumer selbst als Kohärer bezeichnet – besaß aufgrund seiner Gleichrichterwirkung hervorragende Empfangseigenschaften. Die eigentliche Wirkungsweise seines Detektors war Nußbaumer aber nicht bekannt.

(links): Sendeanlage von Nußbaumers Versuch (Foto: Steiermärkisches Landesmuseum Joanneum, Bild- und Tonarchiv, Graz)

(rechts): Empfangsanlage von Nußbaumers Versuch (Foto: Steiermärkisches Landesmuseum Joanneum, Bild- und Tonarchiv, Graz)

Mit dieser Anordnung gelang Nußbaumer dann am 15. Juni 1904 seine Übertragung von Musik und Sprache. Dabei war die Übertragung von Melodien und Gesang mit ansprechendem Empfang möglich.

Seine bedeutendste Leistung war bei dieser Übertragungseinrichtung sicherlich die Entwicklung eines Detektors. Dessen eigentliche Funktion blieb ihm verborgen, wiewohl er funktionierte. Möglicherweise war dies mit ein Grund, warum sich Nußbaumer nicht um die weitere Patentierung oder den Verkauf seiner Erfindung bemühte.

Nußbaumers Leben nach seiner Übersiedelung nach Salzburg

Im September 1908 bewarb sich Otto Nußbaumer bei der Salzburger Landesregierung um eine Position im Salzburger Baudepartement. Zuvor hatte er 1907 seine Stellung an der *Technik in Graz* aufgegeben und ein Jahr als Baupraktikant für den Staatsbaudienst in der Steiermark gearbeitet. Der Grund seiner Übersiedelung ist nicht bekannt. Die Aussichten auf eine Beamtenkarriere waren in Salzburg aber wahrscheinlich günstiger als in der Steiermark. Im Oktober 1908 wurde er als Ingenieur ins Baudepartement über-

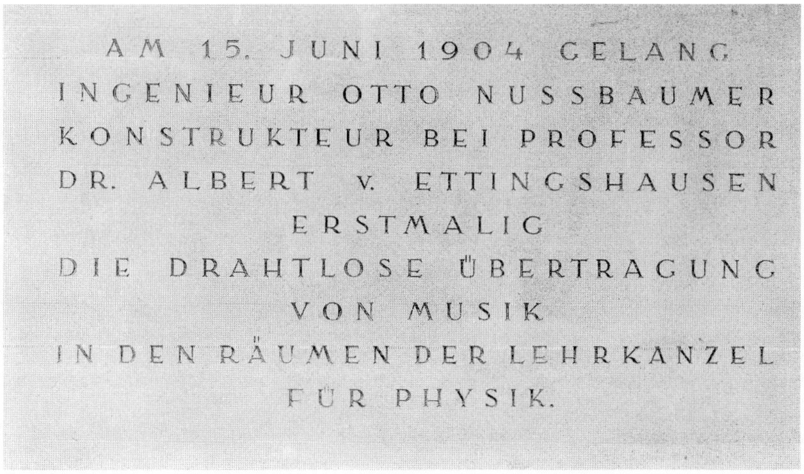

Ehrentafel für Otto Nußbaumer im Hauptgebäude der Technik in Graz (Foto: H. Tezak)

nommen. Er übersiedelte mit seiner Frau und der einjährigen Tochter in die Haydnstraße im Andräviertel, drei Jahre später zog die Familie Nußbaumer in das Haus Dreifaltigkeitsgasse 18, gegenüber der heutigen Hochschule Mozarteum.

Der berufliche Aufstieg Nußbaumers ging den gewohnten Gang eines Beamten. Als Sachverständiger für technische Einrichtungen übernahm er 1919 den Vorstand der Abteilung für Maschinenbau und Elektrotechnik. Eine Einberufung zur Armee während des Weltkrieges blieb ihm aufgrund seines Alters erspart. 1924 wurde er zum Titularhofrat ernannt.

Besondere Verdienste erwarb er sich in Salzburg durch seine Fürsprache und Intervention bei der Errichtung der Elektrotechnischen Abteilung der Staatsgewerbeschule im Jahre 1919, heute Höhere Technische Bundeslehranstalt.

Seine Tochter Berta maturierte bei den Ursulinen und studierte an der Universität Graz Physik und Mathematik, ein zu ihrer Zeit für eine Frau außergewöhnliches Studium. 1932 schloß sie mit dem Doktorat und der Lehramtsprüfung ab. Danach unterrichtete sie als Gymnasialprofessorin und bekleidete von 1956 bis 1963 den Direktorenposten an der von ihr gegründeten Frauenoberschule, heute Wirtschaftliches Bundesrealgymnasium in Salzburg.

Die Pioniertat Nußbaumers blieb lange Zeit hinweg unbekannt. Nur wenige interessierten sich für die erste drahtlose Übertragung von Sprache durch Nußbaumer. Erst die 25-Jahr-Feier ihres Jubiläums führte zu einer großen Zahl von Veranstaltungen und Ehrungen für Otto Nußbaumer. Die Feier wurde von der Technischen Hochschule Graz und vor allem von Univ. Doz. Dr. Robert Ettenreich und Dr. Otto Blumenwitz – einem Schüler Nußbaumers und Nachfolger als Konstrukteur bei Ettingshausen – durchgeführt. Die Festvorträge hielten Dozent Ettenreich und Professor Federhofer.

Anläßlich dieser Feier wies auch Ettingshausen darauf hin, daß es sich um Nußbaumers eigenständige Erfindung gehandelt habe, „alles sei dessen eigenem wissenschaftlichen Spürsinn zu verdanken. Und hätte Nußbaumer damals mehr Hilfe gefunden und mehr Gelegenheit gehabt, so wäre er in seinen Forschungen sicher noch weiter gekommen, so daß er schließlich der Detektor des Detektors geworden wäre."

Im Umfeld der Feierlichkeiten erhielt Nußbaumer nochmals ein Schreiben von Dr. Arco von der Telefunken-Gesellschaft, der bedauerte, daß aus der Zusammenarbeit im Jahre 1904 nichts geworden sei. Er hatte nämlich im Dezember 1904, auf die Artikel in diversen Fachzeitschriften reagierend, ein Schreiben an Nußbaumer mit folgendem Inhalt geschickt: „Wir haben mit großem Interesse von Ihren Vorführungen in Graz Kenntnis erlangt ... Wir möchten Sie hieran anknüpfend fragen, was in den uns bekannt gewordenen Anordnungen neu, und patentfähig, ist."

War nun nach der Auffassung Nußbaumers nichts neu, oder nichts patentfähig, oder war er gar nicht daran interessiert, weiter an seiner Erfindung zu arbeiten? Die Chancen dazu hätten wahrscheinlich bestanden.

Bereits zur Zeit dieser Jubiläumsfeiern war Nußbaumer dem Tode nahe. Er litt an Tuberkulose und starb ein Jahr später am 5. Jänner 1930 im 54. Lebensjahr an den Folgen seiner Krankheit. Noch heute erinnern zwei Straßen an das gewissermaßen unvollendet gebliebene Werk Otto Nußbaumers: eine in Salzburg im Stadtteil Itzling und eine in Graz-St. Peter.

Literaturhinweise:

ASCHOFF, Volker: Die elektrische Nachrichtentechnik im 19. Jahrhundert, in: Technikgeschichte, Bd. 34, 1967

HÖLLBACHER, Klaus: Albert von Ettingshausen (1850–1932), Dissertation, Universität Graz, 1994

o. V.: 25-Jahr-Feier der Versuche von Ing. Otto Nußbaumer über Musikübertragung durch elektrische Wellen an der Technischen Hochschule in Graz, in: Elektrotechnik und Maschinenbau, Bd. 47, 1929, S. 629

SEQUENZ, Heinrich: 100 Jahre Elektrotechnik in Österreich 1873–1973, in: Schriftenreihe der Technischen Hochschule in Wien, Bd. 3, Hrsg. Rektorat der Technischen Hochschule Wien, Wien 1973

TECHNISCHE HOCHSCHULE IN GRAZ (Hg.): Gedenkschrift zur Hundertfünfzig-Jahrfeier der Technischen Hochschule in Graz, Graz 1962

VENUS, Theodor; WAITZBAUER, Harald; SCHWEINÖSTER, Christine: Otto Nußbaumer. Der Salzburger Radiopionier, in: Schriftenreihe des Landespressebüros. Serie „Sonderpublikationen" Nr. 89, Hrsg. Roland Floimair, Amt der Salzburger Landesregierung, Salzburg 1990

Alois Kernbauer

Richard Zsigmondy

Assistent, Privatdozent, Nobelpreisträger

Richard Zsigmondy: Nobelpreisträger für Chemie 1925

Der Nobelpreisträger für Chemie des Jahres 1925 hieß Richard Adolf Zsigmondy, Professor und Direktor des Instituts für anorganische Chemie an der Universität Göttingen. Kaum jemand assoziierte seinen Namen mit Graz und der dortigen Technischen Hochschule, an der er in den neunziger Jahren ein halbes Jahrzehnt als Assistent und Dozent tätig gewesen war. Immerhin waren seit dieser Zeit auch schon drei Jahrzehnte verflossen; zudem war erst kurz zuvor, 1923, der Nobelpreis an den in Graz tätigen und in der Stadt überaus bekannten medizinischen Chemiker Fritz Pregl verliehen worden. Trotz all dieser Gründe bleibt dieses Übersehen der Grazer Tätigkeit Zsigmondys nicht ganz erklärlich, zumal Zsigmondy schon in seiner Grazer Zeit auf jenem Feld gearbeitet hatte, das ihn später berühmt machen sollte. 1926 erhielt er den Nobelpreis für das Jahr 1925 „für die Aufklärung der heterogenen Natur kolloidaler Lösungen sowie für die dabei angewandten Methoden, die grundlegend für die moderne Kolloidchemie sind". Zsigmondy war einer der Pioniere in diesem zwischen Physik und Chemie liegenden Forschungsfeld, in dem er mit seinen grundlegenden Forschungsergebnissen Wesentliches zur Aufklärung der tatsächlichen Natur kolloidaler Lösungen beitrug. Kolloidale Lösungen, zu denen etwa Milch oder Blut gehören, zeichnen sich u.a. dadurch aus, daß sie aus einem flüssigen in einen gallertartigen Zustand überwechseln können.

Der Nobelpreis war die letzte, zweifellos aber die bedeutendste in einer langen Reihe von Auszeichnungen, die Zsigmondy erhalten hatte. Er gehörte zahlreichen gelehrten Gesellschaften an, so seit 1924 der Wiener Akademie der Wissenschaften als korrespondierendes Mitglied, aber auch den Akademien bzw. wissenschaftlichen Gesellschaften in Göttingen, Uppsala, Zaragoza, Valencia und Harlem; darüber hinaus wurden ihm mehrere Ehrendoktorate verliehen.

Zsigmondy stammte aus einer angesehenen Wiener Bildungsbürgerfamilie. Er war der dritte von vier Söhnen des Adolf Zsigmondy, Primararzt und Privatdozent, und dessen literarisch hochgebildeter Frau Irma, geb. Szakmary. Adolf Zsigmondy gehörte ebenso wie sein Sohn Otto als Zahnmediziner der berühmten Wiener Medizinischen Schule des 19. Jahrhunderts an. Er starb früh, sodaß Richard im Alter von fünfzehn Jahren Halbwaise wurde. Richards Brüder waren vorderhand aber nicht ihrer Verdienste um die Wissenschaft wegen, sondern aufgrund ihrer bergsteigerischen Leistungen ebenfalls stadtbekannt, namentlich der Arzt Emil Zsigmondy, der mit seiner Schrift

„Im Hochgebirge. Wanderungen" und mit dem Buch „Die Gefahren der Alpen. Erfahrungen und Ratschläge", das 1922 in 6. Auflage erschien, in jungen Jahren bekannt geworden war. Am 6. August 1885 verunglückte er im Alter von 24 Jahren an der Meije tödlich. Sein Bruder Otto Zsigmondy war ebenfalls als Bergsteiger bekannt. Der Mathematiker Karl Zsigmondy wirkte an der Wiener Technischen Hochschule; in seiner Antrittsrede als Rektor am 26. Oktober 1918 beschäftigte er sich grundsätzlich mit dem „Wesen des Zahlenbegriffes und der Mathematik" und sprach bei dieser Gelegenheit die für einen Rektor einer namhaften Technischen Hochschule besonders denkwürdigen Sätze aus: „Es ist gut, sich manchmal bewußt zu werden, daß der grobe Nützlichkeitsstandpunkt nicht immer der einzige sein muß. Jede Wissenschaft hat Anrecht auf freie Forschung ohne Rücksicht auf Nützlichkeit. Die Lebenswerte sind wahrhaftig die wertvollsten nicht, die sich in klingende Münze umsetzen lassen."

Richard Adolf Zsigmondy (Foto: Bildarchiv, ÖNB Wien)

Richard Adolf Zsigmondy wurde am 1. April 1865 geboren. Sein starkes naturwissenschaftliches Interesse und seine Begabung legten den Besuch der Oberrealschule in der Josefstadt nahe. Schon in dieser Zeit experimentierte er im kleinen Privatlaboratorium, was nicht ohne Explosionen und kleinere Verletzungen abging. An der Universität wurde er zuerst von Ernst Ludwig, dem Professor an der Wiener medizinischen Fakultät, in die quantitative Analyse eingeführt. Es mag etwas ungewöhnlich erscheinen, daß er nicht an einem der beiden chemischen Laboratorien der philosophischen Fakultät, sondern eben an der medizinischen Fakultät erstmals Lehrveranstaltungen hörte. Dies war wohl die Folge des Medizinstudiums seiner Brüder. Noch 1883 wechselte er an die Technische Hochschule, wo er bis 1887 beim Doyen der österreichischen Chemie Alexander Bauer, bei Rudolf Benedikt, dem international führenden Fettforscher der Zeit, und beim weitgereisten Johann Oser, der eine Kapazität in den Fragen der Harzgewinnung und der Holzdestillation war, Chemie studierte. Schon 1885 erschien der erste, gemeinsam mit seinem Lehrer Benedikt verfaßte Aufsatz über die Glyzerinbestimmungsmethode. Schon 1887 betrat er mit der Arbeit „Neue Lüster und Farben auf Glas" ein Forschungsgebiet, auf dem er die folgenden drei Jahrzehnte tätig sein sollte. In diesem Aufsatz klärte er die Zusammensetzung eines neu auf den Markt gekommenen Glases mit besonderer Reflexion des Lichtes.

Nach dem vierjährigen Studium in Wien begab sich Zsigmondy zur weiteren Ausbildung in Chemie und Physik auf Wanderschaft, was damals unter jungen Leuten, die sich der Wissenschaft widmen wollten, ganz selbstverständlich war. Die Tatsache, daß er in keines der damals entstehenden Laboratorien für physikalische Chemie, also weder zu Jacobus Henricus van't Hoff noch zu Wilhelm Ostwald ging, zeigt, daß Zsigmondy zu diesem Zeitpunkt wohl noch keine rechte Vorstellung von seinem späteren wissenschaftlichen Forschungsgebiet hatte. Im übrigen hielten sich zwei Nachwuchswissenschaftler, die alsbald zu den Größen des Faches physikalische Chemie zählen

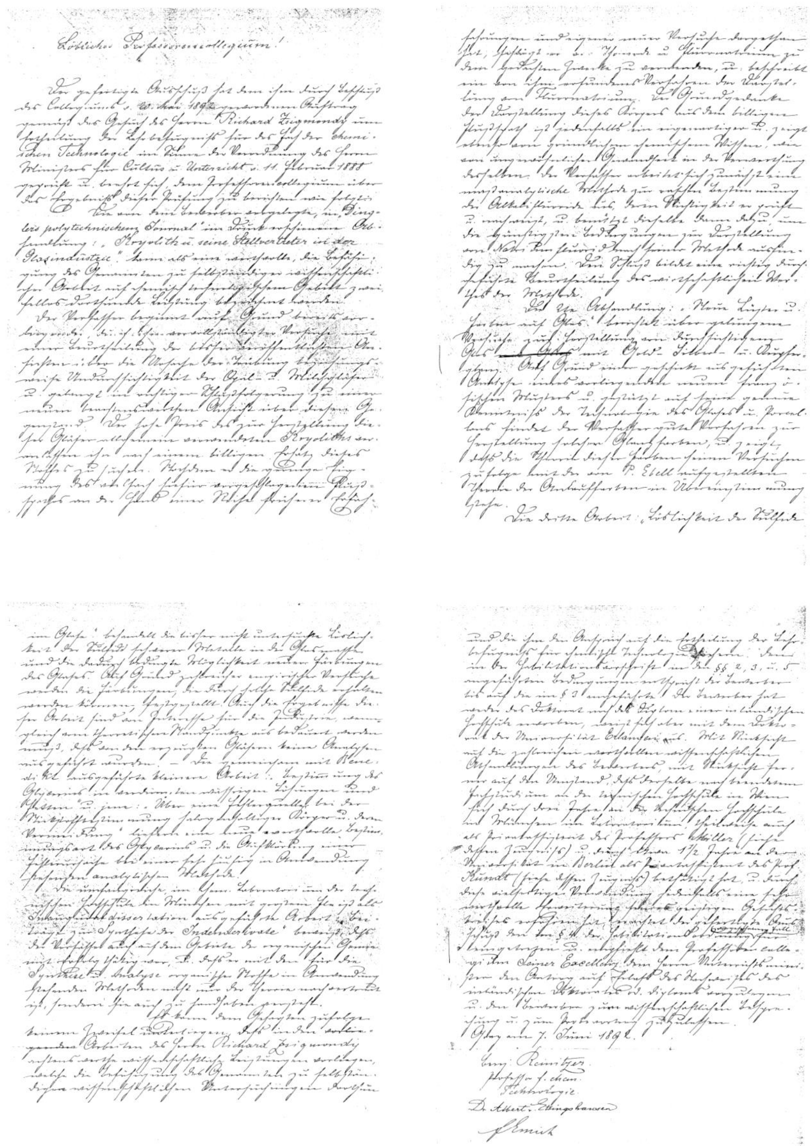

Löbliches Professorencollegium! Bericht des Ausschusses Reinitzer, v. Ettingshausen und Emich vom 7. Juni 1892 (Universitätsarchiv TU Graz)

sollten, Svante Arrhenius und Walther Nernst, gerade in diesem, in physikochemischer Hinsicht überaus denkwürdigen Jahr 1887, in dem der erste Band der „Zeitschrift für physikalische Chemie" erschien, an der Universität Graz zu Studienzwecken bei Ludwig Boltzmann auf.

An der Technischen Hochschule München wurde Zsigmondy 1889 Privatassistent des Organikers Wilhelm von Miller. In dieser Zeit erschien auch eine kleinere selbständige Arbeit über die Fehlerquelle der Stickstoffbestimmung nach Dumas. Am 3. Dezember 1889 wurde er aufgrund seiner Dissertation über die Synthese von Indenabkömmlingen an der Universität Erlangen zum Doktor der Philosophie promoviert. Die Jahre 1890–1892 verbrachte Zsigmondy als Privatassistent des Physikers August Kundt an der

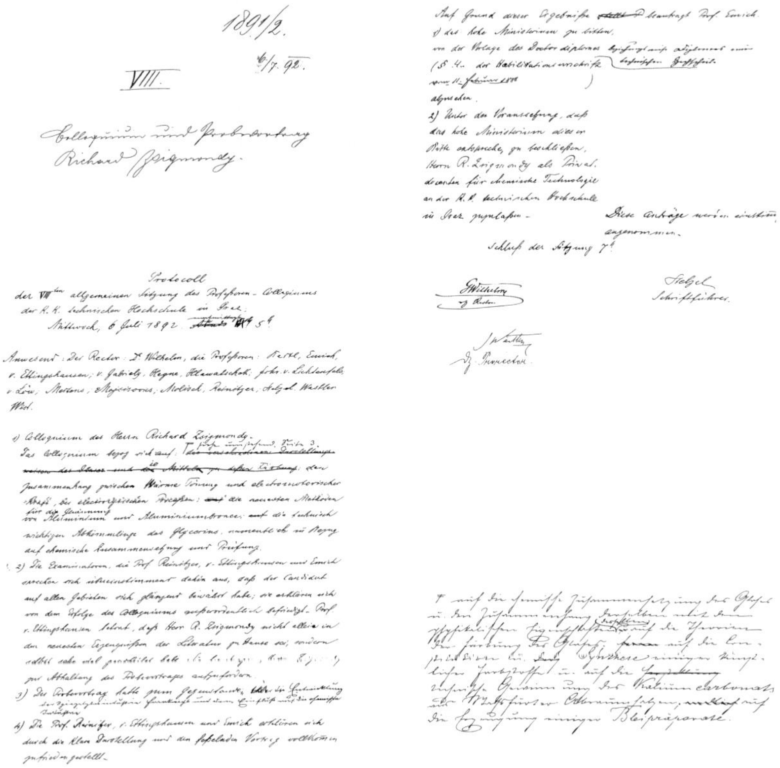
1891/2.

6/7. 92.

VIII.

Colloquium und Probevortrag Richard Zsigmondy.

Protocoll
der VIIIten allgemeinen Sitzung des Professoren-Collegiums
der k. k. technischen Hochschule in Graz.
Mittwoch, 6 Juli 1892 5h

Anwesend: Der Rector: Dr. Wilhelm, die Professoren: Bartl, Emich, v. Ettingshausen, v. Gabriely, Hegne, Hlawatschek, Frhr. v. Lichtenfels, v. Löw, Mertens, Meyerovics, Molisch, Reinitzer, Adjel. Wastler, Wist.

1) Colloquium des Herrn Richard Zsigmondy.
Das Colloquium bezog sich auf: den Zusammenhang zwischen Wärme Tönung und electromotorischer Kraft, die electrolytischen Prozessen; die neuesten Methoden für die Gewinnung von Aluminium und Aluminiumbronce; die technisch wichtigen Abkömmlinge des Glycerins, namentlich in Bezug auf chemische Zusammensetzung und Prüfung.

2) Die Examinatoren, die Prof. Reinitzer, v. Ettingshausen und Emich sprechen sich übereinstimmend dahin aus, daß der Candidat auf allen Gebieten sich glänzend bewährt habe; sie erklären sich von dem Erfolge des Colloquiums außerordentlich befriedigt. Prof. v. Ettingshausen betont, daß Herr R. Zsigmondy nicht allein in den neuesten Erzeugnissen der Literatur zu Hause sei, sondern selbst sehr viel gearbeitet habe ... zur Abhaltung des Probevortrages aufzufordern.

3) Der Probevortrag hatte zum Gegenstande: ...

4) Die Prof. Reinitzer, v. Ettingshausen und Emich erklären sich durch die klare Darstellung und den fesselnden Vortrag vollkommen zufriedengestellt.

Auf Grund dieser Ergebnisse beantragt Prof. Emich
1) das hohe Ministerium zu bitten,
von der Vorlage des Doctordiplomes ...
(§ 4. der Habilitationsvorschrift vom 11. Februar 1888)
abzusehen.
2) Unter der Voraussetzung, daß das hohe Ministerium dieser Bitte entspreche, zu beschließen, Herrn R. Zsigmondy als Privatdocenten für chemische Technologie an der k. k. technischen Hochschule in Graz zuzulassen. –

Diese Anträge werden einstimmig angenommen.

Schluß der Sitzung 7h.

Wilhelm
z. Z. Rector

Stelzel
Schriftführer.

Wastler
z. Z. Prorector

Protocoll über Colloquium und Probevortrag von Richard Zsigmondy vom 6. Juli 1892 (Universitätsarchiv TU Graz)

Universität Berlin, wo er zwei Arbeiten über Diäthermanität von Ferrosalzlösungen bzw. von Gläsern, publizierte; letztere war später über die Maßen folgenreich, weil sie den Leiter des glastechnischen Laboratoriums in Jena, Friedrich Otto Schott, auf Zsigmondy aufmerksam machte.

Richard Zsigmondy an der Technik in Graz

Vorderhand führte Richard Zsigmondys Lebensweg 1892 nach Graz, wo er an der Technischen Hochschule eine Assistentenstelle übernahm. Über die Hintergründe dieses Wechsels ist nichts Näheres bekannt; als eine Variante wäre denkbar, daß der Berliner Chemiker Hans Max Jahn, der in den achtziger Jahren an der Universität Graz als Privatdozent tätig gewesen war, als Mittelsmann fungiert haben könnte. Schon im Sommer 1892 habilitierte sich Zsigmondy in Graz mit der Schrift „Kryolith und seine Stellvertreter in der Glasindustrie" für chemische Technologie. Das Verfahren wurde außergewöhnlich flott abgewickelt, Kolloquium und Probevortrag fanden an einem Tag, dem 6. Juli 1892, statt. Das Kolloquium verlief zur großen Zufriedenheit der Kommission, im besonderen Albert von Ettingshausens, der feststellte, daß Zsigmondy „nicht allein in den neueren Erzeugnissen der Literatur zu Hause sei, sondern selbst sehr viel gearbeitet habe." Auch der

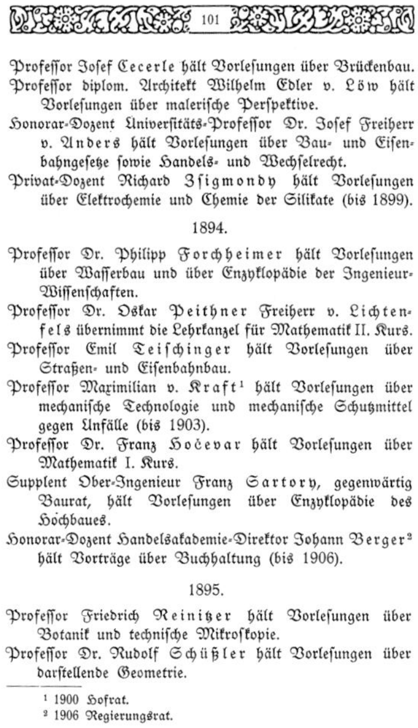

101

Professor Josef Cecerle hält Vorlesungen über Brückenbau.

Professor diplom. Architekt Wilhelm Edler v. Löw hält Vorlesungen über malerische Perspektive.

Honorar-Dozent Universitäts-Professor Dr. Josef Freiherr v. Anders hält Vorlesungen über Bau- und Eisenbahngesetze sowie Handels- und Wechselrecht.

Privat-Dozent Richard Zsigmondy hält Vorlesungen über Elektrochemie und Chemie der Silikate (bis 1899).

1894.

Professor Dr. Philipp Forchheimer hält Vorlesungen über Wasserbau und über Enzyklopädie der Ingenieur-Wissenschaften.

Professor Dr. Oskar Peithner Freiherr v. Lichtenfels übernimmt die Lehrkanzel für Mathematik II. Kurs.

Professor Emil Teischinger hält Vorlesungen über Straßen- und Eisenbahnbau.

Professor Maximilian v. Kraft[1] hält Vorlesungen über mechanische Technologie und mechanische Schutzmittel gegen Unfälle (bis 1903).

Professor Dr. Franz Hočevar hält Vorlesungen über Mathematik I. Kurs.

Supplent Ober-Ingenieur Franz Sartory, gegenwärtig Baurat, hält Vorlesungen über Enzyklopädie des Hochbaues.

Honorar-Dozent Handelsakademie-Direktor Johann Berger[2] hält Vorträge über Buchhaltung (bis 1906).

1895.

Professor Friedrich Reinitzer hält Vorlesungen über Botanik und technische Mikroskopie.

Professor Dr. Rudolf Schüßler hält Vorlesungen über darstellende Geometrie.

[1] 1900 Hofrat.
[2] 1906 Regierungsrat.

Auszug aus Festschrift zur Jahrhundertfeier des Joanneums 1911 (Universitätsbibliothek TU Graz)

nachfolgende Probevortrag über die Entwicklung der Spiegelglasindustrie und deren Einfluß auf die chemische Industrie beeindruckte die Kommission.

Zsigmondy, der im übrigen zuerst in der Leechgasse 2B, dann in der Rechbauerstraße 18 wohnte, dürfte sich alsbald auch unter seinen Kollegen mit seiner ruhigen, zurückhaltenden und verbindlichen Art große Anerkennung erworben haben, denn im Studienjahr 1894/95 war er Vertreter der Privatdozenten im Professorenkollegium. In der Lehrtätigkeit beschränkte er sich auf sein Spezialgebiet, auf eine einstündige Vorlesung über die Technische Chemie der Silikate und deren Anwendung auf Glas, Tonwaren und Zement.

In Graz begann er – vorderhand wenig beachtet – mit jenen Arbeiten, die ihn später berühmt machen sollten, und zwar mit einer Untersuchung über den Cassius'schen Goldpurpur. Selbst in seinem Vortrag anläßlich der Nobelpreisverleihung verwies er darauf, daß er sich schon in Graz auf der Suche nach Glasfärbemitteln mit dem „Goldrubinglas und gewissen keramischen Farben" befaßt hatte, „denen im Prinzip feinste Goldzerteilungen zu Grunde liegen. Es erschien mir besonders auffällig, daß die Wirkung einander sehr nahestehender chemischer Verbindungen auf Entstehung und Aussehen dieser Farben fundamental verschieden sein konnte." Gold mit Wismutoxyd gab je nach Temperatur entweder die Farben rot oder blau. „Chemische Analogie war also für die Farbe des feinteiligen Goldes nicht bestimmend." Diese Beobachtungen erschienen umso merkwürdiger, „als Verbindungen mit völlig entgegengesetzten Eigenschaften häufig gleichartige Wirkungen auf die Farben des feinst zerteilten (kolloiden) Goldes verursachten. Diese Befunde waren mit den bisherigen Erfahrungen der Chemie nicht in Einklang zu bringen. Demgemäß suchte ich diese Erscheinungen auf einem anderen als dem rein chemischen Wege zu ergründen. ... Diese und mehrere andere Ergebnisse führten mich zur Kolloidchemie."

Von Graz über Jena nach Göttingen

Nach fünfjähriger Tätigkeit an der *Technik in Graz* trat Zsigmondy 1897 in das Glastechnische Laboratorium von Schott in Jena ein, wo er während der folgenden drei Jahre erhebliche technische Erfolge, eine Anzahl gefärbter Gläser und das berühmte Jenaer Milchglas, erzielte. Als ein Ergebnis dieser Forschungen meldete er mehrere Patente an. In diesen Jahren machte er ferner mit den in Graz begonnenen theoretischen Arbeiten auf sich aufmerksam, besonders 1898 in Leipzig mit einem Vortrag anläßlich der Hauptversammlung der Deutschen elektrochemischen Gesellschaft. Zsigmondy sprach über die Herstellung des kolloidalen Goldes mit Formaldehyd, über den Farbenumschlag mit Chlornatrium, das kataphoretische Verhalten und die Darstellung des Cassius'schen Goldpurpurs durch Mischen kolloidaler Gold- und

Zinnsäurelösungen. Damit hatte er gezeigt, daß dieser Purpur keine chemische Verbindung ist. In weiteren Publikationen wies er die Übereinstimmung von kolloidalen Goldlösungen und Goldrubinglas nach.

Im Jahre 1900 gab er seine Stellung auf, verblieb aber bis März 1907 in Jena, setzte seine Kolloidarbeiten fort und veröffentlichte einen Aufsatz über das Verhalten der Goldlösungen gegen Schutzkolloide und die Kennzeichnung der letzteren durch die Goldzahl. Daneben meldete er einige Patente auf gefärbte Gläser an und veröffentlichte eine Abhandlung über die Lichtabsorption solcher Gläser. In dieser Zeit begann er gemeinsam mit dem Physiker und Mitarbeiter der Zeiss-Werke Henry Friedrich Wilhelm Siedentopf mit der Konstruktion eines „Ultramikroskops" und berichtete 1902 darüber erstmals auf der Versammlung der Deutschen elektrochemischen Gesellschaft in Würzburg. In der abschließenden Publikation schrieb Siedentopf über den Apparat und Zsigmondy über die Methode der Größenbestimmung ultramiroksopischer Teilchen durch Auszählung und die Untersuchung der Goldrubingläser, wobei sich herausstellte, daß die Farbe nicht direkt mit der Teilchengröße zusammenhängt. Diese Untersuchung hatte in mehrfacher Hinsicht bedeutende Konsequenzen: zum einen hatte die Kolloidforschung ihr wichtigstes Instrumentarium erhalten, zum anderen war damit nachgewiesen, daß die Brown'sche Bewegung nicht bloß bei mikroskopischen, sondern auch bei viel kleineren Teilchen auftritt. Damit wurde die von Otto Wiener vertretene Auffassung, daß die Brown'sche Bewegung mit der thermischen Molekularbewegung zusammenhängt, bestätigt. Als er 1906 den Nachweis erbrachte, daß die Goldteilchen der kolloiden Lösung als Kristallisationskeime auf mit Reduktionsmitteln versetzte Gold- und Silberlösungen wirken könnten, ermöglichte er auch die Größenbestimmung von Teilchen, die im Ultramikroskop nicht mehr sichtbar waren.

Im Jahre 1905 veröffentlichte er die erste, im übrigen 1919 nachgedruckte Monographie „Zur Erkenntnis der Kolloide", in der er erstmals die Unterscheidung von Primär- und Sekundärteilchen traf. 1907 erschien das Buch „Über Kolloidchemie mit besonderer Berücksichtigung der anorganischen Kolloide." Der größte Erfolg war das Buch „Kolloidchemie", das erstmals 1912 und in weiteren Auflagen 1918, 1920, 1922 und nach starker Überarbeitung in zwei Bänden 1925–1927 erschien und somit die rapide Entwicklung dieses Forschungsgebietes in Handbuchform zusammenfaßte. Zur ersten Ausgabe sah er sich veranlaßt, weil in der Kolloidchemie bis zum Jahre 1912 eine Fülle von Einzeltatsachen erforscht worden war, von denen viele auch allgemeinere Bedeutung hatten. Zsigmondy selbst war sich nur zu sehr der Schwierigkeiten des Arbeitsgebietes bewußt: „Die sachgemäße Zusammenfassung einer Anzahl von derartigen Einzeltatsachen führt zu Regeln und Gesetzmäßigkeiten, die entweder für gewisse Gruppen oder zuweilen auch für die Gesamtheit der Kolloide Geltung haben können. Die Bedeutung derartiger Verallgemeinerungen steht außer Zweifel; die korrekte Verallgemei-

Richard Zsigmondy, Rötelzeichnung von Hubert Schütz (Österreichische Staatsdruckerei, Wien)

nerung stellt aber hohe Anforderungen an das Taktgefühl und die Selbstkritik des Naturforschers".

Im Jahre 1907 zog sich Zsigmondy für wenige Monate auf seinen Besitz in Terlago bei Trient zurück; dort erhielt er den Ruf an die Universität Göttingen. Zu Anfang 1908 trat er die Professur an. Aufgrund der erheblich verbesserten Arbeitsbedingungen begann er zusammen mit seinen Mitarbeitern eine vielfältige Forschungstätigkeit. So erbrachte er etwa wesentliche Kenntnisse zur Frage der Geschwindigkeit der Koagulation durch Elektrolyte, was wiederum den Physiker Maryan von Smoluchowski zur Ausarbeitung einer Theorie der Anziehungskräfte zwischen den entladenen Kolloidteilchen veranlaßte. Gemeinsam mit Erich Hückel befaßte er sich mit der Geschwindigkeit der Bildung von Kolloidlösungen aus Goldlösungen mit Reduktionsmitteln.

Ab 1911 beschäftigte er sich mit der Struktur der Gele und konnte zeigen, daß die bislang angenommene Wabenstruktur der Gele nicht zutreffend war, sondern daß Gele aus Sub- oder Amikronen körnig zusammengesetzt sind. Ferner konnte er mit der Kapillarwirkung dieser äußerst engen Hohlräume die Erscheinungen aufklären, die bei der Wässerung und Entwässerung von Gelen auftreten.

In dieser Zeit entwickelte er Apparate und Arbeitsmethoden weiter, so etwa das Ultramikroskop zum Immersionsultramikroskop, die Dialyse verbesserte er durch den Sterndialysator, die Ultrafiltration durch die Membranfilter und Zellafilter. Er verwies auf die Möglichkeit des Einsatzes von Ultrafiltern in der quantitativen Analyse und bei der Wasserreinigung, wofür er ein Patent anmeldete. Gemeinsam mit G. Jander veröffentlichte er 1920 ein Buch über Technische Gasanalyse.

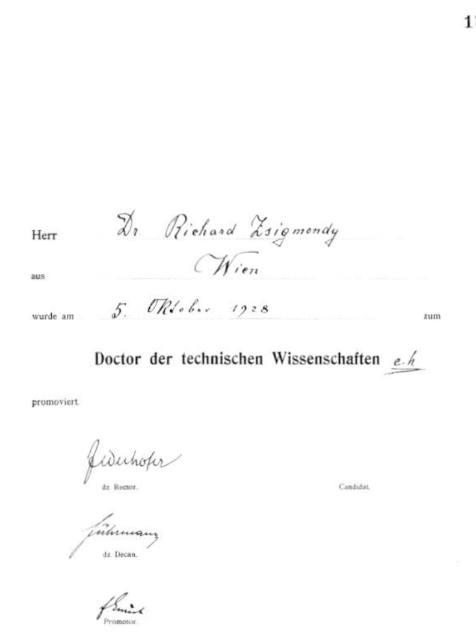
134

Herr Dr Richard Zsigmondy

aus Wien

wurde am 5. Oktober 1928 zum

Doctor der technischen Wissenschaften e.h.

promoviert.

dz. Rector Candidat

dz. Decan

Promotor

Eintragung über die Ehrenpromotion an der Technik in Graz (Studienabteilung TU Graz)

Bei all seinen vielfältigen wissenschaftlichen Arbeiten zeigte sich Zsigmondy als umsichtiger, im äußersten Grad gründlicher Forscher, der aufgrund seiner umfassenden chemischen und physikalischen Ausbildung alle Fehlerquellen sorgsam prüfte, was ihn vor voreiligen Schlüssen bewahrte und ihn zu einem der ganz Großen auf diesem Gebiet der physikalischen Chemie machte. Schon im Vorwort zur ersten Auflage seiner „Kolloidchemie" hatte er festgehalten: „Nicht leicht ist man so sehr der Gefahr ausgesetzt, durch Verallgemeinerung den Tatsachen Gewalt anzutun, ja unbewußt die Unwahrheit zu verkündigen, als auf dem Gebiete der Kolloidchemie, die eine große Zahl von Systemen zu behandeln hat, deren individuelle Eigenart nicht immer genügend berücksichtigt wird, vielleicht auch nicht genügend bekannt ist." Mit seiner umsichtigen, kritischen Vorgangsweise und seiner umfassenden Bildung erfüllte er wie nur wenige die von ihm selbst wohl unbewußt formulierten Anforderungen in diesem Forschungsbereich. Die ihm im Jahre 1925 zur Vollendung des sechzigsten Lebensjahres von „Freunden, Verehrern und Schülern" gewidmete Festschrift sprach in der Widmung zurecht von Richard Zsigmondy als dem „Altmeister der Kolloidforschung".

Der Ausgangspunkt zu diesem Forschungsschwerpunkt kann durchaus auch in seinen Arbeiten an der *Technik in Graz* gesehen werden. Zur Bekräftigung dieser Beziehung und in Anerkennung seiner besonderen Verdienste wurde Richard Zsigmondy am 5. Oktober 1928 an der Technischen Hochschule in Graz die Würde eines Doktors der technischen Wissenschaften ehrenhalber verliehen.

Literaturhinweise:

FLECK, George: Richard Zsigmondy, in: Laylin, K. James (Ed.): Nobel Laureates in Chemistry 1901–1992, American Chemical Society and the Chemical Heritage Foundation 1993, S. 151–157

FREUNDLICH, H.: Richard Zsigmondy (1865–1929), in: Berichte der Deutschen Chemischen Gesellschaft 1930, S. 171–175

GICKLHORN, Josef und Renée: Die österreichischen Nobelpreisträger, Wien 1958, S. 77–82

KERNBAUER, Alois: Die Institutionalisierung der Physikalischen Chemie in Österreich um die Jahrhundertwende. Mit besonderer Berücksichtigung der Universität Graz, in: Mitteilungen der Österreichischen Gesellschaft für Geschichte der Naturwissenschaften 2 (1982), S. 75–89

KERNBAUER, Alois: Das Fach Chemie an der Philosophischen Fakultät der Universität Graz (= Publikationen aus dem Archiv der Universität Graz 17), Graz 1985
KERNBAUER, Alois: Svante Arrhenius' Beziehungen zu österreichischen Gelehrten. Briefe aus Österreich an Svante Arrhenius (1891–1926) (= Publikationen aus dem Archiv der Universität Graz 21), Graz 1988
MEIER, Ernst: Alfred Nobel. Nobelstiftung. Nobelpreise, Berlin 1954
SMEKAL, Ferdinand G.: Richard Zsigmondy (1865–1929), in: Österreichs Nobelpreisträger, Wien–Stuttgart–Zürich 1961, S. 71–82
WEGSCHEIDER, R.: Richard Zsigmondy, in: Almanach der Akademie der Wissenschaften in Wien, 80(1930), S. 262–268

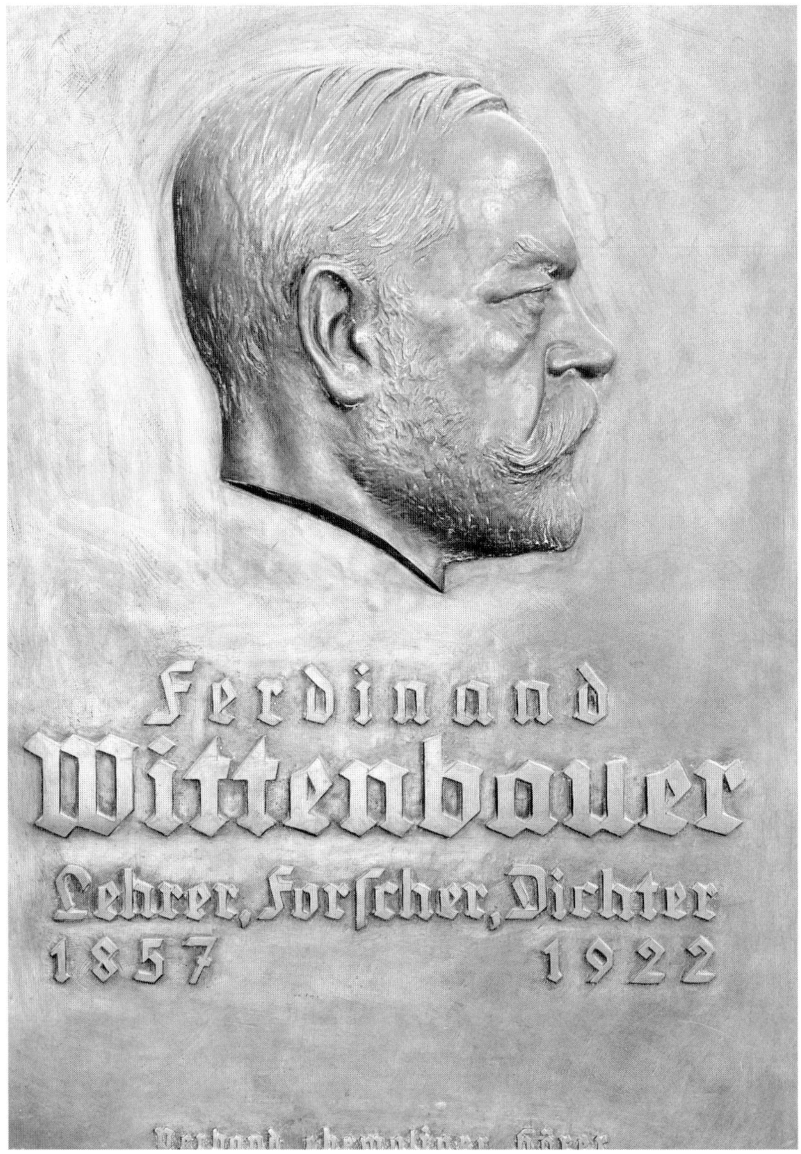

Ehrentafel für Ferdinand Wittenbauer im Hauptgebäude der Technik in Graz (Foto: H. Tezak)

Günter Cerwinka
Karl Wohlhart

Ferdinand Wittenbauer

Lehrer, Forscher, Dichter

Zur Entwicklung der Mechanik als Wissenschaft

Zur Entwicklung der Mechanik als Wissenschaft haben soviele Philosophen, Mathematiker, Techniker und Ingenieure beigetragen, daß die Frage nach der Bedeutung des Beitrages einer bestimmten Person nur in Ausnahmefällen zuverläßlich beantwortet werden kann. Von der Bedeutung des Beitrages hängt der Rang ab, den die Wissenschaftsgeschichte dieser Person zuerkennt, und diese Geschichte schreiben die Nachgeborenen; sie taxieren den Einfluß des einen als nachhaltiger als den eines andern und seine nachgelassenen Schriften als bedeutsamer als die des anderen. Niemand wird glauben, daß ihre Einschätzungen in jeder Hinsicht unanfechtbar sein können.

Dieses vorausgeschickt, soll im folgenden der Versuch gemacht werden, das wissenschaftliche Werk von Ferdinand Wittenbauer, weiland Professor für Technische Mechanik und Theoretische Maschinenlehre an der k.k. technischen Hochschule in Graz von1887 bis 1922, darzustellen und dessen Bedeutung für die Entwicklung der Technischen Mechanik aufzuzeigen.

Eine Vorstellung davon, was für eine Wissenschaft die Mechanik, und worin das Besondere an der Technischen Mechanik liegt, kann ein kurzer Blick in ihre lange Entwicklungsgeschichte vermitteln.

Die Geschichte der Mechanik deckt sich weitgehend mit der Geschichte der Technik. Die Anfänge verlieren sich im Dunkel der Zeiten: Menschen haben, um überleben zu können, um sich zu schützen, um sich zu wehren, immer eine Art primitiver Mechanik betreiben müssen: Die Spannkraft des Bogens, die Wirksamkeit des Hebels, die Wucht des Hammers, die Sprengkraft des Keiles usw., sie alle wurden instinktiv erkannt und zweckentsprechend eingesetzt. Der Transport von Lasten auf Schlitten, unter die zufällig runde Steine oder Baumstämme geraten sind, kann einmal auf die geniale Idee gebracht haben, „Räder“ am Schlitten anzubringen. Die Erfindung der Schrift hat das Erinnerungsvermögen der Menschheit weit über das Erinnern von einzelnen Menschengruppen hinaus erweitert; einmal gemachte Entdeckungen konnten sicher überliefert werden, begrenzt nur mehr durch die Haltbarkeit des Schriftträgers.

Die griechischen Philosophen erfanden die auf einem Axiomensystem beruhende Mathematik und versuchten ein solches auch für die Naturerscheinungen durch reines Nachdenken ausfindig zu machen. Warum fällt ein Stein zu Boden? Aristoteles antwortet schlicht: Der natürliche Ort aller schweren Körper ist unten, ein Stein ist ein schwerer Körper, deshalb fällt er, wenn nicht daran gehindert, nach unten. Das ist zwar die Angabe eines

Grundes, aber es folgt daraus gar nichts. Philosophieren allein ist ebenso unfruchtbar wie gedankenloses Tätigsein.

Die große Wende kommt mit Galileo Galilei: Er verzichtet darauf, Fragen nach dem „Warum" zu beantworten und stellt die Fragen nach dem „Wie" in den Vordergrund. Damit wird Mechanik zu einer Wissenschaft: Nicht die Philosophen, sondern die Natur selbst wird befragt, und diese gibt Antwort in Gesetzen, deren mathematische Form erahnt, erraten werden muß.

Die Entwicklung einer Wissenschaft verläuft nicht auf geradem Wege, sie kennt neben Fortschritten Irrwege und Umwege. Johannes Kepler hat in Graz sein Erstlingswerk, das „Weltgeheimnis", veröffentlicht. Die Grundidee dieses Werkes ist so genial wie absurd: Die Bahnen der sechs Planeten sind nach Gottes Welten-Bauplan eingezäunt von den fünf platonischen Polyedern; und weil es nur fünf reguläre platonische Körper gibt, kann es nur sechs Planeten geben. Ein Irrweg im Anfang (an dem Kepler bis zuletzt festhielt) und ein Umweg auf dem Kepler schließlich zu den nach ihm benannten drei Gesetzen über die Planetenbewegungen kommt.

Newton definierte den Begriff der Kraft als die Ursache jeder Änderung der Geschwindigkeit eines Körpers, und vermutete als erster, daß jene Kraft, die den Stein zu Boden fallen läßt, dieselbe sein könnte, die den Mond in seiner Bahn hält. Die Bestätigung dieser Vermutung führte Newton zu dem universalen Gravitationsgesetz, das die Astronomie zur Himmelsmechanik machte.

In den Händen von Euler, den Bernoulli's, Laplace, d'Alembert, Lagrange, Hamilton, Gauß und anderen großen Mathematikern entwickelte sich die Mechanik in der Folge zur Analytischen Mechanik, einer abgeschlossenen mathematischen Theorie von universaler Gültigkeit.

Mit der in der Mitte des achtzehnten Jahrhunderts erstmal gelungenen Nutzbarmachung der Dampfkraft als Antriebskraft von Maschinen kam nach und nach die sogenannte industrielle Revolution in Gang, in der sich bald der Mangel an genügend zahlreichen, gut ausgebildeten Fachkräften fühlbar machte. Um diesem Mangel abzuhelfen, wurden besondere Fachschulen eingerichtet, aus denen sich dann später vielerorts die Technischen Hochschulen entwickelten. An diesen Fachschulen sollte eine Mechanik betrieben und gelehrt werden, die den Bedürfnissen der Maschinen-Industrie unmittelbarer und besser entsprach, als die mathematisch hochgezüchtete Analytische Mechanik, die in den Anwendungen auf praktische Ingenieurprobleme oft genug die in sie gesetzten Erwartungen nicht erfüllte, weil man um zu Lösungen zu kommen, oft realitätsferne Annahmen machen mußte. Dies war die Geburtsstunde der Technischen Mechanik, der Mechanik, die die realen Gegebenheiten so weit als möglich und so weit als notwendig in die Rechnung einbezieht. In dem großen Werk von Lagrange der „Mécanique Analytique" ist keine Zeichnung zu finden; in einer Technischen Mechanik sollte aber auf eines der Hauptverständigungsmittel der Techniker, die

Zeichnung, nicht verzichtet werden und die graphischen Lösungsmethoden sollten, weil sinnfälliger, wenn immer dies möglich ist, den analytischen Methoden vorgezogen werden.

So wie die Geschichte der Analytischen Mechanik verzeichnet auch die Geschichte der Technischen Mechanik große Namen; nicht nur die Namen von Mathematikern, sondern auch die Namen von bedeutenden Gelehrten, die entweder selbst Ingenieure waren oder ein Nahverhältnis zur Welt der Technik hatten. Wittenbauer war einer von ihnen.

Am 18. Februar 1857 als drittes Kind des Regimentsarztes Dr. Ferdinand Wittenbauer in Marburg an der Drau (ehem. Untersteiermark, jetzt: Maribor, Slowenien) geboren, verlor er früh seine Eltern.

In Graz, wo Wittenbauer bei seinem Onkel, Major von Baravalle, aufwuchs, besuchte er die Landesoberrealschule und legte bereits im Alter von 15½ Jahren – stets Klassenerster – die Reifeprüfung ab. Es folgten fünf Jahre Ingenieurschule an der Technischen Hochschule in Graz.

1879, mit 22 Jahren, legte Wittenbauer die Diplomprüfung mit Auszeichnung ab, nachdem er 1876/77 sein Einjährig-Freiwilligen-Jahr bei der Genietruppe in Wien abgeleistet und 1878 zum Leutnant i. d. Res. ernannt worden war. Er arbeitete zunächst zwei Jahre als Assistent an der Lehrkanzel für Straßen- und Eisenbahnbau und supplierte diese 1881 auch kurzfristig. Bald wandte er sich jedoch der theoretischen Mechanik zu und habilitierte sich 1880 für dieses Fach. 1884 wurde die venia auf Graphische Statik ausgedehnt.

Wittenbauer blieb trotz verlockender Angebote in Graz, bekleidete 1894 bis 1896 und 1903 bis 1905 das Amt des Dekans der „Maschinenbauschule“ (Fakultät für Maschinenbau) und im Jubiläumsjahr 1911/12 das des Rektors. Er engagierte sich mit großem Einsatz für die Gleichstellung der Technischen Hochschulen mit den Universitäten und für die Zuerkennung des Promotionsrechtes an erstere, die 1901 erfolgte. Den ihm verliehenen Hofratstitel hat Wittenbauer selbst nie geführt, mehr Freude wird ihm die Verleihung der Würde eines Ehrendoktors der Deutschen Technischen Hochschule in Prag im Jahre 1917 bereitet haben.

Wittenbauer heiratete 1882 Hermine Weiß, die 1914 starb. Sein gleichnamiger Sohn, 1886 geboren, Diplomingenieur, endete in geistiger Umnachtung durch Selbstmord wenige Monate nach dem Tod seines Vaters. Am 16. Februar 1922 starb Wittenbauer nach einem Anfang des Jahres erlittenen Schlaganfall und wurde am St. Peter-Friedhof in Graz begraben. Eine Straße im Süden von Graz trägt seinen Namen, in der „Alten Technik“ findet sich eine Tafel mit dem Reliefporträt des „Lehrers, Forschers und Dichters“.

Wittenbauer als Wissenschaftler

Woran erkennt man und wie mißt man die Bedeutung eines Wissenschaftlers für sein Fach? Ist die Anzahl der wissenschaftlichen Publikationen, die ein Gelehrter verfaßt hat, ein brauchbarer Maßstab? Heutzutage werden Wissenschaftler oft genug danach taxiert, ob sie viel oder nur wenig publiziert haben. Die Liste der wissenschaftlichen Veröffentlichungen von Professor Wittenbauer verzeichnet 21 Titel; nicht eben viel, würde heute vielleicht eine zur Berufung eines Hochschulprofessors gemischt zusammengesetzte Kommission befinden.

Es gibt eigentlich nur eine Möglichkeit, „Bedeutung" zu erkennen: Wir müssen uns auf die Spurensuche machen. Was ist von dem, was einer gedacht, gelehrt und in Büchern und Schriften niedergelegt hat, gegenwärtig geblieben, was ist zum fixen Bestandteil seiner Fachwissenschaft geworden?

Dabei werden wir uns allerdings hüten müssen zu glauben, daß „die im Dunklen, die man nicht sieht", daß die Wissenschaftler, deren Namen in der Gegenwart nicht mehr oder nur selten genannt werden, von aller Nachwelt gering geachtet werden dürften. Das wäre blankes Unrecht: Sie haben zur Konsolidierung ihrer Wissenschaft beigetragen, als Lehrer das Wissen an Schüler weitergegeben und so der Wissenschaft einen, wenn auch bescheidenen Dienst erwiesen. Auch sollte man bedenken, daß die Vielzitierten nicht immer die Erfinder dessen sind, wofür sie zitiert werden; eine Faustregel (die Ausnahmen bestätigen) der Wissenschaftsgeschichte lautet: Eine Formel, eine Theorie, die den Namen irgendeines Wissenschaftler trägt, stammt in der Regel von anderen.

Begleiten wir nun Wittenbauer auf seinem Werdegang als Wissenschaftler und lassen wir die wissenschaftlichen Arbeiten Revue passieren, die er im Lauf der Zeit veröffentlicht hat. Dabei werden wir diese in aller Bescheidenheit hinsichtlich ihrer Bedeutung für die Technische Mechanik vorsichtig beurteilen müssen.

Die erste wissenschaftliche Arbeit, die von dem eben erst für das Fach Theoretische Mechanik habilitierten, dreiundzwanzigjährigen Privatdozenten der k.k. technischen Hochschule in Graz in Druck erscheint, ist ein Sitzungsbericht der Akademie der Wissenschaften in Wien aus dem Jahre 1880, der den Titel trägt: „Theorie der Bewegung auf developablen Flächen". Wittenbauer, der sich von Anfang an in gleicher Weise zur Wissenschaft wie zur Dichtkunst hingezogen fühlt, hat also zuerst einmal eine wissenschaftliche Karriere im Sinn; die erste poetische Publikation unter seinem eigenem Namen („Flaschenzug und Zirkelspitze") erscheint erst vierzehn Jahre später.

Die Bewegung eines Massenpunktes auf einer abwickelbaren Fläche läßt sich auf die Bewegung in einer Ebene zurückführen. In Weiterführung einer Abhandlung von P. Serret zum gleichen Thema untersucht Wittenbauer eingehend die Bahnen, die ein unter der Einwirkung einer äußeren Kraft stehender Massenpunkt auf verschiedenen reibungsfreien Regelflächen

(Schraubflächen, Zylinderflächen und Kegelflächen mit schiefliegenden Achsen) beschreibt. Auch auf den Fall der Bewegung auf vorgeschriebenen Bahnen in den abwickelbaren Flächen wird anhand von Beispielen eingegangen. In dieser Erstlingsarbeit zeigt sich bereits das pädagogische Geschick Wittenbauers, das in seinen später erscheinenden Aufgabensammlungen besonders hervortritt: Probleme und Lösungswege werden, immer unterstützt durch klare Zeichnungen, in wohlerwogener Sprache dargestellt. Es ist unverkennbar: Wittenbauer ist „Wissenschaftler und Poet dazu".

Im selben Jahr 1880 bzw. im Jahr darauf erscheinen, ebenfalls als Sitzungsberichte der Akademie der Wissenschaften in Wien, bereits drei weitere wissenschaftliche Arbeiten des jungen Hochschuldozenten: Eine „Theorie der Beschleunigungskurven", eine Abhandlung „Über Momente höherer Ordnung" und ein Aufsatz „Über Deviationsmomente".

Wittenbauer definiert die Beschleunigungskurve als die Einhüllende der Schar der Trägergeraden der lokalen Beschleunigungsvektoren einer vorgegebenen Punktbewegung in der Ebene. Wird die Punktbahn mit konstanter Geschwindigkeit durchlaufen, dann ist die Beschleunigungskurve identisch mit der Evolute der Bahn. Die Bewegung des Berührungspunktes der Trägergeraden der Beschleunigungsvektoren entlang dieser Kurve erlaubt ihrerseits wieder die Bestimmung einer Beschleunigungskurve höherer Ordnung. Ein Spiel, das fortgesetzt werden kann zu Beschleunigungskurven beliebig hoher Ordnung.

Der junge Wissenschaftler begibt sich nun für ein Jahr (1883/84) auf Studienreise nach Deutschland. Das Ziel sind die Universitäten in Berlin und in Freiburg im Breisgau. In Berlin besucht Wittenbauer Vorlesungen von so berühmten Professoren wie Kronecker, Kummer, Helmholtz, Kirchhoff und Reuleaux. Hier in Deutschland hat er, der von seinen nachmaligen Schülern als verschlossen und als sehr zurückhaltend beschrieben wird, vermutlich auch einiges von der Wanderburschen-Herrlichkeit erlebt und verinnerlicht. Er, der zeitlebens das „Land der Deutschen mit der Seele" gesucht hat, hat es hier wohl zum ersten Mal gefunden. Wenn seine deutschnationale Gesinnung nicht schon in seinem Elternhaus in Marburg an der Drau, im damaligen steirischen Grenzland angelegt wurde, dann hat diese wahrscheinlich in der ersten Wanderschaft des Fünfundzwanzigjährigen in Deutschland ihre gefühlsmäßigen Wurzeln.

In den Ferienmonaten des Jahres 1885 finden wir Wittenbauer als Praktikanten in der Brückenanstalt der Alpine Montan-Gesellschaft in Graz, wo er sich vertraut macht mit den Forderungen, die die Praxis an den Ingenieur stellt.

Zwei Arbeiten, die „Kinematik des Strahles" und „Die Ebene als bewegtes Element", die 1883 bzw. 1885 erscheinen, zeugen aber davon, daß Wittenbauer sich entschieden der Theorie verschreiben will. Mit diesen beiden Arbeiten betritt Wittenbauer eigentliches Neuland, indem er Gedankengänge der damals modernen Geometrie aufgreift: Nicht der bewegte Punkt ist das Objekt der Untersuchungen, sondern die bewegte Gerade, beziehungsweise die bewegte Ebene.

Beide Arbeiten Wittenbauers sind in ihrer Art sehr originell. Da die Darstellung der Bewegungen der Körper in der Mechanik auf der Darstellung der Bewegungen seiner Punkte beruht, ist anzunehmen, daß Wittenbauer nicht erwartet hat, daß seine beiden Normalkoordinatensysteme für die Mechanik Bedeutung erlangen könnten. Er hat sie in keiner seiner folgenden Arbeiten verwendet.

Durch die Berufung von Professor Franz Stark an die Deutsche Technische Hochschule in Prag wird 1886 die Lehrkanzel für „Reine und Technische Mechanik und Theoretische Maschinenlehre" an der k.k. Technischen Hochschule in Graz vakant. Der dreißigjährige, diplomierte Ingenieur Ferdinand Wittenbauer, durch seine bisherigen Arbeiten wissenschaftlich gut ausgewiesen, bewirbt sich bei dem „hochlöblichen Professoren-Collegium" und wird auf dessen Vorschlag 1887 als außerordentlicher Professor mit der Leitung dieser Lehrkanzel betraut. Vier Jahre später folgt seine Ernennung zum Ordinarius. In dieser Funktion entfaltet Wittenbauer eine fruchtbare Lehr- und Forschertätigkeit, die ihn zu seiner Zeit zu einem der wichtigsten Vertreter der Technischen Mechanik werden läßt.

Von seinen Schülern wurde Wittenbauer vermutlich ebensosehr verehrt wie gefürchtet. Witz, Sarkasmus und Güte werden ihm von allen Schülern nachgesagt, denen er gestattete, ihn etwas näher kennenzulernen. Daß er seinen Studenten, ohne es zu zeigen, herzlich zugetan war, zeigt die sorgfältige Buchführung über alle Prüfungen, die die aus allen Ländern der österreichischen Monarchie stammenden Studierenden bei ihm abgelegt haben. Auch sind die Sympathieträger in seinen, seinerzeit auf den Bühnen Deutschlands und Österreichs erfolgreichen Dramen: „Filia hospitalis" und „Der Privatdozent" die 1903 bzw. 1905 in Druck erschienen sind, sehr studentenfreundliche Professoren.

Die wissenschaftlichen Arbeiten, die Wittenbauer nach seiner Ernennung zum ordentlichen österreichischen Professor für Allgemeine und Technische Mechanik veröffentlicht, erscheinen nun in der angesehenen Zeitschrift für Mathematik und Physik, in der alle berühmten Fachkollegen (Aronhold, Grübler, Burmester, Rodenberg) publizieren. Es sind dies die Arbeiten: „Über gleichzeitige Bewegungen eines ebenen Systems" (1888), „Die Wendepole der absoluten und der relativen Bewegung" (1891), und die drei Aufsätze die in einem einzigen Jahr erscheinen: „Über die Wendepole einer kinematischen Kette", „Über den Beschleunigungspol der zusammengesetzten Bewegung" und „Die Beschleunigungspole der kinematischen Kette" (1895). Alle diese (durchschnittlich zwanzigseitigen) Aufsätze sind der kinematischen Geometrie zuzurechnen, in der die Beziehungen, die zwischen den (absoluten bzw. den relativen) Geschwindigkeiten und Beschleunigungen der verschiedenen Punkte einer ebenbewegten Ebene in einer momentanen Lage bestehen, studiert und ausführlich dargestellt werden.

Zu Zeiten Wittenbauers war die „Graphische Statik“ (Culmann, Müller-Breslau, Mohr) bereits ein wohl etabliertes Teilgebiet der Technischen Mechanik. Sie kam den Bauingenieuren besonders entgegen, da sie Aufgaben von großer praktischer Bedeutung schnell und übersichtlich durch das Ziehen von einigen Strichen zu lösen gestattete. Im Anschluß daran hat es nicht an Versuchen gefehlt, graphische Methoden nicht nur für die Kinematik, sondern auch für die Dynamik nutzbar zu machen. Auf dem Gebiet der graphischen Dynamik konnte Wittenbauer dann seine größten Erfolge erzielen. Bevor auf diese näher eingegangen werden kann, müssen noch andere Arbeiten Wittenbauers angeführt werden, die anderen Teilgebieten der Technischen Mechanik zuzurechnen sind und die die Vielseitigkeit der schöpferischen Tätigkeiten Wittenbauers in der Allgemeinen Mechanik dokumentieren.

1896 erscheint seine elastizitätstheoretische Arbeit mit dem Titel: „Theorie der Schubspannungen und der spannungslosen Geraden“, in der es um den geometrischen Zusammenhang zwischen der Orientierung des Flächenelementes und der Richtung der Schubspannung in einem Punkt des dreidimensionalen Spannungsfeldes geht. Der Ausdruck „spannungslose Gerade“ befremdet hier, weil Spannung ja doch als eine Kraft pro Flächeneinheit definiert wird. Wittenbauer versteht darunter die Richtung, in der der einem Flächenelement zugeordnete Spannungsvektor keine Komponente besitzt. Die übersichtliche zweidimensionale Darstellung des räumlichen Spannungszustandes durch die „Mohrschen Spannungskreise“ war zu diesem Zeitpunkt offensichtlich noch unbekannt.

In dem Aufsatz „Über den Stoß freier Flüssigkeitsstrahlen“ diskutiert Wittenbauer im Jahr 1901 das für den Maschinenbau (Turbinen und Pumpenbau) besonders wichtige Problem der Kraftwirkung eines Flüssigkeitsstrahles auf eine schräggestellte Platte, für das aufgrund verschiedener vereinfachender Annahmen (unbegrenzte, reibungsfreie Fläche, freier Abfluß nach allen Seiten) bereits verschiedene Lösungen vorgeschlagen worden waren. Wittenbauer weist auf die Nichtübereinstimmung der bisher gebräuchlichen Angaben hin, und gibt eine auf dem Gaußschen Prinzip des kleinsten Zwanges basierende eigene Näherungslösung an, wobei es ihm auch noch gelingt, die Dicke der abfließenden Wasserfäden rund um den Auftreffpunkt des Strahles näherungsweise zu bestimmen. Das Problem des Stoßes eines Flüssigkeitsstrahls auf eine begrenzte, schiefliegende Platte ist einer exakten Lösung nicht zugänglich, daher sind zuverlässige Näherungslösungen damals wie heute von Interesse.

Zwei der zeitlich darauf folgenden Arbeiten beschäftigen sich mit dem Knick-Problem: „Die Knicklast mehrfach befestigter Stäbe“ (1902), und „Die Verallgemeinerung der Eulerschen Knicklast“ (1903). Beide Arbeiten sind von Bedeutung für die Bautechnik.

Die ab 1904 erscheinenden Abhandlungen Wittenbauers sind sämtlich Vorarbeiten für ein von ihm geplantes, groß angelegtes Werk über die Anwendung graphischer Methoden in der Dynamik. Dieses umfangreiche Werk mit 797 Seiten hat Wittenbauer gemäß seinem Vorwort im Februar 1922 abschließen können; am 16. Februar verstarb er nach kurzer Krankheit. Das Buch erschien im darauffolgenden Jahr und begründete eigentlich den internationalen Ruf Wittenbauers. Welches sind nun diese Vorarbeiten, die dann im Zusammenhang in der „Graphischen Dynamik" ihre ausführliche Darstellung finden? Sie beginnen 1904 mit der „Graphischen Dynamik der Getriebe", in der der Plan für das große Werk entworfen wird und alle wichtigen Themen bereits angesprochen werden: Die Theorie der dynamischen Ersatzpunkte, die Rückführung der Dynamik der ebenen, zwangsläufigen Getriebe auf die Dynamik eines Punktes mit veränderlicher Masse, auch die Ermittlung des Schwungrades unter genauer Berücksichtigung aller beteiligten Massen wird hier bereits kurz angedeutet.

In dem Aufsatz „Die Bewegungsgesetze der veränderlichen Masse" (1905) zeigt Wittenbauer, welche Veränderungen an den Grundgleichungen der Dynamik vorgenommen werden müssen, wenn von der absoluten Konstanz der Masse des bewegten Körpers abgegangen wird. Diese Gleichungen werden aufgrund sowohl des Impulssatzes als auch des Energiesatzes abgeleitet und es wird die Gelegenheit wahrgenommen, auf Unzulänglichkeiten, die in der Literatur (Resal, Piaron de Mondesir) zu diesem Thema bestehen, hinzuweisen. Wittenbauer unterscheidet zwischen einer gedachten Massenänderung, wie sie in seiner graphischen Dynamik eine wichtige Rolle spielt, und einer tatsächlichen Massenänderung, die durch das kontinuierliche Hinzutreten oder Absprengen von Masseteilchen zustandekommt. Der russische Lehrer Tsiolkovski hat 1903 seine nunmehr weltberühmte Raketenformel veröffentlicht, die die im Weltraum erreichbare Geschwindigkeit einer abbrennenden Rakete angibt. Diese Raketenformel findet man nicht in Wittenbauers Arbeit, sie könnte aber ohne weiterers aus seinen Gleichungen gefolgert werden. Zu Recht wird in der Wissenschaftsgeschichte allein Tsiolkovski als der Begründer der Raketentechnik genannt, denn bei Wittenbauers Aufzählung von Beispielen, bei denen veränderliche Masse vorkommt, werden Raketen seltsamerweise gar nicht erwähnt.

Im selben Jahr 1905 publiziert Wittenbauer seinen Aufsatz „Die graphische Ermittlung des Schwungradgewichtes", der in der Fachwelt wohl die größte Resonanz von allen seinen wissenschaftlichen Veröffentlichungen gefunden hat. Die darin dargelegte graphische Methode zur Bestimmung des erforderlichen Trägheitsmomentes des Schwungrades, welches die Ungleichförmigkeit des stationären Laufes einer Maschine in vorgegebenen Grenzen hält, hat dank ihrer bemerkenswerten Einfachheit sofort in aller Welt Eingang in die Lehrbücher über Maschinendynamik gefunden. Sie ist auch heute noch in den Lehrbüchern zu finden, sofern diese sich nicht ausschließlich der Computertechnik verschrieben haben.

Первый принципиально точный графо-численный метод расчета маховика с помощью диаграммы энергомасс $E(J^*)$ был предложен проф. Ф. Виттенбауером. Для построения этой диаграммы необходимо графически проинтегрировать зависимость $M^*(\varphi)$ и получить графики $A(\varphi)$ и $\Delta E(\varphi)$. Кроме того, следует найти зависимость приведенного момента инерции выходных звеньев $\Delta J^*(\varphi)$.

По этим зависимостям (рис. 12.3), графически исключая параметр φ, строят диаграмму $\Delta E(\Delta J^*)$, где $\Delta E = E - E_0$, а $\Delta J^* = J^* - J_м$. Величины начальной кинетической энергии E_0 механизма и момент инерции $J_м$ маховика со звеном приведения неизвестны. Так как эти неизвестные для рассматриваемого механизма постоянны, то на характер кривых $\Delta E(\varphi)$ и $\Delta J^*(\varphi)$ они не

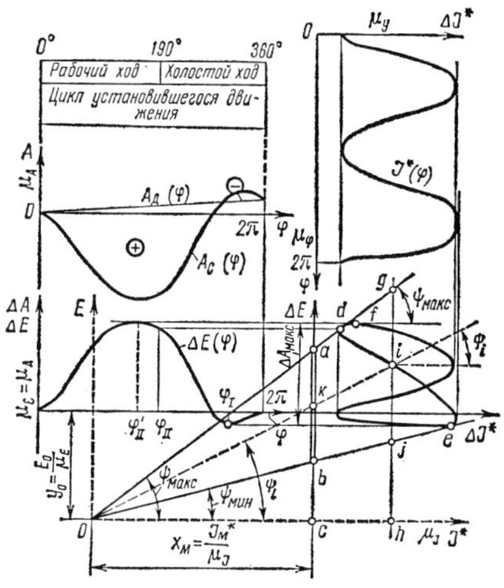

Рис. 12.3. Построение диаграммы энергомасс $\Delta E(\Delta J)$

如圖 12–15 所示。

其次，当設計飞輪时，机械原动構件的平均角速度 ω_{op} 和机械运轉的不均匀系数 δ 也是已知的，因此我們可以由下列二式算出綫圖 $E=E(J_п)$ 上与最大角速度 ω_{max} 和最小角速度 ω_{min} 相对应的傾斜角 ψ_{max} 和 ψ_{min}。由(12–19)和(12–24)式得

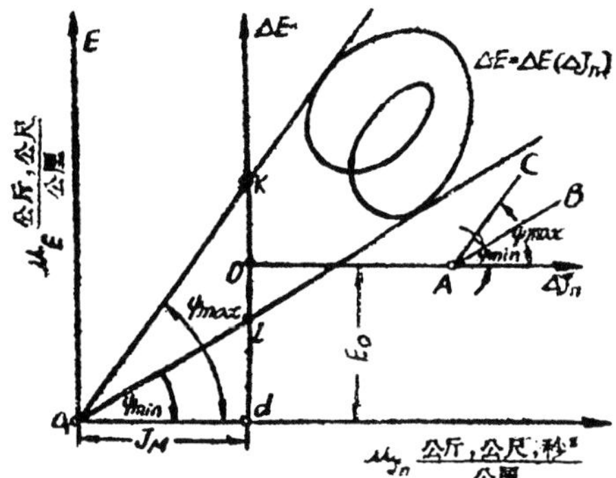

圖 12–15

Hinweis auf Ferdinand Wittenbauer in Lehrbüchern in russischer und chinesischer Sprache (Archiv K. Wohlhart)

Daß in dem bekannten Buch von I. I. Artobolevski „Théorie des Mécanismes et des Machines“ im Jahre 1975 diese Methode zwar dargestellt, aber nicht nach Wittenbauer benannt wird, hat seinen Grund darin, daß Artobolevski, offensichtlich ohne Kenntnis von Wittenbauers Arbeit, sie 1947 von neuem entdeckt hat.

Ein Hochschullehrer hat den ihm anvertrauten Gegenstand in Forschung und Lehre nach besten Kräften zu vertreten. Ansehen unter den Fachkollegen bringen nur Erfolge in der Forschung; ein Erfolg in der Lehre ist im allgemeinen nicht unmittelbar nachweisbar. Daß Wittenbauer aber auch einer der erfolgreichsten Lehrer der Technischen Mechanik war, beweist genugsam seine Sammlung von „Aufgaben aus der Technischen Mechanik“, die in erster Auflage dreibändig in den Jahren 1907–1911 im Verlag von Julius Springer in Berlin erschien. Es ist dies die erste deutschsprachige Aufgabensammlung in der Mechanik überhaupt. Das Werk erlebte bis 1931 sechs Auflagen: Generationen von Studierenden an den k.k. Technischen Hochschulen der österreichischen Monarchie und in Deutschland haben anhand dieser drei Bücher die Anfangsgründe der Mechanik gelernt. Zufälligerweise erschien gleichzeitig (1907) in Rußland die „Sammlung von Aufgaben der Theoretischen Mechanik“ von I. Mestscherski mit gleicher Zielsetzung. Im Westen ist dieses Werk in deutscher Übersetzung erst nach dem zweiten Weltkrieg bekannt geworden.

Der publizistische Erfolg der Wittenbauerschen Aufgabensammlung ist vermutlich darauf zurückzuführen, daß sie, wie es im Vorwort der ersten Auflage heißt, „... keine Probleme der Mechanik, sondern leichte Aufgaben, die von jedem Anfänger aufgrund von Vorlesungen über technische Mechanik gelöst werden können ...“ enthält. Wittenbauer verzichtet darauf, besonders interessante Aufgaben zu ersinnen; solche Aufgaben sind für den Fortgeschrittenen als Herausforderung sehr wertvoll, den Anfänger aber können sie sehr leicht mutlos machen. Es geht Wittenbauer offensichtlich darum, im jungen Studierenden Freude an der eigenen Leistungsfähigkeit zu wecken. Die Sammlung besteht aus drei Teilen: Der erste Band enthält etwas mehr als 800 Aufgaben aus der allgemeinen Mechanik (der Mechanik der starren Körper), im zweiten Band findet man rund 500 Aufgaben aus der Festigkeitslehre (der Mechanik der elastisch verformbaren Körper), und schließlich bringt der dritte Band etwa 500 Aufgaben aus dem Gebiet der Strömungslehre (der Mechanik der Flüssigkeiten und Gase). Fast wie in einem programmierten Unterricht wird in ganz wenigen Zeilen jeweils eine Aufgabe vorgestellt, immer begleitet von einer kleinen Zeichnung. Wesentlich ausführlicher wird dann, immer bei den Grundlagen beginnend, der Lösungsweg beschrieben, der zu dem gewünschten Ergebnis führt. Die Auflagenzahlen dieser Bücher müssen beträchtlich gewesen sein; in den wissenschaftlichen Antiquariaten der großen europäischen Städte kann man sie oft noch finden; und einer, der diese Bücher heute zur Hand nimmt, kann daraus immer noch gut und mühelos die Anfangsgründe der Mechanik erlernen. Dieses Sammelwerk wurde auch mehrfach in fremde Sprachen übersetzt, noch im Jahre 1965 ist eine Ausgabe in spanischer Sprache erschienen.

In der „Graphischen Dynamik“, die 1923 im Verlag von Julius Springer in Berlin erschienen ist, stellt Wittenbauer alle die von ihm auf dem Gebiet der Getriebetechnik erzielten, wissenschaftlichen Ergebnisse im Zusammenhang ausführlich dar. Obwohl auch andere Wissenschaftler (Radinger, R. Pröll, G. Hermann) Beiträge zu einer graphischen Dynamik geliefert haben, gilt Wittenbauer aufgrund seiner eigenen Beiträge und dieser vorbildlichen, zusammenfassenden Darstellung zu Recht als der eigentliche „Schöpfer der graphischen Dynamik“ (K. Federhofer). Jemand, der die Vorarbeiten Wittenbauers zu diesem seinem größten Werk nicht kennt, wird unter dem Titel „Graphische Dynamik" möglicherweise zeichnerische Integrationsmethoden vermuten; besteht doch die Grundaufgabe der Dynamik - mathematisch gesehen- in der Integration eines Systems von Differentialgleichnungen. Das wäre aber ein Mißverständnis, davon ist im Buch selten die Rede. Wittenbauer betrachtet in der Graphischen Dynamik im ersten, dem weitaus größten Teil des Buches, Probleme, die dem momentanen Bewegungszustand eines mechanischen Systems zugeordnet werden können. Es geht um den Geschwindigkeitszustand, den Beschleunigungszustand und um die Kräfte in den Gelenken in einer bestimmten Lage des mechanischen Systems. Unter den mechanischen Systemen sind dabei fast ausschließlich Mehrkörpersysteme, gelenkig verbundene starre Körper, der ebenen Getriebetechnik zu verstehen. Es wird meist auch noch Zwanglauf vorausgesetzt, so daß man sich auf einem Gebiet befindet, bei dem graphische Methoden im Sinne Wittenbauers ein sehr weites Anwendungsfeld haben. Bedenkt man die Vielzahl der Mechanismen, die in der Maschinenbau-Technik Verwendung finden, kann man ermessen, wieviel Probleme sich selbst bei diesen Einschränkungen der Aufgabenstellung bereits ergeben.

Das letzte Kapitel des Buches ist der Ermittlung des Schwungradgewichtes vorbehalten, Wittenbauers wichtigstem Beitrag zur Getriebetechnik. F. Radinger hat 1869 eine Methode der Schwungradberechnung vorgeschlagen, die in sich widersprüchlich ist: Einerseits wird konstante Maschinendrehzahl zur Berechnung der Trägheitskräfte angenommen, während andererseits gerade die Ungleichförmigkeit des Laufes der Maschine in Zusammenhang gebracht wird mit dem Schwungradgewicht. Wittenbauer gibt eine auf beliebige Zwanglaufgetriebe anwendbare, zeichnerisch exakte Methode an, bei der die Massenverteilung des Getriebes ohne jede Vernachlässigung berücksichtigt wird. Das Wittenbauersche „Massenwucht-Diagramm" gestattet den Zusammenhang zwischen dem Trägheitsmoment des Schwungrades, der mittleren Drehzahl und dem Ungleichförmigkeitsgrad des Maschinenlaufes unmittelbar zu überblicken.

Nimmt ein Student des Maschinenbaus an einer Technischen Hochschule Wittenbauers dickes Buch heute noch in die Hand? Nein; bereits der Titel des Buches wird ihn davon abhalten. Die elektronische Datenverarbeitung hat eine neue, eine gegensinnige Entwicklung in der Mechanik eingeleitet: Die durchwegs auf ebene Probleme beschränkten graphischen Lösungsmethoden haben, so elegant sie sein mögen, ihre einstige Bedeutung weitgehend eingebüßt, Rechenprogramme von großer Leistungsfähigkeit sind an ihre Stelle getreten. Die Unterscheidung zwischen Analytischer Mechanik und Technischer Mechanik ist gegenstandslos geworden; die elektronische Datenverarbeitung macht es möglich, den zeitlichen Ablauf der Bewegung hochkomplexer Strukturen rechnerisch zu verfolgen und diesen in Diagrammen, Bildern und Filmen sichtbar zu machen.

Diese Entwicklung hat zu Zeiten Wittenbauers und später noch niemand voraussehen können. In seiner Inaugurationsrede über die „Zukunft und

Ziele der Technischen Mechanik" fragt Wittenbauer: „... warum rechnen wir soviel und so umständlich, wenn wir das Ziel durch eine Zeichnung müheloser erreichen können?" und äußert sich überzeugt davon „... daß in Zukunft an den Technischen Hochschulen besondere Lehrkanzeln für graphische Dynamik entstehen werden ..."

Zukunft ist nicht vorhersehbar. Was ein Wissenschaftler zu seiner Wissenschaft beitragen kann, sind Bausteine zu einem Gebäude, die meisten davon werden für immer unsichtbar bleiben, einige vielleicht in der Fassade sichtbar zu liegen kommen, und ganz selten wird einer als Eckstein dienen. Von Zeit zu Zeit sind neue Gebäude notwendig, dann werden die alten von selbst zu Museen. Wäre es nicht so, käme Wissenschaft zum Stillstand.

Man wird in der Geschichte der Mechanik kaum einen Wissenschaftler namhaft machen können, der in zwei sich gegenseitig scheinbar ausschließenden Gebieten, der Mechanik und der Dichtkunst, zumindest in seiner Zeit gleich erfolgreich war. Gewiß hat der eine oder der andere Wissenschaftler privatim in der Malerei dilettiert, Lieder komponiert oder Gedichte geschrieben, kaum einer aber ist mit seinen poetischen Hervorbringungen in der Öffentlichkeit so erfolgreich hervorgetreten wie Wittenbauer. Wenn diese Dichtungen sich auch nicht „dauerhafter als Erz" erwiesen haben, so erlauben sie dem Interessierten immerhin einen guten Einblick in das Gefüge des gesellschaftlichen Lebens um die Jahrhundertwende.

Wittenbauer als Dichter

Den Stoff für seine besten Werke, die drei Dramen „Filia hospitalis", „Der Privatdozent" und „Der weite Blick", schöpfte Wittenbauer aus seinen Studienjahren an der *Technik in Graz*, seiner Zugehörigkeit zur Burschenschaft „Allemannia", sowie aus seinem Berufsleben als Techniker und Hochschullehrer.

In neueren, überregionalen Publikationen sucht man den Dichter Ferdinand Wittenbauer vergebens. Dies ist auf die stark zeit- und milieugebundene Thematik des überwiegenden Teils seines dramatischen Schaffens einerseits, auf den romantisierenden, „altdeutschen" Charakter seiner Lyrik und Prosa andererseits zurückzuführen. Was das Werk Wittenbauers, vor allem die genannten drei Stücke, interessant macht, ist nicht ihr (mäßiger) literarischer Wert, sondern die zutage tretende Reflexion politischer, kultureller und sozialer Zustände und Auseinandersetzungen im Hochschul- und Studentenleben.

Von den bedeutenden literaturgeschichtlichen Nachschlagewerken beschäftigt sich nur Nagl-Zeidler-Castle ausführlicher mit Wittenbauer. Bei aller Kritik wird ihm zugestanden, „was den meisten steirischen Dramatikern fehlt, das sichere Gefühl für die Forderungen der Bühne, er wußte eine Handlung in Bewegung zu halten, zur Spannung zu steigern, im rechten Au-

Titelblatt zu Emil Leimdörfer: Ferdinand Wittenbauer

genblick durch wuchtige Massenszenen zu unterstreichen, und es war in ihm das Feuer aufbrausender Leidenschaft, ohne die das Wort auf der Bühne nicht zünden und entflammen kann." Die Literatur der Steiermark ist bis zu Max Mell arm an Dramatikern. Wittenbauer war „der erste Steirer, der sich die deutsche Bühne wenigstens für ein Vierteljahrhundert eroberte."

Daß der Erfolg seiner Stücke der sicheren „Bühnentechnik des Mechanikprofessors" zuzuschreiben sei, „der mit den Gesetzen der zweckmäßigsten Kraftverteilung auch auf diesem Gebiete vertraut war", und nicht den zugrundeliegenden Tendenzen, ist fraglich. Gerade die antiklerikalen Ausfälle haben – wie noch gezeigt werden wird – beim bürgerlich-liberalen Theaterpublikum Beifallsstürme ausgelöst.

Schon zu Lebzeiten Wittenbauers, um 1904, erschien in Wien im Verlag Carl Konegen (später Ernst Stülpnagel), der eine Reihe seiner Werke herausbrachte, ein Büchlein von Emil Leimdörfer über den Dichter mit dem Titel: „Ferdinand Wittenbauer. Ein Neu-Romantiker aus Österreich". Der panegyrische Stil des Verfassers läßt die Sachlichkeit des Urteils a priori bezweifeln. Wittenbauer „hängt mit den Fasern seines Herzens am deutschen Volke", heißt es da, liebt das Mittelalter und idealisiert es, „weil er annimmt, daß damals das deutsche Volk am reinsten seine nationale Eigenart zur Geltung brachte". Leimdörfer hält Wittenbauer einem Rudolf Baumbach und Julius Wolff für ebenbürtig und nennt ihn einen „Virtuose(n) der Seelenmalerei", dessen Gestalten „keine modernen" seien: „sie empfinden nicht neurasthenisch ... bergen nicht im mittelalterlichen Gewande Gegenwartsgefühle, sondern ihr Seelenleben äußert sich stark, ohne die hypernervöse Feinheit unserer Zeit."

Während Leimdörfer außer der „Filia hospitalis", die kurz vor ihrer Erstaufführung stand, nur das frühe lyrische und Prosaschaffen Wittenbauers analysieren konnte, blickte Dora Leon 1922 auf das Gesamtwerk zurück. Eineinhalb Monate nach dem Tode Wittenbauers hielt die Wiener Literaturhistorikerin im Steiermärkischen Landesverein Deutscher Ingenieure und Techniker einen Vortrag: Ferdinand Wittenbauer, der Techniker als Dichter. Den „Wiener Literaturfreunden" habe Wittenbauer, so Dora Leon, „als einer der interessantesten und gedankenschärfsten Steirer Dichter" gegolten.

Sie schätzt an ihm seine Selbstironie, die Kritik am Zeitgeist und dessen Übertreibungen, wie dies in der Sammlung von Kurzerzählungen „Schnabelwetze" zum Ausdruck komme. Der Vortrag enthält auch ausführliche Inhaltsangaben der Dramen Wittenbauers. Ort und Anlaß der offensichtlichen Gedenkrede können eine kritische Auseinandersetzung nicht erwarten lassen. So bleibt diese Darstellung selbst dem Zeitgeist verhaftet, wenn aus dem Werk Wittenbauers die abseits literarischer Wertungen liegende Mahnung abgelesen wird, „daß nur Leistung, Höchstleistung, Arbeit und härteste Pflichterfüllung erweisen kann, daß wir noch echte rechte Deutsche sind, die nicht nur mit Herz und Mund, sondern mit unserem ganzen Wollen und Können für unser armes deutsches Vaterland eintreten".

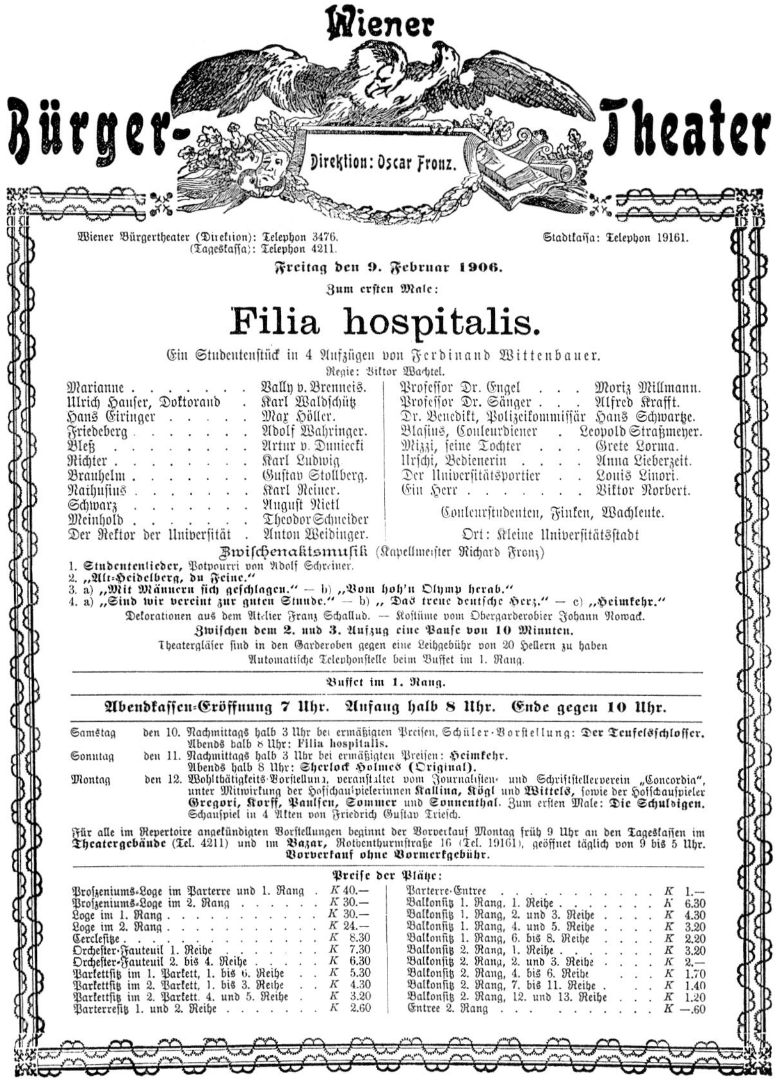

Wiener

Bürger-Theater

Direktion: Oscar Fronz.

Wiener Bürgertheater (Direktion): Telephon 3476.
(Tageskassa): Telephon 4211.
Stadtkassa: Telephon 19161.

Freitag den 9. Februar 1906.

Zum ersten Male:

Filia hospitalis.

Ein Studentenstück in 4 Aufzügen von Ferdinand Wittenbauer.

Regie: Viktor Wachtel.

Marianne . . . . Vally v. Brenneis.
Ulrich Hauser, Doktorand . Karl Waldschütz
Hans Eiringer . . . . . . Max Höller.
Friedeberg . . . . Adolf Wahringer.
Bleß . . . . Artur v. Duniecki
Richter . . . . Karl Ludwig
Brauhelm . . . . Gustav Stollberg.
Nathusius . . . . Karl Reiner.
Schwarz . . . . August Rietl
Meinhold . . . . Theodor Schneider
Der Rektor der Universität . Anton Weidinger.
Professor Dr. Engel . . . Moriz Millmann.
Professor Dr. Sänger . . . Alfred Krafft.
Dr. Benedikt, Polizeikommissär Hans Schwartze.
Blasius, Couleurdiener . Leopold Straßmeyer.
Mizzi, seine Tochter . . . Grete Lorma.
Urschi, Bedienerin . . . . Anna Lieberzeit.
Der Universitätsportier . . Louis Linori.
Ein Herr . . . . Viktor Norbert.

Couleurstudenten, Finken, Wachleute.

Ort: Kleine Universitätsstadt

Zwischenaktsmusik (Kapellmeister Richard Fronz)

1. **Studentenlieder,** Potpourri von Adolf Schreiner.
2. **„Alt-Heidelberg, du Feine."**
3. a) **„Mit Männern sich geschlagen."** — b) **„Vom hoh'n Olymp herab."**
4. a) **„Sind wir vereint zur guten Stunde."** — b) **„Das treue deutsche Herz."** — c) **„Heimkehr."**

Dekorationen aus dem Atelier Franz Schallud. — Kostüme vom Obergarderobier Johann Nowack.

Zwischen dem 2. und 3. Aufzug eine Pause von 10 Minuten.

Theatergläser sind in den Garderoben gegen eine Leihgebühr von 20 Hellern zu haben
Automatische Telephonstelle beim Buffet im 1. Rang.

Buffet im 1. Rang.

Abendkassen-Eröffnung 7 Uhr. Anfang halb 8 Uhr. Ende gegen 10 Uhr.

Samstag den 10. Nachmittags halb 3 Uhr bei ermäßigten Preisen, Schüler-Vorstellung: **Der Teufelsschlosser.**
Abends halb 8 Uhr: **Filia hospitalis.**
Sonntag den 11. Nachmittags halb 3 Uhr bei ermäßigten Preisen: **Heimkehr.**
Abends halb 8 Uhr: **Sherlock Holmes (Original).**
Montag den 12. Wohltätigkeits-Vorstellung, veranstaltet vom Journalisten- und Schriftstellerverein „Concordia", unter Mitwirkung der Hofschauspielerinnen **Kallina, Kögl** und **Wittels,** sowie der Hofschauspieler **Gregori, Korff, Paulsen, Sommer** und **Sonnenthal.** Zum ersten Male: **Die Schuldigen.** Schauspiel in 4 Akten von Friedrich Gustav Triesch.

Für alle im Repertoire angekündigten Vorstellungen beginnt der Vorverkauf Montag früh 9 Uhr an den Tageskassen im **Theatergebäude** (Tel. 4211) und im **Bazar,** Rotenthurmstraße 16 (Tel. 19161), geöffnet täglich von 9 bis 5 Uhr.
Vorverkauf ohne Vormerkgebühr.

Preise der Plätze:

Proszeniums-Loge im Parterre und 1. Rang	K 40.—	Parterre-Entree	K 1.—
Proszeniums-Loge im 2. Rang	K 30.—	Balkonsitz 1. Rang, 1. Reihe	K 6.30
Loge im 1. Rang	K 30.—	Balkonsitz 1. Rang, 2. und 3. Reihe	K 4.30
Loge im 2. Rang	K 24.—	Balkonsitz 1. Rang, 4. und 5. Reihe	K 3.20
Cerclesitze	K 8.30	Balkonsitz 1. Rang, 6. bis 8. Reihe	K 2.20
Orchester-Fauteuil 1. Reihe	K 7.30	Balkonsitz 2. Rang, 1. Reihe	K 3.20
Orchester-Fauteuil 2. bis 4. Reihe	K 6.30	Balkonsitz 2. Rang, 2. und 3. Reihe	K 2.—
Parkettsitz im 1. Parkett, 1. bis 6. Reihe	K 5.30	Balkonsitz 2. Rang, 4. bis 6. Reihe	K 1.70
Parkettsitz im 2. Parkett, 1. bis 3. Reihe	K 4.30	Balkonsitz 2. Rang, 7. bis 11. Reihe	K 1.40
Parkettsitz im 2. Parkett. 4. und 5. Reihe	K 3.20	Balkonsitz 2. Rang, 12. und 13. Reihe	K 1.20
Parterresitz 1. und 2. Reihe	K 2.60	Entree 2. Rang	K —.60

k. k. Hoftheater-Druckerei, IX. Berggasse 7.

Uraufführung des Stückes „Filia hospitalis" am Wiener Bürgertheater (Orig.: Österr. Theatermuseum in Wien)

Sehen wir nun im einzelnen nach den Werken Wittenbauers: Die „Filia hospitalis" kennen wir aus dem Refrain des Studentenliedes „O wonnevolle Jugendzeit", das die Unvergleichlichkeit des studentischen Hauswirtstöchterleins besingt. Es liebt den ordentlichen Studenten Ulrich Hauser. Dieser ist ein erklärter Duellgegner, tötet aber den Corpsstudenten, der Marianne beleidigt, im Zweikampf.

Das Stück erschien 1903 als Textbuch und wurde 1906 am Wiener Bürgertheater uraufgeführt. Die Aufnahme des Stückes durch die Presse war unterschiedlich: die „Neue Freie Presse" nahm es nicht ernst, während das „Alldeutsche Tagblatt" in der „Filia hospitalis" das „hohe Lied des Couleurwesens" sah.

In Graz konnte das Stück erst nach Streichungen im Text aufgeführt werden, die in erster Linie Verbaliniurien gegen die Polizei („Kerl") und Zweifel an deren staatserhaltender Bedeutung, in geringerem Maß die Darstellung und Beurteilung katholischer Verbindungsstudenten („schwarze Zunft") betrafen.

Es waren „Vorfälle nach bekanntem Muster" („Volksblatt"), die Wittenbauer auf die Bühne brachte: Die jahrelangen handgreiflichen Auseinandersetzungen zwischen der 1888 gegründeten katholischen Verbindung „Carolina" und den etablierten national-liberalen Korporationen, die erst 1908 und 1913 ihre Höhepunkte finden sollten.

Am 26. März 1906 fand die Vorstellung im Grazer Schauspielhaus statt; Darsteller und Autor wurden unzählige Male, wie das „Tagblatt" berichtet, auf die Rampe des ausverkauften Hauses gerufen. In großer Deutlichkeit widerspiegeln die Besprechungen in den Grazer Zeitungen die scharfen Gegensätze im kulturpolitischen Klima der Stadt Graz. Das vernichtendste Urteil fällt mit wenigen Sätzen der sozialdemokratische „Arbeiterwille". Erwartungsgemäß nehmen „Volksblatt" und „Tagblatt" die konträren Positionen ein. Während sich letzteres an den „jugendlich stürmischen Kundgebungen wider die Feinde eines freien akademischen Lebens" erfreut, ist im „Volksblatt" von „bübischen Brutalitäten" die Rede, „wie sie auch ein Peter Rosegger im ‚Sünderglöckel' für alle Zeiten gebrandmarkt" habe.

„Der Privatdozent", ein Stück aus dem akademischen Leben, wie es Wittenbauer nennt, verknüpft Vorgänge bei der Nachbesetzung einer Universitäts-Lehrkanzel mit der Verlobung einer Professorentochter. Der Ennstaler Bauernsohn Johannes Obermayer, dessen ungehobeltes Benehmen die Professorengattinnen schockiert, soll einen vakanten Lehrstuhl erhalten. Als nicht er, sondern ein intriganter Streber und Brautwerber bei der Tochter des maßgeblichen Professors auf den Vorschlag kommt, verläßt der Privatdozent die Universität und geht heim in die „heile Welt" seiner Berge. Das Stück, 1905 in Dresden uraufgeführt, ging über viele Bühnen des deutschsprachigen Raumes. Im Wiener Volkstheater spielte der große Rudolf Tyrolt die Rolle des bärbeißigen Professors Prutz. Laute Tendenz, Verzerrung und Vergröberung warf man dem Stück vor, und das Grazer „Volksblatt" verurteilte überaus scharf die Angriffe des Professors „Prutz-Wittenbauer" (!) auf Einschränkungen der Wissenschaft durch die Kirche: „Sozialistische Hetzredner ohne solide Schulbildung, aber vollgefüllt mit Geschichtslügen und schurkischen Pamphleten, mit unverdauten, aber jedem Spatzenhirn mundgerecht gemachten wissenschaftlichen Hypothesen ..., die geben in jedem Schmierblättchen, jeder Schnapsspelunke solche Phrasen zum besten."

In dem dritten seiner Stücke, die in einem Zusammenhang mit der Thematik Studenten und Hochschule stehen, „Der weite Blick", geht es um die Geringschätzung des Technikers als Fachmann im Verwaltungsapparat: der Ingenieur, der Nicht-Jurist, besitze nicht den nötigen Weitblick.

Ingenieur Martin Hammer ist mit dem Bau eines Eisenbahntunnels be-

Deutsches Volkstheater

Direktion: **Adolf Weisse.**

Freitag den 5. Jänner 1906.

Antheilscheine: 1. Viertel (grün

Zum ersten Male:

Der Privatdozent.

Ein Stück aus dem akademischen Leben in vier Aufzügen von Ferdinand Wittenbauer.

Spielleiter: Richard Vallentin.

Hofrat Professor Dr. Alfred Kellersheim .	Adolf Weisse.	Frau Professor Frieda v. Leucht	Claire Wallentin.
Amelie, seine Frau . .	Lucie Lißl.	Frau Professor Bärtling	Louise Martinelli.
Else, ihre Tochter, . .	Paula Müller.	Frau Professor Faßbender	Tore Wolfram.
Professor Dr. Prinz . .	Rudolf Tyrolt a. G.	Privatdozent Dr. Johannes Obermayer	Viktor Kutschera.
Oberbergrat Professor Lendenberg	Rudolf Lehrer.	Privatdozent Dr. v. Lukanus	Leopld Kramer.
Regierungsrat Professor Dr. Gayer	Richard John.	Kern, } Studenten, .	Emil Birron.
		Lederer, } Studenten, .	Hugo Brady.
Professor Dr. Karthaus .	Theodor Weiß.	Frau Anne Berger . .	Kathi Thaller.
Frau Professor Lendenberg	Pauline Schweighofer.	Käthe, ihre Tochter, . .	Käthe Hannemann.
Frau Professor Gayer .	Ernestine Nemé.	Louise, Stubenmädchen bei Kellersheim, ...	Helene Falk.

Die ersten 3 Aufzüge spielen im Verlauf einer Woche, der 4. Aufzug ein halbes Jahr später.

Ort der Handlung: Eine kleine Universitätsstadt.

Zwischen dem 2. und dem 3. Aufzug ist eine Pause von 10 Minuten.

Samstag den 6. Jänner. Nachmittags halb 3 Uhr. (Abendpreise ohne Vormerkgebühr.) **Nachtasyl.**
Abends halb 8 Uhr: **Der Privatdozent.** 4. V. d. A. (roth).
Sonntag den 7. Jänner. Nachmittags halb 3 Uhr. (Abendpreise ohne Vormerkgebühr.) **Sherlock Holmes.**
Abends halb 8 Uhr: **Eine triviale Komödie für seriöse Leute.** 3. V. d. A. (blau).
Montag den 8. Jänner. **Der Privatdozent.** 2. V. d. A. (gelb).
Dienstag den 9. Jänner. **Sherlock Holmes.** 1. V. d. A. (grün).
Mittwoch den 10. Jänner. **Der Privatdozent.** 4. V. d. A. (roth).

Preise der Plätze einschließlich Zettel und Garderobe.

Eine Orchester-Loge . .	K 40.40	Ein Parterresitz	K 2.20
Eine Balkon-Loge für 5 Personen . .	K 30.40	Ein Balkonsitz 1. Reihe	K 4.40
Eine Balkon-Loge für 4 Personen . .	K 26.40	Ein Balkonsitz 2. und 3. Reihe . . .	K 3.50
Eine Loge 1. Rang für 5 Personen .	K 24.40	Ein Balkonsitz 4. und 5. Reihe . . .	K 3.—
Eine Loge 1. Rang für 4 Personen . .	K 20.40	Ein Balkonsitz 6. bis 8. Reihe	K 2.50
Eine Loge 2. Rang für 5 Personen .	K 18.40	Ein Balkonsitz 9. bis 12. Reihe . . .	K 2.—
Eine Loge 2. Rang für 4 Personen . .	K 14.40	Ein numerierter Sitz 2. Rang 1. Reihe	K 3.40
Ein Cerclesitz	K 8.—	Ein numerierter Sitz 2. und 3. Reihe .	K 2.20
Ein Orchestersitz	K 6.40	Ein numerierter Sitz 4. bis 7. Reihe .	K 1.80
Ein Parquetsitz 1. bis 5. Reihe . . .	K 4.40	Ein numerierter Sitz 8. bis 10. Reihe .	K 1.10
Ein Parquetsitz 6. bis 11. Reihe . .	K 4.—	Stehplatz im Parterre	K 1.10
Ein Parquetsitz 12. bis 16. Reihe . .	K 3.40	Stehplatz auf der Galerie	K —.70

Kassa-Eröffnung 1/4 7 Uhr. Anfang 7 Uhr. Ende nach 10 Uhr.

k. k. Hoftheater-Druckerei. IX

Erstaufführung des Stückes „Der Privatdozent" am Deutschen Volkstheater in Wien (Orig.: Österr. Theatermuseum in Wien)

auftragt. Die Personenkonstellation ist mit jener im „Privatdozent" vergleichbar: Der „Naturbursch" Hammer als Opfer von Intrigen, zwischen der Tochter aus gutem Hause und dem braven Mädel stehend. Wie der Privatdozent Obermayer scheitert auch Hammer, rechnet mit seiner tückischen Umgebung ab und bleibt bei Rosel, der Löwenwirtstochter. In der zentralen Szene des Stückes kommt es zur Auseinandersetzung zwischen Hammer und dem Verwaltungsjuristen von Zweibrücken: „Der Ingenieur denkt und der Jurist lenkt", war offenbar eine Lebenserfahrung Wittenbauers, die freilich heute, nach einem knappen Jahrhundert nicht mehr zutrifft und einer Einbindung von Fachleuten in politische Entscheidungen gewichen ist.

1914 hielt Wittenbauer vor dem Verein deutscher Techniker in Graz einen Vortrag über den „Ingenieur im deutschen Roman" und kritisierte scharf die

Geringschätzung technischer Erziehung und Arbeit: „Das technische Genie ist ohne gründliche Kenntnisse nichts als Phantasterei und grandiose Entwürfe sind nicht künstlerische Inspiration allein, sondern haben wissenschaftliche Erkenntnis zur Voraussetzung." Allerdings mißfiel ihm am Ingenieur, „daß er sich um die schöne Literatur spottwenig" kümmere; „kein Stand verfällt leichter der Einseitigkeit als der Ingenieur."

Keines der übrigen Werke Ferdinand Wittenbauers hat nur annähernd eine solche Wirkung erzielt, wie die drei besprochenen Stücke, allen voran der „Privatdozent".

Nach dem Erstling „Der Praktikus" (1885), einer etwas steifen Verkleidungskomödie, in der der praktisch veranlagte Freund eines schwärmerischen Malers diesem sein geliebtes Mädchen zuführt, und der Gedichtesammlung „Flaschenzug und Zirkelspitze" (1894) ist das Versepos „Der Narr von Nürnberg" (1896) das erste größere Werk Wittenbauers. Es ist die Geschichte des krummen Stadtschulmeisters von Nürnberg, der unglücklich ein Mädchen vom Fahrenden Volk liebt. Das Thema erinnert an den Glöckner von Notre Dame oder an Cyrano de Bergerac. Vergeblich hat Wittenbauer 1895 versucht, das Manuskript bei Cotta (Leipzig) unterzubringen, auch „Das Gispele" (1900) wurde von dem renommierten Verlag nicht angenommen. Sowohl für den „Narren von Nürnberg" als auch für „Das Gispele" führte Wittenbauer historische Studien vor Ort durch, wie wir Tagebucheintragungen entnehmen können. Das „Gispele" ist eine Art Parzival aus dem Städtchen Miltenberg im Odenwald. Wittenbauer verknüpft in diesem Entwicklungsroman mehrere Menschenschicksale miteinander, bis sich am Ende die liebenden Paare finden. „Das Gispele" ist im Zeitalter der Bauernkriege und der Reformation angesiedelt.

In der „Hübscherin und ihr Gärtlein" (1902) schildert Wittenbauer, wie ein treulos verlassenes Mädchen sich moralisch zugrunderichtet, Vagantenlieder enthält die Sammlung „Jung-Unnutz" (1897), und in der „Schnabelwetze" (1901) übt Wittenbauer mit Kurzgeschichten Gesellschafts- und Zeitkritik. Von den Gedichten Wittenbauers wurden einige von seinem Freund, dem Grazer Komponisten Josef Gauby, vertont und bei Konzerten in Graz gesungen. Wittenbauer war auch Mitarbeiter am „Lieben Augustin", zwei Feuilletons in Grazer Tageszeitungen wurden aufgrund der Manuskripte gefunden; es ist anzunehmen, daß es noch weitere gibt.

Wenig Erfolg hatte Wittenbauer mit seinen späten Dramen. „Ein Fremdling" (1909) spielt an einem italienischen Fürstenhof des späten Mittelalters. Der schwülen Morbidität des Welschlandes ist die Unverdorbenheit des Alpenhirten Ristus gegenübergestellt.

Der „Dämon" (1911) meint das Morphium, das den zwischen zwei Frauen stehenden Künstler zerstört. Unveröffentlicht blieb ein Lustspiel, das in napoleonischer Zeit angesiedelt ist, und in dem Studenten das Töchterlein des Philisters „Antiburschius" (so heißt das Stück offenbar nach der letzten Strophe des „Gaudeamus igitur") ihrem „philiströsen Bräutigam abjagen" und in die Arme des Geliebten führen. Die hier genannten unveröffentlichten Manuskripte Wittenbauers befinden sich im Nachlaß Wittenbauer in der Österreichischen Nationalbibliothek (Handschriften- und Inkunabelsammlung) in Wien.

„Die Ärztin" wurde 1914 in Graz aufgeführt. Wittenbauer behandelt darin die Problematik der berufstätigen emanzipierten Frau. Der Dichter begegnet der aufopfernden beruflichen Tätigkeit mit hoher Achtung, meint aber, daß dies nur um den Preis des Frau-Seins möglich sei.

Nicht zum Schlechtesten unter den Werken Wittenbauers zählt sein unveröffentlichtes Schauspiel „Der neue Mann". Es erinnert an Anzengrubers Volksstücke und spielt im Wien der Gegenwart. Einem braven Tischlermeister bringt das Reichsratsmandat familiäres und geschäftliches Unglück. Mit seinem einfachen Hausverstand kämpft der ehrliche Volksvertreter („Ein Mandat vom Volk ist kein Spielzeug") gegen Intrigen und den Mißbrauch des Parlaments.

In der Parabel von der „Gesinnungstüchtigen Halsbinde" kann es die tragikomische Gestalt des Schreibers Eusebius Federl seinen Vorgesetzten nicht recht tun. Weder, als er seiner schwarzen Halsbinde ein patriotisches gelb zufügt, noch weniger mit einem zusätzlichen roten Bändchen (schwarz-rot-gold!), am allerwenigsten, als er mit einer nur roten Binde erscheint. Schließlich trägt er gar keine Halsbinde mehr, wird deswegen auch beanstandet und erhängt sich.

Ein Wesenszug Wittenbauers war seine Liebe zum Reisen und Wandern; nicht im alpinistischen Sinne, sondern als Verbindung von Natur- und Kunsterlebnis. Die penible Buchführung über Reiseausgaben zeugt von Ordnungssinn und Sparsamkeit. Ausgeprägt ist Wittenbauers historisches Interesse: „Das Mittelalter interessiert mich natürlich am meisten", hält er nach einem Besuch im Bayerischen Nationalmuseum in München fest. Mehrmals finden sich kritische Äußerungen über Architektur, über schlechten Geschmack und über unsachgemäße Renovierungen: „Es ist alles sehr zierlich und glatt; man renoviert fortwährend herum", notiert er angesichts der Wartburg. Auch bedient sich Wittenbauer im Selbstgefühl seines Bildungsniveaus nicht ungern der Bezeichnung „Spießer". Und ganz dem Zeitgeist entsprechend, zeigt er sich stark zu Denkmälern historischer Persönlichkeiten hingezogen.

Für die Dichterfürsten Goethe und Schiller hegt unser steirischer Schriftsteller höchste Bewunderung. In Schillers Garten in Jena ist er mit seinen Wanderfreunden Gustav Leinauer und Josef Gauby allein: „Wir ... halten stille Einkehr; ich bin sehr ergriffen." Noch tiefer sind die Eindrücke in Weimar. Wittenbauer bedauert die beiden Dichter, in der Fürstengruft in Gesellschaft „unbedeutender Fürsten und Fürstinnen" ruhen zu müssen.

Bei den drei Stücken Wittenbauers aus dem Studenten-, Hochschul- und Technikermilieu können wir von Schlüsselliteratur sprechen, wenngleich eine eindeutige Zuweisung von Personen und Ereignissen nicht möglich ist – und auch gar nicht im Interesse des Autors liegen konnte.

Wittenbauer greift insbesondere die Überheblichkeit und Verschwendungssucht der Couleurstudenten und ihr elitäres Selbstverständnis an. In Tübingen betrachtet er die Häuser der Corps, „manche ganz neu, förmliche Club-Häuser. Und das alles müssen die p. t. Eltern zahlen!"

Die in der Studentenschaft der Sechzigerjahre des vorigen Jahrhunderts vorhandene demokratisch-freiheitliche Komponente wurde in den Achtzigerjahren nach der „illiberalen Wende" vollständig verdrängt und bald auch durch antisemitische Strömungen abgelöst. Äußeres Zeichen dieser Wende ist der Sieg des „konservativen Prinzips" (Mensur und Satisfaktion) auch in Graz seit 1885.

Es trifft zu, was die Grazer „Tagespost" resumiert: Daß in der „Filia" die „Duellfrage als solche in ihrer allgemeinen gesellschaftlichen und ethischen Bedeutung" keiner „Lösung oder neuen Beleuchtung zugeführt" wird und Wittenbauer auch nicht „zu den heiß umstrittenen Gegensätzen zwischen schlagenden und nichtschlagenden Verbindungen eine bestimmte und deutliche Stellung" bezieht. Und sie fragt, ob man vielleicht „in der Tatsache selbst, daß durch das Duell … zwei junge blühende Menschenleben, das eine physisch, das andere moralisch zerstört werden, den Standpunkt und die Meinung des Verfassers" erblicken kann?

Satisfaktion und Duell haben in nicht geringem Ausmaß Eingang in die Literatur gefunden. Heinrich von Schullern, der Verfasser des wichtigen Schlüsselromans über das Grazer Couleurstudententum, „Jung-Österreich", schrieb einen Einakter „Satisfaktion". In den Erzählungen und Dramen Arthur Schnitzlers, beispielsweise im „Weiten Land", hat das Duell eine wichtige Funktion für die Handlung und den Charakter der beteiligten Personen. In seinem Stück „Freiwild" stellt die Weigerung, Genugtuung mit der Waffe zu geben, den Ausgangspunkt des dramatischen Geschehens dar.

In seinem ausgeprägten Antiklerikalismus erweist sich Wittenbauer als Kind der liberalen Tradition der Stadt Graz in der zweiten Hälfte des 19. Jahrhunderts. Hier wurde der Kampf gegen den politischen Katholizismus erbitterter als sonstwo in der Donaumonarchie geführt. Er verband sich mit einem eher distanzierten Verhältnis zur Dynastie und manifestierte sich u. a. in der überproportionalen Beteiligung national-liberaler Korporationsstudenten und Akademiker in der Los-von-Rom-Bewegung.

In vielfältiger Weise tritt, wie schon erwähnt, das Thema Hochschule im Werk Wittenbauers in Erscheinung. In der „Filia hospitalis" ist sie eher farbige Kulisse, wenn auch nicht beliebig austauschbar, im „Privatdozent" wird sie selbst thematisiert.

Bewahrung der Autonomie der Hochschule heißt bis heute der Kampfruf ihrer Angehörigen, wenn politische Bevormundung zu befürchten steht. Eine Facette dieses Mythos seit Humboldts Tagen führt Wittenbauer im Aula-Akt der „Filia hospitalis" publikumswirksam vor. Als die „Welfen" mit Hilfe der Polizei ihr „Aufzugsrecht" an der Universität erzwingen wollen, tritt der Rektor für die Gleichberechtigung aller Studenten ein und fragt die Gegner der

„Welfen“, ob sie nicht wüßten, „daß die Zeiten der eigenen Gerichtsbarkeit längst vorbei sind, … daß wir den selben Gesetzen unterstehen wie andere Staatsbürger“ und ob sie einen „Staat im Staate“ haben, „akademische Bürger ohne Gesetz“ sein wollten. Aber der Rektor kann sich mit Vernunftargumenten nicht durchsetzen, Professor Engel übernimmt seinen Part und kann die national-liberale Studentenschaft beruhigen, indem er sich mit ihr „gegen ein Eingreifen der Polizei auf dem Boden der Alma mater“ solidarisiert: „Das Ordnungschaffen soll sie gefälligst uns Professoren überlassen.“

Der Standpunkt Wittenbauers ist, wie auch in anderen kontroversiellen Themen, nicht klar faßbar. Dem Polterer verschafft er alle Sympathien des Publikums, den Rektor läßt er an die Vernunft und die demokratische Einsicht der Studenten appellieren.

Das Schwergewicht im Themenbereich Hochschule bilden Fragen der akademischen Hierarchie und der professoralen Personalpolitik.

Der Privatdozent Obermayer ist der „homo novus“, der Eindringling in eine geschlossene, elitäre Gesellschaft, der „die akademische Tradition … im Blute“ steht: „sie sind eigentlich alle weitschichtig miteinander verwandt“. Wittenbauer, der einstige Vertreter der Privatdozenten an der Technischen Hochschule in Graz, weiß, wovon er spricht: Sein literarisches alter ego stand schon einmal an erster Stelle eines Besetzungsvorschlages, und dennoch wurde ihm ein anderer vorgezogen, „der nichts, aber rein gar nichts gearbeitet hatte, bloß weil er über einflußreiche Verwandte verfügte.“

Wittenbauers feine, psychologische Beobachtungsgabe – im Hinblick auf seine eigene berufliche Tätigkeit nicht überraschend – offenbart uns Mentalitätszüge des Hochschullehrers und Wissenschaftlers. Professor von Kellersheim äußert seine Abneigung gegen „diese endlosen Sitzungen, diese ekligen Gutachten …“ Ein Kabinettstück ist jene Szene, in der der Karrierist Lukanus unbeobachtet auf dem Schreibtisch Obermayers dessen neueste Arbeit liegen sieht: „Was der Mensch nur zusammenschreibt: Unglaublich. Wo bin ich denn eigentlich? Aha – hier. Meine Habilitationsschrift zitiert er. ‚Tüchtige Arbeit.‘ Wie gnädig.“

In den drei bedeutenden Bühnenwerken Wittenbauers spielen Nationalismus und Antisemitismus keine Rolle. Der Antagonismus Nationalliberal – Klerikal ist im „Privatdozent“ und in der „Filia hospitalis“ so dominant, daß nationale Konflikte oder antisemitische Töne, wie sie im Hochschulbereich tatsächlich auftraten, von Wittenbauer nicht thematisiert wurden. Es gibt aber ausreichende Belege für die Zugehörigkeit Wittenbauers zum ideologischen Deutschnationalismus, so schwierig dieser Bereich auch zu definieren ist.

Deutsche Keuschheit steht ihm gegen französische Laszivität, und anläßlich einer Reise durch die Rheinpfalz im Kriegsjahr 1915 entflammte er gegen die „französische(n) Mordbuben“.

Eine Welle der Empörung löste das Vorgehen Großbritanniens im Burenkrieg 1899 bis 1902 aus, der die Afrikaans unter britische Herrschaft zwang. 1901 veröffentlichte Wittenbauer elf Gedichte unter dem Titel „Trutz England", die teilweise in wilde Attacken ausarten. Die großen englischen Dichter, Shakespeare, Bacon und Milton würden sich schämen, meint er, und Lord Byron wäre gewiß zu den Buren übergelaufen. Einen indiskutablen Griff in die unterste Lade tat Wittenbauer mit seiner Herabsetzung der englischen Sprache: Sie sei „die ekelste aller Sprachen! Ein Zischen und Blöken aus Nase und Rachen, für Menschen gemacht, die nicht athmen dürfen, weil sie ihr Leben lang Nebel schlürfen."

Im Zusammenhang mit den Protesten gegen die Badenischen Sprachenverordnungen, die in Böhmen den Gebrauch des Tschechischen als Amtssprache verfügten und alle Beamten zu ihrer Erlernung verhielten, verfaßte Wittenbauer ein vierstrophiges Kampflied „Deutsches Volk", nach der Weise des Prinz-Eugen-Liedes zu singen. Als man am Kommers anläßlich der Inauguration des Rektors der Technischen Hochschule in Graz am 17. November 1897 das Absingen des für diese Veranstaltung geschriebenen Liedes verbot, es daraufhin aber dennoch rezitiert wurde, löste der anwesende Polizeibeamte den Kommers auf.

Wittenbauer war aber kein kritikloser Bewunderer der Deutschen im „Altreich". Sein spezifisches (Deutsch-)Österreichertum wird aus zwei Tagebuchnotizen spürbar. „An der Saale hellem Strande", auf der im Studentenlied besungenen Rudelsburg, wird er dessen gewahr: „Wir nehmen den Kafé, ich schreibe in's Fremdenbuch: O deutsche Burgen, wie würd ich euch lieben, wenn die Káfee-Dichter zuhause blieben!" Und das berühmte „Batzenhäusl" in Bozen findet er „von Reichsdeutschen überfüllt, die brüllen."

Antisemitische Äußerungen kommen im Werk Wittenbauers nur marginal vor und bleiben, wie auch Bemerkungen in den Tagebüchern, im Rahmen des unerfreulichen aber zeitüblichen Klischees.

Ferdinand Wittenbauer kann als später Vertreter des liberalen Bildungsbürgertums des 19. Jahrhunderts bezeichnet werden. Dessen Erbe manifestiert sich bei ihm in einem ausgeprägten Antiklerikalismus. Es ist seit den Achtzigerjahren durch das Hervortreten der deutschnationalen Komponente gekennzeichnet und veränderte sich substantiell mit der Aufnahme antisemitischer Strömungen.

Das dichterische Werk Wittenbauers ist im Prosa-Anteil durch einen neoromantischen Rückblick in die deutsche Vergangenheit charakterisiert. Viele seiner Dichtungen enthalten Sentimentalitäten, die einem heutigen Lesepublikum unerträglich sind. Der seinerzeitige Erfolg zweier seiner Bühnenwerke, „Filia hospitalis" und „Der Privatdozent", beruhte auf der einprägsamen Typisierung der Personen, auf einer kompetenten Milieuschilderung und publikumswirksamen Tendenz.

Literaturhinweise:

ARTOBOLEVSKI, Ivan I.: Théorie des Méchanismes et des Machines, 1975

CERWINKA, Günter: Filia hospitalis. Studenten, Hochschule und „Kulturkampf" im literarischen Werk Ferdinand Wittenbauers (1857–1922). Schriftenreihe des Steirischen Studentenhistoriker-Vereines 21, Graz 1993 (Mit einem Gesamtverzeichnis des literarischen Œuvre, des Nachlasses und der Sekundärliteratur)

LEIMDÖRFER, Emil: Ferdinand Wittenbauer. Ein Neu-Romantiker aus Österreich. Wien (um 1904)

LEON, Dora: Ferdinand Wittenbauer, der Techniker als Dichter, Vortrag, gehalten am 1. April 1922 im steiermärkischen Landesverein Deutscher Ingenieure und Techniker, Graz 1922

MESTSCHERSKI, I.W.: Aufgabensammlung zur Mechanik, Berlin 1955

NAGL-ZEIDLER-CASTLE: Deutsch-österreichische Literaturgeschichte, 4. Bd., Wien 1937, S. 1226f.

WITTENBAUER, Ferdinand: Zukunft und Ziele der Technischen Mechanik, in: Reden, gehalten am 15. November 1911, k. k. Technische Hochschule in Graz, 1912

WITTENBAUER, Ferdinand: Graphische Dynamik, Berlin 1923

Franz Allmer

Doctor Johann Löschner

Der erste Doktor der technischen Wissenschaften

Zum Promotionsrecht an Hohen Schulen

Seit dem 12. Jahrhundert erhielten namhafte Juristen, z.B. Irnerius, und ebenso hervorragende theologische Scholastiker die Bezeichnung eines Doctors. So wurden Thomas von Aquin Doctor angelicus, Alexander von Hales Doctor irrefragabilis, Gregorius von Rimini Doctor authenticus usw. genannt.

Mit dem Aufkommen der Universitäten zu Anfang des 13. Jahrhunderts wurde der Doctor zugleich „Lehrender" an seiner Universität, was meist mit sehr großen Kosten verbunden war. Der Doktortitel überwog in den Fakultäten der Juristen, Mediziner, Theologen und Philosophen. In der Regel war mit der Gründung einer Universität auch das Promotionsrecht verbunden.

Die rasante technische Entwicklung des 19. Jahrhunderts ließ das Bedürfnis nach höher ausgebildeten Technikern immer dringender werden. Der Impuls ging von der Polytechnischen Schule in Paris aus, die dann in ganz Europa Nachahmung fand. So entstanden Polytechnische Schulen, oder Polytechnika genannt, in Prag (1803), Graz (1811), Wien (1815) und Brünn (1849). Ab 1865/66 wurden sie in k.k. Technische Hochschulen umbenannt und ab 1872 von einem Rektor geleitet; bis dahin von einem Direktor, der aus dem Professorenkollegium gewählt wurde.

Aus der Disziplinar-Ordnung der steiermärkischen landschaftlichen technischen Hochschule (1865) geht hervor, daß die Aufnahme eines Hörers zwei Voraussetzungen erfüllen mußte:

1. Besuch einer Oberrealschule oder eines Obergymnasiums nach § 15 und
2. Ablegung der Aufnahmsprüfung nach § 16.

Mit diesen Voraussetzungen und dem Studienabschluß in Form von strengen Prüfungen, deren Bestehen durch ein Diplom nachgewiesen wurde, scheint der Übergang zur Gleichwertigkeit einer Universität gegeben.

Der Absolvent einer Technischen Hochschule erhielt in der k.k. Monarchie den gesetzlich geschützten Titel „Ingenieur" (ab 1938 nach damaliger Gesetzgebung „Diplom-Ingenieur").

Wie eingangs erwähnt, war auf den Universitäten die Einführung des Doktortitels seit dem 13. Jahrhundert gebräuchlich; er qualifizierte den Doktor als Lehrenden. An den Technischen Hochschulen fehlte also die Möglichkeit, einen Doktortitel zu erwerben. Man behalf sich in der österreichischen Monarchie mit einer weiteren strengen Prüfung zum „diplomierten Ingenieur", der der heutigen Habilitation gleichkam. Daß das ein besonders strenges Prüfungsverfahren war, geht aus einer Äußerung von Professor, diplomierter Ingenieur Adolf Klingatsch (1864–1926) hervor: „Das war die anstrengendste Prüfung, die ich je in meinem Leben durchzustehen hatte.“

Trotz allem wurde der Ruf immer lauter, daß der Absolvent einer Technischen Hochschule auch die Möglichkeit haben sollte, ein Doktorat zu erwerben.

Kaiser Wilhelm hat mit Erlaß vom 11. Oktober 1899 den drei Technischen Hochschulen Preußens, Berlin-Charlottenburg, Hannover und Aachen, das Recht beigelegt, die Würde eines „Doctor-Ingenieurs“ zu verleihen. Die übrigen deutschen Staaten, Sachsen, Braunschweig, Baden, Hessen und Württemberg, schlossen sich dem Vorgehen Preußens in kürzester Zeit an. Auch das Königreich Bayern konnte auf die Dauer nicht zurückstehen, ohne sich der Gefahr auszusetzen, seine berühmte Technische Hochschule in München zu schädigen. Um jedoch eine Sonderstellung auch hier zu kennzeichnen, wurde ein anderer Titel, der eines „Doctors der technischen Wissenschaften“ geschaffen.

Hans Löschner (Archiv F. Allmer)

Doktor der technischen Wissenschaften in Österreich

Am 13. April 1901 erhielten die Technischen Hochschulen in Österreich (und deren gab es damals 12) gleichfalls das Recht, den Grad eines „Doctors der technischen Wissenschaften“ zu verleihen. Die Erklärung für die nach österreichischen Verhältnissen erstaunliche Kürze der Frist ist darin zu suchen, daß Ungarn bereits vorangegangen war. Damit war aber der letzte Schritt getan, die völlige Gleichstellung der Technischen Hochschulen mit ihren weitaus älteren Schwesteranstalten, den Universitäten, zu vollziehen.

In Österreich-Ungarn wurde das Reichsgesetz Nr. 38 vom 13. April 1901 erlassen.

> 37. Erlaß des Ministeriums für Cultus und Unterricht vom 13. April 1901 bereffend die Verleihung des Promotionsrechtes an die technischen Hochschulen der im Reichsrathe vertretenen Königreiche und Länder.
> „Seine k. und k. Apostolische Majestät haben mit allerhöchster Entschließung vom 13. April d.J. den technischen Hochschulen der im Reichsrathe vertretenen Königreiche und Länder vom Studienjahr 1901/1902 die Ausübung des Promotionsrechtes zum Grade eines Doctors der technischen Wissenschaften nach Maßgabe der zu erlassenden Vorschriften allergnädigst zu gestatten geruht.“

Über die vorgenommene Promotionsfeier des ersten Technischen Doktorates innerhalb der ganzen Monarchie gibt wohl ein Artikel des „Grazer Volksblattes“ vom Freitag, dem 15. November 1901, den besten Einblick:

„An der hiesigen Technischen Hochschule fand gestern, den 14. November mittags, die Promotion des k.k. Statthalterei-Ingenieurs Herrn Hans

Hans Klingatsch (Archiv F. Allmer)

Löschner zum Doctor rerum technicarum statt. Es ist dies die erste Promotion zum Doctor rerum technicarum in Österreich und wurde deshalb besonders feierlich begangen. Der Festsaal war mit der Büste des Kaisers, die sich aus einer prächtigen Gruppe von Blattpflanzen erhob, geschmückt. Rechts hatten die Mitglieder des Academischen Gesangsvereines und links die academischen Verbindungen Stellung genommen. Groß war die Zahl der erschienenen Gäste, unter denen sich auch Damen befanden. Als Vertreter des Statthalters war der k.k. Hofrat Statthalterei-Vizepräsident Dr. Eugen Netoliczka anwesend. Ferner waren zu bemerken: Statthaltereirat Dr. Alfons Ritter von Scherer, Statthaltereirat Dr. August Schneditz, Bezirkshauptmann Präsidialsecretär Dr. Ferdinand Graf Stürkh, Oberbaurat Maurus, die Bauräte Friedrich Byloff, Victor Pirner, Friedrich Pernitsch, Ferdinand Edler von Reichenberg, Avelin Brunar, Baudirector i.R. Linner, Baudirector Putschar, Landesbaurat Adolf Rosmann, Landesoberingenieur v. Hervelly, der Director der landwirtschaftlichen Oberrealschule Regierungsrat Dr. Franz Ilwolf, Professor Gemeinderat Dr. Julius Kratter, die Gemeinderäte Raimund Postl, Heinrich Cless usw. Zur Promotion des ersten Doctor rerum technicarum waren sämtliche Professoren der Technischen Hochschule erschienen.

Um 12 Uhr betrat der Rector der Technischen Hochschule, Professor Johann Wist, mit dem Promotor Professor Josef Bartl und dem Decan Professor Adolf Klingatsch den Festsaal. Rector Professor Wist hielt eine schwungvolle Ansprache, hinweisend auf die Bedeutung des Tages für alle, die auf dem Gebiet der Technik ihre Ausbildung suchen und erhalten haben, im allgemeinen, als für die Technische Hochschule in Graz insbesondere, da an ihr der erste Doctor rerum technicarum in ganz Österreich promoviert wird. Nach langem Ringen nach Anerkennung der Gleichberechtigung in dem Verlangen nach dem academischen Grad durch Verleihung des Doctortitels ist es endlich gelungen, diese Anerkennung zu finden, welche in der ersten Promotion zur Tatsache wird. Diese Errungenschaft ist den vereinten Bestrebungen des ‚Verbandes ehemaliger Grazer Techniker', der Tätigkeit des ‚Clubs der Techniker' in Graz und den anläßlich der Tagung der Ingenieur-Vereine in Wien gefaßten Beschlüssen und der Ausführung derselben zu danken, daher auch dieser Dank heute offen zum Ausdruck gebracht werde. Dem zu Promovierenden überbrachte der Rector die herzlichste Gratulation und ein kräftiges ‚Glück auf' zu seinen weiteren Bestrebungen, worauf über Ersuchen des Rectors von Professor Bartl die Promotion in der üblichen Weise vorgenommen wurde. Dr. Hans Löschner sprach den Dank für die ihm gewordene Auszeichnung durch Verleihung des Doctorgrades, die ihn umsomehr erfreue, da seine Graduierung eine umso höhere Bedeutung erhalte, da sie in ihrer Art die erste in Österreich sei. Er werde stets vorwärts streben, denn es gibt auf dem Gebiet der Technik keinen Stillstand, sondern nur ein Vorwärts ohne Unterlaß. Dem ersten Doctor rerum technicarum in Östrreich wurden von den Festgästen die innigsten Glückwünsche gebracht, ebenso von der Studentenschaft, die bei seinem Abgange Spalier bildete und

PATENT-URKUNDE.

N°. 5782

Auf Grund des Patentgesetzes vom 11. Jänner 1897, R. G. Bl. Nr. 30, ist dem

Hans Löschner

in Graz

auf eine Vorrichtung für Präcisions-Stahlbandmessung

ein Patent nach Massgabe der angehefteten Patentschrift ertheilt worden.

Wien, am 13. September 1901.

K. K. Patentamt.

Der Präsident:

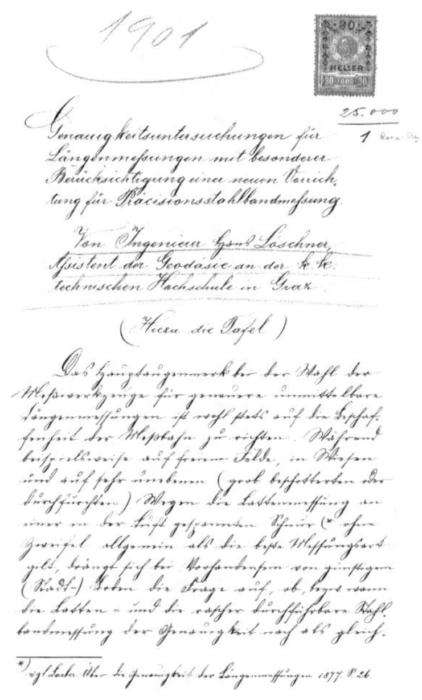

1901

25.000
1

Genauigkeitsuntersuchungen für Längenmessungen mit besonderer Berücksichtigung einer neuen Vorrichtung für Präcisionsstahlbandmessung.

Von Ingenieur Hans Löschner, Assistent der Geodäsie an der k. k. technischen Hochschule in Graz

(Hiezu die Tafel)

Deckblatt der Doctor-Dissertation von Hans Löschner (Universitätsbibliothek TU Graz)

Patent-Urkunde Nr. 5782 für Hans Löschner in Graz (Universitätsarchiv TU Graz)

in Hoch- und Heilrufen ausbrach. Eingeleitet wurde diese feierliche Promotion mit der vom Academischen Gesangsvereine unter des Chormeisters Zack bewährter Leitung vorgetragenen ‚Hymne' Beethovens, den Schluß bildete das ‚Gaudeamus'."

Doctor Johann Löschner

Wer war nun dieser erste Doctor der technischen Wissenschaften?

Hans Löschner wurde am 22. Juni 1874 in Leoben geboren. Nach der Pflichtschule kam er zum Studium des Bauingenieurwesens an die *Technik*

KRAFT DER UNS VON

SEINER KAISERLICHEN UND KÖNIGLICHEN APOSTOLISCHEN MAJESTÄT

FRANZ JOSEF I.

ÜBERTRAGENEN VOLLMACHT VERLEIHEN WIR

JOHANN WIST,

ARCHITEKT, K. K. Ö. O. PROFESSOR DES HOCHBAUES UND DER HOCHBAUKUNDE,
DZ. RECTOR DER TECHNISCHEN HOCHSCHULE IN GRAZ,

DPL. INGENIEUR ADOLF KLINGATSCH,

K. K. Ö. O. PROFESSOR DER GEODÄSIE,
DZ. DECAN DER BAUINGENIEUR-FACHSCHULE,

JOSEF BARTL,

K. K. Ö. O. PROFESSOR DER MASCHINENKUNDE UND THEORETISCHEN MASCHINENLEHRE,
ORDNUNGSGEMÄSS BESTELLTER PROMOTOR,

DEM HERRN

JOHANN LÖSCHNER

AUS LEOBEN IN STEIERMARK

TITEL UND WÜRDE

EINES

DOCTORS DER TECHNISCHEN WISSENSCHAFTEN

SAMMT ALLEN DAMIT VERBUNDENEN RECHTEN, NACHDEM ER DURCH SEINE ABHANDLUNG „GENAUIGKEITS-UNTERSUCHUNGEN FÜR LÄNGENMESSUNGEN MIT BESONDERER BERÜCKSICHTIGUNG EINER NEUEN VORRICHTUNG FÜR PRÄCISIONS-STAHLBANDMESSUNG“ UND BEI DER STRENGEN PRÜFUNG SEINE BEFÄHIGUNG ZU WISSENSCHAFTLICHER FORSCHUNG ERWIESEN HAT.

ZUR BEKRÄFTIGUNG DESSEN WURDE DIESE URKUNDE AUSGEFERTIGT, MIT UNSEREN UNTERSCHRIFTEN UND DEM SIEGEL DER TECHNISCHEN HOCHSCHULE VERSEHEN.

GEGEBEN ZU GRAZ, AM 14. NOVEMBER 1901.

Johann Wist
dz. Rector

Josef Bartl
Promotor

Promotions-Urkunde von Hans Löschner zum Doctor der technischen Wissenschaften (Universitätsarchiv TU Graz)

in Graz und legte im Juli 1897 die zweite Staatsprüfung ab. Bereits im Februar desselben Jahres war er zum Assistenten an der Lehrkanzel des Geodäsieprofessors Josef Wastler ernannt worden. In den Studienjahren 1897/98 und 1898/99 war er als Supplierung für den erkrankten Prof. Wastler tätig. Nach dessen Tod behielt er die Assistentenstelle auch noch beim Nachfolger Professor Adolf Klingatsch bei, um einen anderen Übungsbetrieb kennenzulernen. Während seiner Tätigkeit als Assistent wurde er im Herbst 1897 in den Baudienst der steiermärkischen Statthalterei in Graz aufgenommen. In dieser Funktion hatte er umfangreiche Vermessungsarbeiten auszuführen. Sie reichten von Flußaufnahmen bis zu grundlegenden Aufnahmen für Hoch- und Straßenbauprojekte. Er war auch an der Triangulierung zur Absteckung des Bosrucktunnels beteiligt und wirkte an der Kommissionierung der Eisenbahnlinie von Mariazell nach Gußwerk mit.

Im September des Jahres 1901 wurde ihm das österreichische Patent Nr. 5782 auf eine Vorrichtung für Präcisions-Stahlbandmessung erteilt. Zur selben Themenstellung hatte er unter dem Titel „Genauigkeitsuntersuchungen für Längenmessungen mit besonderer Berücksichtigung einer neuen Vorrichtung für Präcisions-Stahlbandmessung" eine Dissertation verfaßt und wurde am 14. November 1901 zum Doctor der technischen Wissenschaften promoviert. In der weiteren Folge war er als Leiter für Hochwasserschutzbauten tätig. Vom November 1907 bis November 1939 war Hans Löschner als Professor der Geodäsie, Sphärischen Astronomie und Photogrammetrie an der damaligen Deutschen Technischen Hochschule Brünn tätig. Berufungen an die Deutsche Technische Hochschule in Prag (1922), an die Technische Hochschule in Graz (1926) und an die Technische Hochschule Wien (1933) nahm er nicht an. Von 1943 an lebte Hans Löschner in Wien und stellte sich ab 1946 als Honorarprofessor der Universität Wien sowie der Montanistischen Hochschule Leoben zur Verfügung. Hans Löschner verstarb am 20. Juli 1956 in Wien.

Heute befindet sich die Urkunde über die erste Promotion zum Doctor der technischen Wissenschaften wieder im Besitz der Technischen Universität Graz. Die Urkunde ist auf 39 x 49 cm großes Pergament zweifarbig gedruckt und mit dem kaiserlichen Siegel von 65 mm Durchmesser versehen. Nach fast unglaublicher Irrfahrt quer durch Europa, Graz–Brünn–Wien–Aachen–Graz, wurde diese kostbare Urkunde vom Sohn des ersten Promovenden, emerit. Univ.Prof. DDDipl.-Ing. Dr. techn. Fritz Löschner der Universitätsbibliothek der Technischen Universität Graz im Jahre 1982 übereignet. Sie stellt ein besonders wichtiges Dokument der organisationsrechtlichen Entwicklung unserer *Technik in Graz* dar.

Literaturhinweise:

ALLMER, Franz: Das Studium des Vermessungswesens in Graz, 1811–1983, Mitteilungen der geodätischen Institute der Technischen Universität Graz, Folge 48, Graz 1984

ALLMER, Franz: Das erste Doktorat in der österreichischen k.u.k. Monarchie, in: Der Wirtschaftsingenieur, 25(1993)4, S. 18–21

BROCKHAUS: Konversationslexikon: Der große Brockhaus, Jahrgang 1910, 1933

LÖSCHNER, Fritz: In memoriam o.ö. Professor Dr.techn. Hans Löschner, 1874–1956, Mitteilungen der geodätischen Institute der Technischen Universität Graz, Folge 74, Graz 1991

Marcus Ludescher

Zum Berufsbild des Technikers

Arbeitswelt und Ausbildungssystem im Wandel

Der technologische Wandel an der Wende zum 21. Jahrhundert gilt vielen Zeitgenossen als beispiellos und einzigartig. Etwas vorschnell wird in diesem Zusammenhang von der „Halbwertszeit des Wissens" gesprochen (ohne allerdings zu definieren, um welche Form des Wissens es sich eigentlich handelt). Die Wahrnehmung gesellschaftlichen Wandels ist jedoch immer eine Frage des Standorts und daher zwangsläufig subjektiv. Man muß sich vor Augen halten, daß wir seit der Industrialisierung in einer Welt permanenter Revolutionen in Technik und Gesellschaft leben. Das illustriert ein Auszug aus der langen Liste jener Erfindungen des 19. Jahrhunderts, die die Grundlagen für die heutigen Informations- und Kommunikationstechnologien darstellen: Fotografie, elektrisches Licht, Radio, Film, Phonograph, Hektographie, drahtlose Telegraphie, Schreibmaschine, Additionsmaschine, Hollerithmaschine etc. (vgl. König/Weber, S. 476ff. u. Postman).

Nicht nur die Technologien haben sich verändert und weiterentwickelt, auch Berufsbilder und Ausbildungssysteme unterliegen ständigen Veränderungen. Heute versteht man unter einem „Ingenieur" einen auf einer Hochoder Fach(hoch)schule ausgebildeten Techniker, während ein „Mechaniker" kein Maschinenbauingenieur, sondern ein Facharbeiter ist, häufig erkennbar an seiner blauen, ölverschmierten Montur. Die soziale Trennlinie zwischen Arbeiter- und Angestelltenberufen, zwischen „Handarbeitern" und „Kopfarbeitern" im technischen Bereich hat sich in der zweiten Hälfte des 19. Jahrhunderts herausgebildet. In dieser Zeit entstanden in Österreich die bis heute existierenden Institutionen und Ausbildungsmöglichkeiten (duales System in den gewerblichen Lehrberufen, Höhere Technische Lehranstalt, Technische Universität). Steigende Nachfrage nach technischen Dienstleistungen am Arbeitsmarkt sowie deren gesellschaftliche Anerkennung, Gründung technischer Hochschulen, Lobbying durch Standesvertretungen (und der Versuch, andere Technikerkategorien vom Arbeitsmarkt auszugrenzen) – das waren wichtige Faktoren für die Professionalisierung des Ingenieurberufs. So ist z.B. für viele berufliche Tätigkeiten sowohl in der Privatwirtschaft als auch im öffentlichen Dienst die Absolvierung eines Universitätsstudiums Voraussetzung; und wer in der Öffentlichkeit als Experte auf technischem Gebiet ernstgenommen werden will, der braucht zumindest den Dipl.-Ing. vor seinem/ihrem Namen. Ich werde im folgenden einige Aspekte dieser Entwicklung skizzieren, indem ich als Ausgangspunkt meiner Darstellung die letzte Jahrhundertwende wähle. Zunächst gebe ich einen Überblick über das technische Bildungswesen in der zweiten Hälfte des 19. Jahrhunderts und wende mich dann dem Arbeitsmarkt und der Rekrutierung von Technikern in der Privatwirtschaft zu. Anschließend werde ich auf die Standespolitik der Ingenieurvereine und ihre Rolle für das Entstehen einer Gruppenidentität eingehen. Am Schluß werde ich die kulturellen Hintergründe der Akademisierung des Ingenieurberufs erörtern und die damit zusammenhängende zeitgenössische Diskussion über die Qualität der Hochschulausbildung auszugsweise wiedergeben.

Wege zum Ingenieurberuf: Technische Hoch- und Mittelschulen

Um 1900 existierte in der Habsburgermonarchie ein zweistufiges System der Ingenieurausbildung (das sich auf dem Boden der Republik Österreich bis in die Gegenwart herauf, d.h. bis zur Einführung der Fachhochschulen, erhalten hat): Technische Hochschulen auf der tertiären und technische Mittelschulen (höhere Gewerbeschule als Vorläufer der späteren HTL) auf der sekundären Ebene. Damit hatte sich – ähnlich wie in Frankreich oder Deutschland – ein schulisches gegenüber einem praktischen Modell der Technikerausbildung durchgesetzt.

Noch um die Mitte des 19. Jahrhunderts gab es keine technischen Hochschulen im heutigen Sinn. In Wien, Prag und Graz existierten zwar polytechnische Lehranstalten, an denen man, wie in Wien, Chemie, Mechanik, praktische Geometrie oder Bauwesen studieren konnte. Doch war die Ausbildung noch enzyklopädisch ausgerichtet, es bestanden kaum Möglichkeiten, sich zu spezialisieren. So mußten die Schüler des Wiener polytechnischen Instituts in vier bis fünf Jahren beinahe alle angebotenen Lehrgegenstände hören, wodurch sie „wohl einen umfassenden Gesamtblick über das technische Wissen erlangten, aber im einzelnen Fache nicht genügend unterrichtet waren." (Technische Hochschulen, S. 511).

Ein Charakteristikum der Polytechnika war ihre Multifunktionalität. So waren der Wiener Lehranstalt eine kommerzielle Abteilung und eine Realschule angegliedert, neben dem technischen Unterricht wurden auch „populäre Sonntagsvorlesungen für Handwerker und Künstler" angeboten. Das traf ebenfalls auf das Joanneum zu, das bei seiner Gründung (1811) eine Kombination aus Museum und Volkshochschule darstellte und dessen später errichtete technische Lehranstalt (seit 1827) in den ersten beiden Jahrzehnten ihres Bestehens vor allem mit der naturhistorischen Ausbildung (Mineralogie, Botanik, Zoologie) von Studierenden der Universität Graz beschäftigt war. Erst nach und nach erfolgte der Ausbau zu einem regionalen Polytechnikum, dessen Ausbildungsschwerpunkt im montanistischen und landwirtschaftlichen Bereich lag. Meilensteine auf diesem Weg waren die Errichtung neuer Lehrkanzeln (z.B. Technisch-Practische Mathematik 1827, ab 1841 Mechanik); die Ausarbeitung eines Lehrplans (1844), der erstmals geregelte Studiengänge für die Fächer Montanistik, Mechanik, Chemie und Land-

Maschinenfabrik Andritz in Graz, von C. Waldhäuser (Steiermärkisches Landesarchiv, Graz)

wirtschaftslehre vorsah; die Gleichstellung der Joanneumsprofessoren (1845/55) mit ihren Kollegen in Prag und Wien und die österreichweite Anerkennung der Studienzeugnisse (1847).

Die Ausbildung an den Polytechnika war lange Zeit durch weitgehende „Lernfreiheit" gekennzeichnet, Prüfungen waren nicht obligat, und die Studienzeit der Absolventen schwankte beträchtlich. Hinzu kam die Inhomogenität der Hörer hinsichtlich ihres Alters und ihrer Vorbildung – ein Manko, das aus heutiger Sicht eher als Bereicherung interpretiert werden würde. So saßen in Joseph von Aschauers Kursen über angewandte Mathematik und Mechanik in den 1830er Jahren – Aschauer hielt übrigens auch populäre Sonntagsvorlesungen für Handwerker – Viehrzehn- neben Zwanzigjährigen (vgl. Studentenkataloge der Technischen Lehranstalt am Joanneum). Einige Hörer standen bereits im Berufsleben und studierten berufsbegleitend. Ein prominentes Wiener Beispiel für berufsbegleitendes Lernen war übrigens Wilhelm Engerth, der sich erst nach einigen Jahren Praxis dem Maschinenbaustudium zuwandte.

Bei der seit den 1850er Jahren diskutierten Reform der Polytechnika orientierte man sich am Vorbild der Universitäten. Der Weg vom Polytechnikum um 1850 zur technischen Hochschule um 1900 verlief in drei Etappen: Erstens mußten Aufgaben des Sekundarschulbereichs, die die polytechnischen Lehranstalten bis dahin übernommen hatten, sukzessive ausgelagert werden. Diese Funktion wurde von den Realschulen übernommen (Kaiserliche Verordnung über die Errichtung von Realschulen 1851), die auf den Unterricht in den höheren technischen Instituten vorbereiten und einen höheren Leistungsstandard garantieren sollten. So wurde in Graz die bereits bestehende steiermärkisch-ständische Realschule, die ursprünglich nur zwei Klassen umfaßte, in den folgenden Jahren auf sechs (1857) bzw. sieben (1871) Klassen aufgestockt.

Der zweite Schritt war – angeregt durch ausländische Vorbilder (z. B. Karlsruhe und Zürich) – die Einführung des Fachschulsystems in Österreich zu Beginn der 1860er Jahre. Die technischen Lehranstalten in Prag, Graz und Wien erhielten neue Statuten. An der Grazer Technik wurden zwei allgemeine Klassen, die der Vorbereitung auf das Studium dienten und vier Fachschulen (Ingenieurschule, Maschinenbauschule, chemisch-technische Schule, Land- und Forstwirtschaftsschule) eingerichtet (1865/66). Der Unterricht an der Ingenieurschule dauerte vier Jahre, an den übrigen Fachschulen drei Jahre. Alljährlich wurden Fachprüfungen abgehalten, die sogenannten Diplomprüfungen; sie waren ein erster Schritt in Richtung Zertifizierung des Studiums, wurden aber von den Studierenden kaum in Anspruch genommen.

Voraussetzung für die praktische Umsetzung dieser Organisationsreform war die Gründung neuer Lehrkanzeln, wie Hochbau, Forstwirtschaft, Maschinenbau, chemische Technologie, Wasser- und Straßenbau, 1869 kam noch eine Lehrkanzel für mechanische Technologie hinzu.

Da sich das neue Modell der Technikerausbildung nach Meinung des Professorenkollegiums nicht bewährt hatte, wurde ein neues Statut (1872) ausgearbeitet. Die rechtlichen Grundlagen dafür waren durch das Staatsgrundgesetz vom 21. Dezember 1867 gegeben, das eine Übertragung der Kompetenzen von den Landtagen, denen bisher die technischen Lehranstalten unterstellt waren, an den Reichsrat vorsah. Damit war drittens der Boden für die Übernahme der Hochschule durch den Staat bereitet (1874): Die allgemeinen Klassen wurden aufgelassen und stattdessen wurde die Matura als Zulassungsbedingung für die Immatrikulation als ordentlicher Hörer eingeführt; durch die Errichtung der Hochschule für Bodenkultur in Wien (1872) erübrigte sich auch der Fortbestand einer eigenständigen land- und forstwirtschaftlichen Abteilung (die beiden Professoren gehörten jedoch weiterhin dem Lehrkörper an und wurden später in den Staatsdienst übernommen); ebenso hatte man sich zur Abschaffung der Hochschulkurse für Geometer und Wiesenbaumeister sowie für Werk- und Baumeister entschlossen. Die Direktoren, die bisher jährlich aus der Mitte des Professorenkollegiums gewählt wurden, hießen jetzt Rektor, die Fachschulvorstände erhielten den Titel Dekan.

Die (österreichweite) Einführung von Staatsprüfungen (1878/79), die Eröffnung einer Fachschule für Hochbau (1890/91) und eines Kurses für Vermessungsgeometer (1896/97) sowie die Errichtung eines Hauptgebäudes

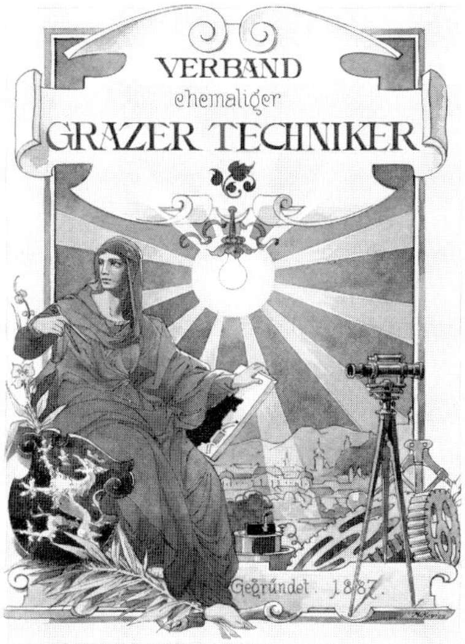

Titelblatt des Gedenkbuches des Verbandes ehemaliger Grazer Techniker – gegründet 1887 (Universitätsarchiv TU Graz)

und eines chemischen Laboratoriums (1888/90) trugen zur Vervollständigung und Anerkennung der Grazer Technik als vollwertige Hochschule bei. Einen vorläufigen Schlußpunkt unter diese Entwicklung setzte die Zuerkennung des Promotionsrechts bzw. die Verleihung des ersten technischen Doktorats in Österreich (1901).

In der zweiten Hälfte des 19. Jahrhunderts erhielten die technischen Hochschulen also annähernd den gleichen Status und die gleichen Rechte wie die Universitäten: Lehr- und Lernfreiheit, Matura als Zugangsberechtigung zum Studium, Privatdozentur (seit 1849; 1872 wurde die erste technisch-naturwissenschaftliche Venia legendi an der Grazer Technik verliehen und zwar für „Geometrie der Lage"); Vorschlags- und Berufungsrecht des Professorenkollegiums, Anhebung und Angleichung der Professorengehälter an das universitäre Niveau, Promotionsrecht.

Parallel dazu wurden seit Mitte der 1870er Jahre die höheren Gewerbeschulen ins Leben gerufen – ein Schultyp, der der Ausbildung von Technikern für gehobene Positionen dienen sollte. Lehrziel war einerseits die Vermittlung des für die Berufsausbildung erforderlichen Fachwissens, andererseits sollte auch die Allgemeinbildung nicht zu kurz kommen (Deutsch, Geschichte, Geographie). Was die soziale Herkunft der Schüler anbelangt, so wandte man sich vor allem an die Söhne des alten und neuen Mittelstands (Gewerbetreibende, Industrieangestellte). Aufgenommen wurde, wer das Untergymnasium oder die Unterrealschule absolviert hatte. In diesem Fall dauerte der Unterricht normalerweise drei Jahre. Wer nur Bürgerschule hatte, der mußte einen einjährigen Vorbereitungskurs machen. Neben der Vermittlung der Theorie wurde großer Wert auf das Training praktischer Fertigkeiten gelegt. So hatten die Schüler in den Ferien ein Praktikum – je nach gewählter Fachrichtung – am Bau, in einer Werkstätte oder Fabrik zu absolvieren. Die Schule wurde mit einer Reifeprüfung abgeschlossen, die den Militärdienst auf ein Jahr verkürzte. Das sogenannte „Einjährig-Freiwilligenrecht" bestand seit 1885.

Den Staatsgewerbeschulen angegliedert waren Werkmeisterschulen, die zwei Jahre dauerten und eine zweijährige Praxis, sei es bei einem Meister oder in einer Fabrik, voraussetzten. Im Vordergrund stand der fachliche Unterricht, während die allgemeinbildenden Fächer auf ein Mindestmaß beschränkt waren. Nach Schulabschluß sollte der Absolvent wieder in seinen früheren „manuellen" Beruf zurückkehren, um das Gelernte im Fertigungsbereich anzuwenden.

Zusammenfassend kann man sagen, daß das technische Ausbildungssystem vor 1914 durch eine geringe Flexibilität und Durchlässigkeit gekennzeichnet war, zwischen den verschiedenen Ausbildungsebenen bestanden so gut wie keine Querverbindungen. So erlangten die Absolventen der höheren Gewerbeschulen erst in den 1920er Jahren probeweise die Hochschulberechtigung.

Zu Beginn des 20. Jahrhunderts gab es in Zisleithanien acht technische

Hochschulen und 19 Staatsgewerbeschulen mit rund 5.000 Studierenden und 2.000 höheren Staatsgewerbeschülern. Im Zeitraum von 1891 bis 1909 verfünffachte sich die Zahl der Technikhörer, während sich die Zahl der Staatsgewerbeschüler lediglich um 62% erhöhte. Seit der Jahrhundertwende übertraf die Zahl der Studierenden sogar jene der technischen Mittelschüler und Werkmeisterschüler zusammen. Der Österreichische Ingenieur- und Architektenverein interpretierte diese Zahlen als „Überfüllungskrise" und sprach sich in den Jahren vor dem Ersten Weltkrieg gegen die Neugründung von technischen Hochschulen aus.

Zur Rekrutierung von Technikern um 1900: Die betriebliche Praxis

Wie sah die Situation in der Privatwirtschaft aus? Obwohl sich langfristig ein Trend zur Höherqualifizierung feststellen läßt und formale Qualifikationen immer wichtiger wurden, kann man deswegen nicht sagen, daß die „shop culture" vollständig durch die „credential society" mit ihren Schulen und Lizenzen zurückgedrängt wurde. Der Ausbau des technischen Bildungssystems verstärkte zunächst die Binnendifferenzierung und führte zu einer Vermehrung verschiedener Technikerkategorien. Auf den Arbeitsmarkt anno 1900 drängten Hochschultechniker, die entweder beide Staatsprüfungen abgelegt oder einige Semester an einer Hochschule bzw. einem Polytechnikum studiert hatten, Mittelschultechniker, Realschüler, Werkmeister, angelernte Hilfskräfte etc. In der Privatwirtschaft spielten jedoch Diplome und Zertifikate eine untergeordnete Rolle, ausschlaggebend waren in erster Linie fachliches Können und Praxis. Zum Anforderungsprofil gehörten darüberhinaus sogenannte „Charaktereigenschaften" wie Fleiß, Loyalität, Intelligenz oder Durchsetzungsfähigkeit. So heißt es in zeitgenössischen Personalunterlagen über einen Bewerber für die Stelle eines Betriebsingenieurs (der diese Kriterien offensichtlich nicht erfüllte):

„Er hält bezüglich seiner fachlichen Qualifikation das nicht, was er verspricht und ist hauptsächlich kein verläßlicher Character, so daß man [in] ihm einen Verräther an der eigenen Sache sich erwirbt. Er ist imstande nach 14 Tagen davon zu laufen, wenn ihm irgendetwas besseres vorkommt. (...) er ist kein Kirchenlicht, aber hat Erfahrung u. ist strebsam. Gegen Vorgesetzte untertänig, nach unten hin etwas rabiat; spricht viel, wenn man es ihm nicht rechtzeitig abgewöhnt. (...) Wie gesagt: bei entsprechend fester Behandlung ist er sehr willig u. formbar; sonst neigt er zur Großsprecherei." (zit. nach: Ludescher, S. 128)

Die Industrie rekrutierte ihre technischen Angestellten gerne aus dem Absolventenkreis der technischen Mittelschulen, die wegen ihrer kürzeren und pra-

Die mechanische Werkstätte in Gußwerk, von J. Kollarz (Steiermärkisches Landesarchiv, Graz)

xisnahen Ausbildung weniger Personalkosten verursachten als ein Hochschulingenieur, der bereits Mitte 20 war, wenn er seine erste Stellung antrat. Gewerbeschüler fanden daher sehr gute Berufschancen vor, sie konnten leitende Funktionen ausüben oder gar bis in die Chefetagen eines Unternehmens aufsteigen. Ein Beispiel für die Karriere eines nichtakademischen Technikers war Georg Kapsch (1873–1934), der vor seiner Berufung zum Professor für Brückenbau an der Technischen Hochschule Graz als Oberingenieur im Stahlbrückenbau tätig war.

Ein Staatsprüfungszeugnis war in der Industrie keine Bedingung für einen Ingenieurposten. Im Gegenteil: Der Ingenieurtitel war hier eine innerbetriebliche Status- und Funktionsbezeichnung, die vom Arbeitgeber auch an nichtakademische Techniker verliehen wurde. Aus diesem Grund legte zunächst nur ein kleiner Teil der Studierenden an den Technischen Hochschulen diese Prüfungen ab, erst gegen Ende des Jahrhunderts stieg die Anzahl der Prüfungskandidaten. Das Gros der technischen Privatangestellten hatte allerdings keine Hochschule von innen gesehen, geschweige denn eine Abschlußprüfung abgelegt. Das zeigen mehrere Erhebungen, die in den 1890er Jahren durchgeführt wurden. Im Handelskammerbezirk Brünn z.B. waren zwar 51% der Direktoren, Oberingenieure und Bürovorstände Hochschüler, doch besaß insgesamt nur rund ein Fünftel von ihnen beide Staatsprüfungen. Bei den nichtleitenden Positionen (Ingenieur 63%, Ingenieur-Assistent 90%) waren die Nichtakademiker in der Mehrheit. Zu einem ähnlichen Ergebnis kommt auch eine auf nationaler Ebene (Zisleithanien) durchgeführte Erhebung, die allerdings nur sehr ungenau nach Technikerkategorien differenziert: Bei den höheren technischen Angestellten überwogen Hoch- und Fachschüler (mit 53,6% bzw. 35,8%), in der Kategorie „niedere technische Beamte" finden sich vor allem Arbeitnehmer mit Volksschulabschluß (55,1%), gefolgt von Fach- und Mittelschülern (32,8% bzw. 9,9%) als höchstem Schulabschluß. Diese Prozentwerte zeigen, daß niedere Angestelltenpositionen mit Autodidakten oder ehemaligen Arbeitern besetzt wurden, während für Karrieren an der Spitze des Unternehmens eine entsprechende schulische Ausbildung immer mehr zur unentbehrlichen Voraussetzung wurde.

Generell kann man sagen, daß die Jobaussichten für Techniker im großen und ganzen bis zur letzten Jahrhundertwende recht gut waren. Noch 1903 gab es in Zisleithanien nur zwei Vereine (Zentralverein der Bautechniker und Allgemeiner Technischer Verein), die eine eigene Stellenvermittlung betrieben. Damit konnten sich – bezogen auf den Mitgliederstand dieser beiden Vereine im Verhältnis zur Gesamtzahl – lediglich 1,6% an eine vereinseigene Jobbörse wenden. Erst ein Konjunktureinbruch am Anfang des 20. Jahrhunderts führte zu einem Umdenken, sodaß auch andere Vereine Stellenvermittlungen einrichteten. Wenn es auf dem Arbeitsmarkt für Techniker zu Engpässen kam, dann vor allem bei den Büro- und weniger bei den Betriebstechnikern. Im Gegenteil: Im Maschinenbau herrschte in den Jahren vor dem Ersten Weltkrieg sogar ein großer Mangel an Betriebsassistenten und Betriebsleitern. Das Verhältnis zwischen Betriebs- und Konstruktionsbeamten betrug hier circa drei zu eins.

Die ersten Absolventen der Technischen Hochschulen kamen zunächst eher beim Staat oder bei den großen Eisenbahngesellschaften unter. Da gegen Ende des 19. Jahrhunderts längst nicht mehr alle Absolventen – ihre Zahl hatte sich zwischen 1891/92 und 1911/12 versechsfacht – eine Anstellung im öffentlichen Dienst fanden, verschärfte sich die Konkurrenz zwischen Hochschulingenieuren und Gewerbeschülern. Inzwischen besetzten immer mehr „Akademiker-Ingenieure" – wie es in den Quellen heißt – wichtige betriebliche Positionen und achteten peinlich genau darauf, wer berechtigt war, den Ingenieurtitel zu führen oder wer nur als „Ingenieurbetriebs-Assistent", „Hammerbetriebsleiter" oder „technischer Beamter" einzustufen war.

Standespolitik und Gruppenidentität

Zum Gegenstand heftigster Diskussionen in den einschlägigen Vereinszeitschriften avancierte seit dem ausgehenden 19. Jahrhundert die sogenannte

Pränumeration: 16 Kronen jährlich.
Redaction: I., Wollzeile 34.

ZEITSCHRIFT DES ALLGEMEINEN TECHNISCHEN VEREINES

„TECHNISCHE RUNDSCHAU."

Erscheint am 1. und 15. eines jeden Monats.
Admin.: IX., Porzellangasse 20.

= Officielles technisches Organ der Jubiläumsausstellung 1898. =

Unter fachlicher Leitung des Redactions-Comité.

Chefredacteur: Ingenieur LUDWIG LOOS.

Nr. 12. Wien, 15. Juni 1898. IX. Vereinsjahr.

Die Vereinslocalitäten, Wien, I., Wollzeile 34, Mezzanin, sind jeden **Montag** und **Freitag** von 7—10 Uhr Abends geöffnet

Nachdruck nur mit vollständiger Quellenangabe gestattet.

Inhalt: Gesetzesvorlage, betreffend die Berechtigung zur Führung des Ingenieurtitels. — Die Armaturen auf der Jubiläumsausstellung 1898. — Die Pavillons auf der Jubiläumsausstellung 1898. Von Ingenieur Ludwig Loos. — Vermischtes. — Notizen. — Literatur. — Vereins-Nachrichten. — Inserate.

Die Administration der „Technischen Rundschau" befindet sich nunmehr: IX., Porzellangasse 20.

Einladung.

Dienstag, den 21. Juni halb 8 Uhr abends.

Freie Versammlung

der

technischen Beamten

in der Ressource, I. Reichsrathstraße Nr. 3.

TAGESORDNUNG:

1. Die Titelfrage der Techniker und die Lage der technischen Beamten.
2. Eventuelles.

Die Einberufer.

Gesetzesvorlage, betreffend die Berechtigung zur Führung des Ingenieurtitels.

Die hohe Regierung hat in der Sitzung des Abgeordnetenhauses am 1. Juni l. J. nachstehende Vorlage eingebracht.

§ 1. Zur Führung des Titels »Ingenieur« sind ausschließlich diejenigen berechtigt, welche die Studien an einer inländischen technischen Hochschule ordnungsmäßig absolvirt und die zur Erprobung der an einer solchen Hochschule erlangten wissenschaftlich-technischen Berufsbildung für das Ingenieurbaufach, für das Hochbaufach, für das Maschinenbaufach und für das chemisch-technische Fach eingeführten Staatsprüfungen oder die Diplomprüfung mit Erfolg abgelegt haben. Die gleiche Berechtigung wird auch durch die Absolvirung der Bergakademie in Leoben oder Přibram und die erfolgreiche Ablegung der Staatsprüfung an diesen Hochschulen erworben.

§ 2. Jene Techniker, welche ihre Studien an einer technischen Hochschule vor der Wirksamkeit

Die Pavillons auf der Jubiläums-Ausstellung 1898.

(Originalbericht der »Technischen Rundschau«)

I. Erste österr. Asphaltwerke N. Schefftel, Wien.

Von Ingenieur LUDWIG LOOS.

In unmittelbarer Nachbarschaft der Wohlfahrts-Ausstellung erblicken wir einen in sozusagen gemäßigt secessionistischem Stil gehaltenen Pavillon, der in ebenso origineller, wie anschaulicher Weise einen wichtigen, heimischen Industriezweig, vom Rohmaterial angefangen, bis zum fertigen Producte vorführt, den Pavillon von N. Schefftel.

Ich muss gestehen, dass ich bei meinem ersten Besuche dieses Pavillons gespannt war, wie die Darstellung dieser sich auf viele Producte erstreckenden Industrie gedacht sei, um so verhältnismäßig complicirte Fabricationsvorgänge übersichtlich und doch gemeinverständlich zu illustriren. Im Betriebe befindliche Destillationsblasen waren wohl ebensowenig zu erwarten, wie bloße Anhäufungen von Materialien und Producten, die auf einer modernen Ausstellung immer vermieden werden sollen. Umsomehr wurde ich von der ganzen Anordnung befriedigt, die man als gründlich durchdacht und durchaus gelungen bezeichnen muss.

Ich empfehle nachfolgenden Besuchern, zunächst die in der Veranda des Pavillons aufgestapelten Producte und fertigen Waren unberücksichtigt zu lassen, dagegen direct in den Pavillon einzutreten. Man ist überrascht, sich einem Panorama gegenüber zu finden. Dasselbe ist in drei nebeneinander stehende Abtheilungen getheilt, die wir der Reihe nach betrachten wollen.

Wir erblicken eine recht anschauliche Darstellung der Holzimprägnirung, im Vordergrunde einen Rollwagen, beladen mit Holzstöckeln, dessen Geleise seine Verlängerung in dem dahinter stehenden Wandgemälde findet. Der Imprägnirungskessel ist geöffnet und zeigt dem Beschauer, dass mehrere solcher Rollwagen zweifellos mit ihrer Last dazu bestimmt sind, in diesem Kessel eine fabricationsmäßige Behandlung zu erfahren. Das Imprägnirungsverfahren ist ja im Allgemeinen be-

Soennecken-Bureau-Artikel: Preisliste gratis von Nestler & Roessler, Wien I.

Die Titelfrage auf der Tagesordnung einer Versammlung des Allgemeinen Technischen Vereines (Archiv M. Ludescher)

„Titelfrage". Insbesondere der Österreichische Ingenieur- und Architektenverein machte sich dafür stark, daß der Ingenieurtitel nur Akademikern zustehe. Die Hochschultechniker sahen in den Mittelschultechnikern (und vice versa) gefährliche Konkurrenten im Kampf um verantwortungsvolle und gut dotierte betriebliche Positionen und bangten um ihren Einfluß. So wurde etwa vorgeschlagen, den Aktionsradius der Mittelschultechniker zu beschneiden, indem man sie zu „Hilfskräften" der Ingenieure mit einem „streng abgegrenzten Wirkungskreis" degradiert. Die Gewerbeschüler traten dafür ein, daß der Titel „Ingenieur" das bleiben solle, was er bisher war – eine „Berufsbezeichnung" bzw. „Standesbezeichnung für Praktiker". Die akademische Qualifikation sei noch lange kein Garant für konstruktive Intelligenz und technischen Erfindungsreichtum. Schließlich wurde die Dampfmaschine – so das Argument – „ganz ohne Polytechnikum" erfunden. Diese Diskussion, die sich über gut zwei Jahrzehnte hinzog, fand 1917 ein vorläufiges Ende: Nach der kaiserlichen Verordnung vom 14. März 1917 durfte sich fortan nur „Ingenieur" nennen, wer ein Universitätsstudium erfolgreich abgeschlossen hatte. Damit war der Ingenieurtitel bis zur Einführung des akademischen Grades „Dipl.-Ing." (1938) eine gesetzlich anerkannte und geschützte Standesbezeichnung für technische Hochschüler.

Eine wichtige Funktion für die sich seit der Jahrhundermitte herausbildende Gruppenidentität der technischen Intelligenz übernahmen außer dem bereits erwähnten, auf nationaler Ebene agierenden Österreichischen Ingenieur- und Architektenverein zahlreiche regionale Fach- und Absolventenvereine. Im Mittelpunkt standen die Pflege beruflicher und geselliger Kontakte sowie die Mitgliederfortbildung. Darüberhinaus waren diese Vereine auch standespolitisch sehr aktiv und trieben damit die Professionalisierung des Ingenieurberufs voran. Hier ist etwa der nach dem Vorbild des Absolventenverbands der späteren ETH Zürich gegründete Verband ehemaliger Grazer Techniker zu nennen (1887), der vor 1914 über 600 Mitglieder hatte. Initiator und Gründungsmitglied war der spätere Professor für technische und allgemeine Mechanik, Ferdinand Wittenbauer, der in mehreren Bühnenstücken auch aktuelle gesellschaftspolitische Themen literarisch verarbeitete. So ist in seinem Theaterstück „Der weite Blick" der Held ein Ingenieur (natürlich Absolvent einer technischen Hochschule), der bei der Durchführung eines Tunnelbauprojekts seitens Bürokratie und Politik auf Widerstände stößt. Der Autor macht ihn zum Sprachrohr standespolitischer Anliegen: „Was soll ich in einer Heimat, in der man das Schaffen des Technikers nicht anerkennt? In der Schweiz oder in Frankreich – ach, da ist's anders. Da nimmt er die Stellung ein, die ihm gebührt. Aber wir Deutsche sind weit zurück. Bei uns hält der Techniker dem Juristen den Steigbügel, damit sich der in hohe Stellungen emporschwingt – das ist sein Beruf." (Wittenbauer, S. 69)

Im Absolventenverband der Grazer Technik waren zwar Bauräte der Landesregierung, Inspektoren der Südbahngesellschaft, Chef-Chemiker, Hochschulprofessoren und angestellte Maschinenbauingenieure neben Fabriks- und Gutsbesitzern vertreten. Von einem einheitlichen Berufsbewußtsein aller Techniker, einer, wenn man so will, berufsübergreifenden „corporate identity" kann man aber nicht sprechen. Zu verschieden waren die Interessen der Technikergruppen. Eine mentale und soziale Trennlinie verlief zwischen Hoch- und Gewerbeschülern, eine andere – ältere – zwischen dem erlernten Beruf bzw. der studierten Fachrichtung: Man blieb auch weiterhin Bautechniker, Maschinenbauer oder Chemiker. Die Differenzierung zwischen selbständig und angestellt spielte hingegen so gut wie keine Rolle. Ein wichtiger Grund, der hier nur angedeutet werden kann, war die in der Arbeitssituation von technischen Angestellten wurzelnde Betriebstreue bzw. Identifikation mit

Gedenkblatt zum Stelldichein ehemaliger Grazer Techniker (Universitätsarchiv TU Graz)

dem Arbeitgeber. Die Folge war, daß die Gewerkschaftsbewegung, die vom Bund der technischen Beamten (gegr. 1907) ausging (ursprünglich eine Vereinigung der Mittelschultechniker), vor dem Ersten Weltkrieg kaum Fuß fassen konnte.

Das konsequente Lobbying der Ingenieurvereine dürfte nicht ohne Folgen für die unternehmerische Personalpolitik geblieben sein. Jedenfalls belegen betriebliche Beispiele, daß sich der Akademikeranteil in der Privatwirtschaft in der Zwischenkriegszeit erhöhte. So betrug Mitte der 1930er Jahre in einem steirischen Stahlunternehmen der Anteil der technischen Angestellten mit Hochschulabschluß knapp 44%. Die Inflation der Hochschulabsolventen äußerte sich in einem Auseinanderfallen von Ausbildung und Beschäftigung bei den Akademikern, die jetzt auf Stellen saßen, die vor dem Ersten Weltkrieg noch mit Meistern oder Gewerbeschülern besetzt worden waren. Die Lage am Arbeitsmarkt verschlimmerte sich drastisch in der Weltwirtschaftskrise, als auch technische Fachkräfte keine Stelle mehr fanden. 1934 waren 22,5% der Ingenieure und 32,6% der technischen Angestellten ohne Job. Da im Inland keine Nachfrage vorhanden war und im öffentlichen Dienst Aufnahmesperre herrschte, wanderten viele österreichische Techniker ins Ausland, insbesondere nach Deutschland ab. An der Grazer Technik sollen es bis zu 90% der Absolventen gewesen sein, die vor 1938 ins „Altreich" gingen.

Akademisierung und Ausbildungsdefizite

Den Aufstieg der technischen Lehranstalten und ihre Gleichstellung mit den Universitäten in der zweiten Hälfte des 19. Jahrhunderts kann man noch unter einem anderen Gesichtspunkt betrachten: Die Akademisierung des Ingenieurberufs war ein wichtiges Instrument des sozialen Aufstiegs und der gesellschaftlichen Anerkennung einer ganzen Berufsgruppe. Sie war sozusagen die „Eintrittskarte" der Ingenieure in die Welt des Bildungsbürgertums, in der neuhumanistische Werte – trotz aller Fortschritte in Naturwissenschaft und Technik – nach wie vor den Ton angaben. Die mathematisch-naturwissenschaftliche Fundierung der Technik, die die Voraussetzung für ihre Verwissenschaftlichung bildete, sowie die Forcierung der Grundlagenforschung neben der anwendungsorientierten Forschung an den Hochschulen trugen zur Etablierung einer eigenständigen „Wissenschaft vom Erfinden" bei und verhalfen ihr in der akademischen Welt zu Anerkennung. Bis zu einem gewissen Grad dürfte daher auch für die Technikwissenschaften gelten, was an den Universitäten ein wesentliches Element akademisch-professoralen Selbstverständnisses darstellte: das Ideal einer „reinen" und „zweckfreien" Wissenschaft als ideologische Klammer, die die immer stärker in spezialisierte Teildisziplinen auseinanderfallende scientific community im deutschsprachigen Raum zusammenhielt. Aus diesem Grund bemühten sich Hochschullehrer, den Ingenieurberuf vom Vorwurf des schnöden Materialismus reinzuwaschen, indem sie die kulturellen Leistungen der Technik herausstrichen:

„So ist es denn Pflicht des Technikers, das Möglichste zur Verkleinerung seines äußeren Erfolges selbst zu thun, und seinen Ehrgeiz mit dem Bewusstsein zu befriedigen, sein Bestes geleistet zu haben und ein neues Stück Cultur dem alten angefügt zu haben. Diese Art der Selbstbefriedigung ist es aber auch, welche ihn drängt, ohne irgend welche Rücksicht auf seinen eigenen materiellen Vortheil, stets sein bestes Wissen und Können einzusetzen und in seinem Berufe keinerlei Anstrengungen, Entbehrungen und Gefahren zu scheuen, ja im gegebenen Falle selbst sein Leben zu wagen." (Heyne, S. 21)

Trotz dieser schönen Worte, die anläßlich der Eröffnung der Alten Technik gesprochen wurden, wurde man das Handwerkerimage nicht so leicht los, das Vorurteil, bloß „höhere Fachschulen" zu sein, sozusagen „Pflegestätten einer Wissenschaft II. Ranges", scheint sich auch in den folgenden Jahrzehnten hartnäckig gehalten zu haben (z.B. Engel u. Postuvanschitz). Doch mit zunehmender Aufweichung des antiutilitaristischen Bildungs- und Wissenschaftsideals veränderten sich im 20. Jahrhundert die Argumente, mit denen für die Sache der Technik in der Öffentlichkeit geworben wurde. Der sich altruistisch an die Wissenschaft hingebende Gelehrte hatte als Leitfigur ausgedient, stattdessen traten ökonomische Argumente in den Vordergrund: Die Formulierungen, die den Wechsel der politischen Systeme von der Ersten Republik, über den Nationalsozialismus bis zur Zweiten Republik widerspiegeln, lauteten jetzt „Vergrößerung und Verbreitung des Volkswohlstandes", „Dienst an der Volksgemeinschaft" oder „Steigerung des Lebensstandards" durch technisch-wissenschaftliche Forschung (Engel; Härtel; Bauer/Gilli/Hohenberg u.a.).

Doch zurück zur letzten Jahrhundertwende und zur Akademisierung des Ingenieurberufs. Der Aufstieg der Polytechnika zu Universitäten wirkte sich dahingehend aus, daß in der Ausbildung bald Defizite sichtbar wurden, weil die Lehrpläne mit Theorie überfrachtet waren und dadurch das anwendungs- und problemorientierte Lernen zu kurz kam. Dieser fehlende Praxisbezug wurde seit den 1890er Jahren wiederholt zur Zielscheibe der Kritik. Experten warfen den technischen Hochschulen vor, daß sie keine brauchbaren Ingenieure sondern Gelehrte heranbilden würden: „Die officiellen Studienpläne der technischen Hochschulen enthalten meist nichts, was zur Belehrung für das Schaffen in der wirtschaftlichen Welt nutzbar gemacht werden könnte, aber übermäßig viel einseitige Theorie, welche die Fähigkeit des klaren Blickes trübt." (zit. nach: Ludescher, S. 93)

Bemängelt wurde außerdem das Fehlen nichttechnischer Fächer in den Lehrplänen wie Geschichte, Betriebs- und Volkswirtschaft, Recht oder Spra-

Franz Hlawatschek (Universitätsarchiv TU Graz)

chen. Vorgeschlagen wurde neben einer Verkürzung der Studienzeit auch eine über die bisherige Ferialpraxis hinausgehende, einjährige obligatorische Werkstättenpraxis. (Vgl. Merkl) Die Aufwertung der Praxis bedeutete jedoch nicht, daß damit der herrschende status quo, d.h. die immer weiter voranschreitende Trennung von planenden und ausführenden Tätigkeiten, von Hand- und Kopfarbeit, im industriellen Arbeitssystem infrage gestellt worden wäre. Sie resultierte vielmehr aus der vagen Befürchtung eines Facharbeitermangels als Folge eines langfristigen Trends zu den Büroberufen („Scheu vor der manuellen Arbeit"). Im Unterschied dazu hatte sich in den 1860er Jahren ein Experte noch aus prinzipiellen Gründen gegen die Trennung von Hand- und Kopfarbeit in der Ingenieurausbildung gewandt und die Meinung vertreten, daß der angehende Mechaniker nur so viel Geometrie, Algebra, höhere Analysis und Zeichnen lernen soll, wie er „für die praktische Anwendung benöthigt" (Winter, S. 58).

Vor allem in den Maschinenbaufächern wurde gegen Ende des 19. Jahrhunderts ein Übergewicht der theoretischen Fächer in der Ausbildung und die Entfremdung der Hochschule von technischer Praxis und industrieller Wirklichkeit moniert. Ein Auslöser war die Weltausstellung in Chicago, die den Ingenieuren aus dem deutschsprachigen Raum die Vorteile einer technisch-experimentellen Forschung bewußt machte. Mit Ausnahme der technischen Chemie wurden Versuchslaboratorien mit wirklichkeitsnahen Übungen an den technischen Hochschulen erst mit großer zeitlicher Verzögerung eingerichtet. In der Monarchie erhielt Prag das erste Maschinen-Laboratorium (1902), obligatorische Übungen wurden einige Jahre später im Studienplan eingeführt (Vgl.: Die k.k. Deutsche Technische Hochschule, S. 414 ff.); die Technische Hochschule Graz konnte diesen Vorsprung erst im Zuge der Errichtung der „Neuen Technik" in den 1920er Jahren aufholen.

Ungeachtet dieser Vorwürfe war jedoch ein reger Transfer von Personen und Wissen zwischen Hochschule und Wirtschaft gang und gäbe. Abgesehen von den Absolventen, die akademisches Know-how in die Betriebe einbrachten, wurden Vertreter von Industriebetrieben in universitäre Kommissionen nominiert. Und die Hochschulen rekrutierten ihrerseits wissenschaftliches Personal mit entsprechender Industrieerfahrung. Um zwei Beispiele zu nennen: Bevor Franz Hlawatschek 1865 als Professor des Maschinenbaus an die Technische Hochschule Graz berufen worden war, hatte er vier Jahre als Konstrukteur in einer Maschinenfabrik und in einem Eisenhüttenwerk im Rheinland und anschließend zwei Jahre als erster Ingenieur in einer anderen Maschinenfabrik in Prag gearbeitet. Auch sein Nachfolger, Ernst Bendl, war fast drei Jahrzehnte in diversen Maschinenfabriken, zuletzt als stellvertretender technischer Direktor der Maschinenfabrik Andritz tätig.

Und dennoch: Der Vorwurf mangelnder Praxisnähe in der Ingenieurausbildung war deswegen nicht vom Tisch. So sah sich 1896 ein junger Ingenieur bei seiner ersten Anstellung in einem Wiener Kabelwerk mit handfesten Schwierigkeiten konfrontiert:

„Als der Besitzer mich eines Tages fragte, ob ich ihm etwas von gekreuzten Riemen sagen könnte, antwortete ich ihm mit einer mathematischen Formel, die die Abhängigkeit der Zugkraft vom Winkel gab, mit dem der Riemen die Riemenscheibe umspannte, und es war, als wenn ich mit ihm chinesisch gesprochen hätte. Er hatte wohl einmal eine Hochschule besucht, aber wenn er je die Formel gelernt hatte, so hatte er sie längst vergessen, und was er brauchte, war keine Formel, sondern praktischer Rat." (Rosenberg, S. 19)

Die Frage der Vermittlung zwischen Theorie und Praxis, zwischen technischer und ökonomischer Realität sollte ein Problem bleiben, das Hochschullehrende, Studierende und Bildungspolitiker bis heute beschäftigt.

Aus- und Rückblick

Die Informationsexplosion in der heutigen Gesellschaft, die Veränderungen in der Arbeitswelt und der damit einhergehende beschleunigte Wandel beruflicher Anforderungsprofile haben den Stellenwert der beruflichen Erstausbildung nachhaltig verändert: Es wird immer schwieriger, fachliche Qualifikationen langfristig zu prognostizieren und Menschen so auszubilden, daß sie ein Arbeitsleben lang für die Anforderungen der beruflichen Wirklichkeit gerüstet sind. Die vom Arbeitsmarktservice herausgegebene Berufs- und Studieninformation „Technik" listet für das Jahr 1997 rund 30 verschiedene Hoch- und Fachhochschulstudien (ohne Zusatz- und Aufbaustudien) auf. Mittlerweile dürften noch einige dazugekommen sein. 1888, im Jahr der Eröffnung der Alten Technik, waren es gerade vier. Kein Wunder, daß lebensbegleitendes Lernen und der Erwerb von fachübergreifenden Schlüsselqualifikationen wie Interdisziplinarität, Lernen lernen, Teamfähigkeit usw. von Bildungsexperten immer wieder als Ausweg aus dem Dilemma genannt werden. Doch ganz neu sind diese Rezepte nicht. Oder, um es mit den Worten des damaligen Rektors der Technischen Hochschule Graz, Wilhelm Heyne, zu sagen:

„Also – Geologe, Meteorologe, Chemiker, Mikroskopiker, Arzt, Jurist und Techniker, dies alles soll dieser Ingenieur in einer Person sein? (...) Nun, so ist es auch nicht gemeint (...). Er muss soviel Kenntnisse von jedem dieser Fächer besitzen, um an den Specialisten nicht nur die entsprechenden Fragen stellen zu können, sondern auch dessen Antworten zu verstehen." (Heyne, S. 24)

Literaturhinweise:

BAUER, K.; GILLI, P.; HOHENBERG, F. u.a.: Wozu mehr und besser ausgebildete Diplomingenieure?, Graz 1967

DEUTSCHE TECHNISCHE HOCHSCHULE IN PRAG (Hg.): Die k.k. Deutsche Technische Hochschule in Prag 1806–1906. Festschrift zur Hundertjahrfeier, Prag 1906

ENGEL, Robert: Ziele und Probleme des neueren Dampflokomotivenbaues. Inaugurationsrede, in: Bericht der TH Graz über die feierliche Inauguration für das Studienjahr 1932/33, Graz 1932, S. 13–31

ENGELBRECHT, Helmut: Geschichte des österreichischen Bildungswesens. Erziehung und Unterricht auf dem Boden Österreichs, Bd. 4, Wien 1986

HÄRTEL, Adolf: Gedanken zur Neuordnung des Ausbildungsganges für Diplom-Ingenieure der Fachrichtung Maschinenbau, in: Papesch, Josef; Tepner, Wilfried v. (Hg.): Das Joanneum. Beiträge zur Naturkunde, Geschichte, Kunst und Wirtschaft des Ostalpenraumes, Bd. 4, Graz 1941, S. 99–108

HEYNE, Wilhelm: Rede des antretenden Rectors, in: Die feierliche Eröffnung des Neubaues der k.k. Technischen Hochschuleam 12. December 1888 und die Inauguration des Rectors für das Studienjahr 1888/89 am 13. December 1888, Graz 1888, S. 13–25

KÖNIG, Wolfgang; WEBER, Wolfhart: Netzwerke Stahl und Strom 1840–1914 (= Propyläen Technikgeschichte), Frankfurt/M.-Berlin 1990

LUDESCHER, Marcus: Büromenschen. Angestellte und Dienstleistungsarbeit in Österreich. Eine sozialgeschichtliche Untersuchung (= Arbeit – Bildung – Gesellschaft 19), München-Wien 1998

LUDESCHER, Marcus: Das wissenschaftliche Personal an der TU Graz, Teil 2: 1914 bis 1945 (TUG Projektdokumentation), Graz 1995

LUDESCHER, Marcus: Zur Geschichte der TU Graz. Zwei Texte (TUG Projektdokumentation), Graz 1995

MANEGOLD, Karl-Heinz: Geschichte der technischen Hochschulen, in: Technik und Bildung, hrsg. von Böhm, Laetitia; Schönbeck, Charlotte (= Technik und Kultur 5), Düsseldorf 1989, S. 204–234

MERKL, Johann Ritter von: Über die Heranbildung der Ingenieure in mechanischen Betrieben, in: Zeitschrift des Österreichischen Ingenieur- und Architekten-Vereines, 62(1910), S. 309–312

MISCHLER, Ernst; ULBRICH, Josef (Hg): Technische Hochschulen, in: Österreichisches Staatswörterbuch. Handbuch des gesamten österreichischen öffentlichen Rechtes, hrsg. von Mischler, Ernst; Ulbrich, Josef, Bd. 4, Wien 1909, S. 510–527

POSTMAN, Neil: The End of Education?, Vortrag, gehalten am 6.6.1997 im Haus der Industrie, Wien

POSTUVANSCHITZ, Fritz: Über Studien-, Berufs- und Standesfragen der akad. Technikerschaft (= Rede anläßl. der Immatrikulation), Graz-Leipzig 1917

ROSENBERG, E.: Der Werdegang eines Ingenieurs, Wien 1950

VERBAND EHEMALIGER GRAZER TECHNIKER (Hg.): Festschrift zur Jahrhundertfeier des Joanneums, Graz 1911

WINTER, Josef: Ueber Maschinenwesen, in: Jahresbericht der Akademie für Handel und Industrie in Graz 1866, Graz 1866, S. 48–61

WITTENBAUER, Ferdinand: Der weite Blick. Komödie in vier Tagen, Leipzig 1907

ZWECKBRONNER, Gerhard: Technische Wissenschaften im Industrialisierungsprozeß bis zum Beginn des 20. Jahrhunderts, in: Technik und Wissenschaft, hrsg. von Hermann, Armin; Schönbeck, Charlotte (= Technik und Kultur 3), Düsseldorf 1991, S. 400–428

Der Steirische Erzberg (Foto: BDA, Landeskonservatorat für Steiermark)

Die Erzberg-Bahn (Foto: BDA, Landeskonservatorat für Steiermark)

Friedrich Bouvier

Vom Radwerk zur Neuen Technik

Denkmale der Technik-Entwicklung

AbsolventInnen und akademische Lehrer der *Technik in Graz* haben deutliche Spuren in unserem Land und über die Landesgrenzen hinaus hinterlassen. In allen Fachgebieten der Technik sind innovative Forschungsarbeiten erbracht worden, deren vollständige Auflistung wohl kaum bewältigt werden könnte. Zahlreiche Objekte geben bis heute ein Zeugnis vom einstigen und heutigen Fortschritt der Technik. Nach einem kurzen Abriß über die technische Entwicklung in der Steiermark des 19. Jahrhunderts wird eine Auswahl beispielhafter Leistungen besonders beschrieben.

Zur Entwicklung der Steiermark im 19. Jahrhundert

Die technische und damit auch die industrielle Entwicklung der Steiermark im 19. Jahrhundert ist zunächst engstens mit einer Persönlichkeit verbunden – mit Erzherzog Johann von Österreich.

Von höchster Bedeutung war hiebei das Interesse Erzherzog Johanns an technologischen Problemen, das sich in seinem Bemühen um eine Modernisierung der Landwirtschaft, des Bergbaus und der Industrie in der Steiermark äußerte.

1815/16 bereiste der Erzherzog England. Die Gelegenheit ergab sich durch eine diplomatische Mission, die er gemeinsam mit seinem Bruder Erzherzog Ludwig durchzuführen hatte. Sein Interesse freilich galt der Industrie. Er wollte in erster Linie die technischen Fortschritte Großbritanniens studieren.

Die Reise blieb nicht ohne Auswirkungen und beeinflußte maßgeblich Erzherzog Johanns Tätigkeit in der Steiermark. Dabei beschäftigte ihn das rückständige Eisenwesen am meisten. Das Eisenwesen war nämlich seit Jahrhunderten der wichtigste Wirtschaftszweig der Steiermark. 1822 kaufte Johann das Radwerk II in Vordernberg und gründete in der Folge die Vordernberger Radmeisterkommunität. Um rationeller fördern zu können, legten dreizehn Gewerken ihre Erzberganteile zusammen. Der Erzberg wurde neu vermessen, sowie 1835 eine wesentlich verbesserte Erzbergbahn in Betrieb genommen. 1837 erstand er zusätzlich das Radwerk V in Vordernberg. Daß die Eisenbahn Wien – Triest die Steiermark über den Semmering erreichte, ist Johann, der bereits in Großbritannien Eisenbahnen gesehen hatte, zu verdanken. 1848 kaufte er das Blechwalzwerk in Krems bei Voitsberg, wo er 1855 eine Dampfmaschine aufstellen ließ, sowie Kohlenbergbaue. Durch Verbesserungen vervielfachte er die Kohleförderung. Um das Wissen der

Fachleute zu vergrößern, initiierte Erzherzog Johann die Errichtung der Montanlehranstalt in Vordernberg, aus der später die heutige Montanuniversität in Leoben hervorging.

Wenngleich der Fortschritt der Technik sich quantitativ nicht messen läßt, ist es offenkundig, daß die Steiermark ohne Erzherzog Johann im Bereich von Montanwesen und Industrie so rasche Fortschritte im 19. Jahrhundert nicht hätte erzielen können.

Im Gegensatz zu vielen heimischen Montanisten und Eisenwerksbesitzern war Erzherzog Johann schon in jungen Jahren davon überzeugt, daß die gesamte Technik und ihre industrielle Anwendung auf wissenschaftlichem Fundament stehen müßten, ohne jedoch die Orientierung an der Praxis zu verlieren. Diese Ansicht hat Erzherzog Johann 1811 zur Gründung des Joanneums, der Keimzelle der heutigen Technischen Universität Graz, bewogen. Schon 1814 beantragten die Kuratoren des Joanneums eine Lehrkanzel für Eisenhüttenwesen, deren Errichtung allerdings zweieinhalb Jahrzehnte auf sich warten ließ, nicht zuletzt mangels eines theoretisch und praktisch ausgebildeten Lehrers. Auf Initiative Erzherzog Johanns wurde endlich 1835 der Steiermärker Peter Tunner (1809–1897) zum Professor der Berg- und Hüttenkunde ernannt, nachdem man sich für Vordernberg als Standort der zu schaffenden Schule mit montanistischem Unterricht entschieden hatte.

Während der Lebenszeit Erzherzog Johanns erfolgte neben vielen anderen grundlegenden Veränderungen auch eine Revolution des Verkehrswesens. Diese resultierte vor allem aus der Anwendung der Dampfkraft für das Dampfschiff und die Lokomotive, woraus sich eine Verringerung der Reisezeiten und damit zugleich ein Schrumpfen der Entfernungen auf ein Zehntel jener Zeit ergab, die zuvor ein Fußwanderer benötigt hatte.

Zunächst erlebte der Straßenbau um 1820/30, knapp vor Beginn des Eisenbahnzeitalters, einen neuen Höhepunkt. Dabei hat sich besonders Erzherzog Johann – nicht zuletzt als Direktor des Geniewesens – um den Ausbau und die Verbesserung des steirischen Straßenwesens verdient gemacht. An neuen Straßen wurden damals u. a. die Verbindung von Mitterndorf über den Paß Stein nach Lengdorf im Ennstal und der Verkehrsweg von Windisch-Gratz/Slov. Gradec durch die Felsenschlucht der Huda Lukna nach Wöllan/Velenje gebaut. Etwa zur gleichen Zeit wurde die von Wien nach Triest führende Haupt- und Kommerzialstraße verbessert und in den Jahren 1839 bis 1841 über den Semmering völlig neu gebaut. Die Trasse der neuen Semmeringstraße von Schottwien bis Spital am Semmering hatte nur noch eine Steigung von 1: 25 (4%) und konnte daher bergauf im Trab und bergab ohne Radschuhe befahren werden. Diese Trassenführung hing zweifellos bereits mit dem Plan einer Eisenbahnverbindung von Wien nach Triest über den Semmering zusammen, der von Erzherzog Johann seit 1836 energisch vertreten wurde.

Erzherzog Johann hatte schon 1815/16 auf seiner Englandreise Dampfmaschinen, Dampfschiffe und Lokomotiven kennengelernt und rasch die

Bedeutung der Eisenbahn für eine Revolutionierung des Verkehrswesens einerseits und eine grandiose Entwicklung von Industrie und Volkswirtschaft andererseits erkannt. Durchaus zu Recht sah er in den Eisenbahnen die künftigen Kanäle und Adern der Wirtschaft.

Der rasanten Entwicklung der Technik auf allen Gebieten sollte auch das Joanneum entsprechen. Schon im Herbst des Jahres 1812 wurden am Joanneum Vorlesungen über Mineralogie, Botanik, Chemie, Experimentalphysik, Astronomie und Technologie gehalten. Die Unterrichtsgegenstände wechselten je nach Bedarf. Landwirtschaftskunde und Zoologie, Mechanik und Maschinenlehre traten hinzu, die Vorlesungen über Astronomie und Technologie wurden eingestellt. Schließlich wurde, wie schon erwähnt, im Jahre 1833 eine Professur für Berg- und Hüttenkunde errichtet. Die Folge war die Gründung der Montanlehranstalt im 1839/40 erbauten Raithaus in Vordernberg.

Ab 1827 begann am Joanneum neben dem naturwissenschaftlichen auch der technische Unterricht. Die Voraussetzung hierfür war die Gründung einer Lehrkanzel für „Technisch-praktische Mathematik". Am 3. August 1841 wurde ein vollständiger Lehrplan des Joanneums vorgelegt. „Dieser Lehrplan, dessen Herstellung bei der erwähnten namhaften Ausdehnung des Joanneums zu einer naturhistorisch-technischen Lehranstalt, namentlich für die montanistischen Zöglinge, ein unabweisbares Bedürfnis war, wurde im Einverständnisse mit dem Erzherzog und unter Beiziehung sämtlicher Professoren des Joanneums entworfen und umfaßte die naturhistorischen, die mathematisch-technischen, die montanistischen und die landwirtschaftlichen Lehrfächer."

Alle diese Jahre bis zu seinem Tode im Jahre 1859 hatte Erzherzog Johann die Oberleitung des Joanneums inne. Er ließ sich wöchentlich Bericht erstatten und scheint die Entwicklung im technischen Sinne begünstigt zu haben. Ihm zur Seite standen ebenso aufgeklärte Persönlichkeiten, darunter Angehörige der höheren Stände, wie etwa einige gelehrte Prälaten. Über die engere Bestimmung als technische Lehranstalt hat somit das Joanneum in dieser seiner ersten Entwicklungsphase zu Lebzeiten des Erzherzogs an der Industrialisierung des Landes Steiermark und an einer generellen Hebung des technisch-wissenschaftlichen Ausbildungsniveaus einen entscheidenden Anteil gehabt.

1861 wurde die 50-Jahr-Feier des Bestehens des Joanneums begangen. Die neue Rechtslage und die höheren Anforderungen der Gründerzeit an Wissenschaft und Forschung ließen aber die bisherige Ausbildung an der Technischen Lehranstalt des Joanneums als nicht mehr ausreichend erscheinen. Man wünschte eine Angleichung an die übrigen Technischen Hochschulen der Monarchie.

„Im Jahre 1864 wurde vom Landtage des Herzogtums Steiermark ein neues (im Auftrage des Landesausschusses von Professor Dr. Anton Winckler entworfenes) Statut für die Technische Lehranstalt des Joanneums beschlossen, welches am 18. Oktober 1864 die kaiserliche Genehmigung erhielt und mit Beginn des Studienjahres 1865/66 in Kraft trat. Nach demselben wurde diese Lehranstalt zu einer Technischen Hochschule mit zwei allgemeinen Klassen, vier Fachschulen für Ingenieurwesen, Maschinenbau, chemische Technologie sowie Land- und Forstwirtschaft und besonderen Kursen für Geometer und Wiesenbaumeister sowie für Werk- und Baumeister erhoben. Diese reorganisierte Lehranstalt hatte sich einer ansehnlichen Frequenz zu erfreuen, indem schon 1865/66 Hörer und Gäste sie besuchten und im Jahre 1870/71 die Gesamtzahl 362 erreichte."

In den letzten Jahrzehnten hatte es sich immer mehr gezeigt, daß der Einflußbereich der Technischen Hochschule weit über die Steiermark hinausging. Als einzige ihrer Art im Südosten der Donaumonarchie hatte sie Hörer aus der gesamten Monarchie und dem Ausland. Nur ein Drittel der Studierenden entstammte der Steiermark. Die Führung der Hochschule als Landesanstalt belastete daher das Budget des Landes weit über Gebühr. Außerdem empfand man, daß Hochschulen in die Kompetenz des Staates gehörten, und wandte sich in diesem Sinne an die k.k. Staatsregierung. Es wurde ein Übereinkommen erzielt, das am 12. August 1873 die Sanktion des Kaisers erhielt. Danach übernahm der Staat im Jahre 1874 die Anstalt als „Kaiserlich-Königliche Technische Hochschule in Graz".

Denkmale der Technik-Entwicklung

Die durch lange Zeit vorrangige Stellung der Eisengewinnung in der Steiermark hat viele technische Zeugnisse des Bergbaues hinterlassen. Hier sind primär der Erzberg und seine zahlreichen technischen Denkmale zu erwähnen, die leider bis heute aus der Sicht der Denkmalpflege nicht ausreichend dokumentiert sind. Als Beispiel sei der Wismathaufzug erwähnt, ein Schrägaufzug, der 1835 von Johann Dulnig errichtet wurde. Der Schrägaufzug, auf dem das Erz mit Hilfe von mit Wasser gefüllten Gegengewichten talwärts gebracht wurde, ist Teil der großen, von Erzherzog Johann initiierten Reform zum Gemeinschaftsabbau am Steirischen Erzberg. Die große hölzerne Seilumlenkmaschinerie ist bis heute erhalten geblieben.

Als montanhistorisches Denkmal des steirischen Kohlenbergbaues ist der Förderturm des Wodzicki-Schachtes im 1978 stillgelegten Bergbaugebiet Fohnsdorf zu bezeichnen. Der 1884 bis 1887 durch die Grazer Brückenbauanstalt errichtete und 1925 durch die Fa. Waagner in Graz erhöhte Förderturm in Form einer genieteten Eisenfachwerkskonstruktion bildet zusammen mit dem 1922 errichteten Fördermaschinenhaus und der Fördermaschine aus dem Jahre 1923 ein eindrucksvollen Dokument des einst blühenden Kohlebergbaues in dieser Region.

Radwerk IV in Vordernberg
(Foto: Bundesdenkmalamt, Wien)

In Verbindung mit dem Erzabbau sind die zahlreichen Zeugen der frühen Eisenverhüttung zu sehen. Vor allem im Raum Vordernberg sind anschauliche Teile der einstigen Radwerke erhalten geblieben. Vorrangig wären hier das in seiner Architektur noch weitgehend erhaltene Radwerk I zu nennen, der Ofenstock des einstigen Radwerkes III, das als hüttentechnisches Museum genutzte Radwerk IV mit weitgehend noch vorhandener technischer Einrichtung und der Ofenstock des Radwerkes X. Beeindruckend ob ihrer Größe ist ebenfalls in Vordernberg die Ruine der ehemaligen Eisenerz-Röstanlage. Die genannten Hüttenanlagen entstanden um die Mitte des 19. Jahrhunderts. In Zeltweg ist zur Erinnerung an das einst bedeutendste Eisenwerk der Monarchie als einziges Bauwerk nur mehr der 1871 bis 1873 errichtete Beschickungsturm erhalten, der 1929 zu einem Wasserturm umgebaut wurde.

Als Folge der Hüttenwerke gibt es über die ganze Steiermark verteilt interessante Denkmäler der eisenverarbeitenden Industrie. So befindet sich in Deutschfeistritz der erst 1984 stillgelegte Sensenhammer der einstigen Sensenschmiede Pachernegg, später Obergruber. Die technische Einrichtung des Werkes bestand um 1878 aus zwei Breithämmern, zwei Zainhämmern und vier Kleinhämmern. Die erzeugten Sensen waren wegen ihrer Qualität bis zur Schließung des Werkes weltweit begehrt. In Graz blieb das klassizistische

Die Mur-Brücke der Übelbach-Bahn (Foto: BDA, Landeskonservatorat für Steiermark)

Die Sprengarbeiten in der Badelwand im Juni 1844 – Lithographie von Joseph Kuwasseg (Neue Galerie am Landesmuseum Joanneum, Graz)

Hauptgebäude der einstigen Maschinennagelfabrik Schafzahl erhalten. Das um 1813 vom Architekten Franz Xaver Aichinger erbaute Objekt steht heute weitgehend leer.

Mit dem Eisen, seiner Verhüttung und der industriellen Verarbeitung stiegen auch die verkehrstechnischen Anforderungen an das Transportwesen. Der Ausbau des Eisenbahnnetzes und die Verbesserung vorhandener Straßen

Die Poudrette-Fabrik in der Angergasse in Graz (Foto: BDA, Landeskonservatorat für Steiermark)

waren die logische Folge. Zahlreiche Brückenbauten bezeugen den jeweiligen Stand der Ingenieurkonstruktionen. Eine der ältesten Eisenbrücken der Steiermark und ein Brückendenkmal von besonderem Rang ist die 1844 errichtete Südbahnbrücke bei Peggau. Zwei dreifeldrige Fünffach-Rautenträger sind als Flacheisenfachwerk ausgebildet. Weitere Beispiele sind die Waasenbrücke in Leoben (1894/95) mit polygonal gekrümmten Fachwerkgurten und abgehängter Fahrbahn, die Zeilbrücke bei Rohrbach an der Lafnitz, ein Talübergang mit drei einfeldrigen Fischbauchträgern auf gemauerten Pfeilern und die 1883 bis 1884 errichtete eiserne Fachwerksbrücke der ehem. Kronprinz Rudolf-Bahn in Preg bei St. Lorenzen. Ein Großteil der steirischen Brücken wurde von der Grazer Brückenbauanstalt gefertigt, die unter anderen auch die Brücken für die Arlbergbahn einschließlich der ursprünglichen Trisannabrücke, die Brücken der Wiener Stadtbahn und die Brücken für die bosnischen Landesbahnen fertigte. Die große Brückenbauhalle ist heute noch in der Grazer Waagner-Biro-Straße erhalten. Die bemerkenswerten Grazer Murbrücken überdauerten im Unterschied zu den Wiener Brücken den Zweiten Weltkrieg, fielen aber in den Sechziger- und Siebzigerjahren unseres Jahrhunderts einer rigorosen und teilweise kurzsichtigen Verkehrsplanung zum Opfer.

Neben den Brückenbauten sind auch andere eisenbahntechnische Bauwerke erwähnenswert. Darunter befindet sich die 1844 entstandene Badlgalerie, ein frühes Verkehrsbauwerk, das Bahn und Straße in der Talenge übereinander aufnehmen konnte. Gute Beispiele für noch ursprünglich erhaltene Hochbauten der Bahn sind der 1872 bis 1873 erbaute Grazer Ostbahnhof

Ehrentafel für Hermann Grengg im Wasserbau-Gebäude (Foto: H. Tezak)

und der nach dem Entwurf von Hans Granichstaedten 1909 bis 1912 errichtete Selzthaler Inselbahnhof, dessen Eisenkonstruktion das einzige Beispiel dieser Art in der Steiermark ist.

Auch außerhalb der montanhistorischen und eisenverarbeitenden Betriebe zeugen interessante Industriedenkmale vom jeweiligen Stand der Technik.

In der Angergasse in Graz wurde kürzlich das Fabriksgebäude der aus einer Poudrettefabrik hervorgegangenen Seifenfabrik unter Denkmalschutz gestellt. Die in Sichtziegelbauweise 1872 bis 1873 errichtete Extraktionshalle nach Plänen des Architekten George Niemann ist zweifellos das interessanteste Industriegebäude des 19. Jahrhunderts in Graz.

In Judendorf-Straßengel steht heute noch die einstige Zementfabrik, erbaut 1883, deren äußeres Erscheinungsbild zum Wahrzeichen der Industrielandschaft nördlich von Graz wurde. Ähnlich die monumentalen Industrieruinen der ab 1890 entstandenen Kalkhochöfen in Stattegg bei Graz.

Die Elektrizitätswirtschaft hat schon früh baukünstlerisch bemerkenswerte Objekte errichtet, wobei viele noch heute ihre ursprüngliche Funktion ausüben. So sei hier das Murkraftwerk Lebring genannt, das zu den Frühwerken heimischer Kraftwerksarchitektur zählt. In seinem eindrucksvollen Erscheinungsbild hält der Bau die Mitte zwischen einem historischen Schloß und einem industriellen Ziegelbau. Bei dem – 1903 bis 1908 – nach Entwürfen des Architekten Josef Hötzl errichteten Kraftwerk überlagert sich der technische Fortschritt mit einer schloßartigen Monumentalarchitektur.

In diesem Zusammenhang ist auch der Wasserbauingenieur Professor Hermann Grengg zu nennen, der zusammen mit dem Architekten Fritz Haas Wasserkraftbauten schuf, die eine geglückte Symbiose von Technik und Architektur darstellen. Die Zusammenarbeit dieser beiden Fachleute erreichte

STEWEAG-Murkraftwerk in Pernegg (Foto: BDA, Landeskonservatorat für Steiermark)

nach Vollendung des ersten Teigitschwerkes im März 1925 mit dem Bau des ersten Murkraftwerkes der STEWEAG in Pernegg (1925–1927) einen weiteren Höhepunkt. Besonders das Wehr in Zlatten mit dem Turmbau und der schindelgedeckten Wehrbrücke, an dessen Entwurf auch der bekannte Volkskundeprofessor Viktor von Geramb beratend mitwirkte, ist bis heute, nach einer geglückten Restaurierung, zum Symbol eines unaufdringlichen, landschaftsverbundenen und handwerklich gediegenen Industriebaues geworden. Das zweite Murkraftwerk bei Mixnitz (1930/31) brachte neben der funktionell kaum zu übertreffenden Kraftstation in Laufnitzdorf die erste Ausführung eines Walzenverschlusses als technisches Novum. Über die Steiermark hinaus schufen Grengg und Haas die noch vor 1945 fertiggestellten Kraftwerke in Lavamünd, Unterdrauburg und Marburg. Als wesentlichste Leistung Grenggs muß die Konzeption der Kraftwerksgruppe Glockner-Kaprun erwähnt werden.

Die Tradition Natur und Technik verbindender Architektur bei Kraftwerksbauten wurde bis in die Gegenwart fortgesetzt. Professor Ferdinand Schuster, Ordinarius am Institut für Baukunst, plante beispielsweise für die STEWEAG das 1960 bis 1964 in der Grazer Puchstraße errichtete Fernheizkraftwerk und das 1966 bis 1972 in zwei Ausbaustufen gebaute Dampfkraftwerk in Werndorf.

Im Zuge der Wasserversorgung entstanden zahlreiche Wassertürme. Als Beispiele dafür sind der 1904 bis 1905 errichtete Wasserturm im Landesson-

derkrankenhaus in Graz, der 1921 entstandene Wasserturm der Bundesbahn im Areal des Grazer Hauptbahnhofes und der 1927 gebaute Wasserturm der einstigen Zellulosefabrik Brigl & Bergmeister in Niklasdorf zu erwähnen.

Eine der im wahrsten Sinne des Wortes weitreichenden technischen Innovationen fand an der Technischen Hochschule 1904 mit der ersten drahtlosen Übertragung von Tönen durch Otto Nußbaumer statt. Wenn auch Nußbaumer damals nicht der einzige war, der auf dem Gebiet der drahtlosen Tonübermittlung arbeitete, so war er doch der erste, der mit seinem Ergebnis an die Öffentlichkeit treten konnte.

Nur knapp vierzig Jahre später, 1940, entstand in Dobl der Reichspropagandasender „Donau und Alpen", der als Mittelwellensender eine Reichweite von Norwegen bis Nordafrika aufwies. Dieser sowohl in seiner Architektur als auch in seiner technischen Ausstattung von damals fast vollkommen erhaltene Sender ist ein historisches und rundfunktechnisches Denkmal im vielfachen Sinne. Als einziger von 54 Propagandasendern des damaligen Reichspostministeriums in Berlin erhalten gebliebener Sender steht er als Zeuge für den mißbräuchlichen Einsatz technischer Entwicklungen einerseits, andererseits als europaweit einzig erhalten gebliebener Mittelwellensender dieser Größenordnung.

Mittelwellen-Sendeanlage in Dobl
(Foto: BDA, Landeskonservatorat für Steiermark)

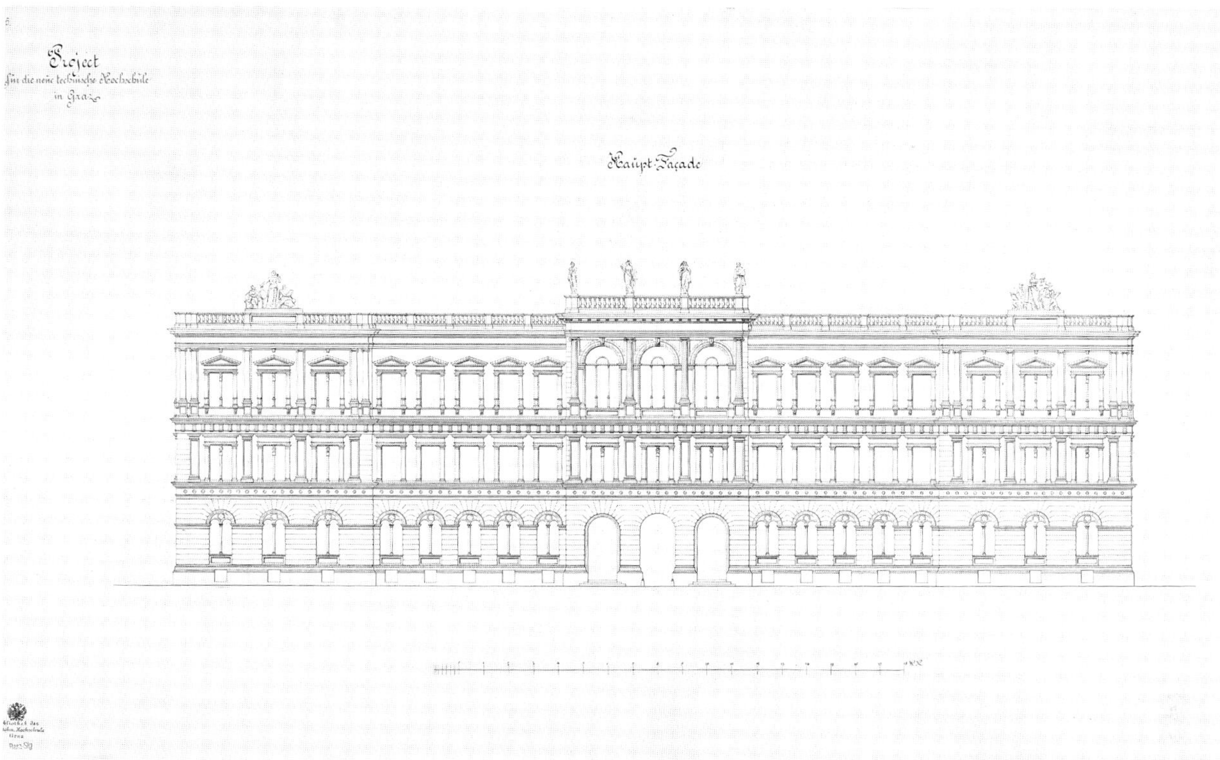

Projekt für die neue technische Hochschule: Haupt-Facade, Wien 1871 (Universitätsbibliothek TU Graz)

Von der Alten zur Neuen Technik

Selbst die Gebäude, in denen die *Technik in Graz* auch heute noch untergebracht ist, können als Denkmale der Technik-Entwicklung interpretiert werden.

Zunächst wurde für die Unterbringung der naturwissenschaftlichen Sammlungen wie auch für die Durchführung des Lehrbetriebes der Lesliehof in der Raubergasse erworben.

Aber schon Erzherzog Johann hatte in seinen letzten Lebensjahren mit den Professoren die äußerst ungünstigen räumlichen Verhältnisse der Landschaftlich-technischen Lehranstalt am Joanneum besprochen und eine Aufstockung des Gebäudes angeregt. Bei den Beratungen über die Reorganisation der Lehranstalt im März 1864 wurde die Errichtung eines Gebäudes für die Hochschule gefordert, „das nicht nur in seiner inneren Einrichtung, sondern auch in seiner äußeren Form des Landes und seiner Aufgabe würdig sei".

Am 18. März dieses Jahres wurde der Direktion der Lehranstalt mitgeteilt, daß der Landesausschuß beschlossen habe, den Professor des Hochbaues an der Lehranstalt, J. Horky, der sich um die Programmherstellung bemüht hatte, weiters „die Herren R. Bayer, Ing. und Architekt der k. k. priv. Elisabeth-Westbahn, G. Hauberrisser d. J., Architekt in München, und E. Bartl,

Projekt für die neue technische Hochschule: Situation von R. Bayer, Wien 1871 (Universitätsbibliothek TU Graz)

Director des landschaftlichen Bauamtes, mit der Verfassung von Plänen und Entwürfen zu dem Gebäude für die technische Hochschule, und zwar auf Grundlage des letzten vom Professoren-Collegium in Vorschlag gebrachten Programmes und beigegebenen Situationsplanes aufzufordern".

Die Wettbewerbsentwürfe wurden den Wiener Architekten Moriz Ritter von Löhr, Heinrich Ritter von Ferstel und Theophil Ritter von Hansen zur gutachtlichen Äußerung übermittelt und dann dem Professoren-Kollegium vorgelegt. Die Projekte sind erhalten geblieben und befinden sich heute in der Bibliothek der Technischen Universität Graz. Sie geben über die generellen Vorstellungen jener Zeit hinsichtlich des Baues technischer Hochschulen Aufschluß.

In der Ausschreibung waren zwei gesonderte Bauten gefordert, das Haupt-

Johann Wist (Universitätsarchiv TU Graz)

Erinnerungstafel vor der Aula im Hauptgebäude (Foto: H. Tezak)

gebäude und ein chemisches Laboratorium. Für eine solche Trennung gab es bereits ein, von den Planverfassern auch genanntes, Vorbild. Es war das 1865–1868 errichtete Polytechnikum zu Aachen.

Infolge der Übernahme der Landschaftlich-technischen Hochschule durch den Staat verzögerte sich die Bauangelegenheit. Bald machte sich ein so drückender Platzmangel geltend, daß neben dem Hauptbau des Joanneums und bereits früher angemieteten Baulichkeiten weitere Räume außerhalb des Areals beschafft werden mußten. Schließlich fühlte sich die Regierung veranlaßt, einen Neubau ernstlich ins Auge zu fassen. Sie verpflichtete sich, diesen in den nächsten Jahren ausführen zu lassen.

Vorübergehend dachte man daran, die Technische Hochschule in der Nähe der Universität anzusiedeln, damit, wie es noch am alten Joanneum der Fall gewesen war, beide Hochschulen über gemeinsame Forschungseinrichtungen verfügen könnten. Das Professorenkollegium lehnte diese Vorschläge jedoch ab und beauftragte die Professoren Horky und Wist mit der Vorbereitung und schließlich mit der Durchführung der Planung. Das Ministerium kaufte einen Baugrund im Stadterweiterungsgebiet östlich des Glacis, der Kaufvertrag wurde Ende 1875 ratifiziert. Es handelte sich um eine parkartige Anlage mit einem kleinen Schlösschen, die dem Baron Mandell gehört hatte. Diesen Bauplatz hatte auch die Diözese Seckau für den geplanten Bau der Herz-Jesu-Kirche im Auge.

Durch die Verselbständigung der Technischen Hochschule, ihre Trennung sowohl vom Mutterinstitut des Joanneums als auch von der Universität, wurde ein neuer Abschnitt in der Entwicklung dieser Institution eingeleitet. Obgleich die Professoren Horky und Wist die Planung auf den Mandellschen Gründen bald durchgeführt hatten, ließ der Baubeginn noch auf sich warten. Da faßte der steiermärkische Landtag den Beschluß, mit Ende des Studienjahres 1884 die Räumlichkeiten des Joanneums nicht mehr der Technischen Hochschule zur Verfügung zu stellen, und „schon am 30. August 1884 haben Se.apost.Majestät den Neubau des Hauptgebäudes der technischen Hochschule in Graz mit einem Kostenaufwand von 680.000 fl. zu genehmigen geruht." Die Planskizzen der beiden Professoren wurden vom k. u. k. Ministerium des Inneren der weiteren Planung zugrunde gelegt. Inzwischen erkrankte Horky schwer und mußte auf die Mitarbeit verzichten. Wist wurde daher allein mit der Ausarbeitung der Ausführungspläne und der Bauleitung betraut. Am 26. November 1884, am Gründungstage des Joanneums, wurde der erste Spatenstich feierlich vorgenommen. Der dafür verwendete Spaten ist erhalten geblieben. Schließlich konnte am 12. Dezember 1888 das Hauptgebäude der k. k. Technischen Hochschule in Graz in Anwesenheit des Kaisers eröffnet werden.

Das Hauptgebäude besitzt in Richtung der Hauptachse zwei Höfe und ist allseitig dreigeschossig. Da das Gelände zur Rechbauerstraße hin abfällt, ist hier das Kellergeschoß gut belichtet. Die Einfahrt wurde auf der Gartenseite angeordnet. Als Vorbild diente nicht mehr die Aachener, sondern die in der Zwischenzeit erbaute Technische Hochschule in Dresden, die wiederum auf das Züricher Vorbild, die ETH G. Sempers, zurückgeht. Von der ursprünglichen Planung Horkys für den Baugrund beim Joanneum wurde bei der Grazer Technischen Hochschule die Gliederung der Hauptfassade mit Vestibül, Feststiege und Aula im „Mittelbau" übernommen, der aus Stein hergestellt wurde. Auch der gesamte Sockel und das darüberliegende Rustikageschoß wurden aus Stein errichtet. Vom Wiener Universitätsbau Heinrich Ferstels übernahm Wist die Kuppeln der Eckrisalite. Dies wahrscheinlich auch im Hinblick darauf, daß Heinrich Ferstel in der Jury saß. Den größten Teil des plastischen Schmuckes fertigte der Grazer Bildhauer Hans Brandstetter an.

Repräsentativ ausgestaltet wurden das Vestibül, die anschließende Feststiege und die über zwei Geschosse reichende, zehn Meter hohe Aula mit einer reich gestalteten Kassettendecke und durch Pilaster und Bogenstellungen gegliederten Wandflächen. Die farbliche Gestaltung stammt von Professor Paul Scholz, das aus Carrara-Marmor geschaffene Standbild des obersten Bauherrn, des Kaisers, ist eine qualitätvolle Arbeit des Wiener Bildhauers Viktor Tilgner. Eine bescheidenere Ausstattung erhielten der an die Aula angeschlossene Sitzungssaal und der Raum für den Rektor. Auch die Nebenstiegen wurden baukünstlerisch durchgestaltet.

Trotz der schwierigen finanziellen Lage des Staates wurde 1935 ein weiteres großes Bauvorhaben der Hochschule fertiggestellt. Es war der Neubau für die Laboratorien der Fakultät für Maschinenbau und Elektrotechnik in der Kopernikusgasse-Brockmanngasse auf dem bereits 1904 vom Ministerium erworbenen Baugrund. Zunehmender Platzmangel, der nicht zuletzt durch die vermehrte Zahl der Studierenden infolge der Rückkehr der Kriegsteil-

Aula der Technik in Graz heute
(Foto: H. Tezak)

Hofverbau Alte Technik
(Foto: H. Tezak)

Folgende Doppelseite:

Neubau Lessingstraße 25
(Foto: H. Tezak)

„Wetterwand", von Christian Ludwig Attersee (entstanden 1991–1993), im Gebäude Lessingstraße 25
(Foto: H. Tezak)

Chemieinstitut 1955
(von K.R. Lorenz, Universitätsbibliothek TU Graz)

(Rechte Seite): Biochemie-Biotechnologie (Luftbild, Foto: Architekturbüro M. u. K. Szyszkowitz, freigegeben vom BMLV, Zl. 13088/295 vom 1.6.1988)

Gebäude für Mathematik und Geodäsie (Foto: Architekturbüro G. Domenig)

„Weibliche Bronzefigur auf Betonbalken", von Siegfried Anzinger (entstanden 1993), im Mathematik-Geodäsie-Gebäude (Foto: H. Tezak)

„Der Himmel über uns – die Erde unter uns", mediale Skulptur von Richard Kriesche (entstanden 1994), in der Inffeldgasse (Foto: H. Tezak)

„SOAX LUP", Skulptur im Wasserbecken von Bruno Gironcoli (entstanden 1992), in der Inffeldgasse (Foto: H. Tezak)

Hochspannungstechnik, Große
Halle – Innenansicht (Foto: LBD/IVb)

nehmer aus dem Weltkrieg verursacht war, machte den Bau der „Neuen Technik“ erforderlich.

Im Zweiten Weltkrieg erlitt der Neubau in der Kopernikusgasse drei schwere Bombentreffer, der Wiederaufbau wurde erst 1951/52 beendet. Der Wiederaufbau erfolgte in einer Zeit, in der von manchen Stellen die Ansicht geäußert wurde, die Technische Hochschule in Graz sei unzweckmäßig, da eine einzige Hochschule dieser Art, und zwar die in Wien, für die Heranbildung von Ingenieuren ausreichend sei. Die Gefahr einer Schließung konnte aber abgewendet werden. Sparmaßnahmen in den ersten Nachkriegsjahren, die zu Einschränkungen in der Zahl der Ordinariate führten, hatten nachteilige Folgen, die erst später, teils unter hohen Kosten, behoben wurden.

Die seit 1955 entstandenen Neubauten der nunmehrigen Technischen Universität Graz im Umfeld der Neuen Technik und auf den Inffeldgründen haben die räumlichen Voraussetzungen für einen effizienten Lehr- und Forschungsbetrieb geschaffen. Hier verdienen das nach Plänen von Karl Raimund Lorenz 1952 bis 1960 errichtete Chemiegebäude in der Stremayrgasse, das von Hubert Hoffmann und Ignaz Gallowitsch geplante Hochspannungslabor in der Inffeldgasse und schließlich das von den Architekten Karla Kowalski und Michael Szyszkowitz jüngst errichtete Gebäude der Biochemie am Felix-Dahn-Platz wegen ihrer architektonischen Qualität besondere Erwähnung. Im Herbst 1998 konnte mit der Inbetriebnahme der Halle und der Mehrzwecksäle im glasüberdachten Hof der Alten Technik ein Wettbewerbsprojekt der Architekten Susanne Weigelt und Josef Fekonja verwirklicht werden. Es handelt sich dabei um ein schon in den Fünfzigerjahren von der Fakultät für Architektur erstmals angeregtes Ausbauprojekt.

Ausblick

Die Entwicklung der Technik schreitet immer rascher fort. Die Technische Universität Graz, die mit Stolz den Namen ihres Gründers Erzherzog Johann trägt, kann sich auch heute im internationalen Wettbewerb behaupten. Von der Produktionstechnik angefangen, über die Architektur und das Bauingenieurwesen bis zur Nachrichtentechnik und Weltraumforschung genießen LehrerInnen und AbsolventInnen einen erstklassigen Ruf. Die vielen Innovationen der Gegenwart werden die technischen Denkmale der Zukunft sein.

Literaturhinweise:

ACHLEITNER, F: Österreichische Architektur im 20. Jahrhundert, Band II, Salzburg 1983

BOUVIER, F.; NEUWIRTH, H.: Ingenieurkunst und Eisenarchitektur, in: Erz und Eisen in der Grünen Mark, Beiträge zum steirischen Eisenwesen, Katalog zur Landesausstellung 1984, Beitragsband, Graz 1984, S. 323ff.

DIMITRIOU, Sokratis: Die Technische Universität Graz, in: 850 Jahre Graz 1128–1978, Festschrift, hrsg. von Steinböck, Wilhelm, Graz-Wien-Köln 1978, S. 399–416
FINK, Gertrude: Profane Monumentalbauten des Historismus, in: Sokratis Dimitriou, Stadterweiterung von Graz, Graz 1979
GABRIELY, A.V.: Vorgeschichte des Neubaues der k.k. technischen Hochschule, in: Festschrift zur Feier der Eröffnung des Neubaues der k.k. Technischen Hochschule in Graz am 12. Dezember 1888, Graz
GÖTH, G.: Das Joanneum in Gratz, geschichtlich dargestellt zur Erinnerung an seine Gründung vor 50 Jahren, Gratz 1861
HEIGERTH, Günther: 100 Jahre Hermann Grengg – ein Anlaß zum Gedenken, in: Schriftenreihe zur Wasserwirtschaft, Bd. 1, Technische Universität Graz, Graz 1992
HOHENBERG, Fritz: Die Technische Hochschule in Graz, in: Die Steiermark – Land, Leute, Leistung, hrsg. von der Steiermärkischen Landesregierung, Graz 1971
HORKY, J.: Denkschrift zu dem verfaßten Projekt für den Bau der technischen Hochschule in Graz, handschriftlicher Erläuterungsbericht, Bibliothek der TU Graz
ILWOF, Franz: Die k.k. Technische Hochschule in Graz von ihren Anfängen bis in die Gegenwart, in: Festschrift zur Jahrhundertfeier des Joanneums, Graz 1911
KOHLRAUSCH, Fritz: Technische Hochschule Graz, Sonderdruck, Graz, o.J.
KÖSTLER, H. J.: Das Eisenhüttenwesen, in: Erzherzog von Österreich, Beiträge zur Geschichte seiner Zeit, Graz 1982, S. 321ff.
LACKNER, Helmut: Wasserbauingenieur Hermann Grengg, in: Berichte des Museums Judenburg, Heft 14/1981
LORENZ, Karl Raimund: Die Neubauten der TH Graz, in: Technische Hochschule in Graz, Situationsbericht 1970, Österreichische Hochschülerschaftszeitung Nr. 18 vom 15. November 1970
PICKL, O.: Verkehr und Handel, in: Erzherzog Johann von Österreich, Beiträge zur Geschichte seiner Zeit, Graz 1982, S. 343ff.
ROTH, Paul W.: Die industrielle Revolution, in: Erzherzog von Österreich, Beiträge zur Geschichte seiner Zeit, Graz 1982, S. 295ff.
ROTH, Paul W.; WEHDORN, M.: Baudenkmäler der Technik und Industrie in Österreich, Band 2, Steiermark-Kärnten, Köln 1991
WEGENSTEIN, P.: Eisenbahnbrücken in Österreich, Wien 1986
WIST, Johann: Baubeschreibung, in: Festschrift zur Feier der Eröffnung des Neubaues der k.k. Technischen Hochschule in Graz am 12. December 1888, Graz

Der Autor dankt Univ.-Prof. Dr. Paul W. Roth für die freundliche Überlassung einzelner Sonderdrucke.

Gerald Schöpfer

Von der Industriellen Revolution zur Informationsgesellschaft

Die Technik-Entwicklung im sozialen Umfeld

Für den Wirtschafts- und Sozialhistoriker gilt die Industrielle Revolution als jenes zentrale Ereignis, welches die gesamte Menschheitsgeschichte am nachhaltigsten beeinflußte. Allerdings ist der vom britischen Sozialreformer Arnold Toynbee (1852–1883) eingeführte Begriff der Industriellen Revolution nicht ganz unproblematisch, weil man mit Revolutionen üblicherweise sehr plötzlich einsetzende Umgestaltungen assoziiert, die in zeitlich sehr komprimierter Form vor sich gehen. Die von Großbritannien in der zweiten Hälfte des 18. Jahrhunderts ausgehende Industrialisierungswelle erfaßte aber die meisten europäischen Staaten erst fast ein Jahrhundert später, und viele außereuropäische Staaten konnten erst im 20. Jahrhundert an diese Entwicklung anschließen bzw. haben zum Teil die Industrialisierung noch vor sich. Auf Grund dieser Chronologie erscheint der Begriff einer Revolution als kritisierbar.

Industrialisierung als Modernisierungsprozeß

Es steht aber außer Zweifel, daß die Industrialisierung eine ungeheure Dynamik auslöste, welche in kürzester Zeit sämtliche Bereiche der Gesellschaft veränderte. Aus den agrarisch dominierten Gesellschaften mit sehr geringem endogenen Verändungspotential entwickelte sich die moderne Wirtschaftswelt von heute. Daß in diesem Modernisierungsprozeß ein sehr enger Zusammenhang zwischen dem technischen Fortschritt und der jeweiligen Wirtschafts- und Sozialentwicklung besteht, liegt auf der Hand.

Wir können davon ausgehen, daß die Menschen in ihren wirtschaftlichen Aktivitäten immer schon – zunächst instinktmäßig, später zunehmend bewußter – dem Rationalprinzip folgten. Das in jeder wirtschaftlichen Entwicklungsstufe gegebene Knappheitsverhältnis zwischen dem begrenzten Gütervorrat und den unbegrenzten menschlichen Bedürfnissen war der Antrieb zu Rationalisierungen aller Art und zum Versuch, ständig neue ressourcensparende technische Produktionsmethoden zu entwickeln.

In der rationalen Technik wurden wissenschaftliche Methoden angewandt, um durch einen quantifizierenden Vergleich von Input- und Output-Größen stets die effizientesten Produktionsverfahren zu entwickeln.

Die Wirtschaftsgeschichte ist somit zugleich auch eine Chronologie des ökonomischen Fortschritts, der mit den primitiven Steinwerkzeugen der Urmenschen begann, und der durch Rationalisierung, Mechanisierung und Automatisierung in den letzten Jahrhunderten eine ungeheure Produktionsdynamik entfaltete. Dabei muß beachtet werden, daß die technische Entwicklung den ökonomischen Prinzipien untergeordnet ist. Meist hat nur jener technische Fortschritt eine echte Realisierungschance, welcher auch aus ökonomischer Sicht als vorteilhaft erscheint.

Da die Technik in sich selbst über kein autonomes Wertgefälle verfügt, liefert in der Regel die Ökonomie die Entscheidungsgrundlagen für die Realisierung von alternativen technischen Verfahren und unterschiedlichen theoretischen Entwicklungsmöglichkeiten (Vgl.: A. Paulsen). Mit dem Aufkommen des kapitalistischen Wirtschaftssystems wurde die Suche nach effizienteren Produktionswegen besonders stimuliert. Selbst der größte Kritiker des Kapitalismus, Karl Marx, versagte dieser innovativen Kraft des Kapitalismus keinesfalls seine Reverenz. Es ist kein Zufall, daß jene ökonomischen Revolutionen, welche besondere Modernisierungsschübe brachten, eng mit dem erwerbswirtschaftlichen Prinzip verbunden waren.

Mit der Entfaltung des Kapitalismus und der damit einhergehenden rationalen Denkweise war naturgemäß auch sehr eng der Siegeszug von quantifizierenden Methoden innerhalb der Wirtschaft verbunden. Dabei war es das Ziel, die Wirtschaft durch den Einsatz stets verbesserter technischer und organisatorischer Fähigkeiten möglichst effizient zu gestalten.

Gerade am Beispiel der ersten Industriellen Revolution wird sichtbar, wie eng die technische Entwicklung in das soziale, wirtschaftliche und politische Umfeld eingebunden ist. Damit es überhaupt zum Industrialisierungsprozeß kommen konnte, waren eine Reihe von ökonomischen, geistigen und gesellschaftlichen Prämissen zu erfüllen. Während der Frühkapitalismus das Interesse am Materiellen verstärkt hatte, förderte die Aufklärung die Suche nach neuen naturwissenschaftlichen Erkenntnissen, und die sich konsolidierende Staatsmacht begann zusehends die Ökonomie als die zentrale Basis der politischen Macht zu begreifen. Für Großbritannien wurde dann entscheidend, daß sich hier mit der klassischen Schule der Nationalökonomie der Wirtschaftsliberalismus durchsetzen konnte, welcher die Freisetzung ökonomischer Kräfte begünstige, während diese zur gleichen Zeit im deutschsprachigen Raum durch kleinliche und überaus restriktive Zunftordnungen in ihrer Entfaltung weitgehend behindert wurden.

Dazu kam, daß Großbritannien durch seine weltumspannende Kolonialherrschaft den Vorteil hatte, sich kostengünstiger mit Rohstoffen versorgen zu können und daß man andererseits in diesen Kolonien einen Massenbedarf vorfand, welchen es mit völlig neuen Produktionstechniken zu befriedigen galt.

Es soll aber noch auf ein weiteres Phänomen hingewiesen werden, welches in der wirtschaftsgeschichtlichen Literatur durch lange Zeit fast völlig übersehen wurde und erst von den Ökonomen Paul Bairoch und Carlo Cipolla in seiner vollen Bedeutung erkannt wurde.

Kalkerzeugungsanlage des Franz J. Hödl in Krems bei Voitsberg, Lithographie (Bild: Steiermärkisches Landesarchiv, Graz)

Erst die zunächst um 1700 von Holland ausgehende Agrarrevolution ermöglichte es, daß es überhaupt zur ersten Industriellen Revolution kommen konnte; denn nur die Modernisierung der Landwirtschaft, und deren Fähigkeit für einen anonymen Markt zu produzieren, schufen die Voraussetzung dafür, daß nunmehr Arbeitskräfte im primären Sektor freigesetzt wurden, welche als Arbeitskräftepotential für die aufkommenden Industriebetriebe zur Verfügung standen. Mit der Steigerung der landwirtschaftlichen Produktion verbesserte sich auch die allgemeine Ernährungsgrundlage, womit jenes Bevölkerungswachstum und die damit verbundenen Nachfragesteigerungen induziert wurden, welche sich angesichts der klimatischen Bedingungen in Europa vor allem auf die Textilindustrie auswirkten. Dieser Nachfrageschub provozierte gleichsam die Suche nach neuen industriellen Fertigungsmethoden, um den Spinn- und Webprozeß effektiver gestalten zu können. In der Frühphase der Industriellen Revolution war die Textilbranche der am stärksten expandierende Bereich – hier fanden um das Jahr 1840 rund 75 % der englischen Fabriksarbeiter Beschäftigung.

Die Industrielle Revolution brachte ein völlig neues Produktionssystem. Mit der technischen Perfektionierung der Dampfmaschine durch James Watt gelang es, bislang vollkommen ungeahnte Energien für die Fertigungsprozesse einzusetzen, und in den aufkommenden Fabriken wurden Maschinen eingesetzt, welche der menschlichen Arbeitskraft in der seriellen Fertigung an Schnelligkeit, Präzision und Ausdauer weitaus überlegen waren. Man darf nicht übersehen, daß die heute mit dem Namen von James Watt verbundene Erfindung der Dampfmaschine bereits über ein halbes Jahrhundert vorher vom französischen Universaltalent Denis Papin vorweggenommen worden war. Doch erst im Einklang mit den gesellschaftlichen und sonstigen technischen Rahmenbedingungen konnte nun der Siegeszug dieser Neuerung beginnen.

Mit den neuen technischen Produktionsmöglichkeiten gingen aber auch völlig neue Organisationsformen einher. Die in der Arbeitswelt der Zünfte bislang gegebene Zeitautonomie innerhalb der handwerklichen Produktion wurde allmählich durch eine straffe industrielle Arbeitsorganisation ersetzt.

Die sich bereits in der vorindustriellen Phase in den Manufakturen abzeichnende Konzentration von Arbeitskräften an einer einheitlichen Produktionsstätte förderte die dadurch notwendig gewordene Arbeitsdisziplin. Die Tendenzen zu einer weitgehenden Arbeitszerlegung und zu einer kostensenkenden genauen Planung des möglichst exakten Einsatzes der Arbeitskräfte sowie zu einer strafferen Disziplinierung der Arbeitnehmer, waren schon hier in Gang gesetzt worden (Vgl.: J. Kocka).

Damit werden die sozialen Folgen der technischen Innovationen offenkundig; denn Rationalisierung bedeutet weit mehr, als lediglich die Hebung der Produktivität durch den gezielten Einsatz von effizienten Maschinen und Automaten. Es ist vielmehr auch die Entwicklung der organisatorischen Ebene im Rationalisierungsprozeß zu beachten. Die Industrielle Revolution führte zum entscheidenden Einschnitt innerhalb der Entwicklung der Rationalisierungen; denn sie brachte den Übergang von der manufakturhaften Fertigung zur mechanisierten Produktionsweise, die durch die weitgehende Substituierung der Handarbeit durch die Verwendung von Maschinen gekennzeichnet war. Die dadurch ermöglichten Erleichterungen im Arbeitsprozeß waren zugleich mit einer weiteren Erhöhung der Arbeitsintensität, einer Beschleunigung des Arbeitstempos und einer organisatorischen Rationalisierung verbunden. Es gibt auch Belege dafür, daß unmittelbar nach Arbeitszeitverkürzungen – ohne daß sich an der technologischen Ausrüstung Entscheidendes geändert hatte – in manchen Betrieben der Output nicht wie erwartet ab- sondern zunahm.

In den letzten Jahrzehnten des 19. Jahrhunderts verbreitete sich von den Vereinigten Staaten ausgehend die physio- und psychotechnische Rationalisierung, welche die wissenschaftliche Erforschung des menschlichen Körpers und der menschlichen Psyche anstrebte, um die Arbeitnehmer im Produktionsprozeß möglichst „zweckmäßig" einsetzen zu können.

Zu den frühen Pionieren der Rationalisierungsbewegung zählte der erfolgreiche Unternehmer und Sozialpionier Robert Owen (1777–1858), der mit seinen Initiativen seiner Zeit weit vorauseilte. Er verstand es durchaus, sein Streben nach höherer Produktivität mit einer die Motivation seiner Arbeitnehmer stimulierenden betrieblichen Sozialpolitik zu verbinden. Robert

Owen war nicht nur ein Theoretiker, sondern er setzte seine Vorstellungen in den eigenen Unternehmen gewinnbringend um.

Von besonderer Bedeutung war Frederick Winslow Taylor (1856–1915), der als der Begründer des sogenannten „Scientific Management" gilt. Der nach ihm benannte Taylorismus strebte eine Methode der wissenschaftlichen Betriebsführung an, welche den betrieblichen Ablauf nicht lediglich nach empirischen Erkenntnissen, sondern auf Grund systematischer Studien organisieren wollte. Wissenschaftliche Erkenntnisse und exakte Quantifizierungen sollten die unternehmerische Kunstfertigkeit unterstützen.

Taylor intendierte die Arbeitsleistung zu steigern, ohne damit auch zugleich die Belastung der Arbeitnehmer zu erhöhen. Der sparsamste Einsatz aller im Produktionsprozeß notwendigen Produktionsfaktoren hätte eine höhere Prosperität durch Produktionssteigerung zur Folge und dies sei sowohl im Interesse des Arbeitgebers als auch der Arbeitnehmer; denn damit könne man für den Unternehmer den höchsten Gewinn und für die Arbeitnehmer optimale Löhne erzielen (Vgl.: B. Blättel-Mink).

Taylor leugnete die Gefahr, daß die durch Rationalisierungen gehobene Produktivität eine steigende Arbeitslosigkeit zur Folge hätte. Um zur Steigerung der Arbeitsleistung zu motivieren, entwickelte er ein Prämiensystem, welches den intensiven und schnellen Einsatz der Arbeitsleistung belohnte. Mit dem System des Taylorismus war aber folgerichtig auch ein Steuerungs- und Überwachungssystem der Fließfertigung verbunden, welches dem Arbeiter in der Gestaltung individueller Arbeitsleistungen keine Freiheiten ließ. Das Arbeitstempo wurde vom Lauf des Fließbandes bestimmt.

Dies war ein wesentlicher Grund dafür, daß dieses System zunächst auf vehementen Widerstand der Arbeitnehmerorganisationen stieß. Die frühen tayloristischen Rationalisierungsmaßnahmen wurden in den Vereinigten Staaten 1913 in den staatlichen Betrieben auf Grund von Klagen der Gewerkschaften über das unzumutbare Ausmaß der Arbeitsintensivierung untersagt. Erst allmählich legte sich der Widerstand und ab dem Ersten Weltkrieg standen die amerikanischen Gewerkschaften den von Taylor geplanten Rationalisierungen positiver gegenüber.

Ein weiterer Meilenstein in der Geschichte der modernen industriellen Fertigung waren die Konzepte des amerikanischen Industriellen Henry Ford (1863–1947). Zur Senkung der Produktionskosten schränkte er die Automobilfertigung auf ganz wenige Typen ein, und jeder Mechaniker war jeweils nur noch für einen sehr kleinen Ausschnitt der Montagetätigkeit zuständig. Im Jahre 1914 setzte er erstmals bewegliche Endlos-Montagebänder ein, welche nun die Arbeit zum Arbeiter brachten. Ihm gelang es, die einzelnen Arbeitsschritte derart in separierte Handgriffe zu zerlegen, daß die immer monotoner werdenden Verrichtungen auch von ungelernten Arbeitern erbracht werden konnten. Mit diesen Rationalisierungsschritten verstärkte sich die Tendenz zur Nivellierung der Arbeitnehmerschaft. Um aber die Zufriedenheit seiner Arbeitnehmer zu erhalten, bezahlte er zugleich steigende Löhne.

Er konnte sich dies durchaus leisten, denn wegen der noch deutlicher angestiegenen Produktivität und den erreichten Kostensenkungen hatte er im Wettbewerb eine Schrittmacherfunktion erlangt. Auch die anderen Autofabriken waren dann durch die Konkurrenzsituation gezwungen, die von Henry Ford eingeführten Rationalisierungsmaßnahmen zu kopieren.

Nach 1945 wurde die von Taylor entwickelte Konzeption eines „Scientific Managements" durch Elton Mayo und seinem Team zum „Human-Relation"-Ansatz weiterentwickelt, welcher im sozialen Klima des Unternehmens und im arbeitnehmerfreundlichen Leitungsstil ein Mittel zur höheren Zufriedenheit der Mitarbeiter sah, was sich wiederum positiv auf die Leistungsfähigkeit auswirkte.

Die sozialen Auswirkungen der neuen industriellen Fertigungsmethoden und der Rationalisierung sind überaus ambivalent: In vielen Bereichen der Arbeitswelt konnten schwere, gleichförmige und überaus anstrengende Tätigkeiten durch maschinelle Einrichtungen substituiert werden, und es gelang, neue Energien für den Produktionsprozeß nutzbar zu machen. Der alte Menschheitstraum vom Paradies auf Erden schien plötzlich verwirklichbar zu werden. Schon die griechischen Philosophen hatten von einer harmonischen Welt ohne Hunger und Not geträumt, in welcher die technischen Errungenschaften jegliche schwere körperliche Arbeit unnötig machen. Man glaubte an eine zukünftige Welt, in welcher die Menschen mehr Zeit für die Künste und die Philosophie haben würden. Aber auch noch die Philosophen und Ökonomen aus der Ära der Aufklärung ergingen sich in emphatischen Lobliedern auf die Errungenschaften des Fortschritts. So meinte im Jahre 1750 der junge Physiokrat Turgot, daß sich die Menschheit unaufhaltsam der Vollkommenheit annähern würde. Auch beim österreichischen Kameralisten Justi lassen sich ähnliche fortschrittsgläubige Äußerungen finden, wenn er beispielsweise davon schwärmte, daß es einmal der Menschheit gelingen würde, sämtliche Nebel der Unwissenheit zu zerreißen. Voll Optimismus glaubte man sich unaufhaltsam auf dem Weg zum irdischen Paradies zu befinden.

Ähnliche Tendenzen lassen sich nicht nur bei den zahlreichen naiven Utopisten quer durch alle Jahrhunderte bis in die unmittelbare Gegenwart feststellen – auch relativ nüchterne Ökonomen des 20. Jahrhunderts, wie beispielsweise Jean Fourastié, sahen die Chance, daß der technologische Fortschritt allgemeinen Wohlstand hervorrufen werde und daß sich damit letzten Endes auch der gesellschaftliche und kulturelle Fortschritt weiterentwickeln werde.

Der Fortschrittsglaube hat sich in vieler Hinsicht als durchaus berechtigt erwiesen. Die technologischen Fähigkeiten haben den Industriestaaten einen gewaltigen Wohlstand beschert, die materielle Ausstattung der Menschheit und der produzierte Güterberg sind heute größer als in jeder vorherigen Wirtschaftsstufe.

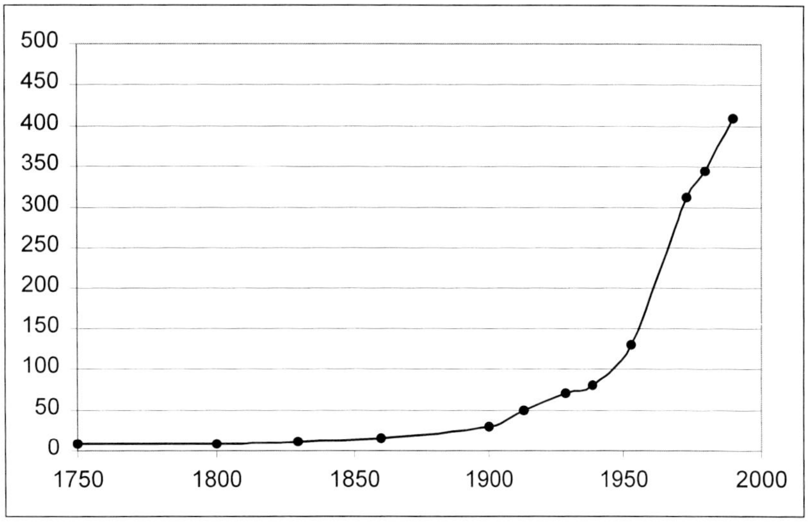

Die Steigerung des Industrialisierungsgrades der entwickelten Staaten pro Kopf der Bevölkerung (nach P. Bairoch, Economics and World History)

Der Einsatz der neuen Technologien ließ die Hoffnung auf eine freundlichere Arbeitswelt aufkommen, in welcher die monotone und ermüdende Routine-Arbeit durch die Mechanisierung und Automatisierung völlig substituiert wird. Dadurch würde mehr Zeit für die qualifizierteren Tätigkeiten der Wartung, Qualitätskontrolle etc. zur Verfügung stehen und das kreative Potential der Arbeitskräfte könnte zur Verbesserung der Arbeitsabläufe genutzt werden.

Trotz dieser unbestreitbaren Errungenschaften zeigte sich auch die negative Kehrseite der modernen industriellen Arbeitswelt: Mit den zunehmenden ökonomischen Verflechtungen und den internationalen Kapital- und Handelsbeziehungen entstand im 19. Jahrhundert das Phänomen der Weltwirtschaftskrisen. Eskalierende Sozialprobleme, wie Arbeitslosigkeit, zunehmende Belastungen in der Arbeitswelt, Monotonie im Arbeitsprozeß, Entfremdungsproblematik, aber auch die ausufernden Umweltprobleme, ließen einen neuen Pessimismus erwachsen und es mehrten sich die Zweifel, ob es möglich sein wird, die negativen sozialen Folgen der ökonomischen Fortschritte in den Griff zu bekommen.

Der naive Glaube an das Paradies auf Erden wurde wieder brüchig. Zugleich zeigte sich aber auch das seltsame Phänomen, daß die allgemeine Zufriedenheit in den Industriegesellschaften trotz besserer Güterversorgung keineswegs zugenommen hatte. Dies läßt sich mit der Eigenart des menschlichen Bedürfnissystems erklären, wonach sich bei Erreichen eines hohen Versorgungsniveaus, von dem man vielleicht vor einigen Jahrzehnten nur träumen konnte, sofort weitere Bedürfnisse einstellen, die vorher noch völlig unbekannt waren (Vgl.: E. Kowalski).

Aus den dargestellten Erwägungen erklärten sich die unterschiedlichen ökonomischen und sozialen Auswirkungen, die mit der Realisierung des technischen Fortschritts verbunden waren. So wurde von den verschiedenen Berufsgruppen das Vordringen des technischen Fortschritts sehr differenziert beurteilt. Wer von schweren und monotonen Verrichtungen durch den Maschineneinsatz befreit wurde, empfand dies durchaus als eine entscheidende Aufwertung seiner Arbeitssituation. Es mangelt aber auch nicht an empirischen Untersuchungen, wonach bei durchaus fortschrittsfreundlichen Arbeitnehmern die Meinung vertreten wird, daß durch die Rationalisierungs- und Automatisierungsmaßnahmen keine bedeutenden Verbesserungen für ihre eigene konkrete Lebens- und Arbeitswelt festzustellen seien.

Es versteht sich von selbst, daß dynamische Unternehmen, welche erfolgreich als Protagonisten der Rationalisierung und Automatisierung auftreten, für die übrigen (traditionellen) Betriebe zur tödlichen Konkurrenz werden können. Die Gesetzmäßigkeiten einer Marktwirtschaft zwingen sämtliche Unternehmen ständig, ohne Unterlaß nach neueren kostensparenden Produktionsverfahren zu suchen. Dies bedeutet zugleich, daß immer wieder auch die bislang bestens bewährten betrieblichen Vorgänge ständig zu hinterfragen sind.

Diesen Antrieb zu ständigen Veränderungen und Innovationen hielt Joseph A. Schumpeter für das wichtigste Charakteristikum eines erfolgreichen und dynamischen Unternehmers. Die mit „schöpferischer Zerstörung" verbundende Modernisierung der Produktionsstrukturen und der dadurch induzierte soziale und ökonomische Wandel erfassen in der Regel keineswegs in einem simultanen Prozeß sofort die gesamte Gesellschaft, wenngleich dies mitunter von Begriffen, wie die „Industrielle Revolution", suggeriert wird.

Meist geht der Modernisierungsprozeß und die Durchsetzung von neuen fortschrittlichen Produktionsmethoden zeitlich verzögert und sehr ungleichmäßig vor sich. Die einzelnen Sektoren der Wirtschaft, aber auch die einzelnen Sparten innerhalb desselben Wirtschaftssektors werden oft mit großen Abständen von der Modernisierung erfaßt, so daß das Phänomen der „Gleichzeitigkeit des Ungleichzeitigen" auftreten kann.

In der Gewerbegeschichte läßt sich beispielsweise feststellen, daß die einzelnen Handwerkergruppen in überaus differenzierter Weise die neuen technologischen Methoden anzuwenden begannen, und daß sich einzelne Gewerbe noch lange in durchaus bereits anachronistisch erscheinenden traditionellen Erscheinungsformen behaupten konnten.

Doch davon abgesehen, kann man aber erkennen, daß die sogenannten Basisinnovationen (Dampfkraft, Elektrizität, Mikroelektronik usw.) durchaus imstande sind, umwälzende gesamtgesellschaftliche Modernisierungs- und Wandlungsprozesse herbeizuführen. Diese tragen nach der Zyklentheo-

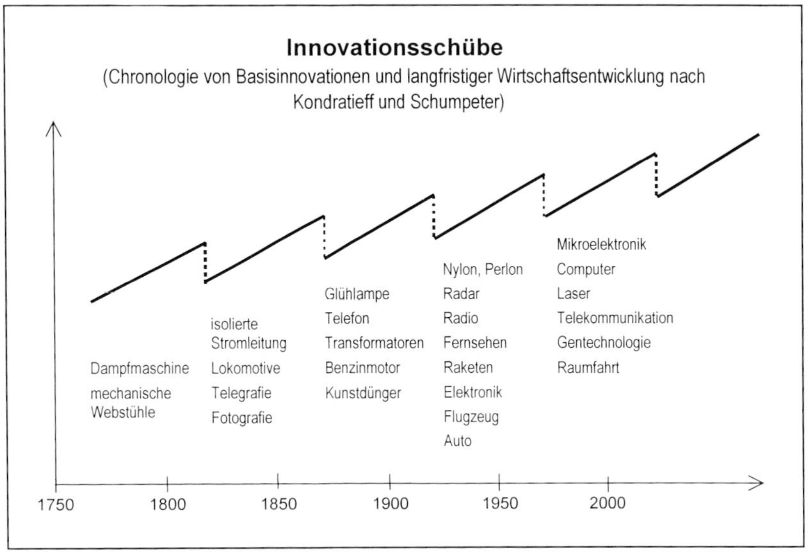

Basisinnovationen und die Zyklen nach Kondratieff

rie von N. Kondratieff entscheidend dazu bei, die langfristigen zyklischen Schwankungen innerhalb der Weltkonjunktur zu prägen.

Der technologische Fortschritt und die im Zusammenhang mit dem wirtschaftlichen Modernisierungsprozeß erwähnte „schöpferische Zerstörung" kennen nicht nur strahlende Sieger, die der Idealvorstellung Joseph Schumpeters vom dynamischen Unternehmer entsprechen. Auf dem Weg in die moderne Industriegesellschaft gab es naturgemäß auch unzählige Verlierer, deren Gattungsbezeichnungen man beispielsweise im umfangreichen Lexikon untergegangener Berufe verzeichnet findet. Die Wirtschafts- und Sozialgeschichtsschreibung kann aus jedem Jahrhundert viele Belege für die unterschiedlichen sozialen Folgen der Technisierung und der Rationalisierung vorlegen. Natürlich ist es achtenswert, wenn philanthropische Intellektuelle immer wieder fordern, daß beispielsweise Rationalisierungsprozesse auf möglichst humane Art eingeführt werden sollten. Doch aus der Realität der Wirtschaftsgeschichte geht hervor, daß die strukturellen Anpassungsprozesse oft mit menschlichen Tragödien und politischen Eklats verbunden waren. Klassische Beispiele für die harten sozialen Konflikte, die mit der Einführung neuer Produktionsmethoden verbunden waren, sind die zahlreichen Weberaufstände, die in der Phase der Frühindustrialisierung viele Teile Europas erschütterten. Als sich die Heimweber durch die drückende Konkurrenz der billiger produzierenden Maschinen bedrängt sahen, unternahmen sie verzweifelt den aussichtslosen Versuch, durch die Zerstörung dieser Geräte ihr eigenes ökonomisches Überleben zu sichern.

Immer wieder wurden derartige Weberaufstände von der Obrigkeit durch den Einsatz von Polizei und Militär niedergeschlagen. Resignierend mußten die Arbeitnehmer von Produktionssparten mit überholten Produktionstechnologien erkennen, daß der Wettlauf gegen den technologischen Fortschritt nicht zu gewinnen ist. Selbst bei der Bereitschaft zur radikalen Selbstausbeutung war für die erwähnten Heimweber der Wettlauf gegen die Erfindung des mechanischen Webstuhles keineswegs zu gewinnen: Dieser war einfach schneller, billiger und präziser und effizienter. Die daraus resultierende Resignation drückt ein Zitat aus dem Jahre 1830 aus: „Wie ist es möglich, die Concurrenz auszuhalten mit diesem All-Arbeiter, der weder ißt noch trinkt, der weder Frau noch Kinder hat, der nicht auszuruhen braucht, der niemals krank ist" (Vgl.: J. Erichsen).

In diesem Zusammenhang muß erwähnt werden, daß die Politik seit jeher dem technischen Fortschritt und dem Phänomen Rationalisierung sehr rat- und hilflos gegenüberstand. Während Kaiser Franz I., der Gatte von Maria Theresia, als einer der größten Manufakturisten Europas, durchaus fortschrittsgläubig war, wollten sich in der nachfolgenden Phase der Frühindustrialisierung die meisten Landesfürsten die aufkommenden Fabriken von ihren Residenzen fernhalten, um weder mit Rauch, Schmutz und Lärm, noch mit dem zunehmenden Industrieproletariat in engen Kontakt zu kommen. Zur Zeit der Anfangsphase der Industriellen Revolution gab es sogar ernstliche Versuche, den technischen Fortschritt und den Maschineneinsatz durch Gesetze hemmen zu wollen. Es ist beispielsweise kein Scherz, daß die britische Verwaltung die Durchsetzung der Erfindung des Dampfwagens durch Richard Trevithick dadurch erfolgreich verhinderte, daß angeordnet wurde, daß jeweils dem Dampfwagen ein Mann mit einer roten Fahne voranzugehen habe, welcher die übrigen Verkehrsteilnehmer zu warnen habe. Offenbar war damals die Lobby der Fuhrwerker und Postkutscher immerhin noch stark genug, um diese unsinnige Bestimmung erreichen zu können, welche dann die Entwicklung des Dampfwagens von der Straße in Richtung eigener Schienenstränge abdrängte. So ist Trevithick für uns heute nicht der Erfinder des Autos, sondern jener der Eisenbahnen.

Inzwischen hat sich die Überzeugung durchgesetzt, daß letzten Endes weder der Fortschritt, noch die ökonomischen Gesetzmäßigkeiten durch Gesetze und Verordnungen aufgehalten werden können.

Tatsächlich waren auf lange Sicht die meisten politischen Versuche, sich abzuschotten, oder sich dem Fortschritt in den Weg zu stellen, zum Scheitern verurteilt. So konnte weder die unter gewaltigen Anstrengungen erbaute chinesische Mauer das westliche Denken fernhalten, noch konnte die „Albanisierung" oder der quer durch Mitteleuropa verlaufende Eiserne Vorhang und die Berliner Mauer das Eindringen von modernen Informationstechnologien aus dem Westen und damit die Demokratisierung verhindern.

Auch alle Versuche der übermächtigen Zünfte, das vorhandene Know-how einzufrieren und keine neuen Erfindungen mehr zuzulassen, waren völlig erfolglos und geradezu lächerlich. Es war noch eine Zeit der anheimelnden Gemütlichkeit und der gesellschaftlichen Statik, wo man das Wirtschaftsleben gleichsam in alle Ewigkeit versteinern wollte. Als Beispiel dafür sei die berühmte Zunftordnung der heute in Polen liegenden Stadt

Thorn erwähnt, wo sich alle Handwerksmeister zum feierlichen Schwur bereit fanden, keinerlei neue Techniken zu entwickeln und nur die hergebrachten Methoden ihrer Väter anzuwenden.

Heute ist es das Stichwort von der Globalisierung, welches das allgemeine Verständnis dafür öffnet, daß es wichtig ist, ständig nach Minimalkostenkombinationen zu suchen, um im internationalen Wettbewerb kompetitiv zu sein. Doch auch dies hat seine Vorgeschichte: Bereits angesichts der Wirtschaftsprobleme der Zwanziger und Dreißiger Jahre gaben die Gewerkschaften ihre Aversion gegen die Rationalisierungen weitgehend auf, und so versuchte man in der ökonomischen Rekonstruktionsphase nach dem Ersten Weltkrieg den Mitgliedern die Vorteile der Rationalisierung vor Augen zu führen und erwähnte Begriffe, wie steigendes Sozialprodukt, steigende Entlohnungen, steigender Lebensstandard, kürzere Wochenarbeitszeit, längerer Urlaub, Entlastung von körperlicher Arbeit usw.

Der industrielle Fortschritt wurde gelobt, denn die Arbeitnehmer müßten einerseits weniger arbeiten und könnten dank der Errungenschaften nunmehr besser und sinnvoller leben. Zugleich wies man aber seitens der Gewerkschaften immer wieder auch auf die Gefahr einer steigenden Arbeitslosigkeit und der steigenden Belastung im Arbeitsprozeß hin. In diesem Zusammenhang wurde vor allem von Otto Bauer immer wieder der Begriff der sogenannten „Fehlrationalisierung" verwendet, welche zwar den Unternehmerlohn steigere, aber zugleich eine große Anzahl von Arbeitnehmern freisetze (Vgl.: O. Bauer). Bauer wäre sicherlich erstaunt zu sehen, wie inzwischen der technische Fortschritt die Arbeitswelt grundlegend verändert hat. Er hatte nach dem Ersten Weltkrieg die Entwicklung schnellerer und arbeitssparender, mechanischer Maschinen, die Verbreitung des Fließbandes sowie die Einführung neuer Organisationsprinzipien wie Fließarbeit und Taylorsystem, erlebt.

Die Entwicklung zur Informationsgesellschaft

In der Zweiten Republik setzte sich seit den 50er Jahren die Automatisierung in der Massenproduktion durch, die sich allerdings zunächst nur in Großbetrieben bewährte. Durch die Entwicklung der elektronischen Datenverarbeitung und der Mikroelektronik wurden dann weitere wichtige Innovationen induziert, die aus dem modernen Wirtschaftsleben nicht mehr wegzudenken sind.

Die elektronische Datenverarbeitung ermöglichte erstmals ein vernetztes Informationssystem über sämtliche betriebliche Prozesse, womit der Einblick in noch offene Rationalisierungspotentiale geboten wird. In den letzten Jahren konnten sich Begriffe, wie Fertigungssteuerung, computergestützte Verknüpfung von Konstruktion, Arbeitsplanung und Fertigung (CAD, CAP,

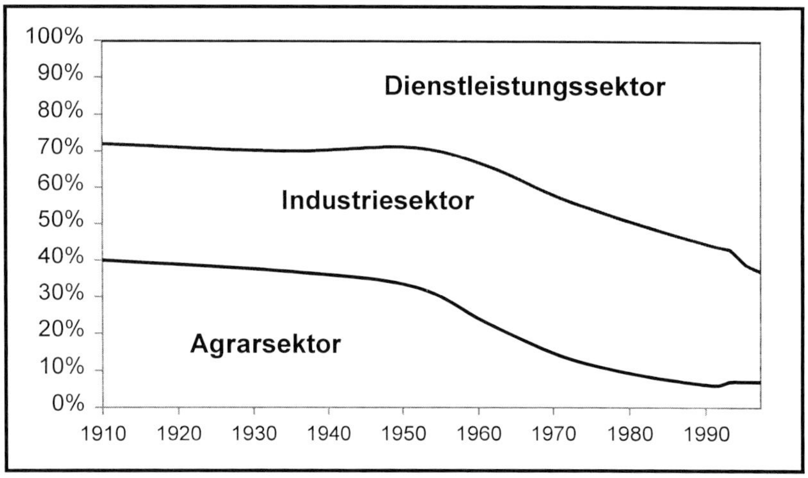

Die Beschäftigten nach Wirtschaftssektoren in Österreich von 1910 bis 1997 (nach Statist. Nachrichten)

CAM) in den meisten Wirtschaftssparten erfolgreich durchsetzen. Damit ist ein weiteres zusätzliches Rationalisierungspotential verbunden, welches einerseits die Produktivität erhöht, allerdings sind andererseits damit auch sehr erhebliche Freisetzungsraten verknüpft. Das Faktum, daß es ständig Fortschritte in der immer effizienter werdenden Produktionstechnik gibt, ist an sich nichts Neues. Neu ist aber die steigende Geschwindigkeit, mit der sich nunmehr diese Veränderungen vollziehen.

In der bisherigen wirtschaftsgeschichtlichen Entwicklung gab es die Tendenz, daß stets die durch die produktionstechnischen Fortschritte ausgelösten Freisetzungen von Arbeitnehmern in einem Wirtschaftssektor durch eine vermehrte Aufnahmebereitschaft des nachfolgenden Sektors weitgehend wettgemacht wurden.

Dabei muß auf die Stufentheorie von Colin Clark in seinem Werk „The Conditions of Economic Progress“ verwiesen werden, wonach sich der Entwicklungsgrad einer Volkswirtschaft danach klassifizieren ließe, in welchem der drei Sektoren die Produktionsfaktoren in dominierender Weise eingesetzt werden.

Mit der Industrialisierung wanderte das Gros der Produktionsfaktoren vom primären Sektor zum sekundären Sektor (Landflucht). Mit einem hohen Reifegrad des Industrialisierungsprozesses kündigte sich ein weiterer sozio-ökonomischer Wandel an. Mit der starken Ausweitung des tertiären Sektors und dem weiteren Absinken der Beschäftigtenzahlen im primären und schließlich auch im sekundären Sektor wurde die postindustrielle Phase erreicht, welche man mit dem Schlagwort von der Dienstleistungsgesellschaft charakterisieren kann.

Aus den Prognosen über die weiteren Verschiebungen der Produktionsfaktoren innerhalb der verschiedenen Wirtschaftssektoren in den derzeit führenden Ökonomien läßt sich der Siegeszug der Dienstleistungsgesellschaft ableiten.

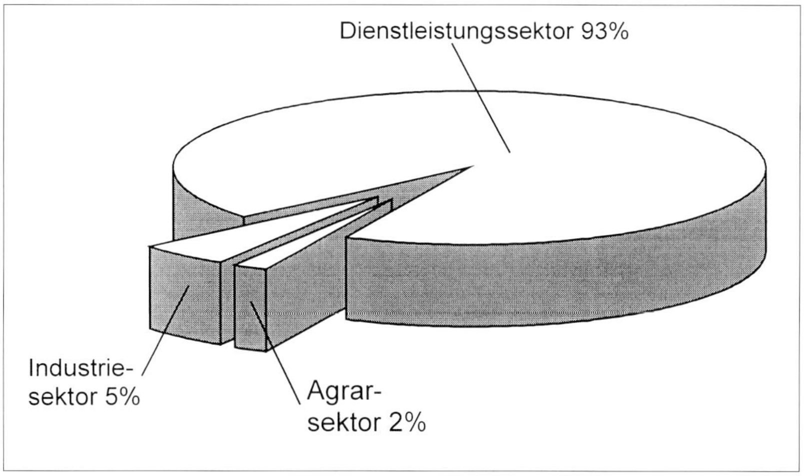

Die Beschäftigtenstruktur in den USA im Jahr 2045 (nach Prognose des US Office of Technology Assessment)

So ist es auch für die zukünftige Entwicklung Österreichs nicht uninteressant, daß man annimmt, daß in den Vereinigten Staaten in weniger als einem halben Jahrhundert die Beschäftigung in der Landwirtschaft (2%) und der Industrie (5%) nur noch marginale Bedeutung haben werden und der Löwenanteil der Beschäftigten (93%) im Dienstleistungssektor zu finden sein wird.

Innerhalb des tertiären Sektors sind die klassischen Dienstleistungen, wie z.B. persönliche Dienste in Haushalten, bereits weitgehend durch den Einsatz einer weiten Palette von arbeitssparenden Haushaltsgeräten „industrialisiert" worden, während das weitere Wachstum im tertiären Sektor nunmehr vor allem im Informationsbereich zu finden ist. Die Informationstechnologie wird für alle Bereiche der Wirtschaft und Gesellschaft immer wichtiger. Dieser Umstand wird in Anlehnung an Daniel Bell durch das Wort von der Informationsgesellschaft zum Ausdruck gebracht. Dies führte auch zu Diskussionen um die Sinnhaftigkeit des traditionellen Drei-Sektoren-Modells, welches nicht zu Unrecht mitunter bereits um einen vierten Sektor, den Informationssektor, ergänzt wird (Vgl.: H. Matis).

In diesem Zusammenhang sei aber die kritische Anmerkung gemacht, daß nunmehr der Modernisierungs- und Rationalisierungsprozeß bereits in sämtliche Sektoren vorgedrungen ist, so daß die einst zu verzeichnende Kompensationswirkung durch die nachfolgenden Wirtschaftssektoren nur noch eingeschränkt gegeben ist.

So ist auch der Optimismus der einstigen Absorptionstheoretiker weitgehend verflogen, weil sich der technische Fortschritt bereits anschickt auch jene Branchen zu erfassen, die mit der Planung und Produktion dieser neuesten Technologien befaßt sind. In spöttischer Abwandlung vom seinerzeitigen marxistischen Wort von der Expropriation der Expropriateure könnte man nun davon sprechen, daß die Rationalisierer dabei sind, sich selbst weg zu rationalisieren. Wegen der Grenzen des Wachstums scheint sich auch der Optimismus jener zu verflüchtigen, welche glaubten, daß trotz der Rationalisierung laufend mehr Arbeitsplätze geschaffen werden könnten, weil es immer wieder gelingen würde, neue Märkte, neue Produkte und neue Bedürfnisse zu entdecken. Schlagworte wie „Globalisierungsfalle" signalisieren eine neue Konkurrenzsituation. Wegen der heute bereits grenzenlosen Mobilität des Kapitals sehen kritische Stimmen das zunehmende Problem einer immer schärfer werdenden ökonomischen und sozialen Desintegration und die Gefahr der Entwicklung einer „dualen Wirtschaft", in welcher zwar die High-Tech-Zentren aufblühen, während hingegen die traditionellen Industriezentren zunehmend mit einem Bedeutungsverlust zu kämpfen hätten (Vgl.: G. Schöpfer).

Die Intensität der technischen Entwicklung korrelierte in den letzten drei Jahrhunderten sehr eng mit dem ökonomischen Aufschwung. Es kann kein Zweifel darüber bestehen, daß Wirtschafts- und Technikgeschichte gleichsam wie „siamesische Zwillinge" miteinander verbunden sind (Vgl.: G. Schöpfer).

Literaturhinweise:

BAUER, Otto: Kapitalismus und Sozialismus nach dem Weltkrieg, 1. Band: Rationalisierung – Fehlrationalisierung, Wien 1931, S. 166f.

BLÄTTEL-MINK, Birgit: Innovation in der Wirtschaft, (Europäische Hochschulschriften, Reihe XXII, Band 258), Frankfurt/Main 1994, S. 85

ERICHSEN, Johannes; LAUFER, Ulrike (Hg.): Aufbruch ins Industriezeitalter, Band 4, Grimm, Claus (Hg.): Veröffentlichungen zur Bayerischen Geschichte und Kultur, Nr. 6/85, München 1985, S. 70

KOCKA, Jürgen, Arbeitsverhältnisse und Arbeiterexistenzen, Grundlagen der Klassenbildung im 19.Jahrhundert, Bonn 1990, S. 482f.

KOWALSKI, E.: Wünschbarkeit und Möglichkeiten der Erhaltung einer technischen Zivilisation, in: Technik für oder gegen den Menschen, Schriftenreihe der Eidgenössischen Technischen Hochschule Zürich, Basel 1975, S. 101ff.

MATIS, Herbert; STIEFEL, Dieter: Die Weltwirtschaft, Struktur und Entwicklung im 20. Jahrhundert, Wien 1991, S. 242ff.

PAULSEN, A., Allgemeine Volkswirtschaftslehre, Band I, 9. Auflage, Sammlung Göschen, Band 1169, Berlin 1970, S. 25ff.

SCHÖPFER, Gerald: Der Zusammenhang von Wirtschafts- und Technikgeschichte, in: Der Wirtschaftsingenieur, 25(1993)4

SCHÖPFER, Gerald: Rationalisierung – Ursachen und Wirkungen. Ein Versuch eines wirtschaftshistorischen Überblicks, in: Schöpfer, Gerald; Witamwas, Günther (Hg.): Rationalisierung im Spannungsfeld zwischen betriebswirtschaftlicher und volkswirtschaftlicher Optimierung, Graz 1997, S. 11–38

Josef W. Wohinz

Von Graz aus in die ganze Welt

Internationalität in der Technik-Entwicklung

Franz Unger (Foto: Steiermärkisches Landesmuseum Joanneum, Bild- und Tonarchiv, Graz)

Das Joanneum wurde zwar als spezifische Einrichtung für das Land Steiermark begründet, aber bereits die Person ihres Gründers – Erzherzog Johann von Österreich – kann selbst als Beispiel für Weltoffenheit im weitesten Sinn gesehen werden.

Geboren in Florenz in der Toskana, aufgewachsen dortselbst sowie in Wien, eingebettet in eine Familie, die durchaus als übernational zu bezeichnen ist. Am deutlichsten – und mit heutigen Schwerpunkten der *Technik in Graz* in engster Beziehung – muß hier seine Reise nach England in den Jahren 1815/16 gesehen werden. Vier Jahre nach der Gründung des Joanneums unternahm Erzherzog Johann eine Studienreise, die wissenschaftliche wie industrielle Zielsetzungen gleichermaßen unterstützen sollte.

Internationalität durch Forschungsreisen

Diese beispielhafte Einstellung Erzherzog Johanns war wohl auch eine hervorragende Ausgangsbasis für die weitere Entwicklung. Wissenschaftliche Lehre und Forschung sind grundsätzlich über regionalen und nationalen Grenzen zu sehen. Die Internationalität wird damit zu einem Wesensmerkmal der scientific community. Unter den ersten Lehrkräften am Joanneum ist in diesem Sinn Franz Unger (1800–1870) zu erwähnen. Er wurde am 30. November 1800 in Leutschach in der Steiermark als Sohn eines Beamten geboren (Vgl.: H. Leitgeb). Zunächst begann er ein Jusstudium, brach dieses aber ab und wandte sich dann dem Studium der Medizin, Chemie und Physik in Prag und Wien zu. 1827 promovierte er in Medizin und trat eine Stelle als Erzieher beim Grafen Colloredo-Mannsfeld an. Nach kurzer Tätigkeit als praktischer Arzt in Stockerau und als Landesgerichtsarzt in Kitzbühel wurde er 1835 als Professor für Botanik und Zoologie an die Technische Lehranstalt am Joanneum in Graz berufen und trat die Stelle 1836 an. 1849 übersiedelte er als Professor der Botanik nach Wien, lebte aber ab 1868 wieder in Graz und verstarb hier am 13. Feber 1870.

Franz Unger unternahm ausgedehnte Forschungsreisen, die ihn 1852 nach Skandinavien, 1858 nach Ägypten, 1860 zu den Ionischen Inseln, 1862 nach Cypern und 1864 nach Dalmatien führten.

Unger begründete die Pflanzenphysiologie in Österreich und zählt zu den ersten bedeutenden Paläobotanikern der Welt. Für die 1833 erschienene Schrift „Die Exantheme der Pflanzen“ (Über den Bau und das Wachstum des Diktotyledonenstammes) wurde er von der Petersburger Akademie ausgezeichnet. Darüber hinaus wurde er unter anderem zum Ritter des mexikanischen Guadeloupe-Ordens ernannt.

Franz Unger ist also ein Beispiel dafür, wie Internationalität in der wissenschaftlichen Einstellung des 19. Jahrhunderts durch ausgedehnte Forschungsreisen zum Ausdruck gebracht wurde. Noch deutlicher ist eine Grundhaltung aber an Personen darzustellen, die von der *Technik in Graz* ausgehend, in anderen Ländern längerfristige Aufenthalte genommen haben.

Internationalität in Lehre und Praxis

Hier sollen beispielhaft drei Wissenschaftler beschrieben werden, die im Bereich des Bauingenieurwesens tätig waren:
- Philipp Forchheimer (1852–1933),
- Karl (von) Terzaghi (1883–1963) und
- Christian Veder (1907–1984).

Philipp Forchheimer wurde am 7. August 1852 in Wien geboren (Vgl.: M. Ludescher). Er studierte am Technikum in Wien und an der Eidgenössischen Technischen Hochschule in Zürich und erwarb dort das Diplom im Jahre 1873. Nach Tätigkeiten bei der Generalinspektion der österreichischen Eisenbahnen und bei der Fa. Hermann und Mannes wurde er 1882 Assistent an der Lehrkanzel für Wasserbau und Baukonstruktionslehre an der Technischen Hochschule Aachen. Er wurde dort 1885 honorierter Dozent und erhielt 1887 den Titel eines Professors. In den Jahren 1889–1890 war er als Professor an der kaiserlich-ottomanischen Ingenieurschule in Konstantinopel tätig. Über einen kurzen Aufenthalt an der Technischen Hochschule in Aachen wurde er 1894 zum Professor für Wasserbau und Enzyklopädie der Ingenieurwissenschaften an der Technischen Hochschule Graz berufen. Er wirkte hier bis zum Jahre 1914 und bekleidete im Studienjahr 1896/97 das Amt des Rektors.

Philipp Forchheimer starb am 2. Oktober 1933 in Dürnstein. Seine Arbeiten können mit Recht als international eingestuft werden. So beschäftigte er sich unter anderem mit „Englischen Tunnelbauten bei Untergrundbahnen sowie unter Flüssen und Wasserarmen" (1884), „Byzantinische Wasserbehälter von Konstantinopel" (mit Strzygowski) (1893), „Wasserversorgung von Yokohama und Tokio" (1893) und erstellte Gutachten über die Wasserversorgung in Triest, Brünn, Riga, Marburg, eine Hafenanlage in Triest, die Flußregulierung des Rheins in Vorarlberg und den Kanal von Wien über Mährisch-Ostrau nach Krakau.

Noch beeindruckender und stärker in der Beziehung zur *Technik in Graz* ist die persönliche Entwicklung von Karl (von) Terzaghi zu sehen (Vgl.: H. Brandl).

Karl von Terzaghi wurde am 2. Oktober 1883 in Prag geboren. Wenige

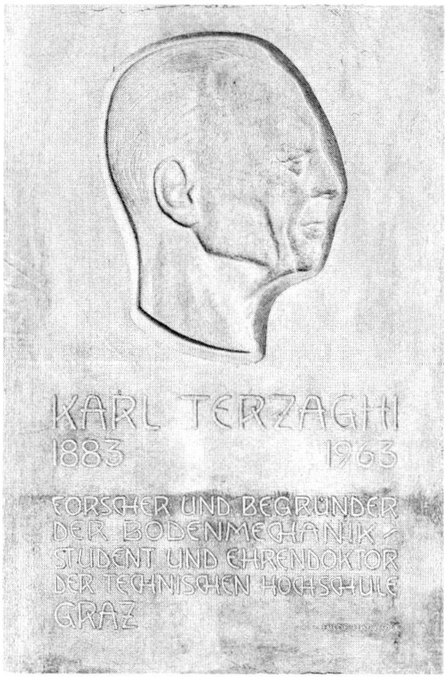

Ehrentafel für Karl von Terzaghi im Hauptgebäude der Technik in Graz (Foto: H. Tezak)

Jahre nach der Geburt übersiedelte die Familie nach Graz. Nach dem Tod seines Vaters wurde sein Großvater als Vormund bestellt. Er war, wie Karl von Terzaghi in seinen Lebenserinnerungen schreibt, „ein erfahrener und sehr energischer Ingenieur von der alten Schule, der mit seiner starken, klaren Persönlichkeit und seinem aufrechten, männlichen Charakter die Entwicklung bis ins reife Mannesalter beeinflußte".

Nachdem ein Gesuch um Aufnahme in die k.u.k. Marine-Akademie infolge eines leichten Augendefektes abgewiesen wurde, maturierte Karl von Terzaghi an der Landes-Oberrealschule in Graz und begann „auf Wunsch der Eltern und ohne inneres Bedürfnis" an der Maschinenbauschule der Technischen Hochschule seine Studien.

„Während der nun folgenden vier Jahre war ich recht selten in den Hörsälen der Technischen Hochschule zu finden und kannte die meisten meiner Professoren nur dem Namen nach. Im Laufe der ersten zwei Jahre genoß ich die akademische Freiheit in ziemlich zügelloser Weise. Ich vernachlässigte meine Studien und kam infolge übermütiger Streiche wiederholt mit den Behörden in Konflikt. Einmal sah sich sogar das Professorenkollegium genötigt, verwarnend einzugreifen.

Trotzdem verdanke ich der Technischen Hochschule in Graz eine Fülle von Anregungen, die ich bis zum heutigen Tage noch nicht zur Gänze ausgeschöpft habe. Ich empfing sie im persönlichen und späterhin in regem brieflichen Verkehr mit zwei hervorragenden Mitgliedern des Lehrkörpers, den Professoren Forchheimer und Wittenbauer.

Von Forchheimer lernte ich die skeptische Einstellung zum Inhalt meines Wissens, die klare Fragestellung und die Sicherheit in der Beurteilung der relativen Bedeutung der Fehlerquellen bei der theoretischen Untersuchung von Vorgängen in der Natur. Wittenbauer, der in seiner Persönlichkeit den Forscher und den Künstler vereinte, wurde für mich zum Vorbild auf dem Gebiet der Lebensgestaltung." Mit diesen Worten beschreibt Karl von Terzaghi unter dem Titel „Mein Lebensweg und meine Ziele" 1932 rückblickend seine Zeit an der *Technik in Graz.*

Nach Abschluß des Studiums 1904 setzte er 1905 das Studium der Geologie fort und promovierte 1911. Bis zum Ausbruch des 1. Weltkrieges war er für österreichische Firmen im In- und Ausland tätig. Die Kriegszeit verbrachte er als Fliegeroffizier des Heeres.

Im Herbst 1916 erhielt Karl von Terzaghi über Vorschlag von Professor Forchheimer vom Ministerium des Äußeren den Auftrag, eine Lehrstelle für Grundbau und Straßenbau an der kaiserlich-ottomanischen Ingenieur-Hochschule in Konstantinopel zu übernehmen. Durch den Zusammenbruch im Jahre 1918 praktisch mittellos, wurde Karl von Terzaghi vom amerikanischen Robert-College in Konstantinopel eingeladen, als Lehrkraft für Thermodynamik und Gasmaschinenbau zu supplieren. Er blieb bis zum Jahre

Gedenkblatt für Karl von Terzaghi (Aufgelegt vom Institut für Bodenmechanik, Felsmechanik und Grundbau der Technischen Universität Graz)

1925. Im August dieses Jahres erhielt er eine Einladung als Gastprofessor an das Massachusetts Institute of Technology (MIT) in Cambridge/Boston, USA. Er blieb dort als Professor für Bodenmechanik und Grundbau bis 1929. In diesem Jahr übersiedelte er als Professor für Grundbau und Bodenmechanik an die Technische Hochschule in Wien und blieb bis zum Jahr 1938. In der Zeit von 1938 bis 1947 war er wieder von den USA aus als Ingenieurkonsulent tätig. 1947 wurde er als Professor an die Harvard-Universität in Boston/Mass. berufen. Er emeritierte im Jahr 1956, hielt aber weiterhin Gastvorlesungen an mehreren Universitäten und seine Konsulententätigkeit führte ihn in alle Kontinente. Karl von Terzaghi starb kurz nach Erreichen seines 80. Geburtstages am 25. Oktober 1963 in Cambridge/Mass.

Christian Veder wurde am 20.Oktober 1907 in Wien geboren. Nach seiner Matura absolvierte er das Studium des Bauingenieurs an der Technischen Hochschule in Wien und schloß 1931 mit der 2. Staatsprüfung ab. In den Jahren 1931 bis 1933 war er an der Lehrkanzel für Grundbau und Bodenmechanik unter der Leitung von Professor Terzaghi beschäftigt. In diese Zeit fällt seine Promotion (1932). 1933 übersiedelte er als Mitarbeiter der Fa. Rodio nach Mailand und errichtete dort das erste Bodenmechanik-Labartorium in Italien. Nach intensiver Forschung, verbunden mit praktischer Erfahrung an zahlreichen Tiefbaustellen, gelang es ihm, die hervorragenden Eigenschaften von Betonitsuspension als Stützflüssigkeit bei Gründungsarbeiten zu analysieren und die optimalen Voraussetzungen für Ihre Anwendung zu definieren.

1938 übersiedelte Veder zur Fa. Innerebner & Mayer nach Innsbruck und blieb dort, unterbrochen durch Kriegseinsatz, bis 1948. In dieser Zeit kam ihm bei Sondierungsarbeiten zum ersten Mal die Idee der Schlitzwandbau-

Christian Veder (Foto: Steiermärkisches Landesmuseum Joanneum, Bild- und Tonarchiv, Graz)

weise. 1948 kehrte Veder als Technischer Direktor der Fa. ICOS (Impresa Costruzioni Opere Spezializzate) nach Mailand zurück und war in den folgenden sechzehn Jahren bei Großprojekten in allen Kontinenten tätig. Unter seiner Leitung entstanden die erste Schlitzwand für ein Ausgleichsbecken am Volturno nahe Neapel und in Kanada die mit 131m besonders tiefe Dichtungsschürze für den Manicuagan-Damm.

Im Jahre 1964 erfolgte seine Berufung zum Professor an die *Technik in Graz*. Er baute das neugeschaffene Institut für Bodenmechanik, Felsmechanik und Grundbau auf und leitete es bis zu seiner Emeritierung im Jahre 1978. Er blieb weiterhin Berater bei Großbaustellen wie World Trade Center in New York, U-Bahn-Bau in Mailand, Berlin, Paris, London, Boston, Washington, New York, Tokyo und Wien; er erstellte auch ein Konzept für die Sanierung des Schiefen Turmes von Pisa.

Christian Veder verstarb am 19. November 1984 in Wien und ging als Erfinder der sog. Schlitzwandbauweise in die Technik-Geschichte ein. Über die Internationalität hinaus, fällt die enge Verbindung zwischen wissenschaftlicher Forschung und praktischer Anwendung bei den zuletzt beschriebenen Persönlichkeiten besonders auf.

Internationalität durch Unternehmerpersönlichkeiten

Im Sinne des gewählten Schwerpunktes sollen im folgenden noch drei Persönlichkeiten gewürdigt werden, die über ihre wissenschaftliche Arbeit hinaus die industrielle Entwicklung als eigenständige Unternehmer wesentlich beeinflußt haben:
- Luis Zuegg (1876–1955),
- Martin Hilti (1915–1977) und
- Hans List (1896–1996).

Luis Zuegg (eigentlich Alois Karl Zuech) wurde am 26. April 1876 am Steinbogen-Hof, später Zagler-Hof, in Mitterlana nahe Meran geboren (Vgl.: A. Innerhofer/R. Staffler). Er absolvierte nach der Volksschule das Benediktinergymnasium in Meran und bestand nach seiner Matura darauf, die Technische Hochschule in Graz besuchen zu dürfen. Nachdem er, wie vielfach üblich, in verschiedenen Disziplinen herumgeschnuppert hatte, entschied er sich schlußendlich für das Studium der Elektrotechnik.

So begann Luis Zuegg 1898 sein Hochschulstudium. Professor Albert von Ettingshausen, dessen Vorlesungen er ab dem zweiten Studienjahr mit vorzüglichem Erfolg besuchte, wurde zu seiner wichtigsten Bezugsperson in dieser Zeit. Das noch neue Fach der Elektrotechnik begeisterte den Studenten Zuegg ganz besonders. So war er drei Jahre als wissenschaftlicher Assistent an der Lehrkanzel von Professor von Ettingshausen tätig. In dieser Zeit hatte er – mit Erlaubnis seines Vorgesetzten – dessen Vorlesungen fein säuberlich mitgeschrieben, sie in Steindruck vervielfältigt und als Skripten an seine Kollegen verkauft. Es waren drei Bände mit insgesamt 720 Seiten. Auf diese Weise finanzierte er sein gesamtes Hochschulstudium und ließ bereits ein ausgeprägtes wirtschaftliches Talent erkennen. 1901 übernahm er als Nachfolger des mit ihm enger befreundeten Ingenieurs Franz Pichler eine dreijährige Assistentenstelle bei Professor von Ettingshausen. Zur selben Zeit war an dieser Lehrkanzel auch Ingenieur Otto Nußbaumer als Konstrukteur beschäftigt, der durch die von ihm 1904 erstmals durchgeführte drahtlose Musikübertragung Berühmtheit erlangte. Es ist sehr wahrscheinlich, daß Luis Zuegg an der im Laboratorium gelungenen ersten Radioübertragung aktiv teilgenommen hat.

Luis Zuegg (Foto: Bildarchiv, ÖNB Wien)

Nach Abschluß seines Studiums kehrte er 1903 im Alter von 27 Jahren voll Unternehmergeist in seine Heimat nach Lana zurück. Im selben Jahr begann er mit der Errichtung eines Elektrizitätswerkes. Die Maschinen dazu lieferte ihm Franz Pichler, sein Freund aus früheren Studientagen, der nach dem Tode seines Vaters seine Universitätskarriere abzubrechen und eine Kunstmühle zu übernehmen hatte; er baute sie schrittweise in eine Fabrik für Elektromaschinen um und legte damit den Grundstein für die späteren ELIN-Werke. Im Jahre 1907 wurde unter Luis Zueggs Leitung eine Braunpappenfabrik fertiggestellt, deren Betrieb 1908 voll aufgenommen wurde.

Neben der Errichtung einer Straßenbahn von Lana nach Meran im Jahr 1906 beschäftigte sich Luis Zuegg ab 1909 mit der Errichtung einer Seilschwebebahn von Lana auf das Vigiljoch. Er bekam den Auftrag zunächst nicht, wurde aber nach Auftreten schwerer Mängel bei der ausgeführten Anlage hinzugezogen und führte die notwendigen Änderungen durch. So konnte am 31. August 1912 die Eröffnung stattfinden. Im darauffolgenden Jahr 1913 wurde die Trambahn Oberlana-Burgstall, an deren Bau Luis Zuegg ebenfalls maßgeblich beteiligt war, ihrer Bestimmung übergeben. Mit Beginn des Ersten Weltkrieges wurde Luis Zuegg 1914 als Landsturmingenieur eingezogen und im Seilbahnwesen eingesetzt. Er führte unterschiedliche Kriegsseilbahnen im Pustertal, auf das Stilfser-Joch sowie im Trentiner Gebiet aus. Zuegg wurde Sachverständiger für das Seilbahnwesen an der Südfront und realisierte Projekte mit bis dahin nicht für möglich gehaltenen technischen Leistungsdaten. Nach Ende des Ersten Weltkrieges wurde eine Reihe von Seilbahnprojekten in Italien von ihm selbst ausgeführt; nach dem System Bleichert-Zuegg wurden weitere Projekte in vielen Ländern Europas errichtet.

In Anerkennung seiner Verdienste „für die Entwicklung eines Systems, das fast für alle Personenseilschwebebahnen Anwendung fand“, wurde ihm von der Technischen Hochschule in Graz am 14. Juli 1948 der akademische Grad eines Doktors der technischen Wissenschaften ehrenhalber verliehen. Am 14. Jänner 1955, im Alter von 78 Jahren, verstarb Luis Zuegg während eines Aufenthaltes in seiner Villa Storietta in Bordighera. Am 25. Februar 1980 schließlich wurde in der Technischen Universität Graz eine Gedenktafel für diesen international tätigen Seilbahnpionier enthüllt.

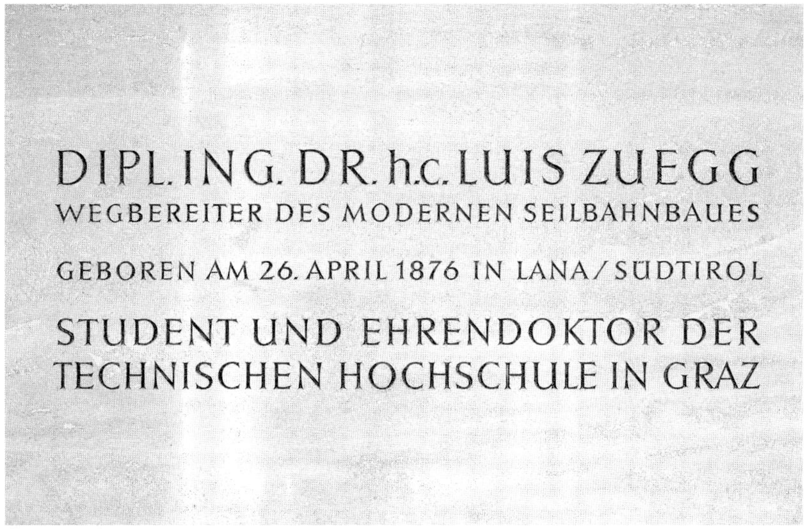

Ehrentafel für Luis Zuegg im Hauptgebäude der Technik in Graz (Foto: H. Tezak)

Auf einem anderen Gebiet, aber als Unternehmer international höchst erfolgreich, verlief die persönliche Entwicklung von Martin Hilti (Vgl.: HILTI). Er wurde am 8. Mai 1915 in Schaan/Fürstentum Liechtenstein geboren. Von 1926 bis 1930 besuchte er das humanistische Gymnasium Stella Matutina in Feldkirch/Vorarlberg; von 1930 bis 1933 das Gymnasium mit technischer Richtung in Schwyz/Schweiz.

1933 übersiedelte Martin Hilti nach Graz, um an der Technischen Hochschule das Studium der Geodäsie und Mathematik zu beginnen. Er schloß mit der Diplomprüfung in Angewandter Mathematik 1937 ab und setzte in den folgenden zwei Jahren mit einem Studium in Maschinenbau an der Ingenieur-Schule in Wismar/Deutschland fort.

Im Dezember 1941 stieg Martin Hilti in eine mechanische Werkstätte ein, die 1936 von seinem Bruder Eugen in Schaan gegründet worden war und zu diesem Zeitpunkt fünf Mitarbeiter umfaßte. In den Jahren 1940 bis 1945 wurde Lohnfertigung für die schweizerische Textilindustrie und die deutsche Automobilindustrie durchgeführt; bis 1948 wurde auf Komponentenfertigung ausgeweitet. In dieser Zeit kam Martin Hilti erstmals mit einer Idee in Berührung, die auf eine Erfindung des Briten Robert Temple aus dem Jahre 1918 zurückging. Dieser hatte ein gewehrartiges Gerät entwickelt, mit dem man unter Wasser Stahlbolzen in Schiffswände schießen konnte. So konnten Stahlplatten auf die Leckstellen gesunkener Schiffe genagelt und diese anschließend mit Luft gefüllt und gehoben werden. Nach dem Ende des Zweiten Weltkrieges wurde Robert Temples Idee in Amerika wieder aufgegriffen; die ersten Schußmontagegeräte gelangten im Zuge des Wiederaufbaues nach Europa und wurden auf dem Bau verwendet.

Martin Hilti erkannte die Vorteile, aber auch die Nachteile dieses Verfahrens, und machte sich unverzüglich an die Weiterentwicklung. Er kaufte dazu die gültigen Rechte und existierenden Patente und begann 1950 mit der

Herstellung von eigenen Prototypen. In diesem Jahr wurde das erste selbstentwickelte Schußgerät auf den Markt gebracht und damit in der Befestigungstechnik ein neues Kapitel aufgeschlagen. In den folgenden Jahren wurde in intensiven Forschungen das Schubkolbenprinzip marktreif gemacht und 1957/58 erfolgreich eingeführt. Gleichzeitig erfolgte die Gründung mehrerer Marktorganisationen in den wichtigsten europäischen und überseeischen Ländern. Damit hatte das Unternehmen den Wandel von einer produktorientierten zu einer marktorientierten Einheit vollzogen. Heute ist die Hilti-Gruppe weltweit tätig. Ein eigener Direktvertrieb übernimmt den Verkauf der Produkte, das Service und die Beratung in über hundert Ländern auf der ganzen Welt.

Martin Hilti (Archiv HILTI AG)

Die Technische Universität Graz verlieh Martin Hilti den akademischen Grad Doktor der Technischen Wissenschaften ehrenhalber am 26. November 1982. Er verstarb am 19. August 1997.

Als dritte Persönlichkeit, mit der die Entwicklung eines herausragenden Wissenschaftlers und international überaus erfolgreichen Unternehmers nachgezeichnet werden kann, wird hier auf Hans List eingegangen (Vgl.: H. List). Nach seinem Studium des Maschinenbaues an der *Technik in Graz* war er zunächst einer der großen akademischen Lehrer auf dem Gebiet der Motorentechnik. Danach setzte er als Unternehmer seine Ideen so konsequent um, daß heute die Motorenentwicklung wohl auf der ganzen Welt durch seine Persönlichkeit beeinflußt wird.

Hans List wurde am 30. April 1896 in Graz geboren. Sein Vater war Eisenbahningenieur, Bauunternehmer und zuletzt Landeseisenbahndirektor. So wuchs Hans List in einer großbürgerlich geprägten Familie auf. Als der Erste Weltkrieg ausbrach, wollte er gleich einrücken, auf Anraten seines Vaters absolvierte er aber ein erstes Semester an der Technischen Hochschule Graz. Im Februar 1915 meldete er sich als Einjährig-Freiwilliger zur Artillerie und wurde an der russischen und italienischen Front eingesetzt.

Ab Juni 1918 konnte Hans List seine Studien zunächst vorübergehend, nach Ende des Krieges wieder vollständig aufnehmen. Bereits 1920, d.h. nach insgesamt drei Jahren Studium legte er die zweite Staatsprüfung ab. Dazu war eine Sondergenehmigung des Ministeriums notwendig, da die reguläre Studienzeit damals vier Jahre betrug.

Es war jene Zeit, in der unter Professor Julius Magg die Dieselmotorenentwicklung als besonderer Forschungsschwerpunkt begründet wurde. Nach Studienabschluß trat Hans List als Konstrukteur für große Dieselmotoren bei der Grazer Waggon- und Maschinenfabrik ein. In seiner Freizeit begann er selbstgewählte Forschungsarbeiten; daraus entstand seine Dissertation „Die Regulierung von Dieselmotoren“, die er 1924 bei Professor Julius Magg einreichte. Aufgrund der schwierigen mathematischen Lösungsansätze wurde zur Begutachtung auch Professor Bernhard Baule hinzugezogen. Beide Her-

國立同濟大學

Mitteilungen aus den technischen Instituten der Staatlichen Tung-chi Universität

Woosung, China.

Heft 1

1. Grundlagen für Untersuchungen an Zweitakt-Dieselmotoren.
2. Beitrag zur Theorie der Zweitakt-Dieselmotoren.
3. Der Einfluß des Abgasgehaltes der Ladung auf das p_i der Dieselmotoren.

von

Prof. Dr. Hans List

Vorstand des Maschinenlaboratoriums.

Woosung, Juli 1931.

Prof. Dr. H. Li

Heft 1 der Mitteilungen an der Tongji-Universität (Hans List-Archiv, AVL)

(Rechts oben): Hans List (Mitte) mit Egon Niedermayer (links) und Anton Pischinger (rechts) (Hans List-Archiv, AVL)

ren gaben eine überaus positive Beurteilung ab und damit konnte das Promotionsverfahren erfolgreich abgeschlossen werden.

Knapp danach wurde in den VDI-Nachrichten für die Tongji-Universität in der Nähe von Shanghai/China ein Dozent für Maschinenbau, insbesondere Verbrennungskraftmaschinen, gesucht. Hans List bewarb sich um diese Stelle, und im Herbst 1926 trat er mit seiner Frau die Reise von Genua aus an. Hans List und seine Familie, die um zwei Kinder erweitert wurde, blieben bis zum Jahre 1932 dort. In diesem Jahr kehrte er nach Europa zurück, um an der *Technik in Graz* die Nachfolge des verstorbenen Professors Julius Magg anzutreten. Zusammen mit seinen Mitarbeitern, den späteren Professoren Egon Niedermayer und Anton Pischinger, führte er zahlreiche grundlegende Forschungsarbeiten durch. Dabei wurde das Prinzip verfolgt, die komplexen innermotorischen Vorgänge auf die entscheidenden physikalischen Abläufe zu reduzieren und diese einer mathematischen Formulierung zuzuführen. Diese Berechnungen wurden stets mit Messungen an Motoren oder an speziell konstruierten Versuchseinrichtungen verglichen.

Im Jahre 1941 folgte Professor Hans List einem Ruf an die Technische Hochschule Dresden, um dort die Dieselmotorenforschung weiter voranzutreiben. Wichtige Projekte, unter anderem für die Leistungserhöhung von Flugmotoren, den Einsatz von Gasturbinen für Flugtriebwerke, die Verwendung von Wasserstoff als Motorentreibstoff wurden aus aktuellen Anlässen heraus bearbeitet. Die Bombardierung Dresdens und das Ende des Zweiten Weltkrieges setzten diesen Aktivitäten ein dramatisches Ende. Nach Überbrückungsarbeiten für die amerikanische Wehrmacht kehrte Hans List nach Graz zurück. Hier gründete er im Jahre 1946 mit den Professoren Egon Niedermayer und Anton Pischinger eine Arbeitsgemeinschaft zur Entwicklung von Verbrennungsmotoren. Der erste Auftrag an diese Arbeitsgemeinschaft war die Entwicklung eines robusten Industriemotors für die Jenbacher-

Werke. Dieses Projekt war so erfolgreich, daß mit den Lizenzgebühren die inzwischen gegründete „Anstalt für Verbrennungsmotoren Prof. Dr. Hans List AVL" ausgebaut werden konnte. Es folgte die Entwicklung eines ebenfalls sehr erfolgreichen Dieselkompressors. 1952 konnten bereits eigene Prüfstände und Bürogebäude errichtet werden. Damit war es möglich, weitere Entwicklungsaufträge zu übernehmen: für die Jenbacher-Werke, für Steyr-Daimler-Puch und zahlreiche ausländische Unternehmungen. Somit war der Entwicklungsweg der AVL zur weltweit größten Unternehmung für Motorenentwicklung vorgegeben und wird seither ebenso erfolgreich beschritten.

Für seine wissenschaftlichen Leistungen erhielt Hans List zahlreiche Ehrungen und Auszeichnungen. Die Technische Hochschule Graz verlieh ihm das Doktorat der technischen Wissenschaften ehrenhalber am 14. Dezember 1963. Hans List verstarb – kurz nach Vollendung seines 100. Lebensjahres – am 10. September 1996.

Internationalität als Selbstverständnis

Neben den angeführten singulären Beispielen international orientierter Einstellung in der Vergangenheit hat gerade die jüngste Entwicklung zu dieser heute wichtigen Grundhaltung auch günstige institutionelle Rahmenstrukturen geschaffen.

So unterhält die *Technik in Graz* derzeit Kooperationen mit den folgenden Universitäten:

Volksrepublik China:
- Tongji University, Shanghai (12.05.1998)

Deutschland:
- Technische Hochschule Darmstadt, Damstadt (15.06.1985)

Indien:
- Rizvi College of Architecture, Bombay (27.03.1995)

Indonesien:
- Institut Teknologi Bandung, Bandung (11.07.1997)

Rumänien:
- Universitatea „Politehnica" din Timisoara, Temesvar (01.02.1994)

Russische Föderation:
- St. Petersburg State Technical University, St. Petersburg (18.02.1985)

Slowenien:
- Universität Maribor, Maribor (07.03.1985)

Ungarn:
- Technische Universität Budapest, Budapest (11.11.1976)

Vereinigte Staaten:
- Johns Hopkins University, Baltimore, Maryland (13.01.1993)
- Southern Illinois University, Carbondale, Illinois (26.11.1985)

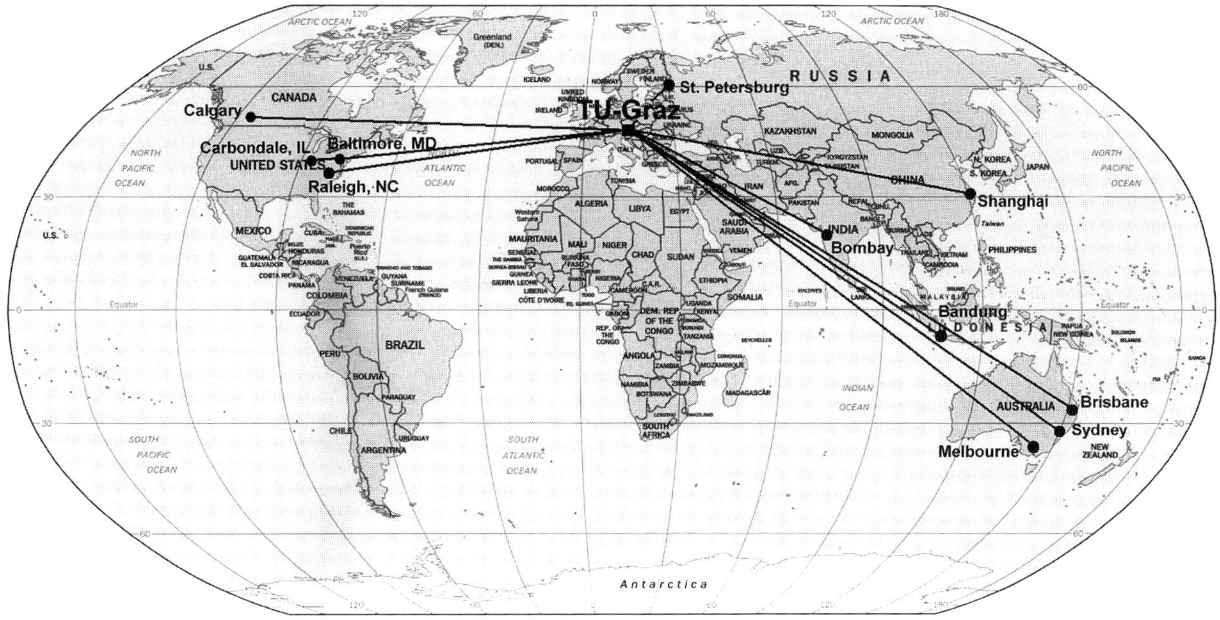

Universitäre Kooperationspartner der Technik in Graz

Darüber hinaus bestehen Verträge als Joint-Study-Programme mit den folgenden Universitäten:

Australien:
- University of Queensland, Brisbane (14.08.1995)
- Royal Melbourne Institute of Technology, Melbourne (30.04.1995)
- The University of Sydney, Sydney (14.02.1996)

Kanada:
- University of Calgary, Calgary, Alberta (28.10.1993)

Schweiz:
- Eidgenössische Technische Hochschule – ETH, Zürich (22.04.1993)

Vereinigte Staaten:
- Johns Hopkins University, Baltimore, Maryland (13.01.1993)
- North Carolina State University, Raleigh, North Carolina (08.03.1993)

Schließlich ist die Technische Universität Graz fest eingebunden in das europäische SOCRATES-Programm. Auf dessen Basis sind für das Studienjahr 1999/2000 bilaterale Verträge mit ca. 130 Universitäten in praktisch allen europäischen Ländern abgeschlossen und dienen als Plattform für den Austausch von Studierenden wie von WissenschaftlerInnen.

Damit wird auf überzeugende Weise realisiert, was im aktuellen Leitbild der *Technik in Graz* festgehalten ist: „Internationalität gehört zum Selbstverständnis der Technischen Universität in Graz".

Literaturhinweise:

BRANDL, Heinz: 100 Jahre Prof. Dr. Dr.h.c. mult. Karl v. Terzaghi, in: Mitteilungen für Grundbau, Bodenmechanik und Felsbau, Heft 2, Technische Universität Wien, 1983/84, S. 11–55

EDLINGER, Maria: Internationale Aktivitäten, in: Technische Universität Graz (Hg.): Bericht 1997/98, Graz 1998, S. 60–61

HILTI Aktiengesellschaft (Hrsg.): Martin Hilti, Zum 80. Geburtstag, Schaan 1995

INNERHOFER, Albert; STAFFLER, Reinhold: Stählerne Stege, Der Seilbahnpionier Luis Zuegg, Bozen 1996

LEITGEB, H.: Franz Unger, Gedächtnisrede, in: Mitteilungen des naturwissenschaftlichen Vereines für Steiermark, Graz 1870

LIST, Hans: Meine Erinnerungen, Graz 1994

LUDESCHER, Marcus: Das wissenschaftliche Personal an der TU Graz. Teil 1: Von den Anfängen bis zum Ersten Weltkrieg (TUG-Projektdokumentation), Graz 1995

o.V.: Prof. Dr. Christian Veder, in: Mitteilungen für Grundbau, Bodenmechanik und Felsbau, Heft 2, Technische Universität Wien, 1983/1984, S. 7–8

PISCHINGER, Rudolf: Hans List, Nachruf, in: Almanach der Österreichischen Akademie der Wissenschaften, 147. Jahrgang (1996/97), Wien 1998, S. 435–444

TERZAGHI, Karl von: Mein Lebensweg und meine Ziele, Manuskript, Wien 1932

Irolt Killmann
Josef W. Wohinz

Menschen von heute – Aufgaben für morgen

Die Technik auf dem Weg ins 21. Jahrhundert

„Sie versprechen, der Wissenschaft zu dienen, ihre Ziele zu fördern und dadurch verantwortlich zur Lösung der Probleme der menschlichen Gesellschaft und deren gedeihlicher Weiterentwicklung beizutragen sowie der Technischen Universität Graz verbunden zu bleiben."

Dieses Gelöbnis der AbsolventInnen bildet aufgrund eines Beschlusses des Senates nach wie vor einen zentralen Bestandteil der akademischen Feiern zum Abschluß der ordentlichen Studien. Mit dieser Formulierung wird zunächst eine Tradition weitergeführt, die mit dem Wesen unserer Universität wohl untrennbar verbunden ist. Gleichzeitig kommt darin aber ein Auftrag zum Ausdruck, der eine gemeinsame Verantwortung für die Entwicklung in der Zukunft umfaßt.

Erzherzog Johann hat anläßlich der Gründung des Joanneums in dem zu diesem Anlaß von ihm persönlich ausformulierten Statut mit dem Satz begonnen: „Stete Entwicklung, unaufhörliches Fortschreiten ist das Ziel des einzelnen, jedes Staatenvereines, der Menschheit."

Diese, in der Zwischenzeit als „joanneischer Geist" bezeichnete, zutiefst innovationsorientierte Grundeinstellung erscheint heute und für die Zukunft genauso wichtig wie damals.

In allen Lebensbereichen erfahren wir eine sehr dynamische Entwicklung. Dies gilt für die Gesellschaft ebenso wie – vor allem – für die Technologie. Selbstverständlich ist auch die Technische Universität Graz davon erfaßt und hat sich ihr zu stellen.

In diesem Sinn bildet die bewußte Entscheidung für eine konstruktive Auseinandersetzung mit dieser Entwicklung eigentlich die große Herausforderung für alle, die sich mit unserer Universität verbunden fühlen. Dies betrifft die Universitätsangehörigen, aber auch alle, die das universitäre Umfeld bilden.

Merkmale der Universität von heute

Als Merkmale der universitären Situation von heute und für morgen können schlaglichtartig die folgenden Thesen formuliert werden:

1. Die Universitäten: Professionelle Dienstleister

Gerade Technische Universitäten müssen durch ihren notwendigerweise engen Kontakt zur betrieblichen Praxis eine dafür geeignete Organisationskul-

Die Technik in Graz: Ein professioneller Dienstleister (Foto: H. Tezak)

tur wie Organisationsstruktur aufweisen. In diesem Sinne kann eine Universität durchaus als professioneller Dienstleister interpretiert werden.

Die Führung der Universitäten, wie dies auch im UOG 93 zum Ausdruck kommt, ist in vielen Belangen vergleichbar mit der Führung von Unternehmungen. Die Struktur der Führungsorgane entspricht weitgehend den Strukturen in der Wirtschaft. Sieht man das zuständige Bundesministerium als Konzernspitze, so fällt den einzelnen Universitäten die Rolle einer Tochterunternehmung zu.

Als Produkte der Universitäten sind anzusehen:

- Fachausbildung bzw. Fachkompetenz
- Persönlichkeitsbildung bzw. soziale Kompetenz
- Forschungsergebnisse für den Technologietransfer.

Als Anspruchsgruppen, die Leistungen der Universitäten erwarten, sind zu differenzieren:

- die Studierenden
- die AbsolventInnen im Falle der Weiterbildung
- Verwaltung, Wirtschaft und Industrie einerseits als potentielle Arbeitge-

ber für die AbsolventInnen, andererseits als Auftraggeber für die Forschung
– Einrichtungen zur Lehre und Forschung als Kooperationspartner
– die Gesellschaft bzw. die Kapitalgeber aus Bund, Ländern und Gemeinden.

Der Dienstleistungsbegriff ist aber nicht nur für externe Leistungen angebracht; auch innerhalb der Universität kann von Dienstleistungen gesprochen werden. Das Denkmodell der Dienstleister-Kunden-Beziehung führt zur Orientierung der eigenen Arbeit an anzusprechenden Kunden im eigenen Haus und damit zu einer Geisteshaltung, die die Unterstützung anderer bei der Zielerreichung miteinbezieht.

Dienstleistungsgedanke und Kundenorientierung erscheinen notwendig und wichtig, um auch in Zukunft einen hervorragenden Platz im universitären Wettbewerb einnehmen zu können. Damit soll den Universitäten in der öffentlichen Meinung jener Stellenwert verschafft werden, der ihnen gebührt.

2. Strategische Orientierung wesentlich

Das strategische Management einer Universität ist auf den Aufbau und Ausbau, die Pflege und Nutzung von Erfolgspositionen und Erfolgspotentialen ausgerichtet. Natürlich können solche strategisch orientierten Fragen an Universitäten nicht ohne Rücksichtnahme auf das normativ vorgegebene Umfeld bearbeitet werden. Die Einbeziehung von relevanten Vorgaben durch die den Universitäten übergeordneten Entscheidungsinstanzen (wie z.B. das zuständige Bundesministerium) in einem Gesamtkonzept ist notwendigerweise vorzusehen. Dennoch bleiben auch innerhalb dieser Rahmenstrukturen noch wesentliche Fragen zur strategischen Entwicklung zu klären.

Insbesondere gilt dies für die Entscheidungen über spezifische Angebote in der akademischen Lehre und Forschung an bestimmten Standorten, die Zuordnung von Ressourcen zur Ausbildung strategischer Schwerpunkte sowie die Auswahl, den Einsatz, die Weiterbildung und die Entwicklung von MitarbeiterInnen, um die strategischen Ziele auch erreichen zu können.

Den zusammenfassenden Ausdruck der grundsätzlichen strategischen Orientierung der Technischen Universität Graz stellt das Leitbild dar, das als Leitlinie des Handelns nach außen und nach innen interpretiert werden kann.

3. Die Studierenden: Unsere wichtigsten Kunden

Die Studierenden haben als Kunden eine Sonderstellung: Sie sind Teil der Universität und tragen einen großen Teil der Entscheidungen in den Universitäten als Mitglieder in Gremien (Senat, Studienkommissionen, Institutskonferenzen, Berufungskommissionen, Universitätsversammlung etc.) durch ihre Meinungsbildung und ihr Stimmverhalten mit.

Es ist die Pflicht der Universität, den Studierenden eine qualitativ hochstehende Ausbildung zu vermitteln, die sie gegenüber den AbsolventInnen anderer Universitäten zumindest konkurrenzfähig auf dem globalen Arbeitsmarkt macht. Eine solche Konkurrenz bilden heute auch die AbsolventInnen der Fachhochschul-Studiengänge. Universitäten und Fachhochschulen dürfen dabei nicht gegeneinander aufgerechnet werden, sie sind nicht Alternativen, sondern müssen als sinnvolle Ergänzung mit unterschiedlichen Aufgaben betrachtet und beurteilt werden.

Die AbsolventInnen der Technischen Universitäten sollen insbesondere die Fähigkeit vermittelt bekommen, den Stand der Technik voranzutreiben und wissenschaftlich zu bearbeiten. Die an den Universitäten gebotene Lernfreiheit und Wahlmöglichkeit zwingen weiters zu frühzeitiger Selbstorganisation und Zieldefinition und schaffen die Voraussetzung für die Übernahme späterer Führungsaufgaben. Universitäten sollen nicht nur „know how", sondern auch „know why" vermitteln.

Bei der Gestaltung der universitären Studienpläne ist somit eine ganze Reihe von Randbedingungen zu berücksichtigen:

- Sicherung der Möglichkeit, das Studium innerhalb der Regelstudienzeit zu beenden
- Freiraum für Persönlichkeitsbildung und Vermittlung von sozialer Kompetenz
- Qualitativ hochstehende technisch-wissenschaftliche Ausbildung
- Frühzeitige Information für Entscheidungen zu einem eventuellen Studienwechsel ohne wesentlichen Zeitverlust.

Eine weitere Frage ist die der beruflichen Weiterbildung. Im Lichte einer immer rascheren Entwicklung des Standes der Technik ist für manche Fachgebiete das Gelernte in wenigen Jahren obsolet. Dementsprechend ist ein Angebot von Weiterbildungsmaßnahmen unerläßlich für AbsolventInnen und Berufstätige sowie für solche, die neue Aufgaben übernehmen.

Da für Universitätslehrgänge im Gegensatz zu den Regelstudien Gebühren einzufordern sind, ist gerade bei diesen die Attraktivität und die Akzeptanz durch die NutzerInnen besonders zu beachten. Es gilt, ein aktuelles und dem Kundenkreis entsprechendes Angebot zu erstellen. Für diese Aufgabe bietet sich auch die Einführung eines Fernstudiums an.

In Deutschland ist es den Universitäten seit kurzem gesetzlich erlaubt, ein Bacchalaureat einzuführen, Österreich wird sich diesem Trend nicht verschließen können. Dieser Entwicklung Rechnung tragend, sind die neuen Studienrichtungen zweckmäßigerweise in drei Studienabschnitte zu gliedern; der zweite Studienabschnitt ermöglicht die Anerkennung eines Bachelor-Abschlusses. Einige Studienrichtungen an der Technischen Universität Graz sind bereits in diesem Sinne organisiert. Die *Technik in Graz* wird sich auch wei-

Die Studierenden: Unsere wichtigsten Kunden

terhin dieser wichtigen Frage stellen und einen für die Studierenden sinnvollen Weg gehen.

4. Evaluierung schafft Qualitätsmaßstäbe

Die Technische Universität Graz hat bereits mit einer flächendeckenden Evaluierung der Lehrveranstaltungen durch die Studierenden begonnen. Es ist dies der Anfang einer Summe von Evaluierungsmaßnahmen, in die neben der Lehre auch die Forschung und die Verwaltung einbezogen werden.

Wieder drängt sich der Vergleich mit Industrieunternehmen auf: Jedes Unternehmen hat als wesentliche Aufgabe ein Qualitätsmanagement, in zunehmendem Maße als „Total Quality Management" verstanden, in das alle MitarbeiterInnen eingebunden sind. Da die Qualität der „Produkte" einer Universität nur schwer in meßbaren Größen erfaßt werden kann, tritt an deren Stelle die qualitative Evaluierung.

Die Evaluierung dient in gleicher Weise zur Dokumentierung qualitativ hochstehender Leistungen wie zum Aufzeigen von Qualitätsmängeln. Solche Mängel können durchaus auch in der Ausstattung, z.B. der Vortragssäle oder der Übungsräume, bestehen, und die Evaluierungsergebnisse können den

Lehrenden helfen, auf Mißstände aufmerksam zu machen und ihre Beseitigung anzustreben.

Vor allem aber ist das Feedback für die Lehrenden von unschätzbarem Wert, die damit die Wirkung der von ihnen angewandten Methoden überprüfen können.

Durch eine gut durchdachte und professionell vorbereitete Evaluierung wird die Technische Universität Graz die Qualität ihrer Dienstleistungen absichern und kontinuierlich verbessern.

5. Die Autonomie muß erweitert werden

Mit der Einführung des Universitäts-Organisations-Gesetzes 1993 (UOG 93) wurde ein erster großer Schritt in Richtung Autonomie der Universitäten getan.

Der Rektor bzw. die Rektorin vertritt die Universität nach außen und leitet sie. Er bzw. sie hat eine eingeschränkte Budget- und Personalhoheit insofern, als die Zuteilung des mit dem Bundesministerium ausgehandelten Budgets an die Fakultäten und letztlich an die Institute in ihrer Entscheidung liegt. Die Berufungsverhandlungen mit neu zu berufenden Professoren und Professorinnen und die Einstellung von Vertragsbediensteten, im Rahmen des Personalplanes und der verfügbaren Planstellen, sind nunmehr ebenfalls dem Rektor bzw. der Rektorin zugeteilt.

Ebenso erhalten die Dekane mehr Verantwortung für Budget und Personal ihrer Fakultät wie die Institutsvorstände im Rahmen ihrer Institute. Neu ist die Einrichtung der Studiendekane, welchen die Verantwortung für die Lehre obliegt.

Ein ganz wichtiger Schritt wurde auch im Universitäts-Studiengesetz getan. Es liegt nunmehr im Aufgabenbereich der Studienkommissionen, das Lehrangebot ihrer Studienrichtung zu definieren. Bei der Einführung sind Verwaltung, Wirtschaft und Industrie als Begutachter einzubinden.

Der Senat hat Richtlinienkompetenz und wesentliche Aufgaben als strategisches Organ. Seine Stellung ist durchaus mit dem Aufsichtsrat eines Unternehmens vergleichbar.

In der Praxis sind allerdings der Entscheidungsfreiheit der einzelnen Organe noch immer enge Grenzen gesetzt. So sind im Budget nach wie vor einzelne Ansätze für Personal, Sachmittel, Investitionen und externe Lehrbeauftragungen definiert, die jede für sich einzuhalten sind. Das Budget ist noch immer ein Jahresbudget, Überträge und Vorgriffe auf das Folgejahr sind auch in Teilansätzen nicht möglich.

Personalentscheidungen sind in mehrfacher Hinsicht eingeengt: Das Gesamtbudget ist ebenso einzuhalten wie die Zahl der Planstellen und die Definition der einzelnen Planstellen. Es ist also nicht ohne weiteres möglich, Änderungen vorzunehmen, wenn der Aufgabenbereich es erfordert.

Zur Zeit gibt es Bemühungen, die Autonomie wesentlich zu erweitern.

Die Bindungen an die Industrie werden enger: Beispiel Schwingprüfstand (Foto: T. Groß, TU Graz)

Gedacht ist an Mehrjahresbudgets, „echte" Gesamtbudgets und Personalhoheit im Bereich der Vertragsbediensteten. Dieser nächste Schritt wird sicherlich wesentlich zu einer besseren Steuerung und effizienteren Gebarung in den Universitäten beitragen.

6. Die Bindungen an die Industrie werden enger

Für eine Technische Universität ist die enge Zusammenarbeit mit Wirtschaft und Industrie von außerordentlicher Bedeutung – besteht doch die Notwendigkeit, den Studierenden den jeweils neuesten Stand der Technik nahezubringen und sie frühzeitig an die Anforderungen der Praxis heranzuführen. Dies ist am besten durch gemeinsame Projekte zu realisieren, die in der Form von Forschungsaufträgen, Dissertationen oder Diplomarbeiten ihren Niederschlag finden.

Keineswegs ein Nebeneffekt ist dabei die finanzielle Seite. Im Rahmen der sogenannten Teilrechtsfähigkeit arbeitet ein Institut wie eine Privatfirma und kann durch solche Projekte Drittmittel einwerben. Diese Drittmittel erlauben es dem Institut, zusätzlich zu seinem Stammpersonal MitarbeiterInnen auf privatrechtlicher Basis anzustellen. Soweit bei diesen Projekten Einrichtungen oder Personal der Universität eingesetzt werden, sind die der Universität entstandenen Kosten zu ersetzen. Der teilweise Rückzug des Staates aus der Finanzierung der Universitäten gibt diesen Drittmitteleinnahmen eine besondere Bedeutung. Viele wissenschaftliche Einrichtungen können nur auf Grund solcher Projekte angeschafft werden, die dann wiederum der Lehre und der universitären Forschung zugute kommen.

Interessanterweise findet dieser Gedanke gerade bei einer Gruppe von Studierenden keineswegs Gegenliebe. Dahinter steht die Befürchtung, daß durch Aufträge aus der Industrie die Lehre und die Kommunikation mit den Studierenden leiden könnte. Wenngleich dies in Einzelfällen zutreffen mag, so steht die generelle Ablehnung einer Beziehung zur Industrie für eine Technische Universität im Gegensatz zu den Zielen der akademischen Forschung und Lehre.

Weltweit bahnt sich vielmehr eine neue Art der Zusammenarbeit an. In extremen Fällen haben Unternehmen gar keine eigene Forschungsabteilung aufgebaut, sondern diese unter Einbindung des dort vorhandenen Potentials in eine Universität verlegt.

Solche Projekte werden in der jüngsten Zeit von der Technischen Universität Graz zielstrebig verfolgt. Die Zusammenarbeit bei der Einrichtung des Schwingprüfstandes (mit Siemens-SGP Verkehrstechnik), des Akustik-Kompetenzzentrums im Rahmen des Automobilclusters Styria (mit AVL List GmbH und Steyr-Daimler-Puch Fahrzeugtechnik AG&Co KG) sowie bei der Errichtung eines Bautechnikzentrums (für Bauphysik, Holzbau, Baustoffprüfung und Erdwissenschaften) können hier als aktuelle Beispiele erwähnt werden.

Die Technische Universität Graz wird auf solche Weise unmittelbar mit den Zukunftsfragen der Industrie konfrontiert und in deren Lösungssuche eingebunden; der sogenannte und vielbeschworene Technologietransfer von Forschung zu Entwicklung und Anwendung findet in diesen Strukturen auf überzeugende Weise statt.

Darüber hinaus verfügt die Technische Universität Graz über eine eigene Einrichtung, die aktiv insbesondere auch auf Klein- und Mittelbetriebe zugeht, um mit ihnen mögliche Forschungskooperationen anzubahnen. Damit sollen – in Abstimmung mit den entsprechenden Stellen in Land und Stadt sowie anderen öffentlichen Einrichtungen – auch Neugründungen von innovativen Unternehmungen unterstützt werden.

7. Neubauten: Konzentration auf drei Standorte

Eine Konzentration in den Dienstleistungen sollte durch eine Konzentration bei den Ressourcen unterstützt werden. Insbesondere gilt dies auch für die weitere Entwicklung der Infrastruktur der *Technik in Graz*.

Die bereits bestehenden drei Standorte – Alte Technik, Neue Technik und Inffeldgründe – werden weiter entwickelt. Im Innenhof des Gebäudes Rechbauerstraße 12 wurde ein ansprechendes Foyer, ein Mehrzweckraum sowie ein dringend notwendiger Hörsaal eingebaut.

Im Bereich der Neuen Technik (Kopernikusgasse/Brockmanngasse/Stremayrgasse) liegt eine entsprechende Studie zur Weiterentwicklung vor und wartet auf ihre Realisierung. Damit sollte diesem Stadtteil von Graz ein neues und zeitgemäßes Gepräge gegeben werden.

Die Weiterentwicklung des Standortes auf den Inffeldgründen führt dazu, daß hier in Zukunft die größten Objekte der *Technik in Graz* angesiedelt sein werden. Dringend nötige Infrastruktur wird durch den lange geplanten Bau des Studienzentrums geschaffen, in dem neben studentischen Arbeitsplätzen auch eine Bibliothek und eine Mensa untergebracht werden soll. Darüber hinaus werden dort auch Institute der Technischen Universität wie der Universität für Musik und Darstellende Kunst Platz finden und damit in beispielgebender Weise zur effektiven Nutzung von Ressourcen beitragen.

Wichtige Infrastruktureinrichtungen, wie Hörsäle, Mensa, studentische Arbeitsplätze und einschlägige Bibliotheken, sind an allen drei Standorten vorhanden. Die räumliche Konzentration auf drei Standorte wird sowohl den Studierenden ihre Zeiteinteilung erleichtern als auch die Zusammenarbeit der Institute untereinander fördern. Moderne, zweckentsprechende und formschöne Architektur der neuen Gebäude werden der Erzherzog Johann Universität ein zukunftsweisendes, innovatives Gepräge geben. Ihr Motto – Aus Tradition für Innovation – wird auch an den Gebäuden, von der „Alten Technik" in der Rechbauerstraße bis zum modernen Studienzentrum in der Inffeldgasse, für jeden Besucher deutlich erkennbar sein.

8. Neue Medien für neue Aufgaben

Selbstverständlich nutzt die Technische Universität Graz alle Möglichkeiten neuer Medien. Sie ist im Internet präsent, der Studienplan ist dort abrufbar, und wichtige Informationen sind zu erhalten.

Die räumliche Verteilung der Universitäten in Graz und die drei in der Stadt verteilten Standorte der Technischen Universität Graz lassen einen geschlossenen Campus nicht zu, wie er in den anglo-amerikanischen Universitäten die Regel ist. Dieser Nachteil wurde in Graz mit Hilfe der EDV überwunden. Über Glasfaserkabel sind nicht nur die Universitäten, sondern auch die Heime für die Studierenden vernetzt. Im Sinne eines „virtuellen Campus" hat jeder Platz im Studentenheim Zugang zum Server der Technischen Universität Graz und damit zum Internet und zu allen Diensten des zentralen Informatikdienstes.

Zur Aufbereitung und Präsentation der Informationen über die Technische Universität Graz dient das TUG online, das laufend durch neue Servi-

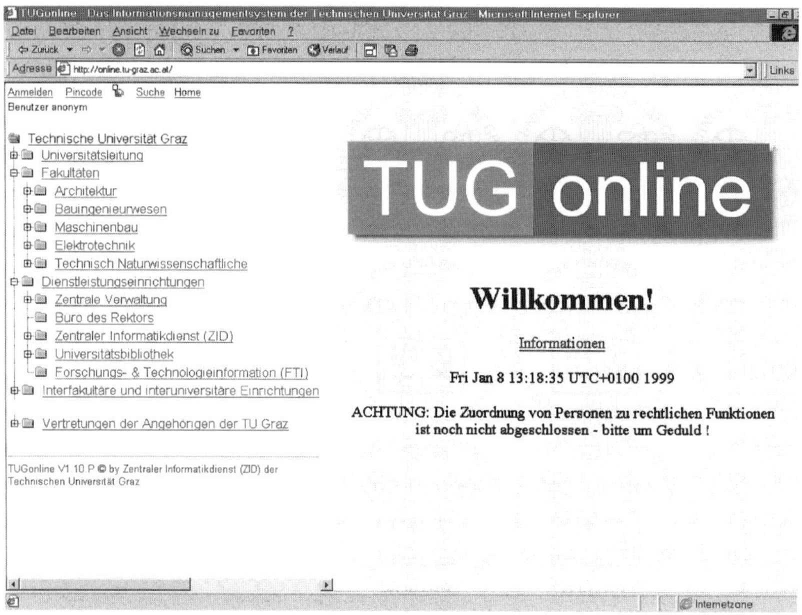

TUG online zur aktuellen Information über die Technik in Graz

celeistungen ergänzt wird. Es stellt zugleich Informationen für Studierende und Außenstehende und Managementinformationen für die Universitätsleitung bereit.

TUG online bietet Informationen über die einzelnen Institute, „Visitenkarten" der wissenschaftlichen Bediensteten und der UniversitätslehrerInnen, Studienpläne, Rauminformationen, Informationen über Diplomarbeiten und Doktorarbeiten und über laufende und abgeschlossene Forschungsarbeiten an der *Technik in Graz.*

Der Bibliotheksverbund der österreichischen Universitäten wird über das Programmpaket ALEPH realisiert. Innerhalb der Technischen Universität Graz sind die räumlich verteilten Fachbibliotheken und die Standorte an den Instituten ebenfalls über die Möglichkeiten von ALEPH vernetzt. Das Programm organisiert auch die elektronische Ausleihe und die Fernleihe.

Die Zukunft wird eine verstärkte Anwendung der EDV, insbesondere eine Nutzung der Möglichkeiten des an der *Technik in Graz* entwickelten HYPERWAVE, im Bereich des Fernstudiums bringen. Auch im Bereich des regulären Studienbetriebes findet die Anwendung multimedialer Bausteine zunehmend Eingang.

9. Internationale Präsenz verstärken

Schon in der Vergangenheit war die internationale Ausstrahlung der *Technik in Graz* recht beachtlich; dies soll in Zukunft noch verstärkt werden.

Die europäischen Austauschprogramme für Studierende und WissenschaftlerInnen finden regen Zuspruch, der sich von Jahr zu Jahr erhöht. Die Grenzen sind nur durch die verfügbaren Mittel und durch den Umstand gezogen, daß alle diese Programme auf eine Ausgewogenheit zwischen Outgoings und Incomings hinzielen.

Hier wirken sich drei Umstände hemmend aus: Während alle unsere Studierenden und WissenschaftlerInnen begierig sind, fremde Sprachen, insbesondere Englisch, durch einen Aufenthalt in den entsprechenden Ländern zu perfektionieren, hält sich der Wunsch fremdsprachiger Studierender in Grenzen, Deutsch zu lernen.

Dazu kommt, daß die Mehrzahl der Universitäten in der Welt dem angloamerikanischen Studiensystem verpflichtet ist und dem Studiensystem im deutschsprachigen Raum skeptisch gegenübersteht. Zwar haben die Bemühungen des European-Credit-Transfer-Systems (ECTS), an dem die Technische Universität Graz maßgeblich als Pilotuniversität mitgewirkt hat, den Vergleich von Lehrveranstaltungen in unterschiedlichen Ländern erleichtert. Sie bringen eine erhebliche Verbesserung, lösen aber das Problem nicht vollständig. Die differenzierte Gewichtung von Grundlagenfächern und praxisorientierten Fächern macht es nicht immer leicht, in einem bestimmten Studienjahr eine geeignete Fächerkombination zu erreichen.

Als dritte Hemmschwelle für ausländische Studierende und WissenschaftlerInnen besteht noch immer die Tatsache, daß Graz ein vergleichsweise wenig bekannter Ort auf der Landkarte ist. Die Bemühungen der Stadt und der Universitäten zeigen jedoch schon schöne Früchte. Graz als Standort mit zukunftsweisender Lehre und Forschung erlangt gerade durch den internationalen Austausch im universitären Bereich immer mehr Beachtung.

Darüber hinaus gibt es eine Reihe, teilweise sehr fruchtbarer Kooperationen mit Universitäten auf der ganzen Welt. Die globale Orientierung stellt keine moderne Worthülse, sondern ein höchst aktuelles Anliegen der *Technik in Graz* dar.

Auf dem Weg ins 21. Jahrhundert

Die Universitäten stehen heute, wie schon oft in ihrer Geschichte, im Kreuzfeuer kritischer Anfechtungen. Die Universitäten dürfen nicht achtlos mit dieser Kritik umgehen, sie müssen sich ihr stellen und alles unternehmen, um bestehende Zustände noch zu verbessern. Dies trifft auch für die Technische Universität Graz in ganz besonderer Weise zu. In einer Zeit, in der Veränderungen schneller als früher eintreten und beinahe täglich neue Herausforderungen auf die Universitäten zukommen, steht die *Technik in Graz*, wie sie liebevoll von den Angehörigen, den Studierenden und den Einwohnern von Graz genannt wird, fest in ihrer großen, fast zweihundert Jahre umfassenden Tradition. Auf diesem festen Grund werden jene Innovationen entwickelt, die nötig sind, um den Herausforderungen der Zeit zu entsprechen. Den Feststellungen über „die Universitäten in der Krise" kann somit für die Technische Universität Graz ein Ansatz zur „Uni-innovativ" gegenüberge-

Die Unis in der Krise? (Cartoon von J. Stosiek)

Auf dem Weg zur UNI-INNOVATIV (Cartoon von J. Stosiek)

stellt werden. Die Beispiele aus der jüngsten Zeit sprechen für sich: die Implementierung des UOG 93, die erstmalige Wahl einer Persönlichkeit von außerhalb der Universität zum Rektor, die Einführung der Evaluierung, die Gliederung von Studienplänen in drei Studienabschnitte mit der Möglichkeit des Erwerbes eines Bacchalaureates. Auch die neuen Wege einer intensiven Kooperation mit der Industrie weisen die Technische Universität als kundenorientierten Dienstleister aus.

Noch stehen wichtige Aufgaben vor uns. Viele unserer Studierenden sind bereits im Berufsleben tätig und verlangen ein Studienangebot, das ihnen die zeitliche Kombination von Arbeit und Studium ermöglicht. Die rasche Entwicklung der Technologie erfordert ein Weiterbildungsangebot für unsere AbsolventInnen und für die in der Praxis stehenden IngenieurInnen. In beiden Fällen wird die Einführung eines Fernstudiums notwendig. Mit den bereits entwickelten Ideen sollte es für die *Technik in Graz* keine Schwierigkeiten bereiten, auch für Fernstudien innovative Wege zu beschreiten.

Die Technische Universität Graz hat zusammen mit den anderen Universitäten in Graz bzw. Leoben sowie den Fachhochschul-Studiengängen an diesem Standort günstige Voraussetzungen für die zukünftige Entwicklung. Die

Zusammenarbeit unter den Universitäten ist stark ausgeprägt und führt zu einer Reihe von gemeinsamen Aktivitäten in der Form von Studienangeboten und Spezialforschungsbereichen. Die abgestimmte Nutzung von verfügbaren Ressourcen – von gemeinsamen Studienrichtungen über die Ansiedlung des Institutes für elektronische Musik im neuen Gebäude in den Inffeldgründen bis hin zum Universitätssportinstitut – sind Ausdruck dieser grundsätzlichen Einstellung.

Graz besitzt als einzige Landeshauptstadt außerhalb von Wien die Möglichkeit einer breit gestreuten universitären Ausbildung.

Auch die Zusammenarbeit mit den Verantwortungsträgern in der Stadt Graz, im Land Steiermark und den Bundesstellen ist überaus positiv und von einem konstruktiven Klima geprägt. Bei aller Knappheit der verfügbaren Ressourcen ist es immer noch möglich gewesen, wichtige Vorhaben in Forschung und Lehre auch finanziell entsprechend zu bedecken.

In diesem Sinn kann durchaus festgestellt werden, daß die Technische Universität, und mit ihr wohl alle Universitäten in Graz, stolz auf ihren Standort sind. Gleichzeitig kann aber auch festgehalten werden, daß Graz, die Steiermark, ja Österreich, stolz sein können auf ihre Universitäten.
Im Rückblick auf die große Vergangenheit und unter Hinweis auf die aktuelle Situation behält eine Formulierung Gültigkeit, die Erzherzog Johann in seiner ihm eigenen Sprache im Jahre 1811 prägte: „Man ist auf der Welt, um zu forschen, sich auszubilden und zu nutzen." In diesem joanneischen Geist kann die *Technik in Graz* voll Zuversicht auf das 21. Jahrhundert zugehen.

Literaturhinweise:

KILLMANN, Irolt: Universität im Wettbewerb, in: Akademische Reden an der Technischen Universität Graz, Bd. 2, Graz 1997, S. 3–18

KILLMANN, Irolt: Qualifiziert für Europa – Qualifiziert für die Welt?, in: Akademische Reden an der Technischen Universität Graz, Bd. 2, Graz 1997, S. 19–31

OBERHOFER, A.F.; WOHINZ, J.W.; KROPIUNIG, J.: Innovatives UNI-Management, Eine Orientierung, Wien 1997

WOHINZ, Josef W.: Tradition und Innovation, in: Akademische Reden an der Technischen Universität Graz, Bd. 1, Graz 1996

WOHINZ, Josef W.: Innovation als Gründungsauftrag, in: Technische Universität Graz (Hg.): Bericht 1993–1996, Graz 1996

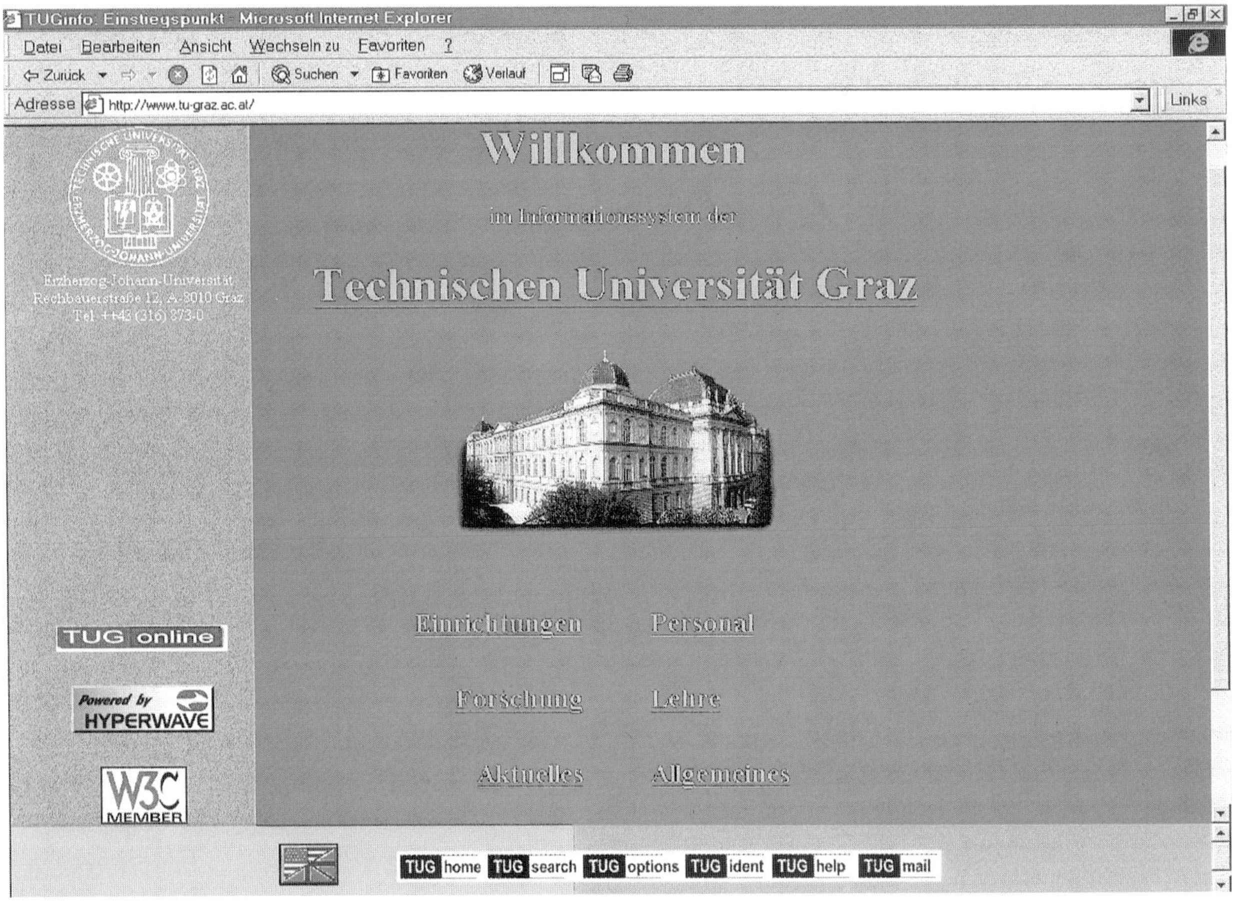

Willkommen an der Technischen Universität Graz!

Direktoren bzw. Rektoren

Von 1827 bis 1999

Ernannte Direktoren

1827–61 **Crophius** Edler von **Kaiserssieg** Ludwig, Abt zu Rein
1862–65 **Dr. Göth** Georg

Gewählte Direktoren

1865/66 **Gabriely** Adolf von, Professor der Ingenieurwissenschaft
1866/67 **Hlawatschek** Franz, Professor des Maschinenbaues
1867/68 **Dr. Gottlieb** Johann, Professor der Chemie
1868/69 **Dr. Bill** Georg, Professor der Botanik
1869/70 **Wastler** Josef, Professor der praktischen Geometrie, des Situations- und topographischen Zeichnens
1870/71 **Lippich** Ferdinand, Professor der theoretischen und angewandten Statik und Mechanik
1871/72 **Pöschl** Jakob, Professor der Experimental- und technischen Physik

Gewählte Rektoren

1872/73 **Scheidtenberger** Carl, Professor der Ingenieur-Wissenschaften
1873/74 **Dr. Wilhelm** Gustav, Professor der Landwirthschaft
1874/75 **Dr. Gottlieb** Johann, k. k. ö. o. Professor der Chemie
1875/76 **Dr. Allé** Moriz, k. k. ö. o. Professor der höhern Mathematik
1876/77 **Dr. Schwarz** Heinrich, k. k. ö. o. Professor der chemischen Technologie
1877/78 **Stark** Franz, k. k. ö. o. Professor der Mechanik und theoretischen Maschinenlehre
1878/79 **Scheidtenberger** Carl, k. k. Regierungsrath und ö. o. Professor des Strassen- und Eisenbahnbaues
1879/80 **Heyne** Wilhelm, k. k. ö. o. Professor des Wasserbaues
1880/81 **Gabriely** Adolf von, k. k. ö. o. Professor des Brückenbaues
1881/82 **Hlawatschek** Franz, k. k. ö. o. Professor des Maschinenbaues
1882/83 **Wastler** Josef, k. k. ö. o. Professor der Geodäsie und sphärischen Astronomie
1883/84 **Schmirger** Johann, k. k. ö. o. Professor für Forstwirtschaft
1884/85 **Dr. Wilhelm** Gustav, k. k. ö. o. Professor für Landwirtschaft
1885/86 **Dr. Mertens** Franz, k. k. Regierungsrath, ö. o. Professor für Mathematik
1886/87 **Rumpf** Johann, k. k. ö. o. Professor für Mineralogie, Geologie und Baumaterialienlehre
1887/88 **Hlawatschek** Franz, k. k. ö. Professor des Maschinenbaues
1888/89 **Heyne** Wilhelm, k. k. ö. ö. Professor des Wasserbaues
1889/90 **Gabriely** Adolf von, k. k. Reg.-Rath, o. ö. Professor des Brückenbaues
1890/91 **Wastler** Josef, k. k. Reg.-Rath, Professor der praktischen Geometrie und der höheren Geodäsie
1891/92 **Wilhelm** Gustav, Doctor der Philosophie, Ritter des Franz Josef-Ordens, Professor der Landwirthschaft
1892/93 **Heyne** Wilhelm, k. k. Regierungsrath, Professor des Wasserbaues
1893/94 **Ettingshausen** Albert von, Doctor der Philosophie, Professor für Physik
1894/95 **Bartl** Josef, Professor der Maschinenkunde etc.
1895/96 **Kraft** Maximilian von, Professor der mechanischen Technologie etc.
1896/97 **Forchheimer** Philipp, Dr., Professor des Wasserbaues

1897/98 Wastler Josef, k. k. Reg.-Rath, Professor der Geodäsie und Geschichte der Architektur
1898/99 Peithner Freiherr von Lichtenfels Oscar, Doctor der Philosophie, Professor der Mathematik
1899/1900 Emich Friedrich, Professor für reine und analytische Chemie
1900/01 Cecerle Josef, Professor für Brückenbau
1901/02 Wist Johann, Ritter des Ordens der Eisernen Krone III. Classe, Architekt, ord. Professor für Hochbau und Hochbaukunde
1902/03 Reinitzer Benjamin, Doktor der Philosophie der Universität Zürich, ord. Prof. für anorganisch-chemische Technologie, analytische Chemie und Enzyklopädie der Chemie
1903/04 Klingatsch Adolf, dipl. Ingenieur, ord. Prof. für Geodäsie und sphärische Astronomie sowie für Katasterwesen und Meßgesetze
1904/05 Schüßler Rudolf, Doktor der Philosophie, ord. Prof. für darstellende Geometrie
1905/06 Bendl Ernest, ord. Prof. für Maschinenbau
1906/07 Krauss Heinrich, ord. Prof. für mechanische Technologie
1907/08 Emich Friedrich, ord. Prof. für Chemie
1908/09 Emich Friedrich, ord. Prof. für Chemie
1909/10 Reinitzer Friedrich, ord. Prof. der Botanik, Warenkunde und technischen Mikroskopie
1910/11 Wist Johann, Architekt, ord. Prof. des Hochbaues und der Hochbaukunde, k. k. Hofrat, Ritter des Ordens der Eisernen Krone III. Klasse
1911/12 Wittenbauer Ferdinand, diplom. Ingenieur, ordentl. Professor der allgemeinen und technischen Mechanik
1912/13 Ettingshausen Albert von, Doktor der Philosophie, ord. Prof. der Physik und Elektrotechnik, k. k. Hofrat, Ritter des Ordens der Eisernen Krone III. Klasse
1913/14 Peithner Freiherr von Lichtenfels Oskar, Doktor der Philosophie, ord. Prof. der Mathematik
1914/15 Peithner Freiherr von Lichtenfels Oskar, Doktor der Philosophie, ord. Prof. der Mathematik
1915/16 Klingatsch Adolf, diplom. Ingenieur, ord. Prof. der Geodäsie und sphärischen Astronomie sowie für Katastervermessung
1916/17 Postuvanschitz Fritz, Doktor der technischen Wissenschaften, ord. Prof. der Baumechanik (Baustatik)
1917/18 Drobny Franz, Architekt, ord. Prof. der Hochbaukonstruktionen und Baumaterialienlehre, k. k. Oberbaurat, Besitzer des Goldenen Verdienstkreuzes mit der Krone
1918/19 Schüssler Rudolf, Doktor der Philosophie, ord. Prof. der darstellenden Geometrie
1919/20 Paul Hans, ord. Prof. des Wasserbaues
1920/21 Emich Friedrich, ord. Prof. der Chemie, Hofrat, R. d. O. d. Eis. Krone III. Kl.
1921/22 Heyn Wilhelm, Dr. Ing., ord. Prof. des Maschinenbaues (Maschinenelemente II und Getriebelehre, Theorie und Bau der Lastfördermaschinen)
1922/23 Paul Hans, ord. Prof. des Wasserbaues
1923/24 Kohlrausch Fritz, Dr. phil., Prof. der Physik
1924/25 Tornquist Alexander, Dr. phil., ord. Prof. der Mineralogie und Geologie, Hofrat
1925/26 Tornquist Alexander, Dr. phil., ord. Prof. der Mineralogie und Geologie, Hofrat
1926/27 Koller Karl, Ing., ord. Prof. der Elektrotechnik
1927/28 Kapsch Georg, Ehrendoktor der Technischen Hochschule Stuttgart, ord. Prof. des Brückenbaues
1928/29 Federhofer Karl, Dr. techn., ord. Prof. für Mechanik
1929/30 Fuhrmann Franz, Dr. phil., ord. Prof. für Biochemie und Mikrobiologie
1930/31 Hoffmann Karl, Ing., beh. autor. Zivilarchitekt, ord. Prof. der Gebäudelehre mit dem Lehrauftrag für Städtebau

1931/32 **Bortsch** Robert, Dr. techn., Oberbaurat, ord. Prof. für Eisenbetonbau und für Beton- und Steinbrückenbau
1932/33 **Engel** Robert, Ing., Oberbaurat, ord. Prof. des Maschinenbaues
1933/34 **Jantsch** Gustav, Dr. phil., ord. Prof. für anorganisch-chemische Technologie und analytische Chemie
1934/35 **Jantsch** Gustav, Dr. phil., ord. Prof. für anorganisch-chemische Technologie und analytische Chemie
1935/36 **Paul** Hans, Ing., ord. Prof. des Wasserbaues
1936/37 **Zotter** Friedrich, Dr. techn., Arch., Ing., ord. Prof. für Baukunst
1937/38 **Zotter** Friedrich, Dr. techn., Arch., Ing., ord. Prof. für Baukunst (bis 26.3.1938)
1938/39 **Härtel** Adolf, Dr. techn., o. Prof. für mechanische Technologie und Werkzeugmaschinen (provisorisch bzw. ernannt ab 1.11.1938)
1939/40 **Härtel** Adolf, Dr. techn., o. Prof. für mechanische Technologie und Werkzeugmaschinen
1940/41 **Härtel** Adolf, Dr. techn., o. Prof. für mechanische Technologie und Werkzeugmaschinen
1941/42 **Härtel** Adolf, Dr. techn., o. Prof. für mechanische Technologie und Werkzeugmaschinen
1942/43 **Härtel** Adolf, Dr. techn., o. Prof. für mechanische Technologie und Werkzeugmaschinen
1943/44 **Härtel** Adolf, Dr. techn., o. Prof. für mechanische Technologie und Werkzeugmaschinen (bis 1.11.1944)
1944/45 **Schoklitsch** Armin, Dr. techn., Dr. Ing. h.c., o. Prof. für Wasserbau (ernannt ab 1.11.1944 bis 12.5.1945)
Holzer Ludwig, Dr. phil. sub ausp. imp., ao. Prof. für Mathematik (stellvertretend ab 12.5.1945 bis 24.5.1945)
1945/46 **Granigg** Bartel, Dr. mont. und Dr. és. sc. phys., o. Prof. für Mineralogie und technische Geologie (provisorisch ab 24.5.1945 bis 20.12.1945)
Baule Bernhard, Dr. phil., ord. Prof. der Mathematik (provisorisch ab 21.12.1945)
1946/47 **Baule** Bernhard, Dr. phil., ord. Prof. der Mathematik
1947/48 **Baule** Bernhard, Dr. phil., ord. Prof. der Mathematik
1948/49 **Zotter** Friedrich, Dr. techn., Architekt, o. Prof. für Baukunst und Entwerfen
1949/50 **Pendl** Alois, Ing., Dr. techn., o. Professor für Straßen-, Eisenbahn- und Tunnelbau
1950/51 **Pendl** Alois, Ing., Dr. techn., o. Professor für Straßen-, Eisenbahn- und Tunnelbau
1951/52 **Niedermayer** Egon, Dipl.-Ing. Dr. techn., o. Prof. für Strömungsmaschinen, Regulierung und Kraftfahrzeugbau
1952/53 **Lorenz** Karl Raimund, Dipl.-Ing., Arch., o. ö. Prof. für Gebäudelehre und Entwerfen
1953/54 **Hüttig** Gustav, Dipl.-Ing. Dr. techn., o. Prof. für Anorganische und Physikalische Chemie
1954/55 **Grengg** Hermann, Dipl.-Ing. Dr. techn., o. ö. Prof. für Wasserbau und Grundbau
1955/56 **Oberdorfer** Günther, Dipl.-Ing. Dr. techn., o. Prof. für Bau und Betrieb elektrischer Anlagen
1956/57 **Baule** Bernhard, Dr. phil., o. Prof. für Mathematik
1957/58 **Friedrich** Erich, Dipl.-Ing. Dr. techn., o. Prof. für Massivbau und Bodenmechanik
1958/59 **Hohenberg** Fritz, Dr. phil., o. Prof. für Geometrie
1959/60 **Gorbach** Georg, Dipl.-Ing. Dr. techn., o. Prof. für Biochemische Technologie und Lebensmittelchemie
1960/61 **Beer** Hermann, Dipl.-Ing. Dr. techn., o. Prof. für Stahlbau, Holzbau und Flächentragwerke
1961/62 **Beer** Hermann, Dipl.-Ing. Dr. techn., o. Prof. für Stahlbau, Holzbau und Flächentragwerke
1962/63 **Pietsch** Max, Dipl.-Ing., Dr. rer. pol., o. Prof. für Betriebswirtschaftslehre und Betriebssoziologie
1963/64 **Grubitsch** Heribert, Dipl.-Ing. Dr. techn., o. Prof. für Anorganisch-chemische Technologie und Analytische Chemie
1964/65 **Gottwald** Günther, Dipl.-Ing., Architekt, o. Hochschulprof. für Hochbau und Entwerfen
1965/66 **Peter** Klaudy, Dipl.-Ing. Dr. techn, o. Hochschulprof. für Grundlagen der Elektrotechnik und Theoretische Elektrotechnik

1966/67 **Grubitsch** Heribert, Dipl.-Ing. Dr. techn., o. Hochschulprof. für Anorganisch-chemische Technologie und Analytische Chemie

1967/68 **Sattler** Konrad, Dipl.-Ing. Dr. techn., Dr. techn. h. c., o. Hochschulprof. für Baustatik

1968/69 **Pischinger** Anton, Dipl.-Ing. Dr. techn., o. Hochschulprof. für Verbrennungskraftmaschinen und Thermodynamik

1969/70 **Hahn** Wolfgang, Dr. phil., o. Hochschulprof. für Mathematik

1970/71 **Rinner** Karl, Dipl.-Ing. Dr. techn., o. Hochschulprof. für Geodäsie

1971/72 **Rinner** Karl, Dipl.-Ing. Dr. techn., o. Hochschulprof. für Geodäsie

1972/73 **Musyl** Robert, Dipl.-Ing. Dr. techn., o. Hochschulprof. für Werkzeugmaschinen und Fertigungstechnik

1973/74 **Florian** Helmut, Mag. rer. nat. Dr. phil., o. Hochschulprof. für angewandte Mathematik und Informationsverarbeitung

1974/75 **Simmler** Helmut, Dipl.-Ing. Dr. techn., o. Hochschulprof. für Wasserwirtschaft und konstruktiven Wasserbau

1975/76 **Riedler** Willibald, Dipl.-Ing. Dr. techn., Dr. phil., o. Univ. Prof. für Nachrichtentechnik und Wellenausbreitung

1976/77 **Riedler** Willibald, Dipl.-Ing. Dr. techn., Dr. phil., o. Univ.-Prof. für Nachrichtentechnik und Wellenausbreitung

1977/78 **Breitenhuber** Ludwig, Dr. phil., o. Univ.-Prof. für Kernphysik

1978/79 **Breitenhuber** Ludwig, Dr. phil., o. Univ.-Prof. für Kernphysik

1979/80 **Hollomey** Werner, Dipl.-Ing., Architekt, o. Univ.-Prof. für Hochbau und Entwerfen

1980/81 **Hollomey** Werner, Dipl.-Ing., Architekt, o. Univ.-Prof. für Hochbau und Entwerfen

1981/82 **Veit** Walter, Dipl.-Ing. Dr. techn., o. Univ.-Prof. für Betriebswirtschaftslehre und Betriebssoziologie

1982/83 **Veit** Walter, Dipl.-Ing. Dr. techn., o. Univ.-Prof. für Betriebswirtschaftslehre und Betriebssoziologie

1983/84 **Schuy** Stefan, Dipl.-Ing. Dr. techn., o. Univ.-Prof. für Elektro- und biomedizinische Technik

1984/85 **Schuy** Stefan, Dipl.-Ing. Dr. techn., o. Univ.-Prof. für Elektro- und biomedizinische Technik

1985/86 **Domiaty**, Rudolf Zuheir, Dr. phil., o. Univ.-Prof. für Mathematik

1986/87 **Domiaty**, Rudolf Zuheir, Dr. phil., o. Univ.-Prof. für Mathematik

1987/88 **Haberfellner** Reinhard, Dipl.-Ing. Dr. sc. techn., o. Univ.-Prof. für Unternehmensführung

1988/89 **Haberfellner** Reinhard, Dipl.-Ing. Dr. sc. techn., o. Univ.-Prof. für Unternehmensführung

1989/90 **Schelling** Günther, Dipl.-Ing. Dr. techn., o. Univ.-Prof. für Angewandte Geodäsie und Photogrammetrie

1990/91 **Schelling** Günther, Dipl.-Ing. Dr. techn., o. Univ.-Prof. für Angewandte Geodäsie und Photogrammetrie

1991/92 **Kahlert** Hartmut, Dr. phil., o. Univ.-Prof. für Angewandte Physik

1992/93 **Kahlert** Hartmut, Dr. phil., o. Univ.-Prof. für Angewandte Physik

1993/94 **Wohinz** Josef W., Dipl.-Ing. Dr. techn., o. Univ.-Prof. für Industriebetriebslehre und Innovationsforschung

1994/95 **Wohinz** Josef W., Dipl.-Ing. Dr. techn., o. Univ.-Prof. für Industriebetriebslehre und Innovationsforschung

1995/96 **Wohinz** Josef W., Dipl.-Ing. Dr. techn., o. Univ.-Prof. für Industriebetriebslehre und Innovationsforschung

1996/97 **Killmann** Irolt, Dipl.-Ing. Dr. techn.

1997/98 **Killmann** Irolt, Dipl.-Ing. Dr. techn.

1998/99 **Killmann** Irolt, Dipl.-Ing. Dr. techn.

Nota:

K. k. ö. o. Prof. : Kaiserlich-königlicher öffentlicher ordentlicher Professor

Literaturverzeichnis

ACHLEITNER Friedrich, Österreichische Architektur im 20. Jahrhundert, Band II, Salzburg 1983

ALLMER, Franz: Das Studium des Vermessungswesens in Graz, 1811–1983, Mitteilungen der geodätischen Institute der Technischen Universität Graz, Folge 48, Graz 1984

ALLMER, Franz: Das erste Doktorat in der österreichischen k.u.k. Monarchie, in: Der Wirtschaftsingenieur, 25(1993)4, S. 18–21

AMT DER STEIERMÄRKISCHEN LANDESREGIERUNG, Landesbaudirektion, FA IVa: Architektur als Haltung, Eine Dokumentation anläßlich 125 Jahre Landesbaudirektion, Graz 1992

ARTOBOLEVSKI, Ivan I.: Théorie des Méchanismes et des Machines, 1975

ASCHOFF, Volker: Die elektrische Nachrichtentechnik im 19. Jahrhundert, in: Technikgeschichte, Bd. 34, 1967

BAST, Gerald: UOG 1993 (Universitäts-Organisationsgesetz), Wien 1998

BAUER, K.; GILLI, P.; HOHENBERG, F. u.a.: Wozu mehr und besser ausgebildete Diplomingenieure?, Graz 1967

BAUER, Otto: Kapitalismus und Sozialismus nach dem Weltkrieg, 1. Band: Rationalisierung – Fehlrationalisierung, Wien 1931, S. 166f.

BINDER, Dieter A.: Das Joanneum in Graz, Lehranstalt und Bildungsstätte. Ein Beitrag zur Entwicklung des technischen und naturwissenschaftlichen Unterrichts im 19. Jahrhundert, Band 12 der Publikationen aus dem Archiv der Universität Graz, Graz 1983

BINDER, Dieter A.: Der Weg der Studentenschaft in den Nationalsozialismus, in: Die Universität und 1938 (= Böhlaus zeitgeschichtliche Bibliothek, Bd. 11), Wien 1989

BLÄTTEL-MINK, Birgit: Innovation in der Wirtschaft, (Europäische Hochschulschriften, Reihe XXII, Band 258), Frankfurt/Main 1994, S. 85

BOUVIER, F.; NEUWIRTH, H.: Ingenieurkunst und Eisenarchitektur, in: Erz und Eisen in der Grünen Mark, Beiträge zum steirischen Eisenwesen, Katalog zur Landesausstellung 1984, Beitragsband, Graz 1984, S. 323ff.

BRANDL, Heinz: 100 Jahre Prof. Dr. Dr.h.c. mult. Karl v. Terzaghi, in: Mitteilungen für Grundbau, Bodenmechanik und Felsbau, Heft 2, Technische Universität Wien, 1983/84, S. 11–55

BROCKHAUS: Konversationslexikon: Der große Brockhaus, Jahrgang 1910, 1933

CERWINKA, Günter: Filia hospitalis. Studenten, Hochschule und „Kulturkampf“ im literarischen Werk Ferdinand Wittenbauers (1857–1922). Schriftenreihe des Steirischen Studentenhistoriker-Vereines 21, Graz 1993 (Mit einem Gesamtverzeichnis des literarischen Œuvres des Nachlasses und der Sekundärliteratur)

DEHIO: Handbuch Graz, hrsg. vom Institut für österreichische Kunstforschung des Bundesdenkmalamtes, bearbeitet von Horst Schweigert, Wien 1979

DEUTSCHE TECHNISCHE HOCHSCHULE IN PRAG (Hg.): Die k.k. Deutsche Technische Hochschule in Prag 1806–1906. Festschrift zur Hundertjahrfeier, Prag 1906

DIMITRIOU, Sokratis: Die Technische Universität Graz; in: 850 Jahre Graz 1128–1978. Festschrift, hrsg. von Wilhelm Steinböck, Graz–Wien–Köln 1978, S. 399–416

DUDEN: Das Fremdwörterbuch, Bd. 5, 2. Aufl., Mannheim–Wien–Zürich 1966

DUDEN: Das Fremdwörterbuch, Bd. 5, 3. Aufl., Mannheim–Wien–Zürich 1974

EDLINGER, Maria: Internationale Aktivitäten, in: Technische Universität Graz (Hg.): Bericht 1997/98, Graz 1998, S. 60–61

ENGEL, Robert: Ziele und Probleme des neueren Dampflokomotivenbaues. Inaugurationsrede, in: Bericht der TH Graz über die feierliche Inauguration für das Studienjahr 1932/33, Graz 1932, S. 13–31

ENGELBRECHT, Helmut: Geschichte des österreichischen Bildungswesens. Erziehung und Unterricht auf dem Boden Österreichs, Bd. 4, Wien 1986

ENGERTH, Wilhelm: Die Lokomotive der Staats-Eisenbahn über den Semmering, Wien 1854

ERICHSEN, Johannes; LAUFER, Ulrike (Hg.): Aufbruch ins Industriezeitalter, Band 4, Grimm, Claus (Hg.): Veröffentlichungen zur Bayerischen Geschichte und Kultur, Nr. 6/85, München 1985, S. 70

ERMACORA, Felix: Österreichisches Hochschulrecht, 2. Aufl., Wien 1972

ERMACORA, Felix, LANGEDER, Ewald, STRASSER, Rudolf: Österreichisches Hochschulrecht, Loseblattsammlung, Kapitel Organisation, Wien 1986

FEDERHOFER, Karl: Die Technische Hochule, in: Die Stadt Graz. Ihre kulturelle, bauliche, soziale und wirtschaftliche Entwicklung der letzten sechzig Jahre nebst kurzen geschichtlichen Rückblicken, hrsg. aus Anlaß der Achthundertjahrfeier, 1128–1928, Graz 1928

FINK, Gertrude: Profane Monumentalbauten des Historismus, in: Sokratis Dimitriou, Stadterweiterung von Graz, Graz 1979

FLECK, George: Richard Zsigmondy, in: Laylin, K. James (Ed.):

Nobel Laureates in Chemistry 1901– 1992, American Chemical Society and the Chemical Heritage Foundation 1993, S. 151–157

FORUM STADTPARK GRAZ, Referat für Architektur (Hg.): Standpunkte '94, Graz 1994

FREUNDLICH, H.: Richard Zsigmondy (1865–1929), in: Berichte der Deutschen Chemischen Gesellschaft 1930, S. 171–175

GABRIELY, A.V.: Vorgeschichte des Neubaues der k.k. technischen Hochschule, in: Festschrift zur Feier der Eröffnung des Neubaues der k.k. Technischen Hochschule in Graz am 12. Dezember 1888, Graz

GEBAUER, Rudolf: Zum Neubau der Physik-Institute der TH Graz, in: Studentenführer der Technischen Hochschule Graz, Studienjahr 1970/71

GICKLHORN, Josef und Renée: Die österreichischen Nobelpreisträger, Wien 1958, S. 77–82

GOMEZ; Peter: Wertmanagement. Vernetzte Strategien für Unternehmen im Wandel, Düsseldorf–Wien–New York–Moskau 1993

GÖTH, G.: Das Joanneum in Gratz, geschichtlich dargestellt zur Erinnerung an seine Gründung vor 50 Jahren, Gratz 1861

HARNONCOURT-UNVERZAGT, Franz: Ein Leben für die Erneuerung, in Koren, Johannes (Hg.): Erzherzog Johann und die Steiermark, S. 29–32

HÄRTEL, Adolf: Gedanken zur Neuordnung des Ausbildungsganges für Diplom-Ingenieure der Fachrichtung Maschinenbau, in: Papesch, Josef; Tepner, Wilfried v. (Hg.): Das Joanneum. Beiträge zur Naturkunde, Geschichte, Kunst und Wirtschaft des Ostalpenraumes, Bd. 4, Graz 1941, S. 99–108

HAUS DER ARCHITEKTUR (Hg.): Institute für Biochemie und Biotechnologie der Technischen Universität Graz, Szyszkowitz-Kowalski, Graz 1991 (Deutsch/ Englisch)

HAUS DER ARCHITEKTUR (Hg.): Technische Universität Graz, Erweiterungsbauten, Günter Domenig, Hermann Eisenköck, Graz 1995 (Deutsch/Englisch)

HEIGERTH, Günther: 100 Jahre Hermann Grengg – ein Anlaß zum Gedenken, in: Schriftenreihe zur Wasserwirtschaft, Bd. 1, Technische Universität Graz, Graz 1992

HEYNE, Wilhelm: Rede des antretenden Rectors, in: Die feierliche Eröffnung des Neubaues der k.k. Technischen Hochschule am 12. December 1888 und die Inauguration des Rectors für das Studienjahr 1888/89 am 13. December 1888, Graz 1888, S. 13–25

HILTI Aktiengesellschaft (Hg.): Martin Hilti, Zum 80. Geburtstag, Schaan 1995

HOHENBERG, Fritz: Die Technische Hochschule in Graz, in: Die Steiermark. Land, Leute, Leistung, hrsg. von der Steiermärkischen Landesregierung, Graz 1971, S. 764–774

HOHENBERG, Fritz: Aus der Geschichte der Technischen Universität Graz, in: Technische Universität Graz / Erzherzog-Johann-Universität: Geschichte, Lehr- und Forschungsaktivitäten (1982/83)

HÖLLBACHER, Klaus: Albert von Ettingshausen (1850–1932), Dissertation, Universität Graz, 1994

HORKY, J.: Denkschrift zu dem verfaßten Projekt für den Bau der technischen Hochschule in Graz, handschriftlicher Erläuterungsbericht, Bibliothek der TU Graz

ILWOF, Franz: Die Entwicklung der Technischen Hochschule von ihren Anfängen bis in die Gegenwart. Eine geschichtliche Skizze, in: Festschrift zur Jahrhundertfeier des Joanneums, 1911, S. 11–54

INNERHOFER, Albert; STAFFLER, Reinhold: Stählerne Stege, Der Seilbahnpionier Luis Zuegg, Bozen 1996

JARAUSCH, Konrad H.: Deutsche Studenten 1800–1970, Frankfurt a. M. 1984

JONTES, Lieselotte: Zur Entwicklung des montanistischen Unterrichtes in der Steiermark zur Zeit Erzherzog Johanns (1811–1864), in: Die Berg- und Hüttenmännische Ausbildung zur Zeit Erzherzog Johanns (1811–1849). Ausstellungskatalog, Leoben 1982, S. 1–33

KARNER, Stefan: Naturwissenschafter und Techniker im Umfeld Erzherzog Johanns, in: Erzherzog Johann von Österreich – Beiträge zur Geschichte seiner Zeit (herausgegeben von Grete Klingenstein unter Mitwirkung von Peter Cordes), Band 2, Landesausstellung Schloß Stainz, 1982, S. 231–245

KERNBAUER, Alois: Die Institutionalisierung der Physikalischen Chemie in Österreich um die Jahrhundertwende. Mit besonderer Berücksichtigung der Universität Graz, in: Mitteilungen der Österreichischen Gesellschaft für Geschichte der Naturwissenschaften 2 (1982), S. 75–89

KERNBAUER, Alois: Das Fach Chemie an der Philosophischen Fakultät der Universität Graz (= Publikationen aus dem Archiv der Universität Graz 17), Graz 1985

KERNBAUER, Alois: Svante Arrhenius' Beziehungen zu österreichischen Gelehrten. Briefe aus Österreich an Svante Arrhenius (1891–1926) (= Publikationen aus dem Archiv der Universität Graz 21), Graz 1988

KERNBAUER, Alois (Hg.): Der Grazer „Campus", Universitätsarchitektur aus vier Jahrhunderten, Graz 1995

KERNBAUER, Alois: Der lange Marsch zur „politischen Hochschule". Die Grazer Hohen Schulen in den ersten Jahren der nationalsozialistischen Herrschaft, in: Karner, Stefan (Hg.): Graz in der NS-Zeit 1938–1945, Graz 1998, S. 179–193

KILLMANN, Irolt: Qualifiziert für Europa – Qualifiziert für die Welt?, in: Akademische Reden an der Technischen Universität Graz, Bd. 2, Graz 1997, S. 19–31

KILLMANN, Irolt: Universität imWettbewerb, in: Akademische Reden an der Technischen Universität Graz, Bd. 2, Graz 1997, S. 3–18

KLASNIC, Waltraud: Förderer, Unternehmer und „Industriespion", in Koren, Johannes (Hg.): Erzherzog Johann und die Steiermark, S. 51–54

KLINGENSTEIN, Grete (Hg.) unter Mitwirkung von CORDES, Peter: Erzherzog Johann von Österreich – Beiträge zur Geschichte seiner Zeit, Band I: Landesausstellung 1982 – Katalog; Band II: Beiträge zur Geschichte seiner Zeit, Graz 1982

KLÖSCH, Christian; WEINGAND, Hans-Peter: Zur Lage der Studierenden in Graz im Jahr 1945, in: Historisches Jahrbuch der Stadt Graz, 25. Jg., 1994, S. 399–420

KLÖSCH, Christian; WEINGAND, Hans-Peter: Zur Lage der Studierenden in der Steiermark 1945–1955, in: Die „britische" Steiermark (= Forschungen zur geschichtlichen Landeskunde der Steiermark, Bd. 38/1995), S 467–499

KNIGHT, K.E.: A Descriptive Model of the Intra-Firm Innovation Process, in: JoB, 40(1967), S. 478–496

KOCKA, Jürgen, Arbeitsverhältnisse und Arbeiterexistenzen, Grundlagen der Klassenbildung im 19. Jahrhundert, Bonn 1990, S. 482f.

KOHLRAUSCH, Fritz: Technische Hochschule Graz, in: Die Deutschen Technischen Hochschulen, München 1941, S. 179–190

KOHLRAUSCH, Fritz: Technische Hochschule Graz, Sonderdruck, Graz, o.J.

KÖNIG, Wolfgang; WEBER, Wolfhart: Netzwerke Stahl und Strom 1840–1914 (= Propyläen Technikgeschichte), Frankfurt/M.–Berlin 1990

KOREN, Hanns: Erzherzog Johann und die Wissenschaft, in: Hanns Koren Gesamtausgabe, hrsg. von Koren, Johannes, Erster Band: Reden, Graz 1996, S. 570–577

KOREN, Hanns: Erzherzog Johann und die Wissenschaft, in: KOREN Johannes (Hg.): Erzherzog Johann und die Steiermark, S. 45–49

KOREN, Johannes (Hg.): Erzherzog Johann und die Steiermark, Graz 1995

KOSTAL, Mario (Hg.) : Universitätsorganisationsgesetz, Wien 1993

KÖSTLER, H.J.: Das Eisenhüttenwesen, in: Erzherzog von Österreich, Beiträge zur Geschichte seiner Zeit, Graz 1982, S. 321ff.

KOWALSKI, E.: Wünschbarkeit und Möglichkeiten der Erhaltung einer technischen Zivilisation, in: Technik für oder gegen den Menschen, Schriftenreihe der Eidgenössischen Technischen Hochschule Zürich, Basel 1975, S. 101ff.

KUBINZKY, Karl Albrecht: Die Stadtplanung für die Gauhauptstadt Graz, in: Karner, Stefan (Hg.): Graz in der NS-Zeit 1938–1945, Graz 1998, S. 245–256

LACKNER, Helmut: Wasserbauingenieur Hermann Grengg, in: Berichte des Museums Judenburg, Heft 14/1981

LEIMDÖRFER, Emil: Ferdinand Wittenbauer. Ein Neu-Romantiker aus Österreich. Wien (um 1904)

LEITGEB, H.: Franz Unger, Gedächtnisrede, in: Mitteilungen des naturwissenschaftlichen Vereines für Steiermark, Graz 1870

LEON, Dora: Ferdinand Wittenbauer, der Techniker als Dichter, Vortrag, gehalten am 1. April 1922 im steiermärkischen Landesverein Deutscher Ingenieure und Techniker, Graz 1922

LESCHANZ, Alfred; OBERDORFER, Günther: Das neue Hochspannungsinstitut der TH Graz, in: Studentenführer der Technischen Hochschule Graz, Studienjahr 1969/70

LICHTENBERGER-FENZ, Brigitte: Österreichs Hochschulen und Universitäten und das NS-Regime, in: NS-Herrschaft in Österreich 1938–1945 (= Österreichische Texte zur Gesellschaftskritik, Bd. 36), Wien 1988, S. 269–282

LIEB, Hans: Friedrich Emich zum Gedächtnis, in: Österreichische Chemiker-Zeitung, 43(1940)5/6, S. 43–47

LIST, Hans: Meine Erinnerungen, Graz 1994

LORENZ, Karl Raimund: Die Neubauten der TH Graz, in: Technische Hochschule in Graz, Situationsbericht 1970, Österreichische Hochschülerschaftszeitung Nr. 18 vom 15. November 1970

LORENZ, Karl Raimund: Der Neubau der Universitätsbibliothek, Kurzbericht im Rahmen des 2. Symposions „Moderner Bibliotheksbau" des Österr. Instituts für Bildungsforschung, Wien 1978

LÖSCHNER, Fritz: In memoriam o.ö. Professor Dr.techn. Hans Löschner, 1874–1956, Mitteilungen der geodätischen Institute der Technischen Universität Graz, Folge 74, Graz 1991

LUDESCHER, Marcus: Das wissenschaftliche Personal an der TU Graz. Teil 1: Von den Anfängen bis zum Ersten Weltkrieg (TUG-Projektdokumentation), Graz 1995

LUDESCHER, Marcus: Das wissenschaftliche Personal an der TU Graz, Teil 2: 1914 bis 1945 (TUG-Projektdokumentation), Graz 1995

LUDESCHER, Marcus: Zur Geschichte der Technischen Universität Graz, Zwei Texte, (TUG-Projektdokumentation) Graz, im Mai 1995

LUDESCHER, Marcus: Büromenschen. Angestellte und Dienstleistungsarbeit in Österreich. Eine sozialgeschichtliche Untersuchung (= Arbeit – Bildung – Gesellschaft 19), München–Wien 1998

MAGENSCHAB, Hans: Erzherzog Johann – Habsburgs grüner Rebell, Graz–Wien–Köln 1981

MANEGOLD, Karl-Heinz: Geschichte der technischen Hochschulen, in: Technik und Bildung, hrsg. von Böhm, Laetitia; Schönbeck, Charlotte (= Technik und Kultur 5), Düsseldorf 1989, S. 204–234

MATIS, Herbert; STIEFEL, Dieter: Die Weltwirtschaft, Struktur und Entwicklung im 20. Jahrhundert, Wien 1991, S. 242ff.

MEIER, Ernst: Alfred Nobel. Nobelstiftung. Nobelpreise, Berlin 1954

MERKL, Johann Ritter von: Über die Heranbildung der Ingenieure in mechanischen Betrieben, in: Zeitschrift des Österreichischen Ingenieur- und Architekten-Vereines, 62(1910), S. 309–312

MESTSCHERSKI, I.W.: Aufgabensammlung zur Mechanik, Berlin 1955

MISCHLER, Ernst; ULBRICH, Josef (Hg): Technische Hochschulen, in: Österreichisches Staatswörterbuch. Handbuch des gesamten österreichischen öffentlichen Rechtes, hrsg. von Mischler, Ernst; Ulbrich, Josef, Bd. 4, Wien 1909, S. 510–527

MÜNZINGER, Friedrich: Ingenieure. Gedanken über Technik und Ingenieure, 2., erw. Aufl., Berlin 1942 (insbes. Abschnitt IXe: Der unzureichende Ingenieurnachwuchs)

NAGL-ZEIDLER-CASTLE: Deutsch-österreichische Literaturgeschichte, 4. Bd., Wien 1937, S. 1226f.

NIKOLA TESLA MUSEUM (Hg.): Nikola Tesla, Lectures, Patents, Articles, Beograd 1956

NIKOLA TESLA MUSEUM (Hg.): Tribute to Nikola Tesla, Presented in Articles, Letters, Documents, Beograd 1961

NOTTEBOHM, Rudolf; PANITZ, Hans-Jürgen: Fast ein Jahrhundert Luis Trenker, München 1987

o.V.: Nachruf Karl SCHEIDTENBERGER, in: Zeitschrift des Österreichischen Ingenieur- und Architekten-Vereines, 62 (1910) 22, S. 339

o.V.: 25-Jahr-Feier der Versuche von Ing. Otto Nußbaumer über Musikübertragung durch elektrische Wellen an der Technischen Hochschule in Graz, in: Elektrotechnik und Maschinenbau, Bd. 47, 1929, S. 629

o.V.: Prof. Dr. Christian Veder, in: Mitteilungen für Grundbau, Bodenmechanik und Felsbau, Heft 2, Technische Universität Wien, 1983/1984, S. 7–8

o.V.: Geschichte der Flüssigkristalle, in: Merck, E.: Das Doppeljubiläum: Ein Jahrhundert Flüssigkristalle – 20 Jahre Flüssigkristall-Forschung, Darmstadt 1988, S. 6

OBERHOFER, A.F.; WOHINZ, J.W.; KROPIUNIG, J.: Innovatives UNI-Management, Eine Orientierung, Wien 1997

ÖSTERREICHISCHE AKADEMIE DER WISSENSCHAFTEN (Hg.): Österreichische Naturforscher und Techniker, Wien 1951

ÖSTERREICHISCHE AKADEMIE DER WISSENSCHAFTEN (Hg.): Österreichisches Biographisches Lexikon, Mehrere Bände, Graz–Köln 1954

OTRUBA, Ludwig; DRISCHEL, Otto: Handbuch der Hochschulreform, Loseblattsammlung, Wien, o.J.

PALLA, R.: Der Mann, der das 20. Jahrhundert erfand, in: Der Standard, 11. Jänner 1992

PAULSEN, A., Allgemeine Volkswirtschaftslehre, Band I, 9. Auflage, Sammlung Göschen, Band 1169, Berlin 1970, S. 25ff.

PETERS, Thomas J.; WATERMAN, Robert H.: Auf der Suche nach Spitzenleistungen – Was man von den bestgeführten US-Unternehmen lernen kann, Landsberg am Lech, 1984, 10. Aufl., S. 37ff.

PICKL, O.: Verkehr und Handel, in: Erzherzog Johann von Österreich, Beiträge zur Geschichte seiner Zeit, Graz 1982, S. 343ff.

PIETSCH, Max: Die industrielle Revolution – Von Watts Dampfmaschine zu Automation und Atomkernspaltung, Freiburg–Basel–Wien 1961

PISCHINGER, Rudolf: Hans List, Nachruf, in: Almanach der Österreichischen Akademie der Wissenschaften, 147. Jahrgang (1996/97), Wien 1998, S. 435–444

POSTMAN, Neil: The End of Education?, Vortrag, gehalten am 6.6.1997 im Haus der Industrie, Wien

POSTUVANSCHITZ, Fritz: Über Studien-, Berufs- und Standesfragen der akad. Technikerschaft (= Rede anläßl. der Immatrikulation), Graz–Leipzig 1917

RAY, G.F.: The diffusion of new technology – A study of ten processes in nine industries, in: National Institute Economic Review, Heft 48, May 1969, S. 40

REIFENSCHEID, Richard: Die Habsburger in Lebensbildern. Von Rudolf I bis Karl I, Graz–Wien–Köln 1982

REIMANN, Reinhold: Ein freies Lied der Freiheit darzubringen – Vom Studententum in Graz 1848/49, Schriftenreihe des Steirischen Studentenhistoriker-Vereines, Folge 25, Graz 1998

RIEGLER, Florian; RIEWE, Roger; ULAMA, Margit: Minimalismus made in Graz, Architektur aktuell, June 1998, S. 96–109

ROSEGGER, Peter: Als ich das erstemal auf dem Dampfwagen saß, in: ders.: Als ich noch ein Waldbauernbub war, Bamberg 1968, S. 94–101

ROSENBERG, E.: Der Werdegang eines Ingenieurs, Wien 1950

ROTH, Paul W.: Die industrielle Revolution, in: Erzherzog Johann von Österreich, Beiträge zur Geschichte seiner Zeit, Graz 1982, S. 295ff.

ROTH, Paul W.: 150 Jahre Montanuniversität Leoben. Aus ihrer Geschichte, in: 150 Jahre Montanuniversität Leoben 1840–1990, Graz 1990, S. 43–76

ROTH, Paul W.: Industrie und Technik in der Steiermark – ein Rückblick, in: made in styria, Landesausstellung '97, S. 30–37

ROTH, Paul W.; WEHDORN, M.: Baudenkmäler der Technik und Industrie in Österreich, Band 2, Steiermark–Kärnten, Köln 1991, S. 11–38

SCHIVELBUSCH, Wolfgang: Geschichte der Eisenbahnreise. Zur Industrialisierung von Raum und Zeit im 19. Jahrhundert, Frankfurt a.M. 1989

SCHÖPFER, Gerald: Der Zusammenhang von Wirtschafts- und Technikgeschichte, in: Der Wirtschaftsingenieur, 25(1993)4

SCHÖPFER, Gerald: Rationalisierung – Ursachen und Wirkungen. Ein Versuch eines wirtschaftshistorischen Überblicks, in: Schöpfer, Gerald; Witamwas, Günther (Hg.): Rationalisierung im Spannungsfeld zwischen betriebswirtschaftlicher und volkswirtschaftlicher Optimierung, Graz, 1997, S.11–38

SCHUMPETER, J.A.: Theorie der wirtschaftlichen Entwicklung, 7. Aufl., Berlin 1987

SEIDL, Christian: Joseph Alois Schumpeter – Ein großer Sozialökonom, in: Tradition und Herausforderung, 400 Jahre Universität Graz, hrsg. von Kurt Freisitzer, Walter Höflechner, Hans-Ludwig Holzer und Wolfgang Mantl, Graz 1985, Seite 227–246

SEIDLER, Franz W.: Fritz Todt, Baumeister des Dritten Reiches, Frankfurt a. M. 1988

SEQUENZ, Heinrich (Hg.): 150 Jahre Technische Hochschule in Wien 1815–1965, Bd. Geschichte und Ausstrahlungen, Wien 1965

SEQUENZ, Heinrich: 100 Jahre Elektrotechnik in Österreich 1873–1973, in: Schriftenreihe der Technischen Hochschule in Wien, Bd. 3, Hg. Rektorat der Technischen Hochschule Wien, Wien 1973

SIEMENS, W.: Lebenserinnerungen, Leipzig 1924

SKREINER, Wilfried: Erzherzog Johann im Porträt, Ausstellung und Katalog: Neue Galerie am Landesmuseum Joanneum, Graz 1982

SMEKAL, Ferdinand G.: Richard Zsigmondy (1865–1929), in: Österreichs Nobelpreisträger, Wien–Stuttgart–Zürich 1961, S. 71–82

SOCIETE POUR LA FONDATION DE L'INSTITUT NIKOLA TESLA (Hg.): Gedenkbuch anläßlich seines 80. Geburtstages, Beograd 1936

STIEGLER, J.H.: Vor 50 Jahren starb der Erfinder Nikola Tesla, in: Die Presse, 30. April 1993

STURM, Friedrich (Hg.): 150 Jahre Montanuniversität Leoben, 1840–1950, Graz 1990

SWEDBERG, Richard:, Joseph A. Schumpeter – Eine Biographie, Stuttgart 1994

TECHNISCHE HOCHSCHULE IN GRAZ (Hg.): Gedenkschrift zur Hundertfünfzig-Jahrfeier der Technischen Hochschule in Graz, Graz 1962

TECHNISCHE UNIVERSITÄT GRAZ (Hg.): Leitbild der Technischen Universität Graz, vorgelegt von der Planungskommission für den Zeitraum 1975–1985, Band 1 Gesamtübersicht, Graz, Oktober 1975

TECHNISCHE UNIVERSITÄT GRAZ (Hg.): Technische Universität Graz / Erzherzog-Johann-Universität, Geschichte, Lehr- und Forschungstätigkeit (herausgegeben anläßlich des 850–Jahr-Jubiläums der Stadt Graz, Studienjahr 1977/78

TECHNISCHE UNIVERSITÄT GRAZ (Hg.): Technische Universität Graz / Erzherzog-Johann-Universität, Geschichte, Lehr- und Forschungstätigkeit, Graz 1978 bzw. 1982/83

TECHNISCHE UNIVERSITÄT GRAZ (Hg.): Bericht 1993–1996 und 1996/97, Graz

TECHNISCHE UNIVERSITÄT GRAZ (Hg.): Der neue Schwingprüfstand an der Technischen Universität Graz, Prospekt zur Eröffnung am 1.10.1998

TERZAGHI, Karl von: Mein Lebensweg und meine Ziele, Manuskript, Wien 1932

THEURL, Johann: Infrastruktur, in: Technische Universität Graz (Hg.): Bericht 1993–1996 und 1996/97, Graz

TROBAS, Karl: Raketen – Raketenpost – Postraketen, Der österreichische Raketenpionier Friedrich Schmiedl, herausgegeben von Werner Emig, Graz 1992

VENUS, Theodor; WAITZBAUER, Harald; SCHWEINÖSTER, Christine: Otto Nußbaumer. Der Salzburger Radiopionier, in: Schriftenreihe des Landespressebüros. Serie „Sonderpublikationen" Nr. 89, Hg. Roland Floimair, Amt der Salzburger Landesregierung, Salzburg 1990

VERBAND EHEMALIGER GRAZER TECHNIKER (Hg.): Festschrift zur Jahrhundertfeier des Joanneums, Graz 1911

WAGNER, J.: Hochschulprofessor Dr. Fritz Kohlrausch, in: Mitteilungen des Naturwissenschaftlichen Vereines für Steiermark, 84 (1954), S. 5–6

WEBER, Christian: Zum 50. Todestag von Friedrich Emich, Text zur Sonderpostmarke, Wien 1990

WEGENSTEIN, P.: Eisenbahnbrücken in Österreich, Wien 1986

WEGSCHEIDER, Richard: Adolf Zsigmondy, in: Almanach der Akademie der Wissenschaften in Wien, 80(1930), S. 262–268

WEINERT, Willi: Zu den Versuchen der Errichtung einer Technischen Hochschule in Linz (unter besonderer Berücksichtigung des Zeitraumes 1938–1945), in: Oberösterreichische Heimatblätter, 40. Jg., Heft 1, Linz 1986, S. 38–51

WEINGAND, Hans-Peter: Die Technische Hochschule Graz im Dritten Reich. Vorgeschichte, Geschichte und Nachgeschichte des Nationalsozialismus an einer Institution, ed. Hochschülerschaft der TU Graz, 2., durchges. Aufl., Graz 1995

WEINGAND, Hans-Peter; WINKLER, Werner: Diese Welt muß unser sein. Die sozialistischen Studierenden in Graz 1919–1991, ed. VSStÖ Graz, Graz 1991 (insbes. die Kapitel: „Alfons Leon. Ein sozialdemokratischer Hochschulprofessor in Graz. Eine Spurensicherung", „Nationalsozialistische und „völkische" studentische Aktivitäten in Graz" und „Die Universitäten im Nationalsozialismus")

WELAN, Manfried (Hg.): Die Universität für Bodenkultur Wien. Von der Gründung in die Zukunft 1872–1997, Wien–Köln–Weimar 1997

WILHELM, Gustav: Aus der Geschichte der k.k. technischen Hochschule in Graz, in: Zur Feier der Eröffnung des Neubaues der k.k. Technischen Hochschule in Graz am 12. December 1888, S. 5–15

WINTER, Josef: Ueber Maschinenwesen, in: Jahresbericht der Akademie für Handel und Industrie in Graz 1866, Graz 1866, S. 48–61

WIST, Johann: Baubeschreibung, in: Festschrift zur Feier der Eröffnung des Neubaues der k.k. Technischen Hochschule in Graz am 12. December 1888, Graz

WITTENBAUER, Ferdinand: Der weite Blick. Komödie in vier Tagen, Leipzig 1907

WITTENBAUER, Ferdinand: Zukunft und Ziele der Technischen Mechanik, in: Reden, gehalten am 15. November 1911, k.k. Technische Hochschule in Graz, 1912

WITTENBAUER, Ferdinand: Grafische Dynamik, Berlin 1923

WOHINZ, Josef W.: Tradition und Innovation, in: Akademische Reden an der Technischen Universität Graz, Bd. 1, Graz 1996

WOHINZ, Josef W.: Innovation als Gründungsauftrag, in: Technische Universität Graz (Hg.): Bericht 1993–1996, Graz 1996
WOMACK, J.P.; JONES, D.T.; ROOS, D.: Die zweite Revolution in der Autoindustrie, Frankfurt–New York 1991

ZAWISCHA, Georg: Universitäts-Organisationsgesetz, Wien 1978
ZWECKBRONNER, Gerhard: Technische Wissenschaften im Industrialisierungsprozeß bis zum Beginn des 20. Jahrhunderts, in: Technik und Wissenschaft, hrsg. von Hermann, Armin; Schönbeck, Charlotte (= Technik und Kultur 3), Düsseldorf 1991, S. 400–428

Personenregister

Verzeichnis der AutorInnen

Allmer Franz, Dipl.-Ing., Wirkl. Hofrat, Ehrensenator und Honorarprofessor für Geschichte des Vermessungswesens an der Technischen Universität Graz

Binder Dieter A., Dr.phil., Ao. Universitätsprofessor am Institut für Geschichte, Karl-Franzens-Universität Graz

Bouvier Friedrich, Dipl.-Ing. Dr.techn., Hofrat, Landeskonservator für Steiermark und Universitätslektor für Denkmalpflege, Technische Universität Graz

Cerwinka Günter, Dr. phil., Ao. Universitätsprofessor am Institut für Geschichte, Abt. für Historische Landeskunde und vergleichende Regionalgeschichte, Karl-Franzens-Universität Graz

Edlinger Maria, Dr.jur., Leiterin der Abteilung für wissenschaftliche Auslandsbeziehungen, Technische Universität Graz

Harnoncourt-Unverzagt Franz, Dr., Präsident, Vorsitzender des Aufsichtsrates Grazer Wechselseitige Versicherung AG

Höllbacher Klaus, Mag. Dr.phil., Studium der Geschichte an der Karl-Franzens-Universität Graz, freiberuflicher Projektmitarbeiter

Hutten Helmut, Dipl.-Ing. Dr.techn., o. Universitätsprofessor für Elektro- und Biomedizinische Technik, Technische Universität Graz

Kernbauer Alois, Mag. Dr.phil., Ao. Universitätsprofessor am Institut für Geschichte und Leiter des Universitätsarchivs, Karl-Franzens-Universität Graz

Killmann Irolt, Dipl.-Ing. Dr.techn., Manager und Universitätslektor, Rektor seit 1996, Technische Universität Graz

Ludescher Marcus, Mag. Dr.phil., Studium der Geschichte und Soziologie, freiberuflicher Bildungsforscher, Lehrgangsleiter an der Volkshochschule Wien-Floridsdorf

Schöpfer Gerald, DDr., o.Universitätsprofessor am Institut für Wirtschafts- und Sozialgeschichte, Karl-Franzens-Universität Graz

Tomantschger-Steßl Ursula, Dipl.-Ing. Dr.techn., Mitarbeiterin im Büro des Rektors, Technische Universität Graz

Weingand Hans-Peter, Publizist und Historiker, Pressesprecher am Joanneum Research, Graz

Wohlhart Karl, Dipl.-Ing. Dr.techn., em. o.Universitätsprofessor für Mechanik und für Theoretische Maschinenlehre, Technische Universität Graz

Wohinz Josef W., Dipl.-Ing. Dr.techn., o.Universitätsprofessor für Industriebetriebslehre und Innovationsforschung, Rektor 1993 bis 1996, Technische Universität Graz